"十二五"普通高等教育本科国家级规划教材

针织物组织与产品设计

（第3版）

宋广礼　杨昆　主编

中国纺织出版社

内 容 提 要

《针织物组织与产品设计(第3版)》系统地介绍了针织物各种基本组织与花色组织的结构、性能、编织工艺及产品设计方法,包括纬编圆机产品、横机产品、袜机产品及经编产品。涉及的内容包括织物分析、原料选择、工艺参数设计、产品结构设计及设备的选择等。

本书是在由杨尧栋、宋广礼主编的原高等纺织院校教材《针织物组织与产品设计》和由宋广礼、蒋高明主编的普通高等教育"十一五"国家级规划教材《针织物组织与产品设计(第2版)》的基础上进行修订的,为"十二五"普通高等教育本科国家级规划教材中的一种。既可作为高等院校的专业教材,也可供纺织及相关行业的工程技术人员、科研人员、贸易和销售人员以及管理人员参考。

图书在版编目(CIP)数据

针织物组织与产品设计/宋广礼,杨昆主编 . —3
版 . —北京:中国纺织出版社,2016.2 (2025.5重印)
"十二五"普通高等教育本科国家级规划教材
ISBN 978-7-5180-2224-3

I.①针… Ⅱ.①宋… ②杨… Ⅲ.①针织物-织物
组织-高等学校-教材②针织物-设计-高等学校-教材
Ⅳ.①TS184.1

中国版本图书馆 CIP 数据核字(2015)第 295522 号

策划编辑:孔会云　责任编辑:符　芬　责任校对:楼旭红
责任设计:何　建　责任印制:何　建

中国纺织出版社出版发行
地址:北京市朝阳区百子湾东里 A407 号楼　邮政编码:100124
销售电话:010—67004422　传真:010—87155801
http://www.c-textilep.com
中国纺织出版社天猫旗舰店
官方微博 http://weibo.com/2119887771
北京虎彩文化传播有限公司印刷　各地新华书店经销
2025年5月第12次印刷
开本:787×1092　1/16　印张:23.5
字数:430 千字　定价:48.00 元

全面推进素质教育,着力培养基础扎实、知识面宽、能力强、素质高的人才,已成为当今教育的主题。教材建设作为教学的重要组成部分,如何适应新形势下我国教学改革要求,与时俱进,编写出高质量的教材,在人才培养中发挥作用,成为院校和出版人共同努力的目标。2011年4月,教育部颁发了教高[2011]5号文件《教育部关于"十二五"普通高等教育本科教材建设的若干意见》(以下简称《意见》),明确指出"十二五"普通高等教育本科教材建设,要以服务人才培养为目标,以提高教材质量为核心,以创新教材建设的体制机制为突破口,以实施教材精品战略、加强教材分类指导、完善教材评价选用制度为着力点,坚持育人为本,充分发挥教材在提高人才培养质量中的基础性作用。《意见》同时指明了"十二五"普通高等教育本科教材建设的四项基本原则,即要以国家、省(区、市)、高等学校三级教材建设为基础,全面推进,提升教材整体质量,同时重点建设主干基础课程教材、专业核心课程教材,加强实验实践类教材建设,推进数字化教材建设;要实行教材编写主编负责制,出版发行单位出版社负责制,主编和其他编者所在单位及出版社上级主管部门承担监督检查责任,确保教材质量;要鼓励编写及时反映人才培养模式和教学改革最新趋势的教材,注重教材内容在传授知识的同时,传授获取知识和创造知识的方法;要根据各类普通高等学校需要,注重满足多样化人才培养需求,教材特色鲜明、品种丰富。避免相同品种且特色不突出的教材重复建设。

随着《意见》出台,教育部正式下发了通知,确定了规划教材书目。我社共有26种教材被纳入"十二五"普通高等教育本科国家级教材规划,其中包括了纺织工程教材12种、轻化工程教材4种、服装设计与工程教材10种。为在"十二五"期间切实做好教材出版工作,我社主动进行了教材创新型模式的深入策划,力求使教材出版与教学改革和课程建设发展相适应,充分体现教材的适用性、科学性、系统性和新颖性,使教材内容具有以下几个特点:

(1)坚持一个目标——服务人才培养。"十二五"职业教育教材建设,要坚持育人为本,充分发挥教材在提高人才培养质量中的基础性作用,充分体现我国改革开放30多年来经济、政治、文化、社会、科技等方面取得的成就,适应不同类型高等学校需要和不同教学对象需要,编写推介一大批符合教育规律和人才成长规律的具有科学性、先进性、适用性的优秀教材,进一步完善具有中国特色的普通高等教育本科教材体系。

(2)围绕一个核心——提高教材质量。根据教育规律和课程设置特点,从提高学生分析问题、解决问题的能力入手,教材附有课程设置指导,并于章首介绍本章知识点、重点、难点及专业技能,增加相关学科的最新研究理论、研究热点或历史背景,章后附形式多样的习题等,提高教材的可读性,增加学生学习兴趣和自学能力,提升学生科技素养和人文素养。

(3)突出一个环节——内容实践环节。教材出版突出应用性学科的特点,注重理论与生产实践的结合,有针对性地设置教材内容,增加实践、实验内容。

(4)实现一个立体——多元化教材建设。鼓励编写、出版适应不同类型高等学校教学需要的不同风格和特色教材;积极推进高等学校与行业合作编写实践教材;鼓励编写、出版不同载体和不同形式的教材,包括纸质教材和数字化教材,授课型教材和辅助型教材;鼓励开发中外文双语教材、汉语与少数民族语言双语教材;探索与国外或境外合作编写或改编优秀教材。

教材出版是教育发展中的重要组成部分,为出版高质量的教材,出版社严格甄选作者,组织专家评审,并对出版全过程进行过程跟踪,及时了解教材编写进度、编写质量,力求做到作者权威,编辑专业,审读严格,精品出版。我们愿与院校一起,共同探讨、完善教材出版,不断推出精品教材,以适应我国高等教育的发展要求。

中国纺织出版社
教材出版中心

第3版前言

由高等纺织院校针织工程专业教育委员会组织,由杨尧栋、宋广礼主编的高等纺织院校教材《针织物组织与产品设计》于1998年出版,受到广大读者的欢迎。此后,随着针织工艺与技术的发展,特别是新原料的开发、计算机技术的应用等对行业的发展和技术进步起到了重要的推动作用,新技术、新工艺、新产品的不断涌现对设计人员也提出了新的要求,2008年9月,宋广礼、蒋高明主持修订了《针织物组织与产品设计(第2版)》,并作为普通高等教育"十一五"国家级规划教材出版。如今,为了适应针织工业的发展需要,我们又在《针织物组织与产品设计(第2版)》的基础上进行了修订,作为"十二五"普通高等教育本科国家级规划教材。

《针织物组织与产品设计(第3版)》系统地介绍了各种针织物组织及其性能,各种提花圆机的选针原理和产品设计方法,横编织物的结构和产品设计方法,无缝内衣和袜机产品的结构和设计方法,经编织物的结构和产品设计方法。

本书由宋广礼和杨昆主编。

参加编写的人员及编写章节如下:

宋广礼　　第一章、第二章、第三章

徐先林　　第四章、第六章

李 津　　第五章

陈 莉　　第七章、第八章

刘丽妍　　第九章、第十一章、第十六章

杨 昆　　第十章、第十四章、第十五章

李红霞　　第十二章、第十三章

在教材的修订过程中,得到了国内外企业、科研单位和院校的大力支持和帮助,在此表示感谢。更要感谢本书第1版、第2版的主编杨尧栋教授、蒋高明教授和参编人员李泰亨、杨荣贤、田景旺、吴学军、陈济刚、薛广洲、夏凤林、缪旭红、从红莲等作者前期的辛勤工作。

由于编写人员水平有限,难免存在不足和错误,欢迎读者批评指正。

编 者

2015年8月

第 2 版前言

由高等纺织院校针织工程专业教育委员会组织编写的高等纺织院校教材《针织物组织与产品设计》于 1998 年出版以后,针织工艺与技术又有了较大的发展。特别是新原料的开发、计算机技术的应用等对行业的发展和技术进步起到了重要的推动作用,新技术、新工艺、新产品的不断涌现对设计人员也提出了新的要求。为了适应针织工业发展的需要,我们对原《针织物组织与产品设计》进行了修订。

本书系统地介绍了各种针织物组织及其性能,纬编圆机的选针原理和产品设计方法,横编织物的结构和产品设计方法,无缝内衣和袜机产品的结构和设计方法,经编织物的结构和产品设计方法。

本书由宋广礼和蒋高明教授主编。并请杨尧栋和宗平生两位教授担任主审定稿。

参加编写的人员及编写章节如下:

宋广礼　第一章、第二章、第三章(部分)、第七章、第八章

徐先林　第三章(部分)、第四章、第六章

李　津　第五章

刘丽妍　第九章

蒋高明　第十章、第十二章、第十六章

杨　昆　第十一章、第十七章、第十八章

夏风林　第十三章

缪旭红　第十四章

丛洪莲　第十五章

在教材的编写过程中得到了国内外企业、科研单位和院校的大力支持和帮助。特别要感谢北京服装学院衣卫京老师对第九章编写的帮助。更要感谢原书主编杨尧栋教授和参编人员李泰亨、杨荣贤、田景旺、吴学军、陈济刚、薛广洲等老师前期的辛勤劳动。

由于编写人员水平有限,难免存在不足和错误,欢迎读者批评指正。

编　者
2008 年 5 月

目录

下篇　经编

上篇
纬 编

第一章　概述

❉ 本章知识点

1. 针织所用纤维原料的种类及其特性。
2. 针织用纱线线密度及其与所用机器机号之间的关系。
3. 针织物结构和色彩设计的要点。
4. 针织物密度指标和幅宽的计算方法。
5. 针织物组织的表示方法。

纬编针织物是使用最早的针织物,主要用于服用产品,近些年在装饰和产业领域的应用也越来越广泛。服用纬编针织产品主要包括内衣、外衣、毛衫、运动服、袜子和手套等,其中内衣所占比重最大。

纬编针织产品设计就是根据市场需求和纬编针织物的结构特点,设计出满足不同要求,具有各种特性和高附加值的产品,以丰富人们的服饰文化生活,满足相应行业的需要,开拓针织产品市场,为企业增加效益,为社会创造财富。

纬编针织产品的生产,从原料进厂到产品形成需要经过很多工序,一般包括原料准备、编织、染整和成衣加工等。本教材主要讲述针织物组织结构、坯布及成形加工方面的产品设计,适当涉及染整和成衣加工。

第一节　纬编针织物的设计要素

纬编针织产品可以分成匹布类(fabric)和成形衣坯类(garment)。主要设计要素包括原料、色彩和图案、织物结构、编织工艺、染整工艺和成衣工艺等。这里不讨论染整工艺和成衣工艺。

一、原料选择

原料是生产优质产品的最基本要素,也是产品设计首先要考虑的问题。产品原料决定了产品的风格、品质、用途和市场定位,也决定了产品的成本和效益。产品原料的选择包括纤维和纱线的种类、纱线的线密度等。

(一) 纤维的种类

针织产品所用纤维种类很多,通常可分为天然纤维、再生纤维和合成纤维三大类。

1. 天然纤维 天然纤维一直是我国针织工业的主要原料。在充分利用好常规天然纤维原料的基础上，人们也在不断挖掘和开发利用一些新型的天然纤维原料。

(1)棉纤维。在针织工业中，应用最多的天然纤维是棉纤维。棉纤维为天然纤维素纤维，其纤维柔软、吸湿性好、保暖性好，可纺制较细的纱线，对皮肤不会产生不适的感觉，因而主要用于针织内衣，如汗布、棉毛布、绒布、毛圈织物等各种贴身服用的针织产品。棉纱可分为普梳纱和精梳纱，由于精梳纱具有条干均匀、强度高、毛羽少等优点，所制成的产品档次较高，是棉针织用纱的发展方向。为了改善棉纤维的性能，人们还通过对它进行丝光和烧毛处理，生产高档的T恤衫面料。针织用棉纱和机织用棉纱在要求上有所不同，一般在有条件的情况下应该用专纺纱。不同用途的棉针织产品对棉纱品质指标的要求也不尽相同。

(2)毛纤维。天然动物毛发纤维用于针织的主要有绵羊毛、山羊绒、驼绒、牦牛绒和兔毛等。除了少量在圆机上生产匹布产品外，大部分用于在横机上生产成形毛衫类产品，一般统称为羊毛衫。

绵羊毛是主要的羊毛衫原料。绵羊毛纤维弹性好，吸湿性强，保暖性好，不易沾污，光泽柔和。精梳毛纱短纤维含量少，毛纤维长度较长，纤维的平行伸直度好，纱线条干均匀、强力高，可编织质地紧密、布面平整光滑、纹路清晰的羊毛衫产品。

山羊绒是一种贵重的纺织原料。羊绒纤维因其没有髓质层，鳞片边缘光滑，线密度低，所以具有细、轻、软、糯的特点，保暖性好，成为毛针织行业的高档原料。

其他如牦牛绒、驼绒等虽然不及山羊绒贵重，但也具有优良的外观效果和服用性能，也是毛针织行业的高档原料。

(3)丝纤维。天然蚕丝纤维是高档纺织原料，也是我国的特产之一。其制品具有轻薄柔软、光泽柔和、手感丰满、吸湿透气和飘逸华丽的风格，穿着舒适。蚕丝织物在相互摩擦时所产生的"丝鸣"效果也是丝针织品的一大特色。针织品使用的蚕丝按品种分主要有桑蚕丝和柞蚕丝。桑蚕丝比柞蚕丝纤细、柔软、色白，而柞蚕丝则更坚牢和耐酸碱等腐蚀。在针织生产中所用的蚕丝原料现在主要以混纺为主。

(4)麻纤维。麻纤维是一种韧皮纤维，其种类较多，在针织中应用较多的主要是苎麻和亚麻。麻纤维吸湿好，放湿快，热传导大，不易产生静电，散热迅速，穿着凉爽，出汗后不粘身，较耐水洗，耐热性好。但麻纤维的柔软性差、抗皱性差、穿着有刺痒感。另外，麻纤维由于抱合力差、毛羽长、纤维取向度高、结晶度高、刚性大、断裂伸长小、拉伸初始模量大，使纱线不易弯曲，可编织性差，故其在针织中的应用受到限制。因此，在针织生产时必须对其进行必要的变性和柔软处理，在编织时上蜡或用其他软化剂，以降低其摩擦因数和抗弯刚度，以利编织。

2. 再生纤维 再生纤维是采用天然聚合物为原料，经加工而再生制得的。近年来发展很快，种类很多，这里仅举几例。

(1)天丝纤维。天丝具有棉纤维的吸湿和舒适性，真丝的滑爽、悬垂、光泽、手感和透气性。它具有比黏胶纤维更高的湿强度。天丝纤维具有柔和的触感和适中的弹性，吸湿快干、透气，悬垂性好，是一种结合了天然纤维和化学纤维优点的环保型纤维素纤维。

(2)莫代尔(Modal)纤维。莫代尔纤维是由山毛榉木浆粕制成。莫代尔纤维的强力和吸湿

针织物组织与产品设计(第3版)

溶胀性能介于黏胶纤维与棉纤维之间,强力要好于黏胶纤维,吸湿溶胀性能要低于黏胶纤维,但远远高于棉,比棉纤维高出 50%。

(3)竹纤维。竹纤维有竹浆纤维和竹原纤维两种类型。目前应用较多的是竹浆纤维,它是一种利用竹浆粕纺制成的纤维素纤维。竹纤维具有较高的强度,良好的耐磨性、褶皱恢复性和尺寸稳定性;面料手感好、柔软、悬垂性好、舒适性好,具有优良的吸湿、放湿性和透气性,穿着凉爽舒适;具有良好的抗菌防臭性以及抗紫外性能。竹纤维染色性能优良,光泽亮丽。

3. 合成纤维 用于服用和装饰用产品的合成纤维主要有常规的涤纶、锦纶、腈纶、维纶、丙纶、氨纶等,另外还有一些用于产业用纺织品的高性能纤维,如碳纤维、芳纶等。

(二)纱线的种类

针织纱线按其形态或加工方法可分为短纤维纱线和长丝。短纤维纱线包括天然纤维、再生纤维、合成纤维及其混纺纱,根据纤维长度不同,混纺纱可分为棉型纤维混纺纱、毛型纤维混纺纱和中长型纤维混纺纱。长丝有直丝和变形丝两大类,变形丝比直丝有更好的编织性能和服用性能。因此,在针织中大量使用的是变形丝,如高弹锦纶变形丝、低弹涤纶变形丝和腈纶膨体纱等。

(三)纱线的线密度

纱线的线密度(Tt)是表示纱线粗细的指标,法定计量单位为特克斯(tex)。但在针织生产中,棉及其混纺纱传统上用英制支数(N_e)表示,毛及其混纺纱传统上用公制支数(N_m)表示,而各种长丝用旦数(D)表示。线密度与其他表示方法之间的关系是:

$$Tt = \frac{1000}{N_m}$$

$$Tt = \frac{589}{N_e}(纯棉)$$

$$Tt = \frac{D}{9}$$

针织用纱线的线密度要求较为严格,因为它不仅影响到产品的品质、用途和成本,而且还直接影响到编织的可靠性。一定机号的针织机所能加工的最粗纱线线密度取决于针钩的大小和针与针槽的间隙,所能加工的最细纱线在机器上不受限制,而取决于织物的品质。

1. 用加工系数估算机号和所能加工的纱线线密度 根据推导,针织机所能加工的纱线线密度与机号之间的关系通常可表示为:

$$Tt = \frac{K_t}{G^2}$$

式中:Tt——纱线线密度,tex;

K_t——加工系数;

G——机号,针/25.4mm。

一般纬平针织物的加工系数 K_t 可取 7000~11000。如无特殊说明,本书中的机号都是指 25.4mm(1 英寸)中的针数,用 Ex 表示,如机号为 12 针/25.4mm,则用 $E12$ 表示。

2. 用织物密度估算针织机机号 在实际生产中,也可以通过布样来确定加工它所采用的针织机机号。对于常规产品可以用下面的经验公式来估算:

$$G = \frac{1}{3} P_A$$

式中:G——机号,针/25.4mm;

P_A——织物横密,纵行/5cm。

(四)纱线的捻度和捻向

纱线单位长度内的捻回数称为捻度。特数制捻度以 10cm 纱线长度内的捻回数表示;英制支数制捻度以 1 英寸纱线长度内的捻回数表示;公制支数制捻度以 1m 纱线长度内的捻回数表示。我国棉型纱线采用特数制捻度,精梳毛纱和化纤长丝采用公制支数制捻度。

捻度对针织生产加工和织物性能及风格都有很大影响。对于短纤纱,加捻可以使纱线强度增加,毛羽减少,不易断头和产生破洞。但过高的捻度会使纱线变硬,在加工时容易扭结,不易弯曲成圈,所形成的织物手感发硬,单面织物线圈歪斜严重,卷边加剧。除特殊产品外,一般针织用棉纱最大以不超过 100 捻/10cm 为宜。化纤混纺纱因纤维强度较棉高,捻度可低些。不同产品对捻度的要求也不尽相同。棉毛布要求柔软蓬松、保暖性好,捻度要小一些;起绒织物的绒纱为了起绒顺利,捻度还可再小些。变形长丝理论上可以不用加捻,但没有捻度时,织物容易起毛起球和勾丝,因此,最好稍加捻度。

纱线的捻向影响到单面织物的线圈歪斜方向。在某些产品中,线圈向一个方向的歪斜会造成成形衣坯的扭曲和变形。因此,在袜子和无缝内衣等产品中,有时要采用两种不同捻向的纱线隔路交替进行编织。

二、织物结构设计

针织物的结构设计,就是根据产品用途选择相应的组织结构,以满足不同的性能要求,如保暖性、透气性、强度、弹性和美观等。并应在此前提下,使生产成本降低,编织效率提高,具有较好的经济效益。

针织物可分为纬编织物和经编织物。纬编织物和经编织物的形成方法不同,织物结构与性能也有所不同。纬编针织物的纱线是沿纬向喂入织针形成织物,因此易于形成横向条纹状外观效果。此外,纬编针织物可以形成平面、凹凸、网眼、毛圈和绒类等外观效应,还可以形成三维和成形结构。

三、色彩和图案设计

对于色织物,在设计时还要考虑织物的色彩和图案。

色彩是服装的灵魂。色彩给人的印象最直接、最深刻,它是最重要的第一服饰语言。人们欣赏或选择一件服饰用品,首先观察到的是其色彩,正所谓"远看色彩近看花""七分颜色三分花",这充分说明了色彩在服饰用品中的重要性。

针织物图案的形成主要有三种方式:在编织过程中形成,在染整过程中形成,在缝制过程中形成。这里主要介绍在编织过程中所形成的图案。

编织形成的图案分为结构类图案和色彩类图案。所谓结构类图案,就是通过不同组织结构变化产生诸如网眼、凹凸、褶裥、波纹等花型效果,所形成的织物可以是单色的,也可以是多色的。色彩类图案则是通过不同颜色的色纱按照某种图案要求进行编织,产生花型效应。当然,也可以将两者结合在一起形成图案。

在编织过程中所形成的花型受编织条件和用途的制约,因此,在考虑外观效果的同时,还要考虑其工艺可能性和使用要求。针织物所编织的图案主要有如下三种形式。

1. 独幅图案 独幅图案具有很强的装饰性,一般由电脑提花圆机、电脑提花横机和电脑提花袜机等编织而成。主要用于窗纱、窗帘、坐垫、头巾、床罩和汽车坐套等。

2. 散点排列图案 散点排列图案是在针织品生产中常用的连续图案的构图方法,即把花形的配置以定点的方式排列,发展成四方连续的图案。在图案设计中,要求一个完全组织图案的边缘设计合理,从而产生整体花形效果。

3. 点缀型图案 点缀型图案多用于无缝内衣、羊毛衫、袜品的编织。这类图案一般以各种动物、人物及生活场景作为图案,给人以生动、活泼、新鲜的感觉。

四、工艺设计

(一)线圈长度和密度

1. 线圈长度 针织物的线圈长度指组成一个线圈所用纱线的长度,一般以毫米(mm)为单位,是影响织物编织、性能和品质的最重要因素,从织物品质角度考虑,线圈长度的大小取决于纱线的线密度,通常通过织物的未充满系数和编织密度系数反映出来。

针织物的未充满系数 f 用线圈长度与纱线直径的比值来表示,即:

$$f = \frac{l}{d}$$

式中:l——线圈长度,mm;

d——纱线直径,mm。

未充满系数越大,织物越稀松;未充满系数越小,织物越密实。一般纬平针织物的未充满系数为20~21。

针织物的编织密度系数 CF(cover factor)又称覆盖系数、紧度系数,它反映了纱线线密度与线圈长度之间的关系,用公式表示为:

$$CF = \frac{\sqrt{Tt}}{l}$$

在国际羊毛局的纯羊毛标志标准中,纯羊毛纬平针织物的编织密度系数应≥1。编织密度系数因原料和织物结构不同而不同,但一般都在1.5左右。织物的编织密度系数越大,织物越密实;编织密度系数越小,织物越稀松。

2. 密度 在实际生产中常用横密和纵密来反映织物的稀密程度,它们分别用沿线圈横列方向和纵行方向规定长度内的线圈数表示。圆机产品一般织物比较轻薄,密度较大,用每5cm

内的线圈数表示;横机产品一般机号较低,织物密度较稀,常用每10cm内的线圈数表示。由于针织物在生产加工中受到各种拉伸极易变形,织物处于不稳定状态,因此,下机后的密度和成品密度往往是不一致的。成品密度和下机密度之间的差异称为密度缩率,可用公式表示为:

$$\mu = \frac{P_c - P_x}{P_c}$$

式中:μ——密度缩率;

　　P_c——成品密度(线圈数/规定长度);

　　P_x——下机密度(线圈数/规定长度)。

线圈圈高和线圈圈距的比例反映了线圈的形态,它们之间的比例关系用密度对比系数 C 表示,即:

$$C = \frac{B}{A} = \frac{P_A}{P_B}$$

式中:A——线圈圈距,mm;

　　B——线圈圈高,mm;

　　P_A——线圈横密(纵行/规定长度);

　　P_B——线圈纵密(横列/规定长度)。

对某种特定原料和组织结构的织物,在平衡状态下,织物中的线圈都有一个稳定的形态和密度对比系数,此时织物的变形最小。一般汗布织物的 C 取 $0.76 \sim 0.85$,棉毛织物的 C 取 $0.80 \sim 0.95$;衬垫织物的 C 取 $0.77 \sim 0.89$,单面羊毛衫织物的 C 取 $0.6 \sim 0.8$。

有些地方和企业,也用 $\frac{A}{B}$ 表示密度对比系数,记作 $R = \frac{A}{B}$,实际上 R 是 C 的倒数,它大于 1,便于记忆,有的称 R 为线圈形态系数。

(二)织物单位面积质量

针织物单位面积质量既是反映针织物织造成本的一个重要指标,也是影响织物性能和品质的重要指标。它与线圈长度、纱线线密度和织物的密度有关,在公定回潮率下,织物的单位面积质量可以用下式得出:

$$Q = 4 \times 10^{-4} l P_A P_B \mathrm{Tt}$$

式中:Q——单位面积质量,g/m²;

　　P_A——横密(纵行/5cm);

　　P_B——纵密(横列/5cm);

　　l——线圈长度,mm。

织物的单位面积干燥质量由下式得出:

$$Q' = \frac{Q}{1+W}$$

式中:Q'——单位面积干燥质量,g/m²;

W ——公定回潮率。

在羊毛衫等计件产品生产中,常使用衣服的单件质量而不是单位面积质量。

(三)织物幅宽

针织物的幅宽取决于参加编织的针数和织物的横密。对于针织圆机织物,其幅宽可由下式计算:

$$W = \frac{5N}{2P_A} = \frac{5\pi DG}{2P_A}$$

式中:W——成品布幅宽,cm;

N——针筒针数;

P_A——成品横密,纵行/5cm;

G——机号,针/25.4mm;

D——针筒直径,英寸。

第二节 纬编针织产品设计方法

纬编针织产品的设计方法主要有仿制设计、改进设计和创新设计。

一、仿制设计

仿制设计是针织产品设计中最常用的一种设计方法,特别是对于主要从事代加工(OEM)的企业尤为重要。它是通过对客户提供的样品或市面上流行的产品样品进行研究,分析其外观特征、性能特征、产品的用途和使用对象,分析产品的原料成分、线密度、组织结构和加工方法等,按照客户提供的产品进行准确无误的翻样,以确保仿制的产品符合客户要求,达到与所仿制样品的品质和性能一致。仿制设计的步骤包括如下几步。

1. 样品的表面分析 对客户样布,首先进行样品的表面分析,其主要内容如下。

(1)分析样布的外观特征。从外观特征上初步判断来样属于经编还是纬编面料;是单面类面料还是双面类面料;并判断来样属于哪类织物组织。

(2)分析织物风格特征。通过触摸来样,从其柔软度、滑爽度、挺括度等判断其所用原料和加工工艺。

(3)分析编织工艺和设备。通过密度镜测定来样的横密和纵密,估算来样产品所采用的编织设备和机号。若来样为全幅宽织物,还要测定来样幅宽和纵行数,以确定设备的总针数,从而推算设备的筒径大小。

(4)测定来样的工艺参数。除了测定密度,还要测定或估算单位面积质量。若来样较大,可以直接按照标准取样测定来样的平方米质量。如果来样太小,可以用直尺在来样上取一定尺寸,如10cm×10cm的正方形,8cm×6cm的长方形等,称重后换算出来样的平方米质量。

针织物的线圈长度也是生产加工中的一个重要参数,一般要求测定来样的光坯布线圈长度以确定毛坯布的编织工艺。线圈长度的测定常采用拆散法,也可以根据线圈在平面上的投影近似地估算线圈长度。一般来说,下机坯布经过染色、水洗、定型等后整理,加之纤维的热收缩性,光坯布的线圈长度比毛坯布线圈长度要小。根据经验,毛坯布的线圈长度与光坯布线圈长度之比,棉纱为101%~102%,涤纶低弹丝为102%~103%,涤纶长丝为110%~118%。

线圈长度的测定,一般先在面料上用记录笔或荧光笔沿线圈纵行画一条直线,再在其一侧数一定数量的线圈(一般为100个线圈)后,画另一条直线,拆散线圈,用双手拉直,在直尺上直接量取其长度;也可以附加一定的负荷后,在纱线处于拉直状态下测量其长度,然后计算线圈长度。样品属于基本组织或变化组织时,应记录一个线圈的纱线长度,如果是提花面料,应记录一个完全组织内的纱线长度。

(5)确定织物结构和花形。对于结构不是很复杂的产品,如果能够确定织物的编织方法和结构,如提花织物、胖花织物等,需要在意匠纸上(或电脑上)画出其一个完全组织的意匠图,从而确定其上机工艺。

2. 样品的拆散分析 对于复杂织物,当通过表面分析不能确切地判断样品的结构时,就需要通过拆散来样,以分析出面料的组织结构。纬编针织物可沿织物的横列方向拆散,单面织物沿顺、逆编织方向均可拆散,双面织物只可沿逆编织方向拆散。拆散的操作方法如下。

(1)标记样品。首先要确定织物的正反面。单面织物圈柱压圈弧的一面为织物的正面,圈弧压圈柱的一面为织物的反面;双面织物若两面相同,则可任意自行设定一面为针盘针编织,另一面为针筒针编织;若双面织物两面组织结构不同时,则一般将线圈组织结构变化较多的一面设定为针筒针编织,另一面为针盘针编织,特殊产品除外。其次要确定织物的纵横向和编织方向。与线圈圈柱平行方向为织物纵向,纵向一般线圈较清晰。也可以进行两个方向的拉伸,通过拉伸程度来确定来样的横向和纵向,一般纬编织物横向比纵向有更大的延伸性,特殊产品除外。

在此基础上,沿一个线圈横列在样品上画一条横线,再在样品的右边或左边沿着纵行画一条竖线,以此线为基础线,每隔10个纵行或20个纵行的间隔画一条竖线。

(2)切割样品。横向切割要与线圈横列平齐,纵向切割应离左右标记5~10mm。

(3)拆散样品。样品的拆散是从织物的逆编织方向开始,在拆散过程中即时地把编织状况记录下来。

拆散时从画有基础线的一边开始,找出线头,将纱线逐根拆开,观察每根纱线在每枚织针(即每一纵行)上的编织情况(成圈、集圈、浮线),如图1-1所示。对于双面织物,还要特别注意上下针的编织情况。同时按顺序用编织图或意匠图将其记录下来。拆散来样的纵行数和横列数要在一个循环(完全组织)以上。

成圈　　　　　　　集圈　　　　　成圈　　　　浮线　　　　成圈

图1-1 拆散状态

当样布是不同纱线(不同成分或不同颜色)交织的产品时,拆下来的纱线需按拆散顺序放置,并做相应的标记,以防止设计上机工艺时,纱线排列出错。另外,还可据此计算各类纱线的含量。

对于双面组织,还需要通过查看布边区分出罗纹配置和双罗纹配置。若是反面线圈与正面线圈处于相对位置,则样品为双罗纹类组织,在双罗纹配置的机器上生产;若反面线圈处于两个正面线圈之间,则样品为罗纹类组织,在罗纹配置的机器上生产。

3. 确定原料 确定客户来样的原料主要是确定纱线的结构、纤维的种类、原料的线密度和颜色等。若是交织的样品,还要计算不同原料的配纱比例。

(1)纱线的结构分析。通过分析确定纱线是长丝还是短纤纱、是直丝还是弹力丝、是纯纺还是混纺等。化纤长丝还应确定组成该化纤长丝的根数(孔数)。短纤要确定是单纱还是股线,以及捻度、捻向和合股根数等。

(2)纤维的鉴别。根据纤维的鉴别方法,从手感目测法、燃烧法到溶解法层层深入进行系统鉴别,而不是利用单一方法就能完成的。

(3)原料的线密度测定。将拆散的纱线加一定的负荷,使其处于伸直状态,用直尺量取一定长度,称其重量,计算原料的线密度。由于在编织和后整理加工中,或者在拆散过程中有纤维损失,一般计算线密度会比实际线密度偏小一些。

(4)配色。记录来样原料的颜色,并附上样品,如果是提花面料,要记录颜色与线圈结构的关系,把线圈大的颜色放在编织时的第一路。

二、改进设计和创新设计

改进设计就是对现有产品或客户提供的样布做某些改进,使产品更加完善,推出更新的产品。改进设计的主要内容有改变产品的部分工艺参数,如面料的单位面积质量、织物的密度等;改变产品的组织结构、花型图案或配色;改变原料成分或线密度;改变后整理加工工艺等。从而改善织物的风格、服用性能或降低产品的成本。

创新设计是根据产品的最终用途和要求进行自主设计,包括原料品种、规格选择,产品组织结构、花型图案和工艺参数设计,染整工艺流程确定,面料物理指标和服用性能,直到服装款式设计和缝纫加工方法确定等。创新设计要考虑目标人群、市场定位、产品的经济效益和企业的加工能力等一系列问题,并对其进行综合考虑,以获得外观、风格、性能和成本优异的新型产品。

(一)改进设计和创新设计的依据

无论是改进设计,还是创新设计,都要根据客户或市场的要求,按照产品的用途,进行合理的市场定位,并依据所具备的条件进行产品的设计开发。

1. 客户及市场的要求 无论是客户的要求,还是公司自主开发的产品,首先要考虑产品的用途,是做服装、装饰用还是产业用,是内衣还是外衣,从而根据不同用途对产品风格和性能的要求制订产品设计方案。

2. 产品工艺设计 根据上述要求设计产品工艺,主要包括原料、纱线线密度、面料的单位面积质量、幅宽、缩水率以及安全质量指标(甲醛含量、pH 等)等的设计。既要保证产品的风格和性能要求,又要考虑产品的成本。

3. 原料供应条件 设计新产品时,一定要保证企业批量生产时的原料供应有保障,并且原料生产质量稳定,否则批量生产时,会出现产品质量与设计要求或小批量实验结果不相符的现象,达不到设计要求。

4. 生产设备条件 设计新产品时,要考虑现有生产设备是否能够满足批量生产的要求。

(二)设计流程及步骤

按照 ISO 9001 对新产品设计的要求,开发项目设计内容和步骤主要包括以下几个方面。

1. 新产品项目立项

(1)新产品开发的必要性。首先对目标市场进行充分的调查研究,分析市场现状及对产品的需求,提出预期目标,作为开发的依据。

(2)新产品项目设计。对该新产品设计开发的主要内容做出明确判断,设计合理的技术路线,并对产品的主要功能、性能、结构、外观包装、技术参数做必要的说明;同时,把环境、安全因素影响及控制对策作为开发一项重要内容加以考虑,如甲醛含量、染料是否含有可分解芳香胺,污水排放是否达标等,婴幼儿、贴身穿着的内衣等产品尤其重要。

(3)项目技术难点、经济分析。提出项目的设计思想,对该新产品开发、生产过程中存在的主要技术难点做充分研究,提出可行的解决方案,对产品成本做出可靠的设计,从而保证产品更符合目标人群的购买需求,且能对企业有较好的经济效益。

(4)设计合理的产品开发进度。从原料、编织、染整、成衣制作到小批量生产、市场反馈等各个环节做详细的开发进度计划,从而按部就班地推进项目实施。

(5)资金、人员的配置。对各个环节的资金使用、人员的配置制订合理的计划,从而确保人员、资金的到位。

新产品立项是一件重要而又复杂的事,它从总体上设计产品,是开发成功与否的关键一步,立项完毕后,一定要组织相关市场营销、技术顾问、生产部门、财务部门等有关人员进行项目的审核,从而确保开发的新产品适应当前市场需求,技术路线可行,资金、人员及时到位,项目方可顺利实施。

2. 新产品技术工艺设计和质量标准

(1)原料采购及质量标准设计。为满足新产品质量、技术及成本要求,对原料生产厂家进行调研,按纱线设计标准对原料质量进行测试,合格后方可采用。并可采用比价采购方法,在质量满足要求的条件下比价采购所需原料。

(2)编织工艺设计。选取合适型号、机号、筒径的编织设备,按照设计要求设计组织结构,确定工艺参数(线圈长度、密度、毛坯单位面积质量、毛坯幅宽等),试织毛坯布。

(3)设计合理的染整工艺流程。工艺流程清晰可行,对于特殊要求的坯布面料进行必要的后整理,如进行抗菌处理、亲水性处理等,并进行实验。在设计工艺流程时,一定注意工艺流程必须达到环境、安全因素要求。污水达标排放,不使用可分解的芳香胺染料,生产过程中不使用含甲醛的助剂等,使产品在设计时就达到"绿色"环保要求。

(4)面料测试。染整后的针织净坯布要按设计要求进行必要的面料测试,包括色牢度、缩水率、强力、甲醛含量、pH、起毛起球性能等基本物理指标的测试,对于有特殊要求或需进行特殊整理的面料,还要根据产品设计的要求,进行特殊指标的测试,如芯吸高度、表面静电荷数、抗菌率、阻燃性能等功能性指标的测试。

根据面料测试结果,组织技术人员对面料进行评审。对原设计和生产过程中出现的问题进行分析,若不符合质量标准和设计要求,则需及时改进设计和技术等。

(5)款式、包装等制作。面料经过评审确认后,可以进行成衣和包装的设计及制作。成衣完成后再按照设计要求和国家标准进行成衣各项技术指标(如缩水率、强力、色牢度、耐氯性、甲醛含量等)的测试。

第三节 纬编针织物组织的表示方法

针织物组织的表示方法就是用专业化的图形或语言来描述织物内线圈的结构形态及其相互关系或它们的编织方法。纬编针织物组织可以用线圈图、意匠图和编织图表示。

一、线圈图

用图形描绘出线圈在织物内的形态称为线圈图或线圈结构图。可根据需要描绘织物的正面或反面,如图1-2(a)和图1-3(a)所示。从线圈图中,可直观地看出针织物结构单元的形态及其在织物内的连接与分布情况,有利于研究织物的结构和编织方法。但这种方法仅适用于较为简单的织物组织,对于较复杂的结构和大型花纹则绘制比较困难,也很难表示清楚。

二、意匠图

意匠图是把针织结构单元的组合规律,用指定的符号在小方格纸上表示的一种方法。意匠图中的行和列分别代表织物的横列和纵行。目前,意匠格中的符号及其含义还没有统一的标准,因此在绘制时通常要标明所用符号的含义。这些符号可以代表不同结构的线圈,如正面线圈、反面线圈、集圈、浮线或移圈等,也可以代表不同原料或不同色彩的线圈。图1-2(b)表示与图1-2(a)所示的线圈图相对应的结构意匠图。图1-3(b)则是图1-3(a)所示的色彩提花组织的意匠图。

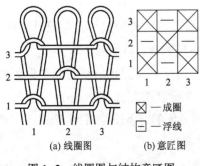

(a) 线圈图   (b) 意匠图

图1-2 线圈图与结构意匠图

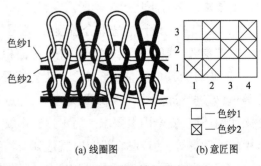

(a) 线圈图   (b) 意匠图

图1-3 线圈图与色彩意匠图

意匠图特别适合于表示花型较大的织物,尤其是色彩提花织物的组织。由于一个意匠图通常只能表示织物一面的信息,因此,要表示织物两面的信息,就要用两个意匠图分别表示出来。对于结构复杂的双面织物,它很难表示出前后针床线圈结构之间的关系。

三、编织图

编织图是将针织物的横断面形态按编织顺序和织针的工作情况,用图形表示的一种方法。它由织针和纱线在织针上的编织情况组成。织针通常用"|"或"."表示,还可以用不同长度的竖道表示不同针踵高度的织针。根据编织情况不同,分别用"⋎""∨"和"—"表示成圈、集圈和浮线。表 1-1 列出了编织图中常用的符号。图 1-4(a)、(b)分别为罗纹和双罗纹组织的编织图。

表 1-1　成圈、集圈、浮线和抽针符号表示法

编织方法	下　针	上　针	上下针
成　圈	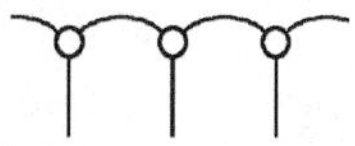	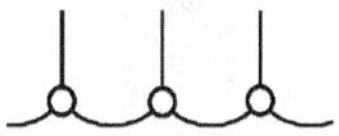	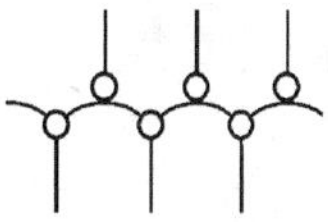
集　圈	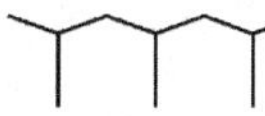	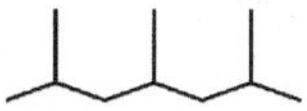	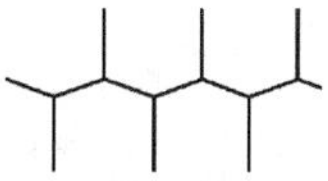
浮线(不编织)	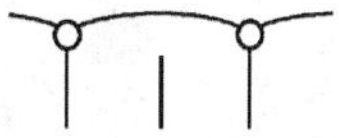	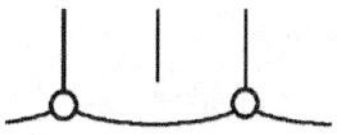	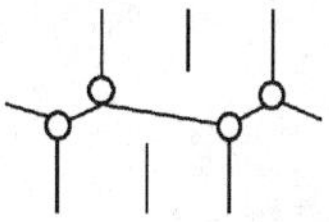
抽　针	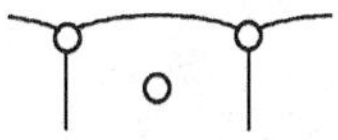		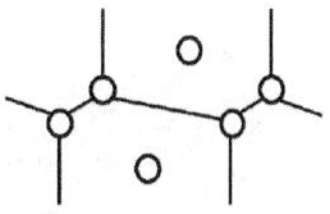

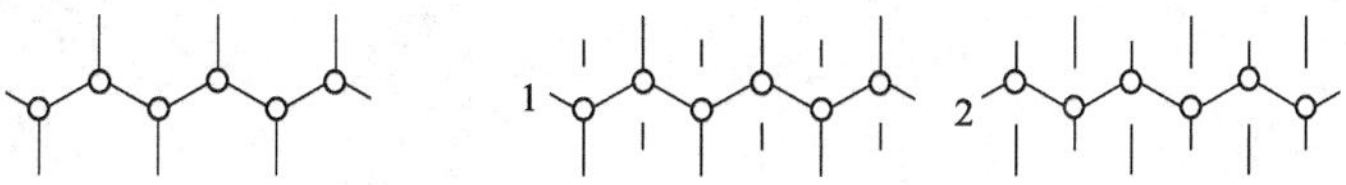

(a) 罗纹编织图　　　　(b) 双罗纹编织图

图 1-4　罗纹与双罗纹组织的编织图

编织图不仅表示了每一枚针所编织的结构单元,还表示了织针的配置与排列。在用于双面纬编针织物时,可以同时表示出上下(前后)针床织针的编织情况。这种方法适用于大多数纬编针织物,尤其适合于结构花型织物。但表示色织提花织物时,花形的直观性差,花形较大时绘制起来也比较麻烦。

思考题

1. 针织所用原料通常可分为哪几大类？

2. 针织所用纱线线密度指标主要有哪些？它们之间如何换算？

3. 纬编针织机机号和所能加工的纱线线密度之间是什么关系？

4. 纬编针织机机号和所加工织物的横密是什么关系？如何进行计算？

5. 表示针织物稀密程度的指标有哪些？它们的含义是什么？

6. 纬编针织物的幅宽与哪些因素有关？如何进行计算？

7. 纬编针织物组织的表示方法有哪些？各如何表示,有何特点？

第二章　纬编基本组织与变化组织

✱ **本章知识点**

1. 纬平针组织的结构、性能及其用途。
2. 罗纹组织的结构、命名、性能及其用途。
3. 双罗纹组织的结构、性能及其用途。
4. 双反面组织的结构、性能及其用途。

第一节　纬平针组织

一、纬平针组织的结构

纬平针组织(plain stitch，jersey stitch)又称平针组织，由连续的单元线圈向一个方向串套而成，是单面纬编针织物的基本组织(图2-1)。纬平针组织的两面具有不同的外观，一面呈现出正面线圈效果，即沿线圈纵行方向连续的"V"形外观，如图2-1(a)、(c)所示；另一面呈现出反面线圈效果，即由横向相互连接的圈弧所形成的波纹状外观，如图2-1(b)、(d)所示。在编织时，线圈是从织物的反面向正面串套过来，纱线中的一些杂质和粗节被阻挡在织物的

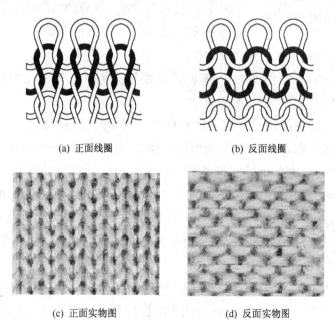

(a) 正面线圈　　　　　　　(b) 反面线圈

(c) 正面实物图　　　　　　(d) 反面实物图

图2-1　纬平针组织

反面。因此,织物正面比反面更加光滑、平整,而且由于对光线的反射不同,反面较正面暗淡。

二、纬平针组织的特性与用途

1. 线圈歪斜 在自由状态下,由于加捻的纱线捻度不稳定,力图退捻,有些纬平针织物线圈常发生歪斜,这在一定程度上影响了织物的外观与使用。

线圈的歪斜除与纱线的捻度有关外,还与纱线的抗弯刚度、织物的稀密程度等有关。纱线的抗弯刚度越大,织物歪斜性越大;织物的密度越小,歪斜性也越大。因此,采用低捻和捻度稳定的纱线,或两根捻向相反的纱线进行编织,适当增加织物的密度,都可以减小线圈的歪斜。

2. 卷边性 纬平针织物的边缘具有明显的卷边现象,它是由于织物边缘线圈中弯曲的纱线受力不平衡,在自然状态下力图伸直引起的。

卷边性不利于裁减缝纫等成衣加工,但可以利用这种卷边特性来设计一些特殊的织物结构。纱线的抗弯刚度、纱线线密度和织物的密度都可以影响织物的卷边性。

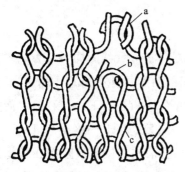

图 2-2　纬平针织物的纵向脱散

3. 脱散性 纬平针织物可沿织物横列方向脱散,也可以沿织物纵行方向脱散。横向脱散发生在织物边缘,此时纱线没有断裂,抽拉织物最边缘一个横列的纱线端可使纱线从整个横列中脱散出来,它可以被看作编织的逆过程。纬平针织物顺编织方向和逆编织方向都可脱散,因此,在制作成衣时需要缝边或拷边。纵向脱散发生在织物中某处纱线断裂时,此时线圈沿着纵行从断纱处依次从织物中脱离出来,从而使这一纵行的线圈失去了串套联系,如图2-2所示。线圈 a 断裂之后,线圈 b 就会从线圈 c 中脱离出来。这在用光滑长丝编织的丝袜中经常发生。

织物的脱散性与纱线的光滑程度、抗弯刚度及线圈长度有关,同时也与织物所受到的拉伸程度有关,当受到拉伸时,会加剧织物的脱散。

4. 延伸性 针织物在拉伸时有较大的延伸性。拉伸时线圈中纱线的形态发生变化,原来弯曲的纱线段可能伸直或更加弯曲,从而使拉伸方向上的织物长度增加,而使与其垂直方向上的织物长度缩短;纱线在线圈中配置的方向发生变化,如在纵向拉伸时,线圈的圈柱与织物纵行方向的夹角变小,从而使纵向长度增加;当进一步拉伸时,线圈中纱线与纱线之间的接触点开始移动,线圈的各部段相互转移,即在横向拉伸时圈柱变成圈弧,在纵向拉伸时圈弧变成圈柱,使织物在拉伸方向上伸长,而在另一个方向上缩短。这些都使得针织物有较大的延伸性。

纬平针组织织物轻薄、用纱量少,主要用于生产内衣、袜品、毛衫、服装的衬里和某些涂层材料底布等。纬平针组织也是其他单面花式织物的基础组织。常用棉纬平针织物的工艺参数见表2-1。

表 2-1 常用棉纬平针织物工艺参数

纱线线密度（tex）	机号（针/25.4mm）	筒径		幅宽（cm）	单位面积质量（g/m²）
		mm	英寸		
29	18	762	30	142	160
				147	180
	20			163	160
				168	180
	22			173	160
				178	180
	24			183	160
				188	180
29×2	16	762	30	173	260
				178	280
18	24	762	30	142	135
				152	135
	28	660	26	142	135
				152	135
		762	30	168	135
				173	135
		864	34	183	135
				188	135
18×2	22	762	30	178	220
				183	220
14.5	28	762	30	157	95
				163	105
14.5×2	24	762	30	168	170
				173	190

第二节　罗纹组织

一、罗纹组织的结构

罗纹组织（rib stitch）是双面纬编针织物的基本组织，它是由正面线圈纵行和反面线圈纵行以一定组合相间配置而成。罗纹组织通常根据一个完全组织中正反面线圈纵行的比例来命名，如 1+1、2+2、3+2、6+3 罗纹等，前面的数字表示一个完全组织中的正面线圈纵行数，后面的数字表示反面线圈纵行数。有时也用 1×1、1∶1 或 1—1 等方式表示。图 2-3 为由一个正面线圈纵行和一个反面线圈纵行相间配置形成的 1+1 罗纹组织。图中（a）是自由状态时的结构，（b）是横向拉伸时的结构，（c）是实物图。1+1 罗纹是最常用的罗纹组织。1+1 罗纹组织的一个完全组织（最小循环单元）包含了一个正面线圈和一个反面线圈，即由纱线 1—2—3—4—5组成（图 2-3）。它先形成正面线圈 1—2—3，接着形成反面线圈 3—4—5，然后又形成正面线圈 5—6—7，如此交替形成罗纹组织。由于一个完全组织中的正反面线圈不在同一平面上，因而沉降弧须由前到后，再由后到前地把正反面线圈连接起来，造成沉降弧较大的弯曲与扭转，结果使以正反面线圈纵行相间配置的罗纹组织每一面上的正面线圈纵行相互靠近。如图 2-3（a）所示，在自然状态下，织物的两面只能看到正面线圈纵行；在织物横向拉伸时，连接正反面线圈纵行的沉降弧趋向于与织物平面平行，反面线圈纵行就会被从正面线圈后面拉出来，如图 2-3（b）所示。

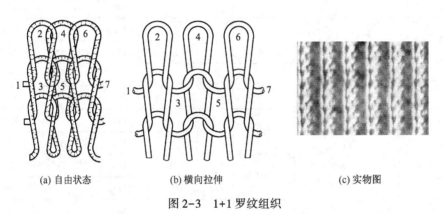

(a) 自由状态　　　　　　　(b) 横向拉伸　　　　　　　(c) 实物图

图 2-3　1+1 罗纹组织

二、罗纹组织的特性与用途

在横向拉伸时，罗纹组织具有较大的弹性和较好的延伸性。与纬平针组织的横向延伸度相比，任何一种罗纹组织的横向延伸度都大于纬平针组织的横向延伸度。

罗纹组织也能产生脱散现象，但它在边缘横列只能逆编织方向脱散，顺编织方向一般不脱散。当某一线圈纱线断裂时，罗纹组织也会发生线圈沿着纵行从断纱处梯脱的现象。

在正反面线圈纵行数相同的罗纹组织中，由于造成卷边的力彼此平衡，并不出现卷边现象。在正反面线圈纵行数不同的罗纹组织中，虽有卷边现象但不严重。在 2+2、2+3 等宽罗纹中，同类纵行之间可以产生卷曲的现象。

在罗纹组织中，由于正反面线圈纵行相间配置，线圈的歪斜方向可以相互抵消，所以织物就不会表现出歪斜的现象。

由于上述性能，罗纹组织特别适宜于制作内衣、毛衫、袜品等的边口部段，如领口、袖口、裤腰、裤脚、下摆、袜口等。由于罗纹组织顺编织方向不能沿边缘横列脱散，所以上述收口部段可直接织成光边，无需再缝边或拷边。罗纹织物还常用于生产贴身或紧身的弹力衫裤，特别是织物中衬入氨纶等弹性纱线后，服装的贴身、弹性和延伸效果更佳。良好的弹性也使其用来制作护膝、护腕和护肘等。

第三节　双罗纹组织

一、双罗纹组织的结构

双罗纹组织(interlock stitch)又称棉毛组织,是由两个罗纹组织彼此复合而成,即在一个罗纹组织的反面线圈纵行上配置另一个罗纹组织的正面线圈纵行,其结构如图2-4所示。这样,在织物的两面都只能看到正面线圈,即使在拉伸时,也不会显露出反面线圈纵行,因此也被称为双正面组织。它属于一种纬编变化组织。由于双罗纹组织是由相邻两个成圈系统形成一个完整的线圈横列,因此,在同一横列上的相邻线圈在纵向彼此相差约半个圈高。

同罗纹组织一样,双罗纹组织也可以分为不同的类型,如1+1、2+2等,分别由相应的罗纹组织复合而成。由两个2+2罗纹组织复合而成的双罗纹组织,又称八锁组织(eight-lock stitch)。

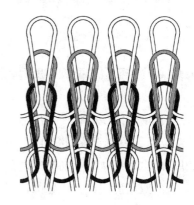

图2-4　1+1双罗纹组织

二、双罗纹组织的特性与用途

由于双罗纹组织是由两个罗纹组织复合而成,因此,在未充满系数和线圈纵行的配置与罗纹组织相同的条件下,其延伸性较罗纹组织小,尺寸稳定性好。同时边缘横列只可逆编织方向脱散。当个别线圈断裂时,因受另一个罗纹组织线圈摩擦的阻碍,不易发生线圈沿着纵行从断纱处分解脱散的梯脱现象。与罗纹组织一样,双罗纹组织也不会卷边,线圈不歪斜。双罗纹组织织物厚实,保暖性好,主要用于制作棉毛衫裤。此外,双罗纹组织还经常被用来制作休闲服、运动服、T恤衫和鞋里布等。

由于双罗纹组织每一横列是由两根纱线组成,因此,如果采用两种不同色纱编织,可以形成彩色纵条效果;而在不同横列中采用不同色纱进行编织,可以形成彩色横条效果;如果将两者结合起来,则可以形成彩色方格布。

另外,在上针盘或下针筒上抽去某些针槽中的织针,使这些地方形成单面的线圈结构,可得到各种纵向凹凸条纹,俗称抽条棉毛布。由于单面织物部分的卷边特性,会使得织物的凹凸效果更加明显,形成一种褶裥效应,可用作裙料。

第四节　双反面组织

一、双反面组织的结构

双反面组织(purl stitch, links and links stitch)也是双面纬编组织中的一种基本组织。它是

图2-5 双反面组织

由正面线圈横列和反面线圈横列交替配置而成,其结构如图2-5所示。在双反面组织中,由于弯曲的纱线段受力不平衡,力图伸直,使线圈的圈弧向外突出,圈柱向里凹陷,使织物两面都显示出线圈反面的外观,故称双反面组织。

图2-5所示的双反面组织是由一个正面线圈横列和一个反面线圈横列交替编织而成,为1+1双反面结构。如果改变正反面线圈横列配置的比例关系,还可以形成2+2、3+3、2+3等双反面结构。也可以按照花纹要求,在织物表面混合配置正反面线圈区域,形成凹凸花纹效果。

二、双反面组织的特性与用途

双反面组织由于线圈圈柱向垂直于织物平面的方向倾斜,使织物纵向缩短,因而增加了织物的厚度,也使织物在纵向拉伸时具有较大的延伸度,使织物的纵横向延伸度相近。与纬平针组织一样,双反面组织在织物的边缘横列顺、逆编织方向都可以脱散。双反面组织的卷边性是随着正反面线圈横列组合的不同而不同,对于1+1和2+2这种由相同数目正反面线圈横列组合的双反面组织,因卷边力相互抵消,不会产生卷边现象。

双反面组织只能在双反面机或具有双向移圈功能的双针床圆机和横机上编织。这些机器的编织机构较复杂,机号较低,生产效率也较低,所以该组织不如纬平针组织、罗纹组织和双罗纹组织应用广泛。双反面组织主要用于生产毛衫类产品。

☞思考题

1. 什么是纬平针组织?它在结构上和性能上有何特点?纬平针组织线圈歪斜和卷边产生的原因是什么?

2. 什么是罗纹组织?它是如何命名的?它在结构上和性能上有何特点?

3. 什么是双罗纹组织?它在结构上和性能上有何特点?

4. 什么是双反面组织?它在结构和性能上有何特点?

5. 画出纬平针组织正反面线圈的线圈图。画出3+2罗纹组织的线圈图。

6. 纬平针组织、罗纹组织和双罗纹组织在结构上和性能上有何区别?

第三章　纬编花色组织

✽ 本章知识点

1. 提花组织的结构、分类、特性和编织方法。

2. 集圈组织的结构、分类、特性和编织方法。

3. 添纱组织的结构、分类、特性以及基本编织方法和要求。

4. 衬垫组织的结构、分类、特性和编织方法。

5. 衬纬组织的结构、特性和编织方法。

6. 毛圈组织的结构、分类、特性和编织方法。

7. 长毛绒组织的结构特性，纤维毛条梳理喂入装置的工作原理与长毛绒组织的编织方法。

8. 纱罗组织的结构、分类、特性及其编织方法。

9. 菠萝组织的结构、分类、特性及其编织方法。

10. 波纹组织的结构、分类、特性及其编织方法。

11. 横条织物的结构特性和编织方法。

12. 绕经织物的结构、分类、特性和编织方法。

13. 衬经衬纬组织的结构、特性和基本编织方法。

14. 复合组织的概念，常用复合组织织物的分类、结构和特性。

第一节　提花组织

一、提花组织的结构与特性

提花组织(jacquard stitch)是按照花纹要求，有选择地在某些针上编织成圈，在不成圈的织针上纱线以浮线的形式处于织针后面所形成的一种纬编花色组织。其结构单元由线圈和浮线组成，如图 3-1 所示。提花组织有单面和双面之分。

（一）单面提花组织

单面提花(single-jersey jacquard)组织由平针线圈和浮线组成，有均匀和不均匀两种结构形式。

单面均匀提花组织一般采用不同颜色或不同种类的纱线进行编织，每一纵行上的线圈个数相同，大小基本一致。如图 3-2 所示为一双色单面均匀提花组织。单面均匀提花组织有如下

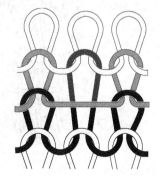

图 3-1　提花组织

特征:在每一个横列中每个纵行只能形成一次线圈,而且必须要形成一次线圈,否则线圈就不均匀;在每一个横列中,每一种色纱都必须至少编织一次线圈,即在双色提花中每一个横列中要有两种色纱出现,在三色提花中每一横列要有三种色纱出现;每个线圈后面都有浮线,浮线数等于色纱数减一,即两色提花线圈的后面有一根浮线,三色提花线圈的后面有两根浮线。均匀提花主要是通过不同纱线的组合来形成花纹效应,因此设计时采用意匠图来表示更为方便。但在单面均匀提花织物中,连续浮线的次数不宜太多,一般不超过4~5针。一方面在编织时,过长的浮线将会改变垫纱的角度,可能使纱线垫不到针钩里去;另一方面,在织物反面过长的浮线也容易引起勾丝和断纱,影响服用。为了解决这个问题,在花纹较大时,可以在长浮线的地方按照一定的间隔编织集圈线圈,以保证垫纱的可靠和减少浮线的长度,而集圈线圈也不会影响到织物的花纹效应,只会影响织物的平整度,这种带有集圈线圈的单面均匀提花织物也被称为阿考丁织物(accordion fabric)。

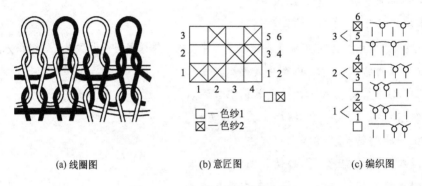

(a) 线圈图 (b) 意匠图 (c) 编织图

图3-2 双色单面均匀提花组织

不均匀提花组织更多采用单色纱线。如图3-3所示为一单色单面不均匀提花组织。在这类组织中,由于某些织针连续几个横列不编织,这样就形成了拉长的线圈。这些拉长了的线圈抽紧与之相连的平针线圈,从而使针织物表面产生凹凸效应。某一线圈拉长的程度与连续不编织(即不脱圈)的次数有关。通常用"线圈指数"来表示编织过程中某一线圈连续不脱圈的次

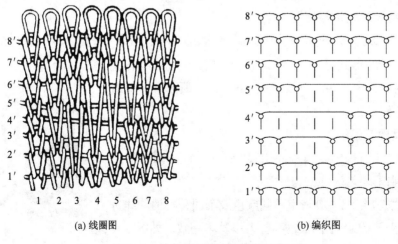

(a) 线圈图 (b) 编织图

图3-3 单色单面不均匀提花组织

数,线圈指数越大,一般线圈越大,凹凸效应越明显。如果拉长线圈按花纹要求配置在平针线圈中,就可得到不同效应的凹凸花纹。但在编织这种组织时,织物的牵拉张力和给纱张力应较小而均匀,否则易产生破洞;同时,连续不编织的次数也不能太多,即"线圈指数"不能太大。

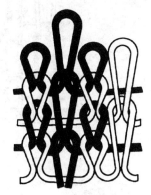

　　不均匀提花组织也可用来编织短浮线的单面多色提花组织,如图3-4所示,为使浮线减少而将提花线圈纵行与平针线圈纵行按照一定的比例适当排列,偶数线圈纵行为提花线圈,奇数线圈纵行为平针线圈,俗称"混吃条"。在编织时,提花线圈纵行对应的织针按花纹选针编织,平针线圈纵行对应的织针则在每一成圈系统均参加编织。设计时可按花纹和风格要求,将提花线圈纵行与平针线圈纵行按2:1,3:1或4:1间隔排列。这些平针线圈纵行使织物的浮线减短,相应的浮线最长分别是2、3或4针。织物中由于提花线圈高度比平针线圈的高度成倍

图3-4　短浮线的单面不
均匀提花组织

增加(增加的倍数取决于色纱数,如两色提花为2:1,三色提花为3:1),使提花线圈纵行凸出在织物表面,平针线圈纵行凹陷在内。由于在袜子中较长的浮线会使穿着不便,多采用这种方法编织单面提花袜,现在也被用于无缝内衣产品。尽管这是一种减短浮线的有效方法,但由于平针线圈纵行的存在,对花纹的整体外观有一定的影响,有时甚至破坏了花纹的完整性,故在面料产品中一般采用较少。

(二)双面提花组织

　　双面提花(double-jersey jacquard, rib jacquard)组织在具有两个针床的针织机上编织而成,其花纹可以在织物的一面形成,也可在织物的两面形成。在实际生产中,大多采用在织物的正面按照花纹要求提花,反面按照一定的结构进行编织。双面提花组织的反面结构有横条、纵条、芝麻点和空气层等。

　　在编织横条反面双面提花时,每一成圈系统所有的反面线圈对应织针都参加编织,故又被称为完全提花。图3-5所示为一横条反面双面提花组织。正面由两根不同的色纱形成一个提花线圈横列,编织所要求的花纹;反面一种色纱编织一个线圈横列,形成横条效应。在这种组织中,由于反面织针每个成圈系统都编织,反面线圈的纵密比正面线圈纵密大,其差异取决于色纱数,如色纱数为2,正反面纵密比为1:2;色纱数为3,正反面纵密比为1:3。色纱数越多,正反面纵密的差异就越大,从而会影响正面花纹的清晰及牢度。因此,设计与编织横条反面双面提花组织时,色纱数不宜过多,一般2~3色为宜。这种双面提花组织现在很少采用。

　　芝麻点反面双面提花的每一个反面横列由两种色纱交替编织而成,故又被称为不完全提花组织。图3-6和图3-7所示分别是两色和三色芝麻点反面双面提花组织。可以看出,不管色纱数多少,织物反面每个横列的线圈都是由两种色纱编织而成,并呈一隔一排列,其正反面线圈纵密差异随色纱数不同而异。当色纱数为2时,正反面线圈纵密比为1:1;色纱数为3时,正反面线圈纵密比为2:3。在这种组织中,两个成圈系统编织一个反面线圈横列,因此正反面的纵向密度差异较小。由于织物反面不同色纱线圈分布均匀,减弱了"露底"的现象。

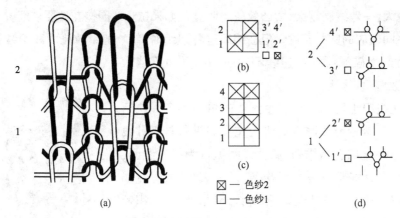

图 3-5　横条反面双面提花组织

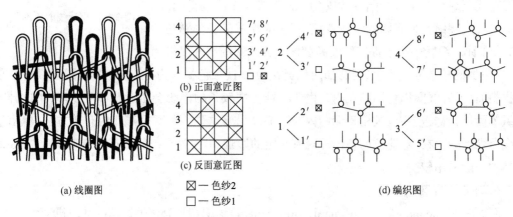

图 3-6　两色芝麻点反面双面提花组织

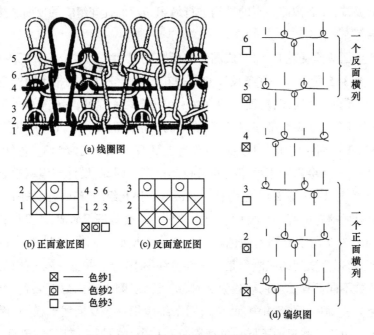

图 3-7　三色芝麻点反面双面提花组织

　　空气层反面双面提花织物两面均按照花纹要求选针编织,通常正反面选针互补,即正面选针编织时,反面不编织;正面不编织的地方,反面针编织。当编织两色提花时,正反面花形相同但颜色相反,形成正反面颜色互补的色彩效应,如图3-8所示。空气层反面双面提花织物只能在具有双针床选针功能的提花纬编机上编织,如电脑提花横机。该产品织物厚实,紧密,花型清晰,不易露底。但在满针编织时,织物单位面积质量较大。为了降低织物单位面积质量,在织物反面也可以隔针编织,图3-9所示为反面1隔2选针编织的空气层反面双面提花组织。

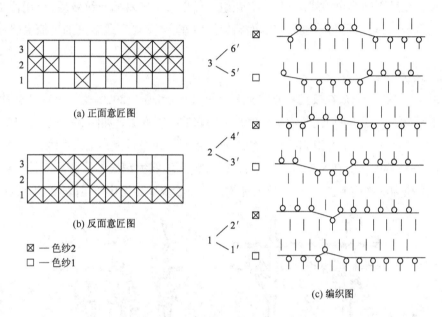

图 3-8　空气层反面双面提花组织

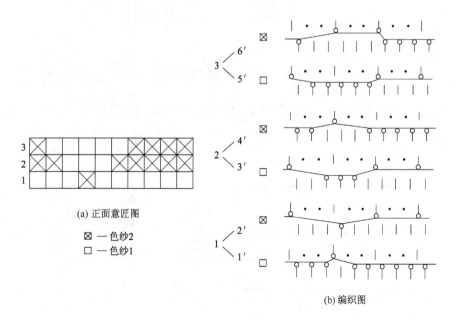

图 3-9　1隔2抽针空气层反面双面提花组织

(三)提花组织的特性与用途

由于提花组织中存在浮线,因此横向延伸性较小。单面提花组织的反面浮线不能太长,以免产生抽丝。在双面提花组织中,由于反面织针参加编织,因此不存在浮线过长的问题,即使有也被夹在织物两面的线圈之间,对服用影响不大。此外,由于提花组织的线圈纵行和横列是由几根纱线形成的,因此,它的脱散性较小,织物较厚,单位面积质量较重。提花组织一般几个编织系统才编织一个提花线圈横列,因此生产效率较低,色纱数越多,生产效率越低,通常色纱数不超过 4 种。在用不同颜色纱线编织时,提花组织可以形成丰富的花纹效应,可用作 T 恤衫、羊毛衫等外穿服装面料,沙发布等室内装饰面料以及汽车、火车等交通工具的坐椅套等。

二、提花组织的编织方法

提花组织是将纱线垫放在按花纹要求所选择的织针上编织成圈,因此必须在有选针功能的针织机上才能编织。下面以单面提花组织为例来说明它的编织方法。如图 3-10 所示,其中(a)表示织针 1 和织针 3 被选上后上升退圈并垫上新纱线 a,织针 2 未被选上不上升退圈,也不能钩取新纱线,旧线圈仍在针钩内;(b)表示织针 1 和织针 3 下降,新纱线编织成新线圈。而挂在针 2 针钩内的旧线圈在牵拉力的作用下被拉长,未垫入针钩内的新纱线呈浮线状处在拉长的旧线圈后面。

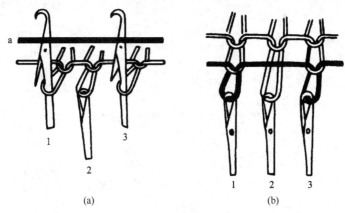

图 3-10 单面提花组织的编织方法

在提花组织的编织过程中织针处于编织和不编织两种状态,两种走针轨迹,如图 3-11 所

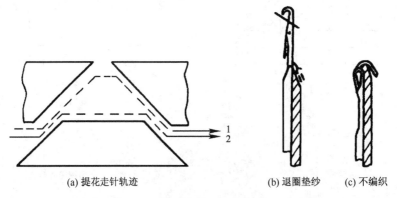

(a) 提花走针轨迹   (b) 退圈垫纱   (c) 不编织

图 3-11 编织提花组织的走针轨迹

示。轨迹1为编织时的走针轨迹,表示被选中参加编织的织针上升到退圈高度[图3-11(b)],旧线圈被退到针舌之下,然后织针下降垫纱形成新线圈。轨迹2是未选中的织针的走针轨迹,它未上升到退圈的高度[图3-11(c)],所以不编织。

第二节 集圈组织

一、集圈组织的结构与特性

集圈组织(tuck stitch)是在针织物的某些线圈上,除套有一个封闭的旧线圈外,还有一个或几个未封闭悬弧的一种纬编花色组织,其结构单元为线圈和悬弧,如图3-12所示。具有悬弧的旧线圈形成拉长线圈。根据集圈悬弧跨过针数的多少,集圈组织可分为单针集圈、双针集圈和三针集圈等。集圈悬弧跨过一枚针的集圈称单针集圈(图3-12中a),跨过两枚针上的集圈称双针集圈(图3-12中b),跨过三枚针的集圈称三针集圈(图3-12中c),依此类推。根据某一针上连续集圈的次数,集圈组织又可分为单列、双列及多列集圈。针上有一个悬弧的称单列集圈(图3-12中c),两个悬弧的称双列集圈(图3-12中b),三个悬弧的称三列集圈(图3-12中a),在一枚针上连续集圈的次数一般可达到7~8次。集圈次数越多,旧线圈承受的张力越大,容易造成断纱和针钩的损坏。通常把

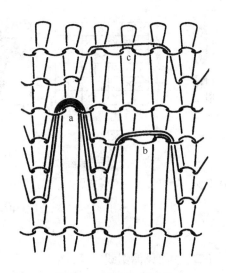

图3-12 集圈组织结构

集圈针数和列数连在一起称呼,将a称为单针三列集圈,b称为双针双列集圈,c称为三针单列集圈。

集圈组织可分为单面集圈和双面集圈两种类型。

(一)单面集圈组织

单面集圈组织是在平针组织的基础上进行集圈编织而形成的。单面集圈组织的花纹变化繁多,利用集圈单元在平针中的排列可形成各种结构花色效应。如利用集圈可形成凹凸效应和网孔效应,采用色纱编织可形成彩色花纹效应。另外,还可以利用集圈悬弧来减少单面提花组织中浮线的长度。

如图3-13所示为采用单针单列集圈单元在平针线圈中规律排列形成的一种斜纹效应。如集圈单元采用单针双列集圈,效果更为明显。这些集圈单元如采用不规则的排列还可形成绉效应的外观。另外,由于成圈和集圈反光效果存在差异,在针织物上还会产生一种阴影效应。集圈单元在针织物正面形成的线圈被拉长,而反面由于悬弧的线段较长,因此,无论在织物正面或反面对光的反射均较亮,线圈较暗,从而形成阴影效应。

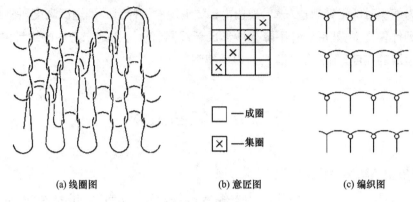

(a) 线圈图　　　　　　　　(b) 意匠图　　　　　　　　(c) 编织图

图 3-13　具有斜纹效应的集圈组织

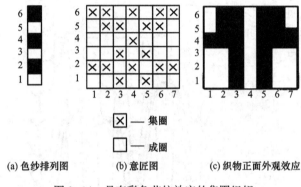

□—成圈
☒—集圈

(a) 色纱排列图　　(b) 意匠图　　(c) 织物正面外观效应

图 3-14　具有彩色花纹效应的集圈组织

图 3-14 所示为采用两种色纱和集圈单元组合形成的彩色花纹效应。集圈组织中悬弧被正面拉长线圈遮盖,不显露在织物正面。当采用色纱编织时,在织物正面只显示出拉长线圈色纱的色彩效应。从图 3-14(c)的色效应图中可以看出,凡是在图(b)所示的成圈的地方,它就显示图(a)中当前横列色纱的颜色;而在图(b)中有集圈的地方,它所显示的则是上一横列线圈的颜色。

(二)双面集圈组织

双面集圈组织是在双针床的针织机上编织而成。它可以在一个针床上集圈,也可以同时在两个针床上集圈。双面集圈组织不仅可以生产带有集圈效应的针织物,还可以利用集圈单元来连接两个针床分别编织的平针线圈,得到织物两面具有不同风格的织物和具有一定间隔厚度的织物。

常用的双面集圈组织为畦编(cardigan)和半畦编(half cardigan)组织。图 3-15 所示为半畦编组织,集圈只在织物的一面形成,两个横列完成一个循环。半畦编组织由于结构不对称,两面外观效应不同。如图3-16 所示为畦编组织,集圈在织物的两面交替形成,两个横列完成一个循

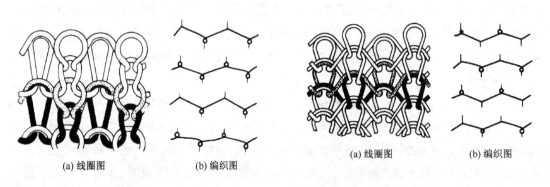

(a) 线圈图　　　　　　　　(b) 编织图　　　　　　　　　　(a) 线圈图　　　　　　　　(b) 编织图

图 3-15　半畦编组织　　　　　　　　　　　　　图 3-16　畦编组织

环。畦编组织结构对称,两面外观效应相同。由于悬弧的存在和作用,畦编和半畦编组织比罗纹组织织物重、厚实、宽度增加,它们被广泛用于毛衫生产中。

(三)集圈组织的特性与用途

集圈组织的花色变化较多,利用集圈的排列和不同色彩与性能的纱线,可编织出表面具有图案、闪色、孔眼以及凹凸等效应的织物,使织物具有不同的服用性能与外观。

集圈组织的脱散性较平针组织小,但容易抽丝。由于集圈的后面有悬弧,所以其厚度较平针与罗纹组织大。集圈组织的横向延伸较平针与罗纹小。由于悬弧的存在,织物宽度增加,长度缩短。集圈组织上的线圈大小不均匀,因此,强度较平针组织与罗纹组织小。

二、集圈组织的编织方法

集圈组织可以在钩针纬编机上编织,也可以在舌针纬编机上编织,如今,多数产品在舌针纬编机上进行编织。

在舌针纬编机上,集圈组织可以用不完全退圈法和不完全脱圈法两种方法进行编织。在不完全退圈法中,退圈时,织针只上升到集圈高度,旧线圈仍然挂在针舌上;垫纱后,织针下降,新纱线和旧线圈一起进入针钩里,新纱线形成悬弧,旧线圈形成拉长线圈。如图 3-17(a) 所示,针 1 和针 3 被选中后沿退圈三角上升到退圈最高点,针 2 只上升到集圈高度,旧线圈仍挂在针舌上,随后垫入新纱线 H。当针 1、针 2 和针 3 下降时,三枚针都钩住新纱线。在脱圈阶段,针 1 和针 3 上的旧线圈从针头上脱下来,进入针钩的纱线形成新线圈;而针 2 上的旧线圈仍然在针钩里,不能从针头上脱下来,使其针钩内的新纱线不能形成封闭的线圈,只能形成未封闭的悬弧,与旧线圈一起形成集圈,如图 3-17(b) 所示。

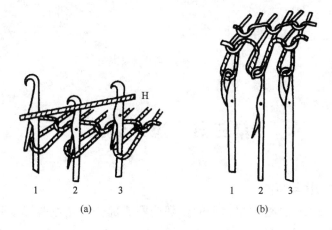

图 3-17 不完全退圈法集圈

由于编织时,织针分别处于成圈和集圈两种状态,因此需要有两种走针轨迹。如图 3-18(a)所示,轨迹 1 为成圈时的走针轨迹,其最高点为织针完全退圈高度,此时旧线圈处于针杆上[图 3-18(b)]。轨迹 2 为编织集圈的走针轨迹,其最高点为集圈高度,旧线圈不能够从针舌上退下来[图 3-18(c)],但是可以垫放新纱线。

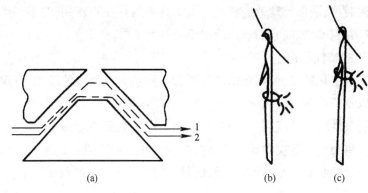

图 3-18　不完全退圈法集圈的走针轨迹

在不完全脱圈法的集圈中,在退圈时,集圈针和成圈针一样,都要上升到退圈最高点,旧线圈也要从针钩里退到针杆上,在垫纱时,织针垫上新纱线,如图 3-19(a)所示。但在下降弯纱时,集圈针只下降到套圈高度,并不下降到弯纱最深点,旧线圈没有从针头上脱下来,如图 3-19(b)所示。这样,再退圈时旧线圈与新纱线一起退到针杆上,由新纱线形成悬弧,旧线圈形成拉长线圈,如图 3-19(c)所示。

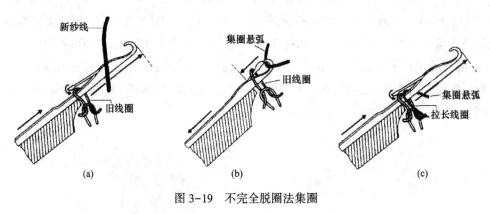

图 3-19　不完全脱圈法集圈

第三节　添纱组织

一、添纱组织的结构与特性

添纱组织(plating stitch)是指织物上的全部线圈或部分线圈由两根或两根以上的纱线形成,各纱线所形成的线圈按照要求分别处于织物的正面或反面的一种纬编花色组织,最常用的是两根纱线所形成的添纱组织,如图 3-20 所示。

添纱组织可分为全部线圈添纱和部分线圈添纱两大类。

(一)全部线圈添纱组织

全部线圈添纱组织是指织物内所有的线圈都是由两根或两根以上的纱线组成,织物的一面显露一种纱线的线圈,织物的另一面显露另一种纱线的线圈。当采用两种不同色彩或性质的纱线编织时,所得到的织物两面具有不同的色彩和服用性能。如图 3-20 所示是一种平针全部线圈添纱组织,图中 1 为地纱(ground yarn),2 为面纱(plating yarn),面纱始终显露在织物的正面,地纱始终显露在织物的反面。如在编织过程中,根据花纹要求相互交换两种纱线在织物正面和反面的相对位置,就会得到一种交换添纱(reverse plating)组织,如图 3-21 所示。全部线圈添纱组织还可以罗纹为地组织,形成罗纹添纱组织。

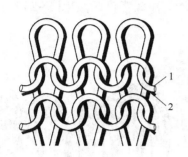

图 3-20 添纱组织

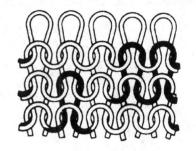

图 3-21 交换添纱组织

(二) 部分线圈添纱组织

部分线圈添纱组织是指在地组织内,仅有部分线圈进行添纱。如图 3-22 所示为浮线添纱(float plating)组织,又称架空添纱组织。它是将添纱纱线 2 沿横向喂入形成线圈,覆盖在地组织的部分线圈上形成的一种部分添纱组织。在没有形成添纱线圈的地方,添纱纱线以浮线的形式处于平针地组织线圈的后面,故称为浮线添纱。通常,地纱纱线 1 较细,添纱纱线 2 较粗,在地纱成圈处织物稀薄,呈网孔状外观,常用于袜品和无缝内衣生产,形成网眼结构。

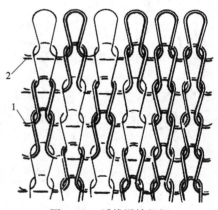

图 3-22 浮线添纱组织

(三) 添纱组织的特性与用途

全部添纱组织的线圈的几何特性基本上与地组织相同,在用两种不同的纱线编织时,织物两面可具有不同的色彩或服用性能,当采用两根不同捻向的纱线进行编织时,还可以消除单面针织物线圈歪斜的现象。以平针为地组织的全部线圈添纱组织可用于功能性、舒适性要求较高的内衣和 T 恤衫面料,如丝盖棉、导湿快干织物等。目前用的更多的是将氨纶弹力纱以添纱的方式加入到地组织中以增加织物的弹性和尺寸稳定性。

部分添纱组织中由于浮线的存在,延伸性和脱散性较相应的地组织小,但容易引起勾丝。部分添纱组织主要用于袜品和无缝内衣产品。

二、添纱组织的编织方法

添纱组织的成圈过程与基本组织相同。但为了保证一个线圈覆盖在另一个线圈之上且具有所要求的相对位置关系,在编织时对织针、导纱器、沉降片、纱线张力以及纱线本身均有相应的要求,操作技术要求较高,处理不当会影响两个线圈的覆盖关系。

在编织添纱组织时,必须采用特殊的纱线喂入装置以便同时喂入地纱和添纱,并保证使添纱显露在织物正面,地纱处于织物反面。要使添纱很好地覆盖地纱,两种纱线必须保持如图3-23所示的相互配置关系,地纱始终处于织物反面,添纱始终处于织物正面。为达到这种配置关系,垫纱时必须保证地纱1离针背较远,而添纱2离针背较近,如图3-24所示。

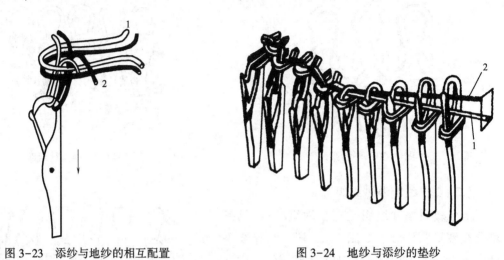

图3-23　添纱与地纱的相互配置　　　　　　　图3-24　地纱与添纱的垫纱

除了垫纱角外,织针和沉降片的外形,纱线本身的性质(线密度、摩擦因数、刚度等)、线圈长度、给纱张力以及牵拉张力等也影响到添纱的位置关系。

第四节　衬垫组织

一、衬垫组织的结构与特性

衬垫组织(fleecy stitch, laying-in stitch, laid-in stitch)是在地组织的基础上衬入一根或几根衬垫纱线,衬垫纱按照一定的比例在织物的某些线圈上形成不封闭的悬弧,在不形成悬弧的地方以浮线的形式处于织物反面的一种纬编花色组织。其基本结构单元为线圈、悬弧和浮线。衬垫组织可以平针、添纱、集圈、罗纹或双罗纹等组织为地组织,最常用的是平针组织和添纱组织。

(一)平针衬垫组织

平针衬垫(two-thread fleecy)组织以平针为地组织,又称两线衬垫或二线绒,如图3-25所示。1为地纱(ground yarn),编织平针组织;2为衬垫纱(fleecy yarn),它按一定的比例在地组织的某些线圈上形成悬弧,在另一些线圈的后面形成浮线,它们都处于织物的反面。但在衬垫纱与平针线圈沉降弧的交叉处,衬垫纱显露在织物的正面,这样就破坏了织物的外观,在衬垫纱较粗时更为明显,如图3-25(a)中的a、b处。由于衬垫纱不成圈,因此,可以采用比地纱粗的纱线或各种不易成圈的花式纱线以形成花纹效应。根据花纹要求还可以在同一个横列同时衬入多

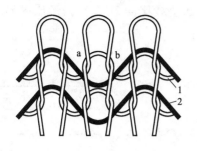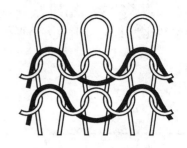

(a) 正面线圈图　　　　　　　　　　　　(b) 反面线圈图

图 3-25　平针衬垫组织结构

根衬垫纱线,如图 3-26 所示。在该组织中每一个横列同时衬入两根衬垫纱线,以增加花纹效应。

(二)添纱衬垫组织

添纱衬垫(three-thread fleecy)组织是以添纱组织为地组织形成的衬垫组织,是一种最常用的衬垫组织,由面纱、地纱和衬垫纱构成,故通常被称作三线衬垫或三线绒。添纱衬垫组织结构如图 3-27 所示,1 为面纱,2 为衬垫纱,3 为地纱,面纱和地纱形成添纱组织,衬垫纱按一定的间隔在织物的某些线圈上形成不封闭的悬弧,在另一些线圈后面形成浮线。与平针衬垫组织不同的是,在衬垫纱与地组织线圈沉降弧的交接处,衬垫纱被夹在地组织线圈的地纱与面纱之间,既不显露在织物正面,从而改善了织物的外观,又不易从织物中抽拉出来。

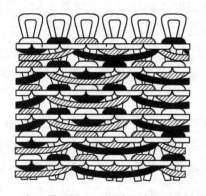　　　

图 3-26　每一横列衬入两根衬垫纱的平针衬垫组织　　　图 3-27　添纱衬垫组织结构

添纱衬垫组织的地组织由面纱和地纱组成,它们的相互位置与添纱组织一样,即面纱覆盖在地纱之上,因此,织物的正面外观取决于面纱的品质,但其使用寿命取决于地纱的强度,即使面纱磨断了,仍然有地纱锁住衬垫纱,使织物保持完整。

(三)衬垫纱的垫纱比

垫纱比是指衬垫纱在地组织上形成的不封闭悬弧与浮线之比,常用的有 1:1、1:2 和 1:3 等,目前生产中应用较多的为 1:2。

利用改变衬垫纱的垫纱顺序、垫纱根数或不同颜色的衬垫纱线可形成不同的花纹效应。图 3-28 为几种不同的垫纱方式。图 3-28(a)的垫纱比为 1:1,可形成凹凸效应外观;图 3-28(b)

的垫纱比为1:2,可形成斜纹外观;图3-28(c)的垫纱比同为1:2,但形成纵向直条纹外观;图3-28(d)的垫纱比为1:3,可形成方格形外观。

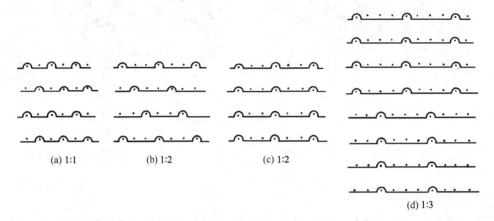

(a) 1:1   (b) 1:2   (c) 1:2

(d) 1:3

图3-28 几种不同的垫纱方式

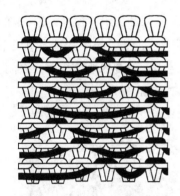

图3-29 同一织物中采用
不同的垫纱比

在上面花纹效应中,每种织物均采用一种垫纱比。如果花纹需要,也可以在同一织物中采用几种不同的垫纱比,如图3-29所示。

（四）衬垫组织的特性与用途

添纱衬垫组织可通过起绒形成绒类织物。起绒时,衬垫纱在拉毛机的作用下形成短绒,提高了织物的保暖性。为了便于起绒,衬垫纱可采用捻度较低但较粗的纱线。起绒织物表面平整,保暖性好,可用于保暖服装和运动衣。

平针衬垫织物通常不进行拉绒,主要用作休闲装和T恤衫面料。采用不同的垫纱比方式和花式纱线还能形成一定的花纹效应。这类织物由于衬垫纱的存在,因此横向延伸性小,织物尺寸稳定。

二、衬垫组织的编织工艺

平针衬垫组织的编织工艺较简单,在普通的单面多针道针织机上就能编织。而添纱衬垫组织则需要专用的机器编织。在我国,以前添纱衬垫组织主要在台车上用钩针进行编织,现在大多采用三线绒舌针大圆机进行编织。

由于添纱衬垫组织采用面纱、地纱和衬垫纱三根纱线编织,因此,在舌针机上编织时,编织一个横列需要三路编织系统,如图3-30所示。这里的成圈机件包括织针A、导纱器B、沉降片C,从左到右的各成圈系统分别垫入衬垫纱D、面纱E和地纱F。在衬垫纱喂入系统,织针按照垫纱比由三角进行选针形成悬弧或浮线,形成悬弧时织针沿图中实线Ⅰ所示的走针轨迹运行,形成浮线时织针沿图中虚线Ⅱ所示的走针轨迹运行。其成圈过程如图3-31所示。

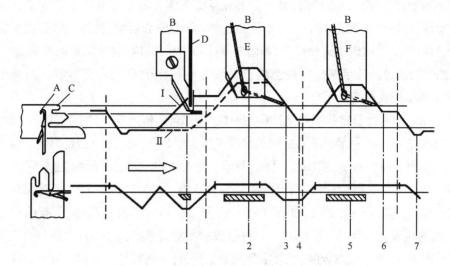

图 3-30　舌针编织添纱衬垫组织的走针轨迹

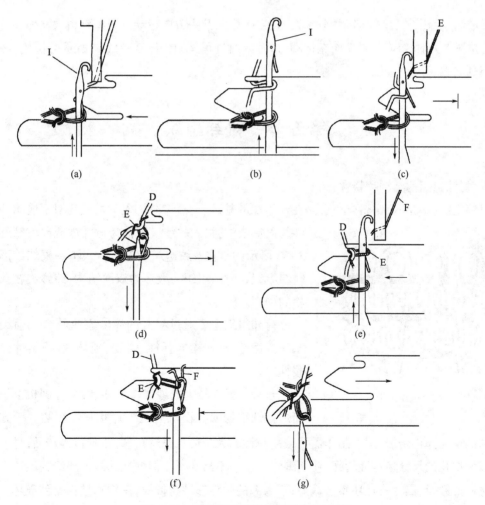

图 3-31　舌针编织添纱衬垫组织的过程

1. 喂入衬垫纱 编织衬垫纱时,被选上形成悬弧的织针根据垫纱比的要求上升到集圈高度钩取衬垫纱 D,如图 3-31(a)所示。然后沉降片向针筒中心运动,使衬垫纱弯曲。这些织针继续上升,衬垫纱从针钩内移到针杆上,如图 3-31(b)所示,此时,这些织针的针头处于图 3-30 中 2 所示的实线高度。其余织针在衬垫纱喂入系统中不上升,此后在面纱喂入系统中上升到图 3-30 中 2 所示的虚线高度。

2. 喂入面纱 两种高度的织针随针筒的回转,在三角的作用下,至图 3-30 中 3 的位置,喂入面纱 E,如图 3-31(c)所示。所有的织针继续下降至图 3-31 中 4 的位置,形成悬弧的织针上的衬垫纱 D 脱圈在面纱 E 上,如图 3-31(d)所示。此时,衬垫纱在沉降片的上片颚上。

3. 喂入地纱 针筒继续回转,所有的织针上升至图 3-30 中 5 的位置,此时面纱形成的线圈仍然在针舌上,然后垫入地纱 F,如图 3-31(e)所示。随着针筒的回转,所有的织针下降至图 3-31 中 6 的位置,此时织针、沉降片与三种纱线的相对关系如图 3-31(f)所示。当所有织针继续下降至图 3-30 中 7 的位置时,织针下降至最低点,针钩将面纱和地纱一起在沉降片的下片颚上穿过旧线圈,形成新线圈,这时衬垫纱就被夹在面纱和地纱之间,一个横列编织完成 [图 3-31(g)]。

在成圈过程中,织针和沉降片分别按图 3-31 中的箭头方向运动。当织针再次从图 3-31(g)所示的位置上升时,沉降片重新向左运动,这时成圈过程又回到图 3-31(a)所示的位置,进行下一个横列的编织。

第五节　衬纬组织

一、衬纬组织的结构和特性

衬纬组织(weft insertion stitch)是在地组织的基础上,沿纬向衬入一根或几根不成圈的辅助

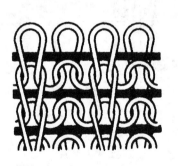

图 3-32　衬纬组织结构

纱线而形成的,衬入的纱线被称为衬纬纱或简称纬纱。图 3-32 所示的是在罗纹组织基础上衬入了一根纬纱形成的衬纬组织。衬纬组织一般多为双面结构,纬纱夹在双面织物的中间。

衬纬组织主要通过衬入的纬纱来改善和加强织物的某一方面性能,如横向弹性、强度、延伸性、稳定性以及保暖性等。

若采用弹性较大的纱线作为纬纱,可在圆机上编织圆筒形弹性织物或在横机上编织片状弹性织物。一方面可使织物的横向弹性增加,用以制作需要较高弹性的无缝内衣、袜口、领口、袖口等产品;另一方面也可以使织物的尺寸稳定性增强,使所编织的产品不易变形。但弹性纬纱衬纬织物不适合加工裁剪缝制的服装,因为一旦坯布被裁剪,不成圈的弹性纬纱将回缩,使织物结构受到破坏。如果要生产裁剪缝制的弹性针织坯布,一般弹性纱线应以添纱方式成圈编织。

当采用非弹性纬纱时,衬入的纬纱可降低织物的横向延伸性,编织尺寸稳定、延伸性小的织物,适宜制作外衣。在采用高强度高模量的纱线进行衬纬时,还可以使织物在横向产生增强效果,用于生产某些产业用织物。

在双层织物中,若将蓬松的低弹丝或其他保暖性能优良的纱线衬入正反面的夹层中,可以生产优良的保暖内衣面料,俗称"三层保暖"织物。

二、衬纬组织的编织工艺

在双针床针织机上编织衬纬组织不需要专门的机器,只需在常规的机器上加装特殊的导纱器或通过对普通导纱器进行调整,使衬纬纱线仅喂入到上、下织针的背面,而不进入针钩参加编织,从而将衬入的纬纱夹在正反面线圈的圈柱之间。其编织原理如图 3-33 所示。图 3-33 的1、2 是上、下织针运动轨迹。地纱穿在导纱器 3 的导纱孔 4 内,喂入到织针上进行编织。衬纬纱穿在特殊的衬纬导纱器 5 的喂纱嘴 6 内,喂入到上、下织针的针背一面。当上、下织针在起针三角作用下出筒口进行退圈时,就把纬纱夹在上、下织针的线圈之间。如图 3-34 所示,有些双面针织机没有特制的喂纱嘴,可选用上一路的导纱器作为喂纱嘴,但导纱器的安装需适应衬纬的要求,同时这一路上、下织针应不参加编织。

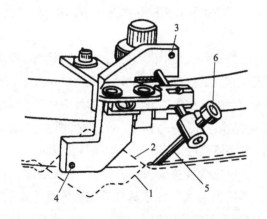

图 3-33　带有衬纬导纱管进行衬纬的编织原理

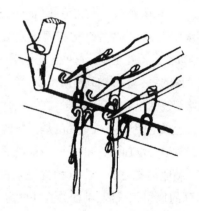

图 3-34　利用常规导纱器进行衬纬的编织原理

第六节　毛圈组织

一、毛圈组织的结构与特性

毛圈组织(plush stitch)是由地组织线圈和带有拉长沉降弧的毛圈线圈组合而成的一种花色组织。如图 3-35 所示,毛圈组织一般由两根纱线编织而成,一根编织地组织线圈,另一根编织毛圈线圈,两根纱线所形成的线圈以添纱的形式存在于织物中。毛圈组织可分为普通毛圈和花式毛圈两类,并有单面毛圈和双面毛圈之分。

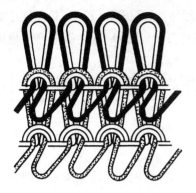

图 3-35 普通毛圈组织结构

(一)普通毛圈组织

普通毛圈(unpatterned plush)组织是指每一只地组织线圈上都有一个毛圈线圈,而且所形成的毛圈长度是一致的,又称为满地毛圈(all-over plush),它能得到最密的毛圈。如图 3-35 所示为普通毛圈的结构,它的地组织为平针组织,毛圈通过剪毛以后可以形成天鹅绒(velour)织物,是一种应用广泛的毛圈组织。

一般普通的毛圈组织,地纱线圈显露在织物正面并覆盖住毛圈线圈,俗称"正包毛圈"。这可防止在穿着和使用过程中毛圈纱被从正面抽拉出来,尤其适合于要对毛圈进行剪毛处理的天鹅绒织物。如果毛圈纱线圈显露在织物正面,将地纱线圈覆盖住,而织物反面仍是拉长沉降弧的毛圈,俗称"反包毛圈"。在后整理工序中,可对"反包毛圈"正反两面的毛圈纱进行起绒处理,形成双面绒织物。

(二)花式毛圈组织

花式毛圈(patterned plush)组织是指通过毛圈形成花纹效应的毛圈组织,可分为提花毛圈组织、浮雕花纹毛圈组织和高低毛圈组织等。

1. 提花毛圈组织　提花毛圈(jacquard plush)组织的每个毛圈横列由两种或两种以上的色织毛圈编织而成,有两种结构和编织方法。

(1)非满地提花毛圈。这种提花毛圈的每一提花毛圈横列由几个横列的地组织线圈组成,即两色提花毛圈的每一毛圈横列由两个横列的地组织线圈组成,三色提花毛圈的每一毛圈横列由三个横列的地组织线圈组成,依此类推。在编织时,每一路所有的地纱都参加编织,而毛圈纱则是有选择地在某些针上成毛圈,在不成毛圈的地方与地纱形成添纱结构,如图 3-36 所示。在这种结构中,随着毛圈线圈色纱数的增加,织物的毛圈横列密度相应降低,使毛圈稀松,易倒伏,影响了织物的效果。

(2)满地提花毛圈。在这种提花毛圈织物中,不管色纱数多少,每一横列的毛圈线圈只有一个横列的地组织线圈,毛圈纱在不成圈的地方以浮线的形式存在于其他毛圈线圈的上面,如图 3-37 所示。这样,毛圈色纱数的多少就不会影响到毛圈的稀密程度,故又被称为高密度提花毛圈(high-density jacquard plush)。由于这种提花毛圈必须经过剪毛之后才能使用,因此,其最终产品只能是绒类产品,现在主要用于制作汽车内饰和其他室内装饰绒。

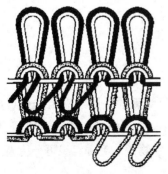

图 3-36　非满地提花毛圈

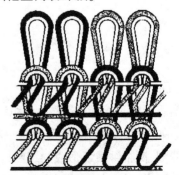

图 3-37　满地提花毛圈

2. 浮雕花纹毛圈组织 浮雕花纹毛圈组织是通过有选择地在某些线圈上形成毛圈,在某些线圈上不形成毛圈,从而在织物表面由毛圈形成浮雕花纹(raised pattern)效应,如图3-38所示。

3. 高低毛圈组织 这种毛圈组织是通过有选择地在不同针上形成毛圈高度不同的毛圈,以形成凹凸花式效应。

4. 双面毛圈组织 双面毛圈(two-faced plush)组织是指织物两面都形成有毛圈的一种组织。如图3-39所示,该组织由三根纱线编织而成,纱线1编织地组织,纱线2形成正面毛圈,纱线3形成反面毛圈。

图 3-38 浮雕花纹毛圈

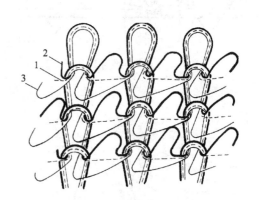

图 3-39 双面毛圈组织结构

(三)毛圈组织的特性与用途

毛圈纱线的加入,使得毛圈组织织物较普通平针组织织物厚实。但在使用过程中,由于毛圈松散,在织物中容易受到意外的抽拉,使毛圈产生转移,破坏了织物的外观。因此,为了防止毛圈意外抽拉转移,可将织物编织得紧密些,增加毛圈转移的阻力,并可使毛圈直立。另外,地纱可以使用回弹性较好的低弹加工丝,以帮助束缚毛圈纱。

由于毛圈线圈和地组织线圈是一种添纱结构,因此,它还具有添纱组织的特性,为了使毛圈纱与地纱具有良好的覆盖关系,毛圈组织应遵循添纱组织的编织要求。

毛圈组织经剪绒和起绒后可形成天鹅绒、摇粒绒等单双面绒类织物,从而使织物丰满、厚实、保暖性增加。

不剪毛的毛圈组织具有良好的吸湿性,产品柔软、厚实,适宜制作睡衣、浴衣以及休闲服等;摇粒绒织物是秋冬季保暖服装的主要面料;天鹅绒是一种高档的女士时装面料;各种提花绒类被广泛用于家用和其他装饰用领域。

二、毛圈组织的编织方法

毛圈组织可以在钩针或舌针针织机上编织,现在主要在舌针机上进行编织。

(一)在单面舌针机上编织毛圈组织

毛圈组织的线圈由地纱和毛圈纱构成。在单面舌针机上编织毛圈与编织添纱组织类似,需要用带有两个导纱孔的导纱器喂入纱线,如图3-40所示。地纱1的垫纱位置较低,毛圈纱2的垫纱位置较高。这样,所垫入的地纱和面纱可分别在沉降片的片颚和片鼻上进行弯纱,如图3-41所

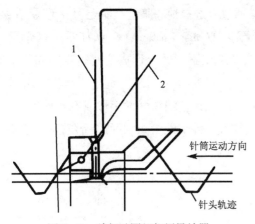

图 3-40　编织毛圈组织用导纱器

示。在片颚上弯纱的地纱 1 形成平针线圈,在片鼻上弯纱的毛圈纱 2 的沉降弧被拉长形成毛圈。可以采用片鼻高度不同的沉降片来改变毛圈的高度。

(二)在双面舌针机上编织毛圈组织

在双面针织机上编织毛圈时,通常需用一组针编织成圈线圈,而另一组针作为毛圈沉降片使用,形成拉长的毛圈沉降弧。如图 3-42 所示,此时上针作为成圈针将毛圈纱和地纱编织成添纱线圈,而下针只将钩取的沉降弧纱线拉长,形成毛圈。

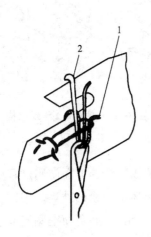

图 3-41　单面舌针机上毛圈的形成

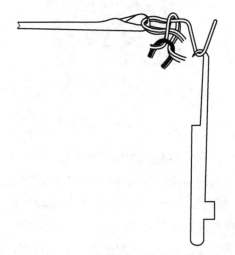

图 3-42　双面舌针机上毛圈的形成

第七节　长毛绒组织

一、长毛绒组织的结构与特性

将纤维束与地纱一起喂入织针编织成圈,使纤维以绒毛状附着在织物表面,在织物反面形成绒毛状外观的组织,称为长毛绒组织(high-pile stitch)。它一般在纬平针组织的基础上形成,如图 3-43 所示。

长毛绒组织可分为普通长毛绒和提花或结构花型的长毛绒。图 3-43 所示为普通长毛绒组织,纤维束在每个地组织线圈上均被垫入。花色长毛绒可以按照花型需要,在有花纹的地方,纤维束与地组织一起成圈,在没有花纹的地方,仅地组织纱编织成圈。图 3-44 所示的是根据花型需要,在 1 隔 1 织针上编织的花色长毛绒织物,这可增加织物在横列方向上的稳定性,也可以通过喂入不同颜色的纤维和电脑选针提花,形成酷似天然毛皮的花纹效应。

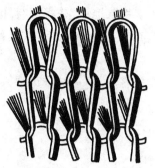

图3-43 长毛绒组织结构

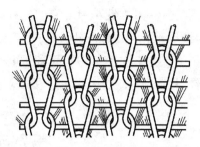

图3-44 1隔1选针编织的长毛绒织物结构

长毛绒组织可以利用各种不同性质的纤维进行编织,根据所喂入的纤维长短、粗细不同,在织物中可形成类似于天然毛皮的刚毛、底毛和绒毛等毛绒效果,具有类似于天然动物毛皮的外观和风格,也被称为"人造毛皮"。通常在织物正面进行涂胶处理,以防止纤维脱落。

长毛绒织物手感柔软,保暖性和耐磨性好,可仿制各种天然毛皮,单位面积质量比天然毛皮轻,而且不会被虫蛀。因此,在服装、毛绒玩具、拖鞋、装饰织物等方面有许多应用。

二、长毛绒组织的编织方法

长毛绒组织需要在专门的长毛绒编织机上进行编织,它是一种单面舌针针织机,除了普通单面机的特点外,在每一成圈系统还需附加一套纤维毛条梳理喂入装置,以便将纤维喂入织针。

如图3-45所示,纤维毛条1通过断条自停装置、导条器(图中未画出)进入梳理装置。梳理装置由一对输入辊2、3和表面带有钢丝的滚筒4组成。输入辊牵伸纤维毛条1并将其输送给滚筒4,后者的表面线速度大于前者,使纤维伸直、拉细并平行均匀排列。借助于特殊形状的钢丝,滚筒4将纤维束5喂入退圈织针6的针钩。

当针钩抓取纤维束后,针头后上方的吸风管A(图3-46)利用气流吸引力将未被针钩钩住而附着在纤维束上的散乱纤维吸走,并将纤维束吸向针钩,使纤维束的两个头端靠后,呈"V"形紧贴针钩,以利编织,如图3-46中针1、针2、针3、针4所示。

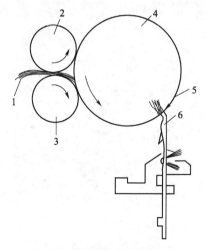

图3-45 纤维束的梳理和喂入

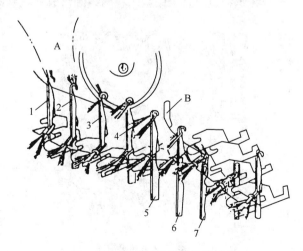

图3-46 长毛绒组织的编织过程

当织针进入地纱喂纱区域时,针逐渐下降,从导纱器 B 中钩取地纱,并将其与纤维束一起编织成圈(图 3-46 中针 5、针 6、针 7),纤维束的两个头端露在长毛绒组织的工艺反面,形成毛绒,由地纱与纤维束共同编织形成了长毛绒织物。

为了生产提花长毛绒织物,可通过电子或机械选针机构,对经过每一纤维束喂入区的织针进行选针,使选中的织针退圈并获取相应颜色的纤维束。

第八节　纱罗组织

一、纱罗组织的结构和特性

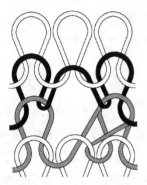

图 3-47　纱罗组织

在纬编基本组织的基础上,按照花纹要求将某些针上的线圈转移到与其相邻纵行的针上,所形成的组织为纱罗组织(loop transfer stitch,lace stitch),又称移圈组织,如图 3-47 所示。可在单针床或双针床上进行移圈形成单面或双面纱罗组织,在针织物表面形成各种结构花式效应。

(一)单面纱罗组织

图 3-48 为一种单面网眼组织,又称挑孔组织。它是按照花纹要求在不同针上以不同方式进行移圈,形成具有一定花纹效应的孔眼。如图 3-48 所示,第 II 横列针 2、针 4、针 6、针 8 上的线圈向右转移到针 3、针 5、针 7、针 9 上后,使针 2、针 4、针 6、针 8 成为空针,相应纵行中断,在第 III 横列重新垫纱后,在这些地方就形成了一个横列的孔眼结构;而在接下来的横列中,以针 5 为中心,左右纵行的线圈依次分别向左右转移,从而在织物中由移圈孔眼形成了"V"字形的花纹。

图 3-49 为一种单面绞花组织(cable stitch)。它是通过在相邻纵行中进行相互移圈形成,这样在织物表面就由倾斜的移圈线圈形成麻花状的花式效应。

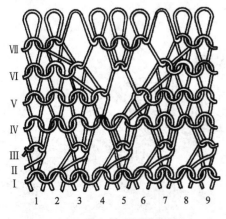

图 3-48　单面网眼组织

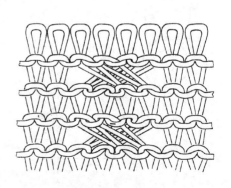

图 3-49　单面绞花组织

(二)双面纱罗组织

双面纱罗组织可以在针织物的一面进行移圈,即将一个针床上的某些线圈移到同一针床的相邻针上;也可以在针织物两面进行移圈,即将一个针床上的线圈移到另一个针床与之相邻的针上,或者将两个针床上的线圈分别移到各自针床的相邻针上。

图3-50所示为将一个针床针上的线圈转移到另一个针床的针上所形成的织物结构。正面线圈纵行1上的线圈3被转移到另一个针床相邻的针(反面线圈纵行2)上,从而使正面线圈在此处断开,形成孔眼4。在实际织物中,由于罗纹结构的横向收缩,在织物中并不真正形成孔眼,在此处看到的是与正面线圈纵行1相邻的反面线圈,从而产生一种凹凸的效果。如图3-51所示为在同一针床上进行移圈的双面纱罗组织。在第Ⅱ横列,同一面两只相邻线圈朝不同方向移到相邻的针上,即针5、针7上的线圈移到针3、针9上;第Ⅲ横列再将针3上的线圈移到针1上。在以后若干横列中,如果使移去线圈的针3、针5、针7不参加编织,而后再重新成圈,则在双面针织物上可以看到一块单面平针组织区域。这样在针织物表面就形成凹凸效应。

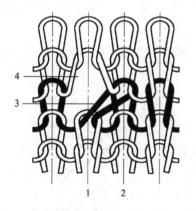

图3-50 一个针床向另一针床移圈的双面纱罗组织

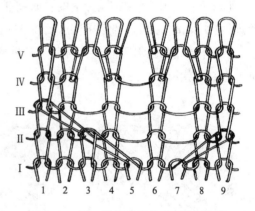

图3-51 同一针床移圈的双面纱罗组织

(三)纱罗组织的特性和用途

纱罗组织的基本特性主要取决于形成该组织的基本组织,但在移圈处由于孔眼的存在、线圈的凸起和扭曲,影响到织物的强度、耐磨、起毛起球和勾丝,也使织物的透气性增加。纱罗组织可以形成孔眼、凹凸、线圈倾斜或扭曲等效应,如将这些结构按照一定的规律分布在针织物表面,则可形成所需的花纹图案。可以利用纱罗组织的移圈原理来增加或减少工作针数,编织成形针织物,或者改变织物的组织结构,使织物由双面编织改为单面编织。纱罗组织大量应用于毛衫的生产和某些高档T恤衫,也用作一些时尚内衣等产品。

二、纱罗组织的编织方法

纱罗组织可以在圆机和横机上编织,但以横机编织为多。

编织纱罗组织要使用专门的织针,如图3-52所示,织针1上有一个弹性扩圈片2,下针1上的线圈5被转移到上针3上。为了完成转移,下针1先上升到高于退圈位置,受下针1上弹

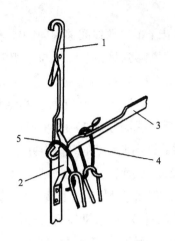

图 3-52 移圈针及其移圈方法

性扩圈片的作用,线圈 5 被扩张,并被上抬高于上针。接着上针向外移穿过线圈 5,最后下针 1 下降,将线圈 5 从针头上脱掉,留在上针 3 上。

在圆机上编织纱罗组织需要专门的双面移圈圆机,针盘与针筒三角均有成圈系统和移圈系统,通常每三路中有一个移圈系统,一般针筒针移圈,针盘针接圈。

相应的移圈编织过程如图 3-53 所示。

(1)上下针处于起始位置[图 3-53(a)]。

(2)上针和下针分别向外和向上移动到第一退圈高度,旧线圈将各自的针舌打开但没有退圈[图 3-53(b)]。

(3)下针继续上升完成退圈并开始扩圈,上针略向内移处于握持状态。此时上针头与下针针背平齐,可阻挡下针上的旧线圈随针上升,有利于下针的退圈[图 3-53(c)]。

(4)下针上升,利用扩圈片上的台阶将扩展的线圈上抬到高于上针针钩的位置;上针向外移动,针头穿进扩展的下针线圈中[图 3-53(d)]。

(5)下针下降,线圈将针舌关闭;上针针钩从下针扩圈片上部的开口处脱出来,下针的线圈进入上针针钩[图 3-53(e)]。

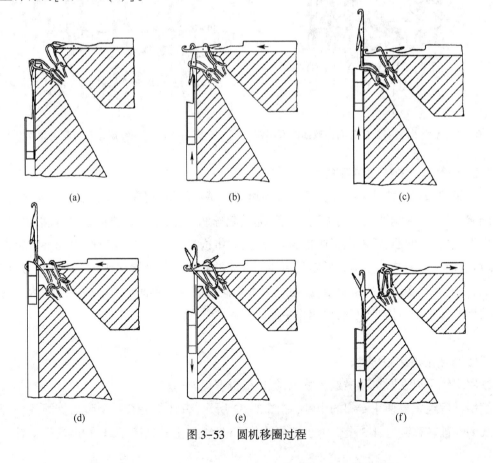

图 3-53 圆机移圈过程

(6)下针下降到脱圈高度后,线圈从其针头上脱下来,上针略向针筒中心移动,带着转移过来的线圈回到起始位置。此后,下针略上升,为下一成圈系统的编织做准备[图3-53(f)]。

横机编织纱罗组织有手工移圈和自动移圈两种方式。

在手动和半自动横机上,利用专用的移圈工具,可以在同一针床的织针之间进行移圈,也可以在不同针床织针之间进行移圈。这种方法灵活方便,但工人的劳动强度大,生产效率低。

自动移圈现在主要用在电脑横机上。图3-54所示为其移圈过程。首先,如图3-54(a)所示,移圈针b上升到过退圈高度(移圈高度),旧线圈恰好处于扩圈片位置;在图3-54(b)中,接圈针a上升,将针头插入移圈针的扩圈片中;然后,移圈针下降,针上的线圈将针口关闭[图3-54(c)];最后,随着移圈针继续下降,针上的线圈从针头上脱下来,进入接圈针的针钩里,完成了移圈的动作[图3-54(d)]。

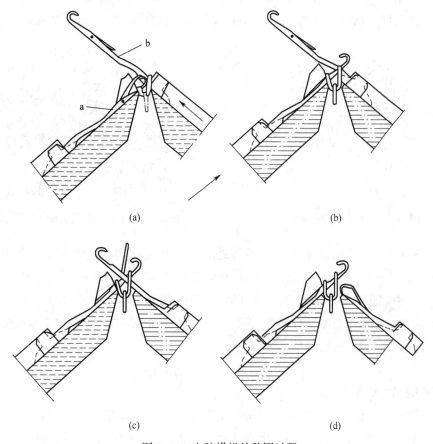

(a)   (b)

(c)   (d)

图3-54 电脑横机的移圈过程

在电脑横机上,由于前后针床都可以进行选针编织和移圈,因此,两个针床都使用带有扩圈片的织针,既可以从前针床向后针床移圈,也可以从后针床向前针床移圈。但是,目前的技术还不能实现同一针床织针之间相互移圈。要想进行这种移圈,必须先将一个针床针上的线圈移到另一个针床的针上,然后横移针床,改变前后针床织针的对位关系后,再将移过去的线圈移回到原来针床的相应织针上。

第九节　菠萝组织

一、菠萝组织的结构和特性

菠萝组织(pelerine stitch，eyelet stitch)是新线圈在成圈过程中同时穿过旧线圈的针编弧与沉降弧的纬编花色组织,如图3-55所示。在编织菠萝组织时,必须将旧线圈的沉降弧套到针钩上,使旧线圈的沉降弧连同针编弧一起脱圈到新线圈上。

菠萝组织可以在单面组织的基础上形成,也可以在双面组织的基础上形成。图3-55是以平针组织为基础形成的菠萝组织,其沉降弧可以转移到右边针上(图中a),也可以转移到左边针上(图中b),还可以转移到相邻的两枚针上(图中c)。图3-56是在2+2罗纹基础上转移沉降弧的菠萝组织,两个反面纵行之间的沉降弧a转移到相邻两枚针上,形成孔眼b。

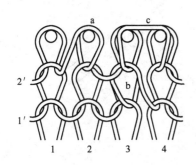

图3-55　菠萝组织结构

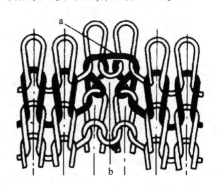

图3-56　在2+2罗纹基础上转移沉降弧

菠萝组织由于沉降弧的转移,可以在被移处形成孔眼效应,移圈后纱线的聚集也使织物产生凹凸效应。因为菠萝组织的线圈在成圈时,沉降弧是拉紧的,当织物受到拉伸时,各线圈受力不均匀,张力集中在张紧的线圈上,纱线容易断裂,使织物强力降低。

菠萝组织需要特殊的机器进行编织,编织机构复杂,因此使用较少,现在主要在圆机上编织网眼布,用于休闲服装和T恤衫。

二、菠萝组织的编织方法

编织菠萝组织时,借助于专门的移圈钩子或扩圈片将旧线圈的沉降弧转移到目标针上。移圈钩子或扩圈片有三种,左钩用于将沉降弧转移到左面针上,右钩用于将沉降弧转移到右面针上,双钩用于将沉降弧转移到相邻的两枚针上。钩子或扩圈片可以装在针盘或针筒上。

如图3-57所示为装在针筒上的双侧扩圈片进行移圈的方法。随着双侧扩圈片1的上升,逐步扩大沉降弧2。当上升至一定高度后,扩圈片1上的台阶将沉降弧向上抬,使其超过针盘针3和4。接着织针3和4向外移动,穿过扩圈片的扩张部分,直至沉降弧2位于针钩的上方,如图3-57(a)所示;然后扩圈片下降,织针3和4将钩子的上部撑开后,与沉降弧一起脱离移圈钩子,沉降弧被转移到了织针3和4的针钩内,如图3-57(b)所示。

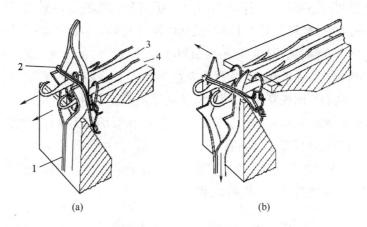

(a)　　　　　　　　　　　　(b)

图 3-57　移圈钩子在针筒上的菠萝组织编织方法

　　移圈钩子装在针盘上进行编织的移圈原理如图 3-58 所示。此时由装在针盘上的移圈钩子1、2 钩住沉降弧 3、4 使其扩张,并将其送入针筒针 5、6、7 的上方,然后针筒针上升,穿过移圈钩子的扩圈部位,移圈钩子回撤后,就将沉降弧留在了织针 5、6、7 的针钩里,实现了沉降弧的转移。

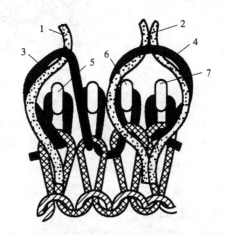

图 3-58　移圈钩子在针盘上的菠萝组织编织方法

第十节　波纹组织

一、波纹组织的结构和特性

　　波纹组织(racked stitch)是通过前后针床织针对应位置的相对移动,使线圈倾斜,在织物上形成波纹状外观的双面纬编组织,如图 3-59 所示。波纹组织可以罗纹组织为基础组织形成,也可以双面集圈为基础组织形成。

(一)罗纹波纹组织(racked rib stitch)

　　图 3-59 为在 1+1 罗纹组织基础上,通过改变前后针床织针的对应关系形成的波纹组织。

如图所示,在第Ⅰ横列,1、3纵行的正面线圈在2、4纵行反面线圈的左侧,而到了第Ⅱ横列,原来1、3纵行的正面线圈已经移到了2、4纵行反面线圈的右侧。从而使第Ⅰ横列的正面线圈向右倾斜,而反面线圈向左倾斜。同样,在第Ⅲ横列时,1、3纵行的正面线圈又移回到在2、4纵行反面线圈的左侧,从而使第Ⅱ横列的正面线圈向左倾斜,反面线圈向右倾斜。但在实际中,由于纱线弹性力的作用,它们力图恢复原来的状态,从而使曲折效应消失。因此,在1+1罗纹中,当针床移动一个针距时,在针织物表面并无曲折效应存在,正反面线圈纵行呈相背排列,而不像普通1+1罗纹那样,正反面线圈呈交替间隔排列。在实际生产中,1+1罗纹波纹组织在编织时通常使正反面纵行的线圈相对移动两个针距,如图3-60所示。由于此时线圈倾斜较大,不易回复到原来的位置,可以形成较为显著的曲折效果。

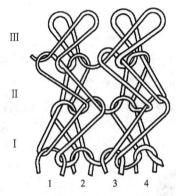 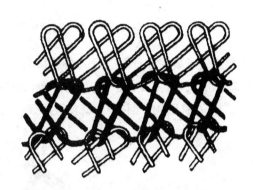

图3-59　1+1罗纹波纹组织(横移一针距)　　　　图3-60　1+1罗纹波纹组织(横移两针距)

为了增强波纹效果,还可以在罗纹组织中通过抽针进行编织,如图3-61所示。此时在反面有7个线圈纵行,而在正面只有5个线圈纵行,与第4、5反面线圈纵行对应的正面织针被抽去。当在前3个横列,正面线圈纵行连续向右移动3次之后,就形成了从左向右的倾斜效果,而在后3个横列,正面线圈纵行连续向左移动3次之后,就形成了从右向左的倾斜效果。

(二)集圈波纹组织(racked tuck stitch)

如图3-62所示为以畦编组织为基础组织的集圈波纹组织。在织物正面形成曲折花纹,在织物反面是直立的线圈。

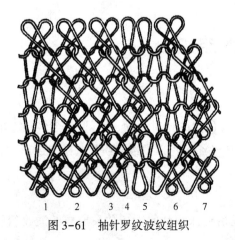

图3-61　抽针罗纹波纹组织　　　　　　　　图3-62　畦编波纹组织

（三）波纹组织的特性和用途

波纹组织可以根据花纹要求，由倾斜线圈组成曲折、方格及其他几何图案。由于它只能在横机上编织，因此主要用于毛衫类产品。

二、波纹组织的编织方法

波纹组织是在双针床横机上通过移动针床来实现的。如图3-63所示为1+1罗纹波纹组织的编织过程。此时前后针床织针相错排列，前针床1、3、5针分别在后针床2、4、6针的左边，机头运行，由纱线a编织一个横列的1+1罗纹，如图3-63（a）所示；然后后针床向左移动一个针距，使前针床1、3、5针分别处于后针床2、4、6针的右边，从而使得在前针床针上由纱线a所编织的正面线圈从左下向右上倾斜，此时再移动机头由纱线b编织一个横列的线圈，如图3-63（b）所示。如此往复移动针床，就可以形成曲折的波纹效果。

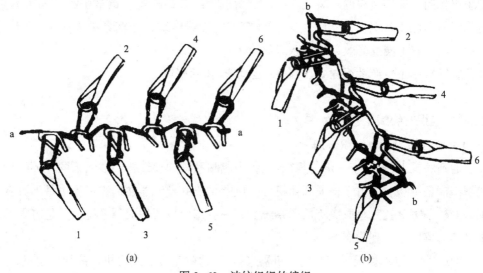

图3-63　波纹组织的编织

根据所编织的织物花纹效果要求，可以在机头每运行一次移动一次针床，也可以在机头运行若干次后移动一次针床；针床可以每次移动一个针距，也可以移动两个针距；可以在相邻横列中分别向左右往复移动针床，也可以连续向一个方向移动若干横列后再向另一个方向移动。

第十一节　横条组织

一、横条组织的结构和特性

横条组织（striped knitted fabric）又称调线组织。它是通过在不同的线圈横列中采用不同的纱线编织出具有横向条纹状外观的一种纬编花色组织（图3-64）。横条组织可以在任何纬编组织的基础上形成。

图 3-64　彩色横条织物

在编织过程中,由于横条组织的线圈结构和形态没有发生任何变化,所以其性质与所采用的基础组织相同。横条组织的外观效应取决于所选用纱线的特征。最常用的是采用不同颜色的纱线编织的彩色横条织物,还可以用不同线密度的纱线编织凹凸横条织物,以及用不同纤维的纱线编织出具有不同反光效果的横条织物等。

横条组织常用于生产针织内衣、T恤衫、运动衣、休闲服等。

二、横条组织的编织工艺

(一)横条组织的基本编织方法

在普通圆纬机上,只要按一定的规律,在各个成圈系统的导纱器中喂入不同种类的纱线,就可以编织出横条织物。但由于普通圆纬机各个成圈系统的导纱器在编织过程中是不可变换的,所以编织的横条宽度就完全取决于成圈系统数。一般每台机器的成圈系统数量是有限的,所以织物中横条的宽度也受到限制。

为了增加横条宽度,就要采用专门的机器来生产,这就是带有调线机构的纬编圆机。这种机器在每一成圈系统装有多个导纱器(导纱指),每个导纱器穿一种纱线,编织时,各系统可根据花型要求选用其中的某一个导纱器工作,在机器编织若干转之后,再换另一把导纱器工作,从而使横条的宽度增加。在调线圆机上,每一成圈系统可以有几个可供调换的导纱器,常用的四色调线圆机每一成圈系统有四个可供调换的导纱器。

在横机和手套机上,也可以配备若干把可调换的导纱器,通过导纱器变换装置,在编织若干横列后改变所使用的导纱器,从而改变所编织纱线的种类来生产横条织物。

(二)四色调线装置的工作原理

早期的四色调线装置采用机械控制,现在已普遍采用先进的电脑控制调线装置。与机械调线装置相比,电脑调线装置具有花型变换快捷方便、机构简单、循环单元大等优点。

机器的每一成圈系统有一套调线执行机构,它包括四个可变换的导纱器与相应的夹线器和剪刀。当某一导纱器进入工作时,织针就会钩住这个导纱器中的纱线进行编织,相应的夹线器就将纱线松开;当某一导纱器退出工作时,相应的夹线器就会将纱线夹住,并由剪刀将其剪断。下面通过图3-65说明调线圆纬机的调线过程。

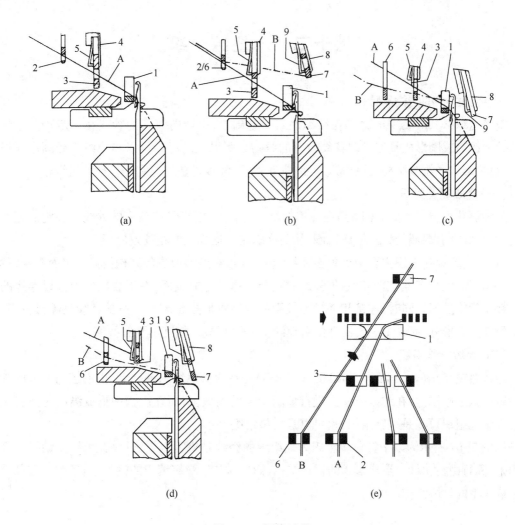

图 3-65　调线过程

（1）如图 3-65(a)所示,导纱机件 2 与带有剪刀 4 和夹线器 5 的导纱器 3 处于基本位置。纱线 A 穿过 2、3 和导纱器 1 垫入针钩。此时导纱机件 2 处于较高位置,夹线器和剪刀是张开的。

（2）如图 3-65(b)所示,另一导纱器 7 带着夹线器 9、剪刀 8 和纱线 B 摆向针背。

（3）如图 3-65(c)所示,带着夹线器 9、剪刀 8 和 B 纱的导纱器 7 与导纱机件 6 一起向下运动,进入垫纱位置。B 纱进入 6~10mm 宽的不插针区域[图 3-65(e)],为垫纱做准备。

（4）如图 3-65(d)所示,当新纱线 B 在调线位置被可靠地编织了两三针后,夹线器 9 和剪刀 8 张开,放松纱端。导纱器 3 上的夹线器 5 和剪刀 4 关闭,握紧纱线 A 并将其剪断。至此调线过程完成。

四色调线装置除了可用于普通单面和双面圆纬机上编织横条纹织物外,还能安装在电脑提花圆机等针织机上,生产提花加横条纹等结构的面料。

第十二节 绕经组织

一、绕经组织的结构和特性

绕经组织（wrapping stitch）是在纬编地组织基础上，由经向喂入的纱线在一定宽度范围内的织针上缠绕成圈形成具有纵向花纹效应的织物。所引入的经纱可以与地组织线圈形成提花结构、衬垫结构和添纱结构，分别形成经纱提花组织、经纱衬垫组织和经纱添纱组织。

（一）经纱提花组织

经纱提花组织（warp-stitch）是在纬编地组织基础上，由沿经向喂入的纱线在一定的宽度范围内，在地纱没有成圈的针上形成线圈，从而在织物中形成纵向花纹效应。

目前，经纱提花组织主要用于单面纬编织物，纬纱和经纱形成的结构类似于单面提花织物，如图3-66所示，它们是按照花纹的需要，在需要显露的地方成圈，在不成圈的地方以浮线的形式存在于织物反面。同时，连接相邻横列线圈的经纱将形成延展线。通常经纱只隔行编织，如图中的2、4、6横列，而在1、3、5横列则由地纱（纬纱）形成一横列的平针线圈。

（二）经纱衬垫组织

经纱衬垫组织（warp inlay weft knitted stitch）是在纬编地组织基础上，由沿经向喂入的纱线在一定的宽度范围内，在地纱线圈上进行集圈和浮线编织，从而在织物中形成纵向衬垫花纹效应。纬编地组织可以是平针组织，也可以是衬垫组织。

如图3-67所示为以平针衬垫组织为地组织的经纱衬垫组织。这里，在地纱1编织的平针组织上，隔行由衬垫纱2形成1:3的衬垫结构，而在衬垫纱没有编织的横列，由经纱3在部分针上形成1:1的衬垫结构。

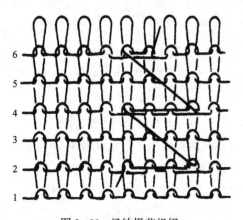

图3-66 经纱提花组织

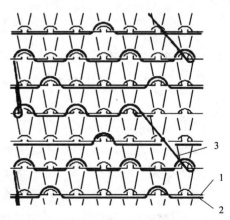

图3-67 经纱衬垫组织

（三）经纱添纱组织

经纱添纱组织（warp-plated weft knitted stitch, embroidery-plated stitch）是在纬编地组织基础上，由沿经向喂入的纱线在一定的宽度范围内，在地纱线圈上进行添纱编织，从而在织物中形成纵向花纹效应。纬编地组织主要是各种纬编单面织物，如平针和单面提花组织。在袜品中它又被称为吊线或绣花添纱组织。

如图3-68所示的是经纱添纱组织，图中1为地纱，2为添纱，添纱常称为绣花线，它按花纹要求覆盖在部分线圈上形成花纹效应。添纱纱线通常较粗，可在织物中形成凸起的花纹效果。这种组织在袜品生产中应用较多。

（四）绕经组织的特性与用途

一般的单面纬编组织在编织纵条纹花纹时会在织物中形成较长的浮线，既不易于编织也不利于服用，而利用绕经组织可以方便地形成纵向色彩和凹凸花纹效应，如果与横条组织结合，还可形成方格等效应。由于

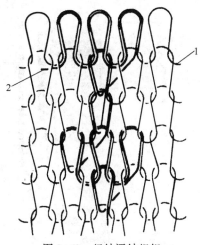

图3-68　经纱添纱组织

绕经组织中引入了经纱，使织物的纵向弹性和延伸性有所下降，纵向尺寸稳定性有所提高，但沿纵向的长延展线可能使织物强度和耐用性降低。经纱提花组织可用作T恤衫和休闲服饰面料；经纱衬垫组织可生产花式绒类休闲和保暖服装；经纱添纱组织主要用于绣花袜的生产。

二、绕经组织的编织方法

绕经组织需要专门的圆纬机进行编织，如图3-69所示，它配备专门的经纱导纱器1将经纱绕在选上的织针2上进行成圈、集圈或添纱。经纱提花组织可以用带有绕经（吊线）机构的多针道圆机和单面提花圆机进行生产。如图3-70所示为多针道绕经圆机一组成圈系统的走针轨迹，其中第一路（A）喂入地纱，所有三角都参加编织，形成一个横列的平针线圈；第二路（B）由经纱编织，被选上的织针钩取经纱进行成圈；第三路（C）喂入地纱，在第二路没有选上的针在这一路上升钩取地纱进行成圈，与第二路形成提花结构。

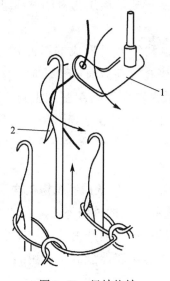

图3-69　经纱垫纱

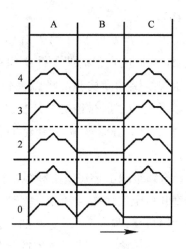

图3-70　一组成圈系统的走针轨迹

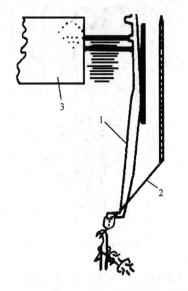

图 3-71 经纱(绣花)添纱组织的成圈过程

在编织经纱衬垫时,只要在编织平针衬垫结构的基础上,将经纱编织路的成圈三角换成集圈三角,按照垫纱比排列集圈三角和浮线三角即可。

与地纱导纱器不同的是,在编织时,经纱导纱器与针筒一起转动,从而使得每一经纱导纱器只对应一定宽度范围内的织针。在经纱编织时,经纱导纱器向外摆出将纱线垫入所对应的那部分针中被选上的织针进行成圈。经纱花纹的最大宽度取决于经纱导纱器所对应的织针数目,根据机型不同而不同,一般在 24 针以内。

经纱(绣花)添纱组织的成圈过程如图 3-71 所示,这种组织的绣花线 2 即面纱不与地纱穿在同一导纱器上,而是穿在专门的导纱片 1 上,导纱片受选片机构 3 的控制可以摆到针前和针后的位置。编织时,根据花纹要求导纱片摆至所需绣花纱线的织针前面,先将绣花线垫到针上,然后摆回针后。垫上地纱后。这些针上便同时垫上两根纱线,脱圈后,即生成添纱组织。未垫上绣花线的织针正常编织。

第十三节　衬经衬纬组织

一、衬经衬纬组织的结构和特性

在纬编地组织基础上衬入不参加成圈的经纱和纬纱所形成的组织为衬经衬纬组织(biaxial stitch)。

如图 3-72 所示的是在纬平针组织基础上衬入经纱和纬纱所形成的衬经衬纬织物。这里,地纱 A 形成正常的纬平针组织结构,纬纱 C 和经纱 B 分别沿横向和纵向以直线的形式被地组织线圈的圈柱和沉降弧夹住。如图 3-73 所示为在罗纹组织基础上衬入多组经纱和纬纱形成的多层衬经衬纬结构。此时,由纱线 a 所编织的罗纹地组织线圈之间,喂入沿横向衬入的 3 组纬纱 b 和沿经向衬入的两组经纱 c,它们在织物中都是以直线状态存在。

衬经衬纬组织由于在横向和纵向都衬入了不成圈的直向纱线,从而使织物在这两个方向上的强度和稳定性增强,延伸性和变形能力降低。由于这些衬入的纱线不必弯曲成圈,可以采用弹性模量高、强度高、不易弯曲的高性能纤维进行编织,从而生产出具有较高拉伸强度的织物。这种织物经过模压成型或涂层和复合,可以用于制作高性能的产业用品,如头盔、防弹材料等。

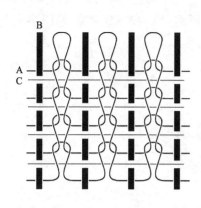

图 3-72　衬经衬纬纬平针织物

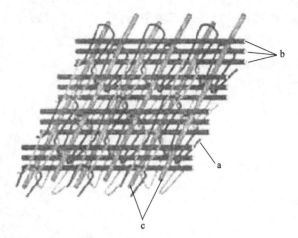

图 3-73　衬经衬纬罗纹织物

二、衬经衬纬组织的编织方法

图 3-74 为单面衬经衬纬圆机的编织机构示意图。它除了具有普通圆机的结构特点外,在针筒上方加装了一个直径大于针筒的分经盘 1 用于将经纱 2 分开导入编织区。衬纬纱 6 由衬纬导纱器 5 将其喂入织针和衬经纱之间,由于分经盘直径大于针筒直径,所以地纱导纱器 3 可以被安置在衬经纱的里边。这样织针钩取地纱 4 成圈时就将衬经纱夹在了所形成的线圈沉降弧与衬纬纱之间,使其被束缚在织物中。

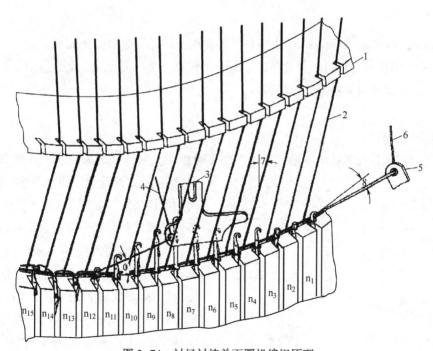

图 3-74　衬经衬纬单面圆机编织原理

衬经衬纬罗纹织物由专门的横机进行编织。如图 3-75 所示,地纱 1 由导纱器 2 喂入织针 7 和 8 编织罗纹组织;衬经纱线 3 通过衬经纱嘴 4 导入编织区,由牵拉机构的牵拉力将其拉入形成的织物中；衬纬纱 5 由衬纬导纱器 6 引入针间，并随机头横向移动，将纱线铺覆在前后针床织针编织的线圈之间。在这里共有两组经纱和三组纬纱编织多层衬经衬纬织物。

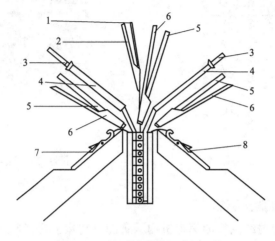

图 3-75　衬经衬纬横机编织机构

第十四节　复合组织

复合组织（combination stitch）是由两种或两种以上的纬编组织复合而成。它可以由不同的基本组织、变化组织和花色组织复合而成。复合组织可分为单面和双面复合组织。双面复合组织又可分为罗纹型和双罗纹型复合组织。

一、单面复合组织

单面复合组织是在单针床纬编机上编织的复合组织。它通过成圈、集圈、浮线等结构的组合，产生特殊的花色效应和织物性能，满足不同的使用要求。如图 3-76 所示是由成圈、集圈和浮线三种结构单元复合而成的单面斜纹织物。它由四路形成一个循环，且在每一路编织中，织针呈现 2 针成圈、1 针集圈、1 针浮线的循环，使织物表面形成较明显的仿哔叽斜纹效应。由于浮线和悬弧的存在，织物的纵、横向延伸性小，结构稳定，挺括，可用来制作外衣面料。

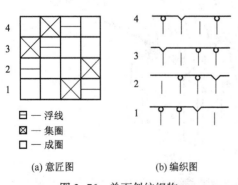

□ — 浮线
⊠ — 集圈
□ — 成圈

(a) 意匠图　　　(b) 编织图

图 3-76　单面斜纹织物

该织物可在单面四针道变换三角圆纬机或具有选针机构的单面提花圆机上编织。

二、双面复合组织

(一)罗纹型复合组织

罗纹型复合组织是在罗纹配置的双面纬编机上编织而成。这类产品很多,这里仅列举几种常用的织物。

1. 罗纹空气层组织 罗纹空气层组织译名为米拉诺罗纹（milano rib）组织,它由罗纹组织和平针组织复合而成,如图3-77所示。该组织由3路成圈系统编织一个完全组织,第1路编织一个1+1罗纹横列;第2路上针退出工作,下针全部参加工作编织一行正面平针;第3路下针退出工作,上针全部参加工作编织一行反面平针,这两行单面平针组成一个完整的线圈横列。

从图中可以看出,该织物正反面两个平针组织之间没有联系,在织物上形成双层袋形空气层结构,并在织物表面有凸起的横楞效应,织物两面外观相同。

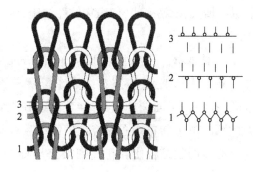

(a) 线圈结构图 　　(b) 编织图

图3-77 罗纹空气层组织

在罗纹空气层组织中,由于平针线圈的存在,使针织物横向延伸性减小,尺寸稳定性提高。同时,这种织物比同机号同线密度纱线编织的罗纹织物厚实、挺括,保暖性好,因此在外衣、毛衫等产品中得到广泛应用。

2. 点纹组织 点纹组织是由不完全罗纹组织与单面变化平针组织复合而成,一个完全组织由四路成圈系统编织而成。根据成圈顺序不同,可分为瑞士点纹和法式点纹组织。

如图3-78为瑞士点纹（Swiss pique）组织。从图中可以看出,第1路上针高踵针与全部下针编织一行不完全罗纹组织,第2路上针高踵针编织一行变化平针组织,第3路上针低踵针与全部下针编织一行不完全罗纹组织,第4路上针低踵针编织一行变化平针组织。每枚针在一个完全组织中成圈两次,形成两个横列。

如图3-79为法式点纹（French pique）组织。虽然也是两路编织单面变化平针组织,另外两

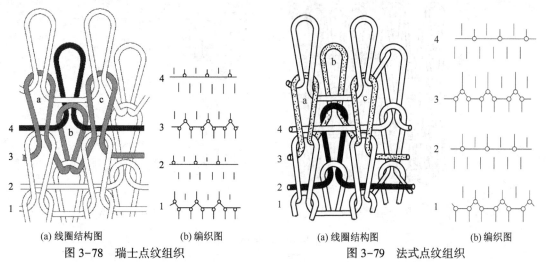

(a) 线圈结构图 　　(b) 编织图　　　　　(a) 线圈结构图 　　(b) 编织图

图3-78 瑞士点纹组织 　　　　　　　　图3-79 法式点纹组织

路编织不完全罗纹组织,但在各路的成圈顺序上与瑞士点纹组织不同。从图3-79中可以看出,第1路上针低踵针与全部下针编织一行不完全罗纹组织,第2路上针高踵针编织一行变化平针组织,第3路上针高踵针与全部下针编织一行不完全罗纹组织,第4路上针低踵针编织一行变化平针组织。

瑞士点纹组织结构紧密,尺寸稳定性增加,横密大,纵密小,延伸性小,表面平整。法式点纹组织纵密增大,横密变小,使织物纹路清晰,幅宽增大,表面丰满。点纹组织可用来生产T恤衫、休闲服等产品。

3. 胖花组织　胖花组织(blister patterned stitch)由单面提花和双面提花复合而成。在双面提花地组织基础上,按照花纹要求配置单面提花线圈。地组织纱线在织物反面满针或隔针成圈,在织物正面选针成圈;胖花纱线在织物反面不成圈,在织物正面,在地组织纱线不成圈处成圈。由于胖花线圈附着在地组织反面线圈之上,且线圈长度小于反面线圈,下机后拉长的反面线圈收缩将使胖花线圈被挤压而凸出于织物表面形成凸起的花纹效应,故被称为胖花组织。

胖花组织可分为单胖组织和双胖组织。如果在一个正面线圈横列中,胖花线圈只编织一次,其大小与地组织线圈一致,为单胖组织;如果在一个正面线圈横列中,胖花线圈在同一枚针上连续编织两次,其大小是地组织线圈的一半,为双胖组织。在一个正面线圈横列中,胖花线圈在同一枚针上连续编织的次数越多,凹凸效应越明显。

如图3-80所示为两色单胖组织。2路编织一个正面线圈横列,4路编织一个反面线圈横列。正反面线圈高度之比为1:2,反面线圈被拉长,织物下机后,被拉长的反面线圈力图收缩,使单面的胖花线圈呈架空状凸出在织物的表面,形成胖花效应。由于在单胖组织中,胖花线圈在一个正面横列只进行一次编织,所以凹凸效果不够突出。

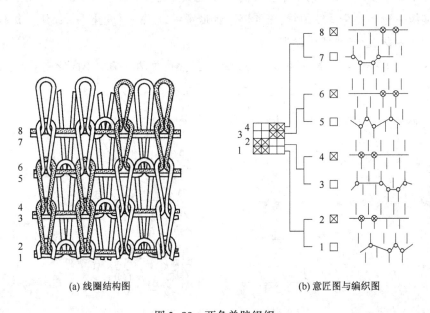

(a) 线圈结构图　　　　　(b) 意匠图与编织图

图3-80　两色单胖组织

图3-81为两色双胖组织。3路编织一个正面线圈横列,6路编织一个反面线圈横列。正面胖花线圈与地组织反面线圈的高度之比为1:4,两者差异较大,使架空状的单面胖花线圈更加凸出。

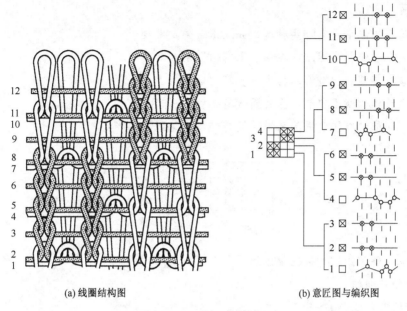

(a) 线圈结构图　　　　　　(b) 意匠图与编织图

图3-81　两色双胖组织

与双面提花组织一样,胖花组织的反面也可以形成不同的效果,但通常都是采用高低踵针交替隔针成圈的方法编织。这样,在编织两色胖花组织时,反面地组织由一种色纱形成单色效应;在编织三色胖花组织时,如果地组织由两色编织,反面可形成两色的芝麻点效应。但三色单胖组织一般采用两色织单胖、一色织地组织,3路编织一个正面线圈横列。

胖花组织不仅可以形成色彩花纹,还具有凹凸效应。因此,常常采用同一种颜色的纱线分别编织地组织线圈和胖花线圈,形成素色凹凸花纹效应,如双面斜纹、人字纹等产品。

双胖组织由于单面编织次数增多,所以其厚度、单位面积重量都大于单胖组织,且容易起毛起球和勾丝。此外,由于线圈结构的不均匀,使双胖组织的强力降低。胖花组织除了用作外衣织物外,还可用来生产装饰织物,如沙发坐椅套等。

(二) 双罗纹型复合组织

在上下针槽相对的棉毛机或其他双面纬编圆机上编织的复合组织为双罗纹型复合组织。这种组织通常具有普通双罗纹组织的一些特点。

如图3-82所示为一种双罗纹空气层组织,是由双罗纹组织与单面组织复合而成,译名为蓬托地罗马组织(Punto di Roma)。其中,1、2路分别在上针和下针上编织平针,形成一个横列的筒状的空气层结构,3、4路编织一横列双罗纹。该织物比较紧密厚实,横向延伸性小,具有较好的弹性。由于双罗纹横列和单面空

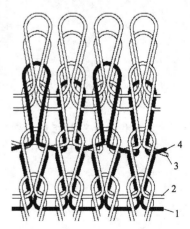

图3-82　双罗纹空气层组织

气层横列形成的线圈结构不同,在织物表面有横向凸起条纹外观。

☞思考题

1. 纬编花色组织主要有哪些种类?分别是如何定义的?

2. 纬编提花组织和集圈组织在编织上有何区别?

3. 舌针编织集圈组织有哪两种方法?有何区别?

4. 影响添纱组织线圈覆盖关系的因素有哪些?

5. 根据下列纬编组织意匠图画单面提花组织的编织图。

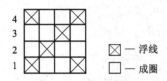

6. 根据下列纬编组织意匠图画编织图。

(1)单面提花组织。

(2)双面提花组织(横条反面)。

(3)双面提花组织(芝麻点反面)。

(4)单胖组织(色纱1为地组织,色纱2为胖花线圈)。

(5)双胖组织(色纱1为地组织,色纱2为胖花线圈)。

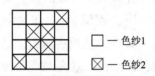

7. 根据下列单面集圈组织意匠图画编织图和色效应图。

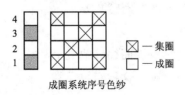

成圈系统序号色纱

8. 设计一种纬编斜纹组织,画出其意匠图和编织图。

第四章　多针道圆机产品设计

❋ **本章知识点**

1. 了解单面和双面多针道纬编圆机的结构。
2. 理解多针道选针机构的选针原理。
3. 掌握多针道产品的设计方法。
4. 了解一些典型产品的结构、特性和上机工艺。

多针道圆机是一种采用舌针编织的圆形针织机,包括单面机和双面机两种。双面机的针筒、织针及三角与同类单面机相同,另外增加了二或四针道的上针盘及三角。目前,该类机器的应用范围广,花型设计简单,适用于小花型产品的生产。

第一节　单面多针道圆机产品设计

一、织针与三角(以四针道为例)

(一)织针及其排列

四针道针织机有四种织针,它们的针踵位置各不相同,分别为 A、B、C、D,如图 4-1 所示。

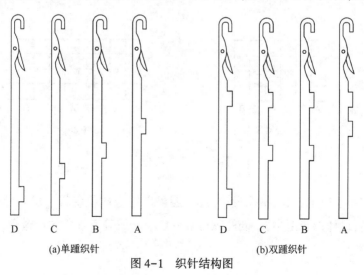

(a)单踵织针　　　　(b)双踵织针

图 4-1　织针结构图

双踵织针除了有一个不同高度的选针针踵之外,还有一个同高度的公共针踵,此针踵专用于统一压针。

  织针可根据花型不同,排列成不对称式,即步步高"/"式[图4-2(a)]或步步低"\"式[图4-2(b)]和对称式,即"∧"式[图4-2(c)]或"∨"式[图4-2(d)]以及无规则式[图4-2(e)]。当花宽数小于最大针道数时,通常用如图4-2(a)、(b)所示排列方式。而对称花型通常采用如图4-2(c)、(d)所示的排列方式。

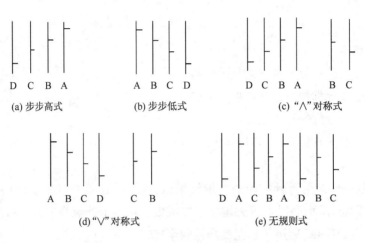

图4-2 织针排列图一

  以上织针的表示方法也可用如图4-3所示的方式表示。

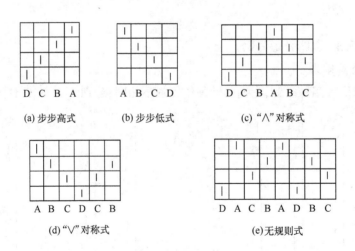

图4-3 织针排列图二

  排针的方式不止以上五种,根据设计要求,还可以组合成很多种。但是,无论怎么排列,必须满足的条件是:设计的花型中,不同的纵行数一定小于或等于三角的针道数,否则无法完成花型的编织。

(二)三角

  三角分成不同高度的针道,与相应的针踵高度对应。三角种类分为成圈三角、集圈三角、不成圈(浮线)三角,如图4-4所示。

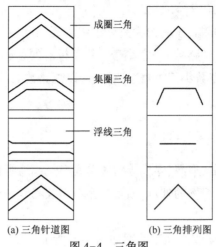

(a) 三角针道图　　　　(b) 三角排列图

图 4-4　三角图

二、设计原理

根据要求编排织针和三角,完成相应的花型结构。

(一)不同花纹纵行数和最大花宽 B_{max}

1. 不同花纹纵行数 B_0

$$B_0 = n$$

式中:n——选针踵的档数即针道数。

2. 最大花宽 B_{max}

(1)不对称排列。不同踵高按步步高"/"或步步低"\"排列。

$$B_{max} = B_0 = n$$

(2)对称排列。

①双顶式。

$$B_{max} = 2B_0$$

②单顶式[图 4-2(c)、(d)]。

$$B_{max} = 2(B_0-1) = 2(n-1)$$

(3)无规律排列。

$$B_{max} = N$$

式中:N——针筒总针数。

(二)不同花纹横列数和最大花高 H_0

按三种三角不同的排列方式组合:

$$H_0 = 3^n$$

式中:n——针道数。

4 针道：$H_0 = 3^4 = 81$；3 针道：$H_0 = 3^3 = 27$。

以上仅仅是所有排列的可能，还应扣除完全组织中无实际意义的排列。在实际设计中，最大花高 H_{max} 所需要的编织系统（路数）一定小于或等于机器的总成圈系统数（路数）。若一个完整的花型循环所需要的编织路数小于机器总路数，应以总路数的约数为好。

三、产品设计与上机工艺

(一)斜纹织物

针织斜纹织物是利用线圈、集圈、浮线等线圈单元有规律地组合而成，使织物表面形成连续斜向的纹路，形成类似斜纹机织物的外观，通常分为单斜纹和双斜纹两种，后者较前者斜纹效果明显。

1. 单斜纹织物　一种单斜纹织物工艺图如图 4-5 所示。

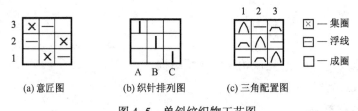

(a) 意匠图　　　(b) 织针排列图　　　(c) 三角配置图

图 4-5　单斜纹织物工艺图

2. 双斜纹织物　如图 4-6 所示的是一种双斜纹织物工艺图。

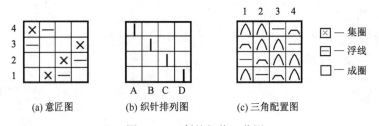

(a) 意匠图　　　(b) 织针排列图　　　(c) 三角配置图

图 4-6　双斜纹织物工艺图

若在机号为 $E24$ 的四针道单面机上，采用 167dex 涤纶低弹丝生产该组织织物，横密：75 纵行/5cm，纵密：105 横列/5cm，单位面积质量：225g/m²，经整理后，织物结构紧密，尺寸较稳定，是一种典型的针织哗叽式斜纹织物。

(二)珠地网眼织物

珠地网眼织物是由线圈与集圈交错排列，织物表面可形成网眼、凹凸的外观效果并呈现颗粒状，故称其为珠地织物。织物中集圈的排列形式可为单针单列和单针双列；可在相邻横列连续集圈，也可隔一个平针横列集圈。根据外观效果，间隔平针横列集圈形成的为四角网眼珠地织物，效果在织物正面；没有平针横列，连续集圈时，效果在织物反面形成的为六角网眼珠地织物。

1. 四角网眼珠地织物　四角网眼珠地织物有凹凸感，织物表面呈现四角形外观效果，分单四角网眼珠地织物和双四角网眼珠地织物两种，均属正面珠地面料。图 4-7 为单四角网眼珠地织物工艺图。若使用 $E28$ 单面机,采用 76dtex 涤纶低弹丝编织,控制织物单位面积重量在 $155g/m^2$ 左右,形成的织物质地轻薄柔软,透气性好,可作夏季裙装和装饰面料。

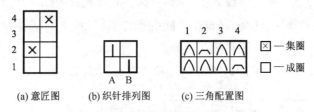

图 4-7 单四角网眼珠地织物工艺图

为了增强花型的效果,在单四角网眼珠地织物的基础上,增加一次集圈编织,形成双四角网眼珠地织物,其工艺图如图 4-8 所示。

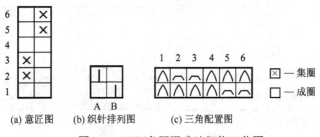

图 4-8 双四角网眼珠地织物工艺图

2. 六角网眼珠地织物 六角网眼珠地织物有凹凸感,织物表面呈现六角形外观效果,分单六角网眼珠地织物和双六角网眼珠地织物,花纹效应显示在织物反面,属反面珠地面料,工艺图如图 4-9 所示。

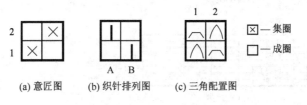

图 4-9 单六角网眼珠地织物工艺图

为了增强花型效果,在单六角网眼珠地织物的基础上,增加一次集圈编织,形成双六角网眼珠地织物,其工艺图如图 4-10 所示。

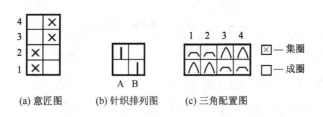

图 4-10 双六角网眼珠地工艺图

(三)乔其纱组织

乔其纱组织是在纬平针组织的基础上,无规则地点缀集圈或浮线或集圈与浮线,可在织物表面形成凸起颗粒、凹凸不平的绉纹效应,也称其为乔其绉或针织绉。在设计该类组织时,尽量保证组织点的无明显规律性,花高、花宽在可能的条件下,尽量大一些,同时保证一个完整花型的四周在叠加重复后,仍保持无明显规律特征。

1. 集圈乔其纱组织　如图4-11为一种集圈乔其纱组织工艺图。

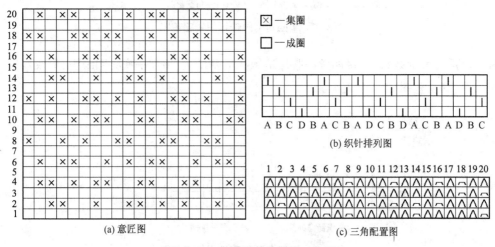

图4-11　集圈乔其纱组织工艺图

若使用 $E24$ 的单面机,采用167dtex涤纶低弹丝编织,控制织物单位面积质量在 $160g/m^2$ 左右,形成的织物质地轻薄柔软,透气性好,可作夏季裙装和窗纱面料。

2. 浮线乔其纱组织　如图4-12为一种浮线乔其纱组织工艺图。在织物中以浮线代替集圈时,同种条件下,浮线乔其纱组织更轻薄。

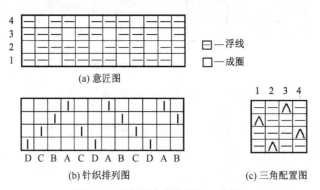

图4-12　浮线乔其纱组织工艺图

(四)褶裥织物

褶裥织物又称褶纹组织,在织物表面呈现隆起的褶棱的外观效果,主要采用隔针连续浮线或集圈的方式形成褶裥效果。可通过组织点的不同排列,形成具有几何图形等形状的立体外观,可作服用或装饰面料。

如图4-13所示为一种间断式褶裥织物的工艺图。该组织在同一枚针上连续不脱圈的次数达到10次,被拉长的线圈很容易断裂,故应选择强度较大的纱线生产此组织,可根据纱线质量调整连续的浮线数。

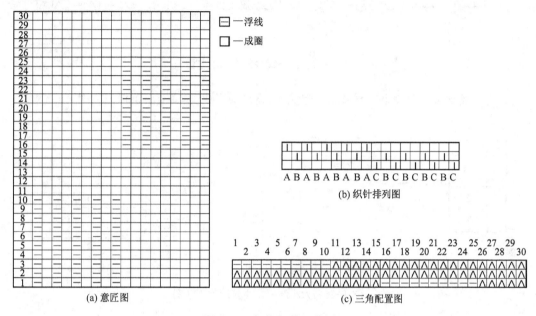

图4-13　褶裥织物工艺图

(五)色织小提花组织

在单面多针道机器上,可生产色织小提花,多见的有两色、三色提花。设计时,保证横向连续的浮线数不宜过多(视机号而定)。如图4-14为两色提花组织工艺图。

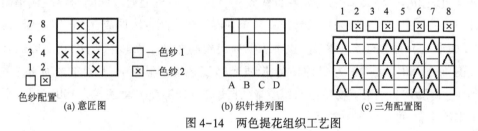

图4-14　两色提花组织工艺图

(六)仿牛仔织物

牛仔面料多见于梭织物,其挺括、粗犷的风格,受到消费者的青睐。随着人们对服装穿着舒适性要求的日益提高,克服梭织物的缺点(手感硬、弹性和延伸性差),各种针织牛仔面料应运而生。该类织物可在多针道单面或双面机上生产。

1. 衬垫式牛仔织物　该织物采用衬垫组织结构,如图4-15为其工艺图。

为了形成牛仔面料风格,纱线的选用很关键。奇数路采用蓝色或黑色的色纱及氨纶丝,偶数路采用较粗一些的白色纱。偶数路选用较粗的白纱,目的是使该纱(衬垫纱)在织物正面出现露底,以达到牛仔布的效果。

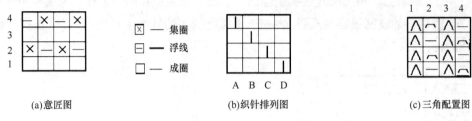

(a)意匠图　　　　　(b)织针排列图　　　　　(c)三角配置图

图4-15　衬垫式牛仔织物工艺图

2. 大小线圈式牛仔织物　该织物由大小线圈结构形成,图4-16为其工艺图。

(a)意匠图　　　　　(b)织针排列图　　　　　(c)三角配置图

图4-16　大小线圈式牛仔织物工艺图

奇数路采用蓝色或黑色的色纱和氨纶丝,偶数路采用较细的白色棉纱或涤纶长丝。由于该织物存在大小线圈,在偶数路形成的白色小线圈显露在织物表面,形成牛仔面料效果。若偶数路采用涤纶长丝,经高温整理后,涤纶长丝收缩,白色线圈变得更小,效果更逼真。

(七)仿灯芯绒织物

灯芯绒是机织物中一种典型的产品,在针织物中,可在单面机上通过线圈与浮线或集圈的组合形成针织灯芯绒织物。一般采用双针或三针单列浮线或集圈方法形成,由于连续的浮线或集圈,织物反面形成了明显的竖条效果。该类织物易出现勾丝现象而影响服用,集圈方式好于浮线方式。图4-17和图4-18为两种仿灯芯绒产品工艺图。若使用$E24$的单面机,采用167dtex涤纶低弹丝编织,控制织物单位面积质量(浮线式为160g/m²,集圈式为190g/m²),形成的织物质地丰满柔软,可作秋冬衬衫面料。

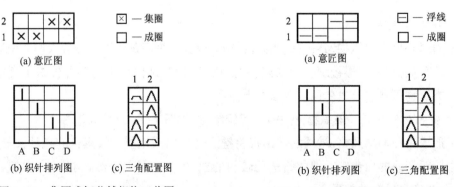

图4-17　集圈式灯芯绒织物工艺图　　　　图4-18　浮线式灯芯绒织物工艺图

(八)树皮绉织物

树皮绉织物通常采用棉纱和氨纶包芯纱交织而成,结构上采用的是衬垫组织。绉效果的产生源于氨纶丝的高收缩性,织物表面凹凸不平,立体感强,似树皮效果,是较流行的一种针织面料。图4-19为一种树皮绉织物的工艺图。1、4、7路垫入氨纶包芯丝,其他各路垫入棉纱。

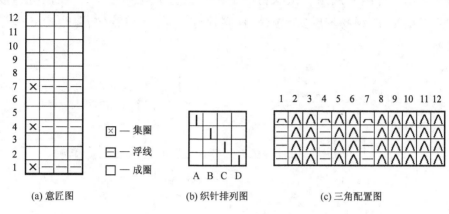

| (a) 意匠图 | (b) 织针排列图 | (c) 三角配置图 |

图4-19 树皮绉织物工艺图

第二节 双面多针道圆机产品设计

一、设计条件

双面多针道针织机是指上针与下针都具有两种及两种以上的针踵和针道级数,上下针道数目可以相同,也可以不同;上针道数一般为2,下针道数则多为2或4;还有上下均为4针道的双面多针道针织机。按上针盘与下针筒针槽的配置关系,双面多针道针织机可分为罗纹式配置与棉毛式配置两种形式。

罗纹式双面多针道针织机上下针(槽)相错配置,通常上下针对吃。这种针织机主要用于编织罗纹织物、衬垫氨纶丝的弹力罗纹织物等产品。

棉毛式双面多针道针织机上下针(槽)相对配置,交错出针工作,编织时上下针编织单罗纹,并由两个或多个罗纹组成双罗纹(两个1+1罗纹组成)、三段棉毛(三个1+1罗纹组成)、四段棉毛(四个1+1罗纹组成)等棉毛织物。上下针采用单分纱复式弯纱方式。

用双面多针道针织机可生产罗纹组织、双罗纹(棉毛)组织、罗纹复合组织、双罗纹复合组织等多种织物产品。

二、产品设计

(一)罗纹式多针道产品设计

1. 成圈连接空气层织物 成圈连接空气层织物是由平针组织、衬纬组织和变化罗纹组织复合而成,又叫绗缝织物。其结构特点是,在进行单面编织形成的夹层中衬入不参加编织的纬纱,然后根据花纹要求,在有花纹的地方进行不完全罗纹编织形成绗缝,正反面的连接点是线圈,连接点会形成小线圈结构。如图4-20所示为一种表面带有"∨"形花纹的成圈连接空气层织物工艺图。其中,1、4、7、10成圈系统上针全部参加成圈,下针仅按花纹要求选择成圈从而形成不完全罗纹;2、5、8、11成圈系统为不成圈的衬纬纱;3、6、9、12成圈系统为全部下针编织成圈。该织物由于两层织物中夹有衬纬纱,在没有连接的区域有较多的空气层存在,织物较厚实、蓬松、保暖性好,尺寸也较稳定,是生产冬季保暖内衣的理想面料。

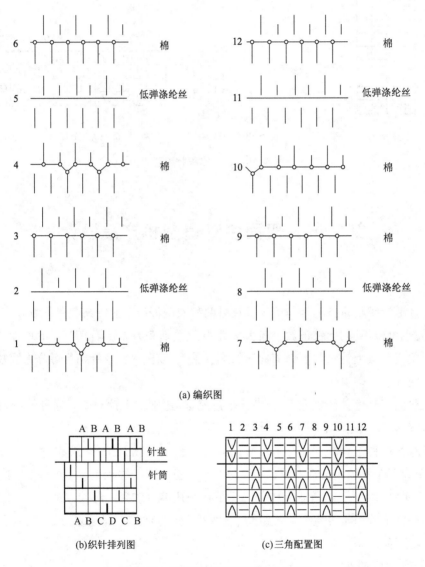

(a) 编织图

(b)织针排列图　　(c)三角配置图

图4-20　成圈连接空气层织物工艺图

2. 集圈连接空气层织物　集圈连接空气层织物是由平针组织、衬纬组织和双面集圈组织复合而成。其结构特点是,在第一路中,一个针床的全部织针进行单面编织。在第二路中,另一个针床的全部织针进行编织的同时,在相对的针床上,根据花纹要求有选择地进行集圈编织,同时可加入衬纬纱。在织物中正反面的连接点是集圈,并在织物的一侧形成孔眼效果。

(1)纵条纹空气层织物。图4-21为纵条纹空气层织物的工艺图。花宽=12纵行、花高=1横列。由于在针筒针上每12针有一枚针集圈,且在同一枚针上,因此,形成了直条形的袋状效果,在编织过程中,第二路同时加入衬纬纱。

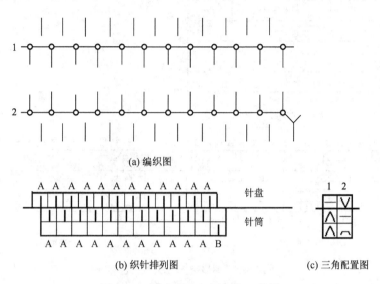

(a) 编织图

(b) 织针排列图　　　　(c) 三角配置图

图4-21　纵条纹空气层织物工艺图

(2)人字形空气层织物。图4-22为人字形空气层织物的工艺图,外观呈现人字形花型效果。花宽=20纵行,12路编织一个花型循环,1、5、9路同时加入衬纬纱。

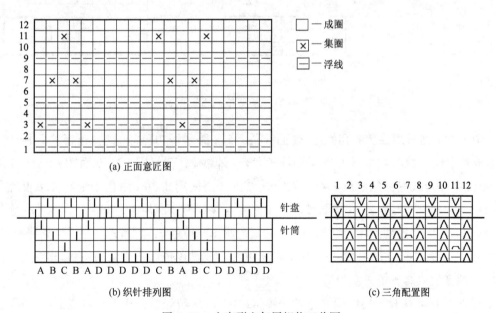

□—成圈
☒—集圈
⊟—浮线

(a) 正面意匠图

(b) 织针排列图　　　　(c) 三角配置图

图4-22　人字形空气层织物工艺图

(3)菱形空气层织物。图4-23为菱形空气层织物工艺图,外观呈现菱形花型效果。花宽为20纵行,16路编织一个循环,3、7、11、15路同时加入衬纬纱。

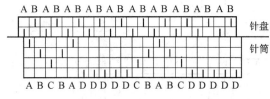

(a) 正面意匠图

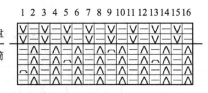

(b) 织针排列图

(c) 三角配置图

图4-23 菱形空气层织物工艺图

3. 保暖牛仔织物 图4-24为保暖牛仔织物意匠图。

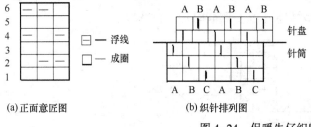

(a)正面意匠图 (b)织针排列图 (c)三角配置图

图4-24 保暖牛仔织物

其中1、4、7路采用棉色纱和氨纶丝(面纱);2、5、8路采用白色涤纶丝(连接纱),涤纶丝在正面形成较小线圈的白点;3、6、9路采用涤纶色丝(地纱)。若使用 $E24$ 双面圆机,1、4、7路使用 14.8tex 牛仔蓝或黑色棉纱及 1.4tex 氨纶丝,2、5、8路使用 8.3tex 白色涤纶丝,3、6、9路使用 16.7tex/144f 涤纶双丝纱(颜色与面纱相似)。具体参数为:面纱 100 针纱长为 35cm,连接纱 100 针纱长为 23cm,地纱 100 针纱长为 28cm,氨纶丝 100 针纱长为 13cm。为了得到保暖、厚实的织物风格,还需进行反面拉绒,形成直立的不倒绒。成品单位面积质量为 400g/m² 左右。

(二)双罗纹式多针道产品设计

1. 盖组织产品设计 盖组织又称丝盖棉组织,织针对位经常采用罗纹或双罗纹式配置,并以后者为多。为了保证织物表面具有良好的遮盖效果,通常需选择合适的组织结构、适当的纱线线密度、适宜的给纱张力。若采用涤纶和棉纱生产盖组织,则可得到涤盖棉织物,该织物可作外衣、运动服、功能性内衣等面料。图4-25为一种四路编织一个循环的涤盖棉组织工艺图,1、3

路垫入涤纶丝,2、4 路垫入棉纱,也可反之,两者效果略有不同。图 4-26 为一种六路编织一个循环的涤盖棉组织工艺图,2、3、5、6 路垫入涤纶纱,1、4 路垫入棉纱。同种条件下,六路涤盖棉较四路涤盖棉更紧密,遮盖性好。以上两种盖组织只需上下两针道即可编织,若采用下针四针道设备编织,可作适当的调整。

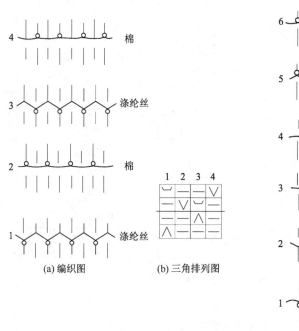

图 4-25　四路涤盖棉工艺图

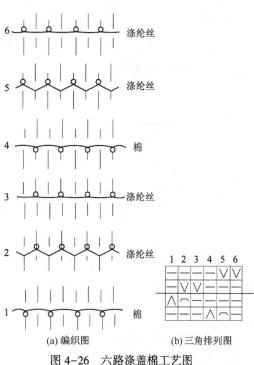

图 4-26　六路涤盖棉工艺图

2. 双罗纹空气层织物设计　双罗纹空气层织物是由双罗纹组织与单面组织复合而成。由于编织方法不同,可以得到结构不同的双罗纹空气层组织。

图 4-27 为两种双罗纹空气层组织工艺图。图 4-27(a)是一种由四路编织而成的双罗纹空气层组织,也称蓬托地罗马组织。1、2 路编织一横列双罗纹,3、4 路分别编织单面平针。该织物紧密厚实,横向延伸性较小,有较好的弹性,表面有双罗纹线圈形成的横向凸出条纹效果,常作外衣面料组织。该组织可在棉毛机和双面四针道机上生产。由于存在满针单面编织,生产中要加强设备调试和部件的微调,以保证顺利生产。图 4-27(b)是一种由六路编织而成的双罗纹空气层组织。1、6 路编织一横列双罗纹,2、4 路下针编织一横列(正面线圈)变化平针,3、5 路上针编织一横列(反面线圈)变化平针。与上一种双罗纹空气层组织相比,该织物表面更平整、厚实、延伸性较小。

3. 粗盖细组织设计　由不同机号的针盘与针筒及不同线密度的纱线编织而成的正反面横密比不同的织物称为粗盖细织物,又称法式罗纹。图 4-28 为一种粗盖细组织工艺图。

图中针盘与针筒机号之比为 2:1。第 1 路采用较粗的纱线,由针筒针单面编织;第 2、第 3 路采用较细的纱线,由针盘针单面编织;第 4 路采用较细的纱线,由针筒针与针盘低踵针集圈连接织物两面。该织物线圈横密和线圈纵密正反面的比值均为 1:2。

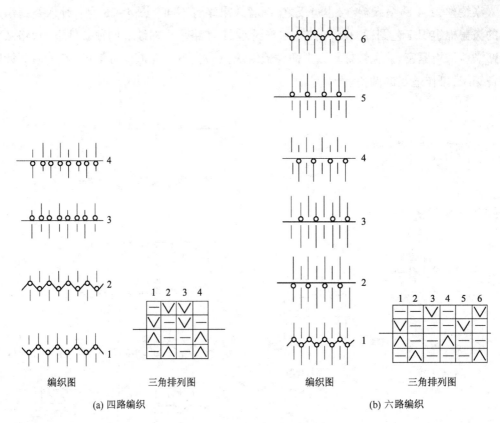

(a) 四路编织

(b) 六路编织

图 4-27 双罗纹空气层组织工艺图

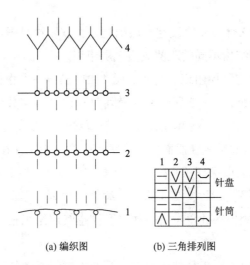

(a) 编织图

(b) 三角排列图

图 4-28 粗盖细组织工艺图

粗盖细织物有利于两种不同粗细和不同原料纱线的编织,可在织物两面形成粗、细不同风格和不同服用性能,立体感强,可制作外衣、休闲服等产品,一般将粗犷的一面作为服装的外层。

☞ 思考题

1. 多针道圆机花宽和花高如何确定？

2. 珠地网眼组织有哪几种类型？画出它们的意匠图、编织图、织针排列图和三角配置图。

3. 设计一种单面具有斜纹效应的组织，画出其意匠图、编织图、织针排列图和三角配置图。

4. 涤盖棉组织有哪两种编织方法？画出它们的编织图和三角配置图。

5. 根据下列单面两色提花组织意匠图画编织图，并在四针道针织机上排列织针和三角。

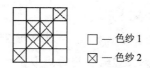

□ — 色纱1
⊠ — 色纱2

6. 根据下列单面组织意匠图画编织图，并在四针道针织机上排列织针和三角。

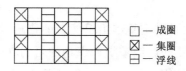

□ — 成圈
⊠ — 集圈
⊟ — 浮线

第五章 提花圆机产品设计

❋ 本章知识点

1. 了解各种提花圆机的种类及其特点。
2. 掌握拨片和推片式选针机构的选针原理,会进行相应的产品设计和工艺上机。
3. 掌握提花轮式选针机构的选针原理,会进行矩形花纹的产品设计和工艺上机。
4. 了解电子式选针机构的种类、选针原理及上机工艺。
5. 掌握单双面提花圆机织物的设计方法和上机工艺。

在纬编针织物的生产中,除了采用基本组织编织的普通针织物外,还广泛采用各种花式组织来编织针织物。采用各种花式组织编织针织物的目的在于:改变织物的外观,使织物具有多种色彩、闪光等外观效果;使织物具有凹凸、网孔等效应,以增加立体感;此外,还可以改变织物的特性,如各种网孔织物可增加织物的透气性,长浮线的存在可使针织物的延伸性减小等。

纬编花色针织物的种类很多,按其色彩可分为单色织物、多色织物;按其编织方法可分为单面花色织物、双面花色织物;按其花纹配置可分为花纹无位移织物、花纹有位移织物等几种。纬编大花纹针织物的花型范围大,且花纹变化比较多,一般需采用带有专门选针机构的提花针织机来编织。这些专门的选针机构有推片式、拨片式、提花轮式及电子式等。这些提花针织机的选针机构和选针原理各有不同,将直接影响其产品的设计和上机工艺。

第一节 拨片式和推片式提花圆机选针原理与上机工艺

拨片(摆片)式和推片(插片)式提花圆机选针机构的主要装置为一组或两组重叠的选针拨片或推片,结构简单紧凑、所占空间小,成圈系统数多,花型变换容易,操作方便,适于编织两色、三色和四色提花织物、集圈孔眼织物、衬垫起绒织物、丝盖棉织物和各种复合组织织物等。

一、拨片式提花圆机选针机构及其选针原理

拨片式提花圆机选针机构是一种操作方便的三位选针机构。下面以S3P172型单面拨片式提花圆机为例介绍其成圈机构、选针机构及选针原理。

(一)拨片式提花圆机成圈机构和选针机构

拨片式提花圆机成圈机构和选针机构的配置情况如图5-1所示。在针筒1的每个针槽中自上而下安装着织针2、挺针片3和提花片4,5为选针装置,6为选针拨片,7为针筒三角座,8为沉降片,9为沉降片三角,10为提花片复位三角。织针的上升受挺针片控制:如果挺针片能沿起针三角上升,则顶起其上织针参加编织;如果选针拨片将提花片压进针槽,提花片头便带动挺针片脱离挺针三角作用,织针便水平运动。

如图5-2所示,提花片共有39档齿,其中选针齿有37档,由低到高依次编为1、2、3…37号,38、39档齿为基本选针齿,分别称为B齿、A齿,B齿比A齿低一档。每枚提花片上有一个提花选针齿和一个基本选针齿。1、3、5…37奇数提花片上有A齿,称为A型提花片,2、4、6…36偶数提花片上有B齿,称为B型提花片。在提花片进入下一路选针装置的选针区域前,由复位三角作用复位踵a(图5-2),使提花片复位,选针齿露出针筒外,以便接受选针拨片的选择。

拨片式选针机构如图5-3所示。它主要为一排重叠的可左右拨动的选针拨片1,每只拨片在片槽中可根据不同的编织要求处于左、中、右三个选针位置。每个选针装置上共有39档选针拨片,与提花片的39档齿在高度上一一对应。

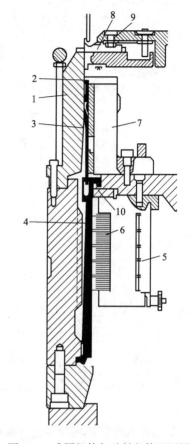

图5-1 成圈机构与选针机构配置图

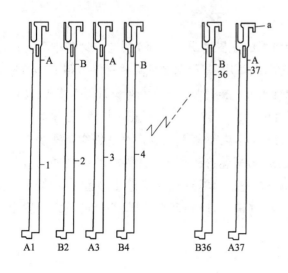

图5-2 提花片

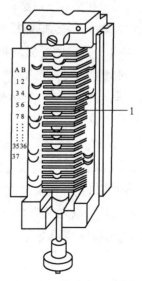

图5-3 拨片式选针装置

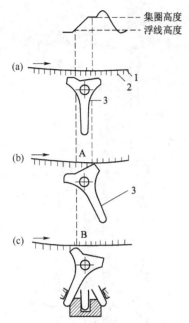

图 5-4　拨片式选针机构选针原理

(二)拨片式提花圆机选针原理

如图 5-4 所示,1 为针筒,2 为提花片片齿,3 为选针拨片。拨片式选针机构中,拨片可拨至左、中、右三个不同位置,从而在同一选针系统上对织针进行成圈、集圈和浮线三位选针。

某一档拨片置于中间位置时,拨片的前端作用不到留同一档齿的提花片,则不将这些提花片压入针槽,使得与提花片相嵌的挺针片的片踵露出针筒,在挺针片三角的作用下,挺针片上升,将织针推升到退圈高度,从而编织成圈,如图 5-4(a)所示。

某一档拨片拨至右侧,挺针片在挺针片三角的作用下上升,将织针推升到集圈(不完全退圈)高度后,与挺针片相嵌的并留同一档齿的提花片被拨片压入针槽,使挺针片不再继续上升退圈,从而使其上方的织针集圈,如图 5-4(b)所示。

某一档拨片拨至左侧,它会在退圈开始就将留同一档齿的提花片压入针槽,使挺针片片踵埋入针筒,从而导致挺针片不上升,这样织针也不上升,即不编织,如图 5-4(c)所示。

二、推片式选针机构及其选针原理

推片式(插片式)选针装置有单推片式、双推片式两种类型。双推片式选针机构与单推片式选针机构相似,其主要差别在于单推片式提花圆机选针机构的装置为一组重叠的选针推片,只有一个选针点,同一选针系统上可对织针进行成圈和浮线二位选针;双推片式提花圆机选针机构每个选针装置上配置了两组重叠的选针推片,有两个选针点,可实现在同一选针系统上对织针进行成圈、集圈和浮线三位选针。

(一)双推片式提花圆机成圈机构和选针机构

图 5-5(a)~(c)表示的是成圈机构和选针机构的配置情况。针筒 1 的同一针槽中自上而下插有织针 3、挺针片 6 和提花片 18,2 是双向运动沉降片,其运动受沉降片三角 7 和 17 控制。8 为织针压针三角与针踵 4 作用,将被选中的织针压下。挺针片三角 9 与挺针片踵 5 作用,使挺针片上升。提花片 18 从下向上有 39 档不同高度的齿,1~37 档齿为提花选针齿,每片提花片只保留某一档齿,提花片最上面 38 档齿和 39 档齿为基本选针齿,其作用是在编织某些基本组织时用基本选针齿来控制,在高度上提花片的 1~39 号提花选针齿与选针装置 21 上的两列(23、24)彼此平行排列的 1~39 档推片(22、25)一一对应。推片均可做径向"进、出"运动,即按照花纹要求,每一档推片可以有"进"(靠近针筒)和"出"(离开针筒)两个位置,织针的编织情况由这两排推片的进出位置共同决定。

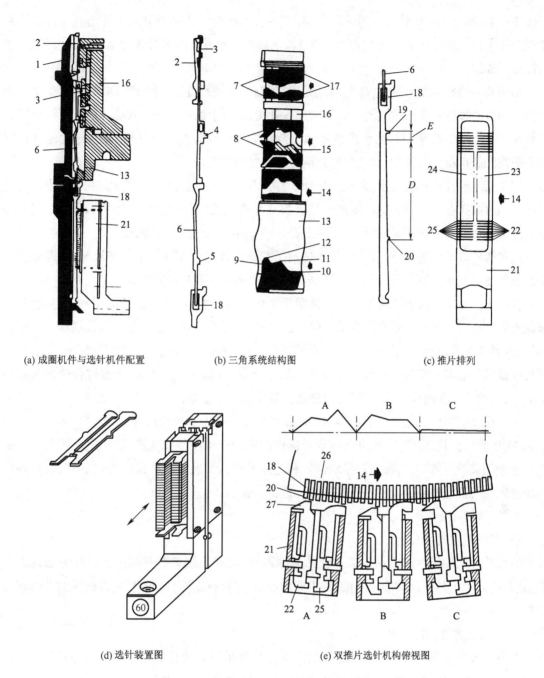

(a) 成圈机件与选针机件配置　　(b) 三角系统结构图　　(c) 推片排列

(d) 选针装置图　　(e) 双推片选针机构俯视图

图 5-5　双推片式提花圆机成圈机构和选针机构

（二）双推片式提花圆机选针原理

　　每一路成圈系统均有一个选针装置，如图 5-5(d)所示，每一个选针装置上都有左、右两排选针推片。其俯视图如图 5-5(e)所示，若针筒沿箭头 14 方向转动，根据同一高度(档)左右两推片不同的"进、出"位置，可以将织针选至成圈、集圈和不编织三个位置。

　　某一档左右两推片 22 和 25 均处于"出"位[图 5-5(e)中 A]，则留同一档齿的提花片 18 的片齿 20 不受推片前端 27 的作用，即不被压入针槽。位于其上部的挺针片也不被压入针槽。由于提花片 18 的上端与挺针片 6 的下端呈相镶嵌状,因此挺针片也不被压入针槽。这样挺针片片踵 5 便沿挺针片三角 9 上升至退圈高度 12,从而将位于其上的织针 3 向上推至退圈位置,使织针正常成圈。

如果某一档推片左出右进,即左推片处于"出"位,右推片处于"进"位[图 5-5(e)中 B],则留同一档齿的提花片在经过左推片时不被压入针槽,在它上面的挺针片 6 的片踵 5 可沿挺针片三角 9 上升至集圈高度 11。当该提花片运动至右推片位置时被压进针槽,使挺针片片踵在到达集圈高度后也被压入针槽,因此织针只能上升到集圈高度。

如果某一档推片左进右出,即左推片处于"进"位,右推片处于"出"位[图 5-5(e)中 C],则留同一档齿的提花片一开始就被压进针槽。提花片带动挺针片,使挺针片的片踵 5 在高度 10 就脱离挺针片三角 9 作用面,挺针片不能上升,从而织针不上升,即不编织。

这种选针方式可进行三位选针,从而增加了花纹设计的可能性。进行花纹设计,即是按照花纹意匠图的要求,根据上述原理对每一成圈系统中的左右推片进行排列。

各档推片的进出位置既可根据花型采用手工设置与调整,也可借助于机械、电子控制装置来设置。借助电子控制装置来设置推片的机器,一般配备有一台单独的便携式仪器和一个选针模块,两者由电缆连接。该仪器由输入、存储和磁盘驱动器三部分组成。输入:预选系统序号,通过线圈符号键输入花型所需的推片设置(成圈、集圈、不编织)。存储:花型被存储和转移到磁盘内,能读入工作内存,需要时还可以修改内存中的花型信息。

选针模块经电缆从控制仪器获得与成圈系统序号和花型有关的信号,以此来设置每一选针装置 21 中左右推片 22 和 25 的进出位置。操作时应按系统序号依次进行,根据显示器显示模块所连接的成圈系统序号,将选针模块插入相应序号的选针装置。在按下"Start"键后,模块中的步进电动机快速准确地设置好各档推片的进出位置。

三、形成花纹能力分析

尽管拨片式和推片式提花圆机的选针原理不同,但其花纹宽度和高度的设计方法基本相同,其花纹的大小与拨片或推片的档数,机器的成圈系统数以及总针数有关,其编织的花纹均无位移。

(一)花纹宽度(花宽)B

花宽的大小与提花圆机所用提花片的齿数多少及排列方式有关。提花片的排列方式可分为单片排列、多片排列和单片、多片混合排列。

当用单片排列时,非对称花型一般采用"/"或"\"形的排列。一枚提花片控制一枚针,即意匠图上的一个线圈纵行。一枚提花片只留一个提花选针齿,这样不同高度提花选针齿的运动规律是独立的,故完全组织中花纹不同的纵行数等于提花片选针齿的档数。

不对称单片排列最大花宽 B_{max} 的计算方法为:

$$B_{max}=n \quad 或 \quad B_{max}=n-1$$

式中 n 为提花片选针齿档数,为了编织完整的花纹完全组织,避免上机时每次都要重新排列提花片,希望选择的花宽 B 最好是最大花宽的约数。由于 n 往往为 25、37,约数很少,故 B_{max} 常选 $n-1$。

在花型设计时,可以在最大花宽范围内选择一种花宽,但所取花宽应尽可能是总针数的约数,同时所取花宽最好是最大花宽的约数。

单片排列时,对称花型一般采用"∨"或"∧"形的排列。一枚提花片控制两枚针,即意匠图上的两个线圈纵行。两者的运动规律一样,这样编织出来的是左右对称的花纹,其完全组织的最大宽度 B_{max} 可用下式计算:

$$B_{max} = 2(n-1)$$

如果上述最大花宽还不能满足花型设计要求,那么根据选针原理,在设计花型时,在某些纵行上可设计相同的组织点,这些纵行就可以采用同一种号数的提花片。根据花纹要求可采用双片排列和双片与多片混合排列,以扩大花宽。

(二)花纹高度(花高)H

最大花高取决于提花圆机成圈系统数和编织一个横列的色纱数(编织一个横列所需要的成圈系统数)。当所选用的机器型号、规格一定时,成圈系统数即为一定值,最大花高计算公式如下:

$$H_{max} = \frac{M}{e}$$

式中:M——成圈系统数;

e——色纱数。

选取的花高可以小于上述最大花高,但最好是最大花高的约数。选择时,还应考虑花纹的高度与宽度相互协调,使花形更美观。

四、花纹上机实例

例1 机器条件:S3P172型拨片式单面提花圆机,针筒直径760mm(30英寸),成圈系统数 $M=72$ 路,提花片齿数 $n=37$ 齿,总针数 $N=2628$ 针。要求设计一单面提花集圈织物。

1. 花宽与花高设计 根据机器条件,现设计单面提花集圈织物,花宽 B 取36纵行,花高 H 取72横列;提花集圈组织每一路成圈系统编织一个线圈横列,72路成圈系统可编织72个横列,即针筒1转织出1个花高。

2. 设计花型图案 根据确定的花宽与花高设计的花纹意匠图,如图5-6所示。

3. 提花片排列 由意匠图可以看出,花型不对称;且设计花宽 B 为36纵行,故选用1~36号提花片,自下而上排成"∕"形。

4. 上机工艺 根据设备的选针原理和花纹意匠图,排出各成圈系统的拨片工艺位置图,如图5-7所示。M表示拨片在图5-4中的中间位置(成圈);R表示拨片在图5-4中的右侧位置(集圈);L表示拨片在图5-4中的左侧位置(浮线)。

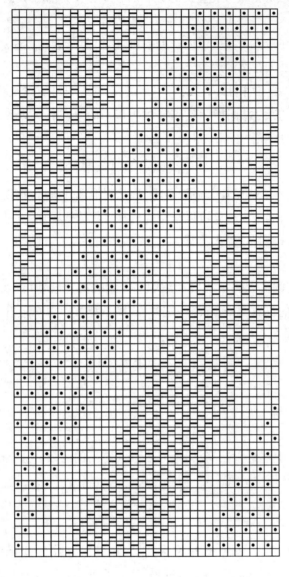

成圈系统自下而上依次为1、2、3……72路

□⊟—不成圈　□—成圈　▣—集圈

图 5-6　意匠图

例 2　现采用推片式提花圆机编织例 1 所述单面提花集圈织物。

花宽与花高及花型图案如图 5-6 所示；提花集圈组织每一路成圈系统编织一个线圈横列，72 路成圈系统可编织 72 个横列，选用 1~36 号提花片自下而上排成"／"形。

根据选针原理和花纹意匠图，排出各成圈系统的工艺位置图，如图 5-7 所示，M 表示双推片处于图 5-5(e) 中的 A 状态（成圈）；R 表示双推片处于图 5-5(e) 中的 B 状态（集圈）；L 表示双推片处于图 5-5(e) 中的 C 状态（浮线）。

齿号＼路数	1	2	3	4	5	6	7	8	9	10	11	12	13	14	15	16	17	18	19	20	21	22	23	24	25	26	27	28	29	30	31	32	33	34	35	36
1	M	R	M	M	M	R	M	M	M	R	M	M	M	R	M	M	M	R	M	M	M	R	M	M	M	M	M	M	M	M	M	M	M	M	M	L
2	M	M	M	R	M	M	M	R	M	M	M	R	M	M	M	R	M	M	M	R	M	M	M	R	M	M	M	M	M	M	M	M	M	M	M	M
3	M	M	M	M	M	R	M	M	M	R	M	M	M	R	M	M	M	R	M	M	M	R	M	M	M	R	M	M	M	M	M	M	M	M	M	M
4	M	M	M	M	M	M	M	R	M	M	M	R	M	M	M	R	M	M	M	R	M	M	M	R	M	M	M	R	M	M	M	M	M	M	M	M
5	M	M	M	M	M	M	M	M	M	R	M	M	M	R	M	M	M	R	M	M	M	R	M	M	M	R	M	M	M	R	M	M	M	M	M	M
6	M	M	M	M	M	M	M	M	M	M	M	R	M	M	M	R	M	M	M	R	M	M	M	R	M	M	M	R	M	M	M	R	M	M	M	M
7	M	M	M	M	M	M	M	M	M	M	M	M	M	R	M	M	M	R	M	M	M	R	M	M	M	R	M	M	M	R	M	M	M	R	M	M
8	L	M	M	M	M	M	M	M	M	M	M	M	M	M	M	R	M	M	M	R	M	M	M	R	M	M	M	R	M	M	M	R	M	M	M	R
9	M	L	M	L	M	M	M	M	M	M	M	M	M	M	M	M	M	R	M	M	M	R	M	M	M	R	M	M	M	R	M	M	M	R	M	M
10	L	M	L	M	L	M	M	M	M	M	M	M	M	M	M	M	M	M	M	R	M	M	M	R	M	M	M	R	M	M	M	R	M	M	M	R
11	M	L	M	L	M	L	M	L	M	M	M	M	M	M	M	M	M	M	M	M	M	R	M	M	M	R	M	M	M	R	M	M	M	R	M	M
12	L	M	L	M	L	M	L	M	L	M	M	M	M	M	M	M	M	M	M	M	M	M	M	R	M	M	M	R	M	M	M	R	M	M	M	R
13	M	L	M	L	M	L	M	L	M	L	M	L	M	M	M	M	M	M	M	M	M	M	M	M	M	R	M	M	M	R	M	M	M	R	M	M
14	L	M	L	M	L	M	L	M	L	M	L	M	L	M	M	M	M	M	M	M	M	M	M	M	M	M	M	R	M	M	M	R	M	M	M	R
15	M	L	M	L	M	L	M	L	M	L	M	L	M	L	M	L	M	M	M	M	M	M	M	M	M	M	M	M	M	R	M	M	M	R	M	M
16	L	M	L	M	L	M	L	M	L	M	L	M	L	M	L	M	L	M	M	M	M	M	M	M	M	M	M	M	M	M	M	R	M	M	M	R
17	M	L	M	L	M	L	M	L	M	L	M	L	M	L	M	L	M	L	M	L	M	M	M	M	M	M	M	M	M	M	M	M	M	R	M	M
18	L	M	L	M	L	M	L	M	L	M	L	M	L	M	L	M	L	M	L	M	L	M	M	M	M	M	M	M	M	M	M	M	M	M	M	R
19	M	L	M	L	M	L	M	L	M	L	M	L	M	L	M	L	M	L	M	L	M	L	M	L	M	M	M	M	M	M	M	M	M	M	M	M
20	L	M	L	M	L	M	L	M	L	M	L	M	L	M	L	M	L	M	L	M	L	M	L	M	L	M	M	M	M	M	M	M	M	M	M	M
21	M	M	M	L	M	L	M	L	M	L	M	L	M	L	M	L	M	L	M	L	M	L	M	L	M	L	M	L	M	M	M	M	M	M	M	M
22	M	M	M	M	L	M	L	M	L	M	L	M	L	M	L	M	L	M	L	M	L	M	L	M	L	M	L	M	L	M	M	M	M	M	M	M
23	M	M	M	M	M	M	M	M	M	L	M	L	M	L	M	L	M	L	M	L	M	L	M	L	M	L	M	L	M	L	M	L	M	M	M	M
24	M	M	M	M	M	M	M	M	L	M	L	M	L	M	L	M	L	M	L	M	L	M	L	M	L	M	L	M	L	M	L	M	L	M	M	M
25	M	M	M	M	M	M	M	M	M	M	M	M	M	L	M	L	M	L	M	L	M	L	M	L	M	L	M	L	M	L	M	L	M	L	M	L
26	M	M	M	M	M	M	M	M	M	M	M	M	L	M	L	M	L	M	L	M	L	M	L	M	L	M	L	M	L	M	L	M	L	M	L	M
27	M	R	M	M	M	M	M	M	M	M	M	M	M	M	M	M	M	L	M	L	M	L	M	L	M	L	M	L	M	L	M	L	M	L	M	L
28	M	M	M	R	M	M	M	M	M	M	M	M	M	M	M	M	L	M	L	M	L	M	L	M	L	M	L	M	L	M	L	M	L	M	L	M
29	M	R	M	M	M	R	M	M	M	M	M	M	M	M	M	M	M	M	M	M	M	L	M	L	M	L	M	L	M	L	M	L	M	L	M	L
30	M	M	M	R	M	M	M	R	M	M	M	M	M	M	M	M	M	M	M	M	L	M	L	M	L	M	L	M	L	M	L	M	L	M	L	M
31	M	R	M	M	M	R	M	M	M	R	M	M	M	M	M	M	M	M	M	M	M	M	M	M	M	L	M	L	M	L	M	L	M	L	M	L
32	M	M	M	R	M	M	M	R	M	M	M	R	M	M	M	M	M	M	M	M	M	M	M	M	L	M	L	M	L	M	L	M	L	M	L	M
33	M	R	M	M	M	R	M	M	M	R	M	M	M	R	M	M	M	M	M	M	M	M	M	M	M	M	M	M	M	L	M	L	M	L	M	L
34	M	M	M	R	M	M	M	R	M	M	M	R	M	M	M	R	M	M	M	M	M	M	M	M	M	M	M	M	L	M	L	M	L	M	L	M
35	M	R	M	M	M	R	M	M	M	R	M	M	M	R	M	M	M	R	M	M	M	M	M	M	M	M	M	M	M	M	M	M	M	L	M	L
36	M	M	M	R	M	M	M	R	M	M	M	R	M	M	M	R	M	M	M	R	M	M	M	M	M	M	M	M	M	M	M	M	L	M	L	M

齿号＼路数	37	38	39	40	41	42	43	44	45	46	47	48	49	50	51	52	53	54	55	56	57	58	59	60	61	62	63	64	65	66	67	68	69	70	71	72
1	M	L	M	L	M	L	M	L	M	L	M	L	M	L	M	L	M	L	M	L	M	L	M	L	M	M	M	M	M	M	M	M	M	M	M	M
2	L	M	L	M	L	M	L	M	L	M	L	M	L	M	L	M	L	M	L	M	L	M	L	M	L	M	M	M	M	M	M	M	M	M	M	M
3	M	M	M	M	M	L	M	L	M	L	M	L	M	L	M	L	M	L	M	L	M	L	M	L	M	L	M	L	M	M	M	M	M	M	M	M
4	M	M	M	M	L	M	L	M	L	M	L	M	L	M	L	M	L	M	L	M	L	M	L	M	L	M	L	M	L	M	M	M	M	M	M	M
5	M	M	M	M	M	M	M	M	M	L	M	L	M	L	M	L	M	L	M	L	M	L	M	L	M	L	M	L	M	L	M	L	M	M	M	M
6	M	M	M	M	M	M	M	M	L	M	L	M	L	M	L	M	L	M	L	M	L	M	L	M	L	M	L	M	L	M	L	M	L	M	M	M
7	M	M	M	M	M	M	M	M	M	M	M	M	M	L	M	L	M	L	M	L	M	L	M	L	M	L	M	L	M	L	M	L	M	L	M	L
8	M	M	M	M	M	M	M	M	M	M	M	M	L	M	L	M	L	M	L	M	L	M	L	M	L	M	L	M	L	M	L	M	L	M	L	M
9	M	R	M	M	M	M	M	M	M	M	M	M	M	M	M	M	M	L	M	L	M	L	M	L	M	L	M	L	M	L	M	L	M	L	M	L
10	M	M	M	R	M	M	M	M	M	M	M	M	M	M	M	M	L	M	L	M	L	M	L	M	L	M	L	M	L	M	L	M	L	M	L	M
11	M	R	M	M	M	R	M	M	M	M	M	M	M	M	M	M	M	M	M	M	M	L	M	L	M	L	M	L	M	L	M	L	M	L	M	L
12	M	M	M	R	M	M	M	R	M	M	M	M	M	M	M	M	M	M	M	M	L	M	L	M	L	M	L	M	L	M	L	M	L	M	L	M
13	M	R	M	M	M	R	M	M	M	R	M	M	M	M	M	M	M	M	M	M	M	M	M	M	M	L	M	L	M	L	M	L	M	L	M	L
14	M	M	M	R	M	M	M	R	M	M	M	R	M	M	M	M	M	M	M	M	M	M	M	M	L	M	L	M	L	M	L	M	L	M	L	M
15	M	R	M	M	M	R	M	M	M	R	M	M	M	R	M	M	M	M	M	M	M	M	M	M	M	M	M	M	M	L	M	L	M	L	M	L
16	M	M	M	R	M	M	M	R	M	M	M	R	M	M	M	R	M	M	M	M	M	M	M	M	M	M	M	M	L	M	L	M	L	M	L	M
17	M	R	M	M	M	R	M	M	M	R	M	M	M	R	M	M	M	R	M	M	M	M	M	M	M	M	M	M	M	M	M	L	M	L	M	L
18	M	M	M	R	M	M	M	R	M	M	M	R	M	M	M	R	M	M	M	R	M	M	M	M	M	M	M	M	M	M	M	M	L	M	L	M
19	M	R	M	M	M	R	M	M	M	R	M	M	M	R	M	M	M	R	M	M	M	R	M	M	M	M	M	M	M	M	M	M	M	M	M	M
20	M	M	M	R	M	M	M	R	M	M	M	R	M	M	M	R	M	M	M	R	M	M	M	R	M	M	M	M	M	M	M	M	M	M	M	M
21	M	M	M	M	M	R	M	M	M	R	M	M	M	R	M	M	M	R	M	M	M	R	M	M	M	R	M	M	M	M	M	M	M	M	M	M
22	M	M	M	M	M	M	M	R	M	M	M	R	M	M	M	R	M	M	M	R	M	M	M	R	M	M	M	R	M	M	M	M	M	M	M	M
23	M	M	M	M	M	M	M	M	M	R	M	M	M	R	M	M	M	R	M	M	M	R	M	M	M	R	M	M	M	R	M	M	M	M	M	M
24	M	M	M	M	M	M	M	M	M	M	M	R	M	M	M	R	M	M	M	R	M	M	M	R	M	M	M	R	M	M	M	R	M	M	M	M
25	M	M	M	M	M	M	M	M	M	M	M	M	M	R	M	M	M	R	M	M	M	R	M	M	M	R	M	M	M	R	M	M	M	R	M	M
26	L	M	M	M	M	M	M	M	M	M	M	M	M	M	M	R	M	M	M	R	M	M	M	R	M	M	M	R	M	M	M	R	M	M	M	R
27	M	L	M	L	M	M	M	M	M	M	M	M	M	M	M	M	M	R	M	M	M	R	M	M	M	R	M	M	M	R	M	M	M	R	M	M
28	L	M	L	M	L	M	M	M	M	M	M	M	M	M	M	M	M	M	M	R	M	M	M	R	M	M	M	R	M	M	M	R	M	M	M	R
29	M	L	M	L	M	L	M	L	M	M	M	M	M	M	M	M	M	M	M	M	M	R	M	M	M	R	M	M	M	R	M	M	M	R	M	M
30	L	M	L	M	L	M	L	M	L	M	M	M	M	M	M	M	M	M	M	M	M	M	M	R	M	M	M	R	M	M	M	R	M	M	M	R
31	M	L	M	L	M	L	M	L	M	L	M	L	M	M	M	M	M	M	M	M	M	M	M	M	M	R	M	M	M	R	M	M	M	R	M	M
32	L	M	L	M	L	M	L	M	L	M	L	M	L	M	M	M	M	M	M	M	M	M	M	M	M	M	M	R	M	M	M	R	M	M	M	R
33	M	L	M	L	M	L	M	L	M	L	M	L	M	L	M	L	M	M	M	M	M	M	M	M	M	M	M	M	M	R	M	M	M	R	M	M
34	L	M	L	M	L	M	L	M	L	M	L	M	L	M	L	M	L	M	M	M	M	M	M	M	M	M	M	M	M	M	M	R	M	M	M	R
35	M	L	M	L	M	L	M	L	M	L	M	L	M	L	M	L	M	L	M	L	M	M	M	M	M	M	M	M	M	M	M	M	M	R	M	M
36	L	M	L	M	L	M	L	M	L	M	L	M	L	M	L	M	L	M	L	M	L	M	M	M	M	M	M	M	M	M	M	M	M	M	M	R

图 5-7　工艺位置图

第二节 提花轮提花圆机选针原理与上机工艺

提花轮提花圆机的选针机构为提花轮,属于有选择性的直接式选针机构。它以提花轮上的片槽及其钢米作为选针元件,直接与针织机的织针、沉降片或挺针片发生作用,并在与其一起啮合转动的过程中进行选针。提花轮选针机构可在单针筒或双针筒针织机上使用。

一、提花轮选针机构及其选针原理

在提花轮提花圆机上,针筒上只有一种织针,每枚织针上只有一个针踵,在一个针道中运转。针踵有两个用途:一是在针道中与三角作用,控制织针的运动;二是与提花轮作用进行选针,使织针处于编织、集圈或不编织等不同编织状态。

针筒的周围每一成圈系统装有三角,其结构如图5-8所示,每一成圈系统的三角由起针三角1、侧向三角2和压针三角5组成。每一成圈系统三角的外侧安装一个提花轮6。提花轮的结构如图5-9所示,提花轮1上由钢片组成许多凹槽,与织针针踵啮合,由针踵带动使提花轮绕其轴芯2回转。在凹槽中,按照花纹的要求,可装上高钢米3或低钢米4,也可不装钢米。由于提花轮是呈倾斜配置的,当提花轮回转时,便可使针筒上的织针分成三条轨迹运动。

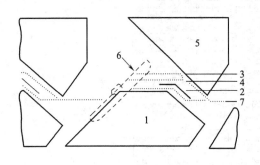
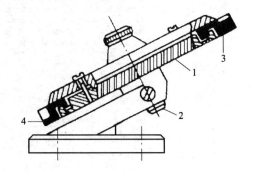

图5-8　提花轮提花圆机三角结构　　　　　　图5-9　提花轮的结构

当织针与提花轮上不插钢米的凹槽啮合时,沿起针三角1上升一定高度,而后被侧向三角2压下。织针没有升至退圈高度,没有垫纱成圈,织针的运动轨迹线如图5-8中7所示,该织针不编织。

当织针与提花轮上装有低钢米的凹槽啮合时,针踵受钢米的上抬作用,上升到不完全退圈的高度,然后被压针三角5压下,如图5-8中的轨迹线4所示,该织针形成集圈。

当织针与提花轮上装有高钢米的凹槽啮合时,针踵在钢米作用下,上升到完全退圈的高度,进行编织成圈,它的轨迹线如图5-8中的轨迹线3所示。

这种选针机构属于三位选针,按照花纹要求在提花轮中插入高、低钢米或不插钢米,就能在编织一个横列时将织针分成编织、集圈、不编织三种轨迹。

在这种提花圆机上，由于提花轮是倾斜配置的，故所占空间较小，有利于增加成圈系统数。提花轮直径的大小，不仅影响到各成圈系统所占的空间，还影响到花纹的大小和针踵的受力情况。提花轮直径小，有利于增加成圈系统数，但花纹的范围较小；提花轮直径大，则成圈系统数较少。另外，由于提花轮的转动是由针踵传动的，所以提花轮直径大时，针踵的负荷较大，不利于提高机速和织物质量。

二、矩形花纹的形成和设计

提花轮式提花圆机所形成的花纹区域可归纳为矩形、六边形和菱形三种，其中以矩形花纹最为常用。花纹区域主要取决于针筒总针数 N、提花轮槽数 T 和成圈系统数 M 之间的关系。当 N 能被 T 整除时，则形成矩形花纹，且花纹无位移；当 N 不能被 T 整除，但余数 r 与 N、T 之间有公约数时，则形成有位移的矩形花纹；当 N 不能被 T 整除，且余数 r 与 N、T 之间无公约数时，则形成六边形花纹。而菱形花纹则要由专门的提花轮来形成。下面介绍矩形花纹的形成和设计方法。

（一）总针数 N 可被提花轮槽数 T 整除（$r=0$）

在针筒回转时，提花轮槽与针筒上的针踵啮合并转动，且存在下列关系式：

$$N = Z \times T + r$$

式中：N——针筒上的总针数；

　　　T——提花轮槽数；

　　　r——余针数；

　　　Z——正整数。

当 $r=0$ 时，$N/T=Z$，即针筒一转，提花轮自转 Z 转，因此，针筒每转中针与提花轮槽的啮合关系始终不变。

假设针筒的针数 $N=36$ 针，提花轮槽数 $T=12$，成圈系统 $M=1$，则 $N/T=36/12=3$，$r=0$，则针筒每转一圈，编织 1 个横列，提花轮自转 3 转，在针筒周围构成 3 个完全相同的织物结构单元。如果将圆筒展开成平面，针与轮槽的啮合关系如图 5-10 所示。

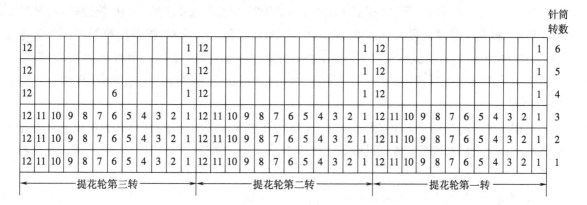

图 5-10　$r=0$ 时织针与轮槽啮合关系展开图

针筒第 1 转时,提花轮第 1 槽作用在第 1、第 13、第 25 针上,提花轮第 2 槽作用在第 2、第 14、第 26 针上,依此类推。针筒各转针与槽的对应关系始终不变,花型上下垂直重叠,且平行排列,没有纵移和横移,通常花高较小。若采用多路成圈系统编织,同时将提花轮槽数分成几等份,使每一等份的钢米排列情况相同,从而减小花宽,使花纹的面积接近正方形,可加大花高。

总针数 N 可被提花轮槽数 T 整除时,最大花宽 B_{max}、最大花高 H_{max} 的计算公式为:

$$B_{max} = T$$

$$H_{max} = \frac{M}{e}$$

式中:T——提花轮槽数;

M——成圈系统数;

e——色纱数。

设计花纹的花高和花宽可以是花纹最大宽度和最大高度,也可分别为花纹最大宽度和最大高度的约数。

(二)总针数 N 不能被提花轮槽数 T 整除($r \neq 0$)

1. 提花轮槽与针的关系 当 $r \neq 0$ 时,提花轮槽与针的关系就不像 $r = 0$ 时那样固定不变。一般 N、T、r 之间具有公约数,这时完全组织为矩形花纹,否则将为六边形。

针筒第 1 转时,提花轮的起始点与针筒上的第 1 针啮合,但针筒第 2 转时,提花轮的起点就不会与针筒第 1 针啮合了。

假设某提花机的针筒总针数 $N = 170$ 针,提花轮槽数 $T = 50$ 槽,则 $\frac{N}{T} = \frac{170}{50} = 3$ 还余 20 针,即 $r = 20$。此时,N、T、r 三者公约数为 10。

针筒第 1 转时,提花轮自转 $3\frac{2}{5}$ 转。针筒第 2 转时与针筒上第 1 枚针啮合的是提花轮上的第 21 个凹槽,这种啮合变化的情况如图 5-11 所示。图中小圆代表提花轮;大圆代表针筒,大圆上每一圈代表针筒 1 转;Ⅰ、Ⅱ、…、Ⅴ分别代表 10 针一段或 10 槽一段。

从图 5-11(a)可以看出:针筒第 1 转时,提花轮第 Ⅰ 区段与针筒的 1~10 枚针啮合;针筒第 2 转时,提花轮第 Ⅲ 区段与针筒的 1~10 枚针啮合;针筒第 3 转时,提花轮第 Ⅴ 区段与针筒的 1~10 枚针啮合;一直到针筒第 6 转时,才又回复到提花轮第 Ⅰ 区段与针筒上的 1~10 针啮合。即针筒要转过 5 转,针筒上最后一枚针才恰好与提花轮槽的最后一槽啮合,完成一个完整的循环。

从图 5-11(b)中还可看出:提花轮的 5 个区段在多次滚动啮合中,互相并合构成一个个矩形面积,其高度为 H,宽度为 B。矩形花纹之间有纵移 Y,在织物中呈螺旋形排列,称为有位移花纹。

2. 花宽、花高的选择及花纹设计

(1)完全组织的宽度和高度。完全组织宽度 B 是 N、T、r 三者的公约数。完全组织最大宽

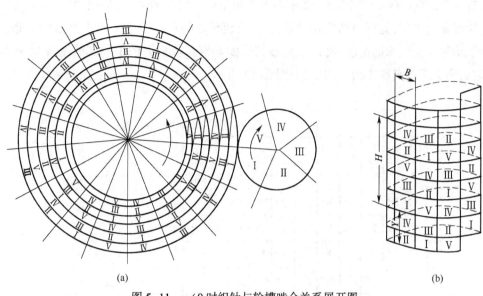

图 5-11 $r \neq 0$ 时织针与轮槽啮合关系展开图

度 B_{max} 是 N、T、r 三者的最大公约数。完全组织花高 H 为：

$$H = \frac{T \times M}{B \times e}$$

式中：B——完全组织宽度；

$\quad T$——提花轮槽数；

$\quad M$——成圈系统数（也称路数）；

$\quad e$——色纱数，即编织一花型横列所需成圈系统数。

当余数 $r \neq 0$，进纱路数 $M = 1$ 时，花纹的完全组织有两种可能性，如图 5-12 所示。

IV																		
II	I	V	IV	III	II	I	V	IV	III	II	I	V	IV	III	II	I		
V	IV	III	II	I	V	IV	III	II	I	V	IV	III	II	I	V	IV		
III	II	I	V	IV	III	II	I	V	IV	III	II	I	V	IV	III	II		
I	V	IV	III	II	I	V	IV	III	II	I	V	IV	III	II	I	V		
IV	III	II	I	V	IV	III	II	I	V	IV	III	II	I	V	IV	III		
II	I	V	IV	III	II	I	V	IV	III	II	I	V	IV	III	II	I		

图 5-12 花纹完全组织的区域示意图

第一种可能性是：完全组织宽度 B 为 10 纵行，这时 $B < T$（提花轮齿槽数），B 是 T 的约数，也是针数 N、余数 r 的公约数，B_{max} 就是 N、T、r 的最大公约数。其完全组织的花纹面积为 $B \times H = T$，如图 5-12 中左上方黑粗线所划定的区域。

第二种可能性是：完全组织宽度 $B = 50$ 纵行，使 B_{max} 等于提花轮槽数 T。这样完全组织高度

H 就只有一个横列($H=1$),如图 5-12 中右下方黑粗线所划定的区域,从图中可看出,一个完全组织的矩形是扁平的,宽度与高度差异较大,完全组织之间有横移花纹,也呈螺旋线分布。

为了增加完全组织的高度,可以采用多路成圈系统。若将上例中的成圈系统数 M 增加为四路,它的完全组织高度将增加四倍,如图 5-13 所示。

							V′	IV′	III′	II′	I′	V′	IV′	III′	II′	I′
V°	IV°	III°	II°	I°	V°	IV°	III°	II°	I°	V°	IV°	III°	II°	I°	V°	IV°
V‴	IV‴	III‴	II‴	I‴	V‴	IV‴	III‴	II‴	I‴	V‴	IV‴	III‴	II‴	I‴	V‴	IV‴
V″	IV″	III″	II″	I″	V″	IV″	III″	II″	I″	V″	IV″	III″	II″	I″	V″	IV″
V′	IV′	III′	II′	I′	V′	IV′	III′	II′	I′	V′	IV′	III′	II′	I′	V′	IV′
III°	II°	I°	V°	IV°	III°	II°	I°	V°	IV°	III°	II°	I°	V°	IV°	III°	II°
III‴	II‴	I‴	V‴	IV‴	III‴	II‴	I‴	V‴	IV‴	III‴	II‴	I‴	V‴	IV‴	III‴	II‴
III″	II″	I″	V″	IV″	III″	II″	I″	V″	IV″	III″	II″	I″	V″	IV″	III″	II″
III′	II′	I′	V′	IV′	III′	II′	I′	V′	IV′	III′	II′	I′	V′	IV′	III′	II′
I°	V°	IV°	III°	II°	I°	V°	IV°	III°	II°	I°	V°	IV°	III°	II°	I°	V°
I‴	V‴	IV‴	III‴	II‴	I‴	V‴	IV‴	III‴	II‴	I‴	V‴	IV‴	III‴	II‴	I‴	V‴
I″	V″	IV″	III″	II″	I″	V″	IV″	III″	II″	I″	V″	IV″	III″	II″	I″	V″
I′	V′	IV′	III′	II′	I′	V′	IV′	III′	II′	I′	V′	IV′	III′	II′	I′	V′
IV°	III°	II°	I°	V°	IV°	III°	II°	I°	V°	IV°	III°	II°	I°	V°	IV°	III°
IV‴	III‴	II‴	I‴	V‴	IV‴	III‴	II‴	I‴	V‴	IV‴	III‴	II‴	I‴	V‴	IV‴	III‴
IV″	III″	II″	I″	V″	IV″	III″	II″	I″	V″	IV″	III″	II″	I″	V″	IV″	III″
IV′	III′	II′	I′	V′	IV′	III′	II′	I′	V′	IV′	III′	II′	I′	V′	IV′	III′
II°	I°	V°	IV°	III°	II°	I°	V°	IV°	III°	II°	I°	V°	IV°	III°	II°	I°	第四轮
II‴	I‴	V‴	IV‴	III‴	II‴	I‴	V‴	IV‴	III‴	II‴	I‴	V‴	IV‴	III‴	II‴	I‴	第三轮
II″	I″	V″	IV″	III″	II″	I″	V″	IV″	III″	II″	I″	V″	IV″	III″	II″	I″	第二轮
II′	I′	V′	IV′	III′	II′	I′	V′	IV′	III′	II′	I′	V′	IV′	III′	II′	I′	第一轮

图 5-13　四路成圈系统数时一个完全组织的宽度与高度示意图

(2)段数及段的横移。将提花轮的槽分成几等份,每一等份所包含的槽数等于花宽 B,现将这个等份称为"段";提花轮中的等分数(花宽个数)即为段数,用 A 表示。

$$A = \frac{T}{B}$$

由花高计算公式可得:

$$H = \frac{T}{B} \times \frac{M}{e} = A \times \frac{M}{e}$$

则：

$$A = \frac{H}{\dfrac{M}{e}}$$

花纹完全组织的高度 H 是提花轮的段数 A 与针筒一回转所编织的横列数 $\dfrac{M}{e}$ 的乘积。段数 A 就是花纹完全组织高度 H 被针筒一回转所能编织的横列数 $\dfrac{M}{e}$ 除所得的商。

余数 $r \neq 0$，针筒每转对应的段号就要横移一次，叫作段的横移。段的横移数用符号 X 表示。段的横移就是余针数中的花宽数。

$$X = \frac{r}{B}$$

在上例中，花纹完全组织宽度 $B = 10$ 纵行，提花轮的段数 $A = \dfrac{T}{B} = \dfrac{50}{10} = 5$ 段，每一段依次编号，称为段号，如图 5-11 中的 Ⅰ、Ⅱ、Ⅲ、Ⅳ、Ⅴ等。

段的横移数 X 为：

$$X = \frac{r}{B} = \frac{20}{10} = 2 \,(\text{段})$$

针筒第 P 转时开始作用的段号 S_P，可按下式计算：

$$S_P = \left[(P-1)X + 1 \right] - KA$$

式中：S_P——针筒第 P 转时，开始作用的提花轮槽的段号；

　　　P——针筒转数；

　　　X——段的横移数；

　　　A——提花轮槽的段数；

　　　K——任意整数。

K 可为 0、1、2…当按 $S_P = (P-1)X + 1$ 计算所得值大于 A 时，需减去若干个 A，使 S_P 小于或等于 A。

上例中针筒各转开始作用的段号分别为：

针筒第 1 转时，开始作用的段号为 Ⅰ，即 $S_1 = 1$；

针筒第 2 转时，开始作用的段号为 Ⅲ，即 $S_2 = X + 1 = 3$；

针筒第 3 转时，开始作用的段号为 Ⅴ，即 $S_3 = 2X + 1 = 5$；

针筒第 4 转时，开始作用段号是 Ⅱ，即 $S_4 = (3X+1) - KA = 3X + 1 - 1A = 2$；

针筒第 5 转时，开始作用段号是 Ⅳ，即 $S_5 = (4X+1) - KA = 4X + 1 - 1A = 4$。

在针筒 5 转一个循环中,开始作用的段号分别为:Ⅰ、Ⅲ、Ⅴ、Ⅱ、Ⅳ,由此确定意匠图和提花轮槽之间的对应关系。

(3)花纹的纵移。花纹的纵移是指两个相邻花纹(完全组织)在垂直方向的位移,是花纹在线圈形成方向中向上升的横列数,用 Y 表示。纵移与成圈系统数 M、段的横移数 X、色纱数 e 及完全组织的高度 H 有关。

设某一完全组织中最后一个段号为 A_P(A_P 总是等于段数 A),它所在的横列为第 P 横列,当机器上只有 1 路提花轮,针筒每一转编织一个横列时,第 P 横列就是针筒转过 P 转,则:

$$S_P = A_P = \left[X(P-1) + 1 \right] - KA$$

$$P = \frac{A(K+1) - 1}{X} + 1$$

则两个完全组织之间纵移的段数 Y' 为:

$$Y' = P - 1 = \frac{A(K+1) - 1}{X}$$

当机器上有 M 个成圈系统,采用 e 种色纱编织时,则针筒 1 转要编织 $\frac{M}{e}$ 横列,纵移横列数 Y 可用下式求得:

$$Y = Y' \times \frac{M}{e} = \frac{\frac{M}{e} \times A \times (K+1) - \frac{M}{e}}{X}$$

因为 $\frac{M}{e} \times A = H$,则:

$$Y = \frac{H(K+1) - \frac{M}{e}}{X}$$

从图 5-11(b)中可看出,在同一横列中,花纹的第Ⅰ段总是紧跟着最后一段(第Ⅴ段)的。图中右边一个完全组织的最后一段(第Ⅴ段)所在的横列为第 3 横列,比第Ⅰ段所在的横列上升两个横列(3-1=2),便可得出这两个完全组织间的纵移横列数 $Y = 2$。

在求得上述各项数据的基础上,就可以设计矩形花纹。因为有段的横移和花纹纵移存在,所以一般要绘出两个以上的完全组织,并应指出纵移和段号在完全组织高度中的排列顺序。

三、上机工艺设计举例

已知:总针数 $N = 552$ 针,提花轮槽数 $T = 60$ 槽,成圈系统数 $M = 8$,设计两色提花织物,色纱数 $e = 2$。

(一)计算并确定花纹完全组织的宽度 B

由公式 $N = Z \times T + r$ 得:$\frac{N}{T} = \frac{552}{60} = 9\frac{12}{60}$,余针数 $r = 12$。552、60、12 三者的公约数为 12、6…,

其中最大公约数为12,可设计矩形花纹。现取花纹完全组织宽度 $B=B_{max}=12$ 纵行。

（二）计算并确定花纹完全组织的高度 H

$$H = \frac{T \times M}{B \times e} = \frac{60 \times 8}{12 \times 2} = 20（横列）$$

花纹的宽度与高度相差不大,取 $H=20$ 横列。

（三）计算段数 A 并确定段的横移数 X

$$A = \frac{T}{B} = \frac{60}{12} = 5（段）$$

$$X = \frac{r}{B} = \frac{12}{12} = 1（段）$$

（四）计算花纹纵移 Y

$$Y = \frac{H(K+1) - \dfrac{M}{e}}{X} = \frac{20 \times (0+1) - \dfrac{8}{2}}{1} = 16（横列）$$

式中取 $K=0$。

（五）确定针筒转数与开始作用段号的关系

本例两色提花每一横列要两个成圈系统编织,成圈系统数 $M=8$,故针筒1转编织4个横列。设计花高 $H=20$ 横列,针筒转5转编织1个花高。

针筒第1转时,$S_1 = [(P-1)X+1] - KA = [(1-1) \times 1+1] - 0 = 1$,即由提花轮槽的段号 I 编织。

针筒第2转时,$S_2 = [(2-1) \times 1+1] - 0 = 2$,即由提花轮槽的段号 II 编织。

针筒第3、第4、第5转时,分别得 $S_3=3$、$S_4=4$、$S_5=5$,即由提花轮槽的段号 III、IV、V 编织。

（六）设计花纹图案、画出意匠图

在意匠纸上,划出两个以上完全组织的范围,然后画出各完全组织及其纵移、横移情况,并设计花纹图案。设计时,要注意花型的连接,不要造成错花的感觉。意匠图如图5-14所示。

（七）绘制上机图或进行上机设计

1. 编制提花轮排列顺序 两路编织一个横列,奇数路织色纱"⊠",偶数路织色纱"□",针筒每转编织4个横列,编织一个完全组织针筒需要转5转,针筒转数和提花轮排列顺序,如图5-14所示。

2. 编制段号与针筒转数的关系图 按针筒转数与段号关系的计算方法编制其关系图,如图5-14右侧所示。

3. 编制提花轮钢米排列图 因为提花轮段数为5,故将每只提花轮槽分为5等份,每等份12槽,按逆时针方向标好 I→II→III→IV→V 顺序,然后按逆时针方向排钢米(参见图5-14)。根据图5-14每一提花轮上各段所对应的意匠图花型横列和各成圈系统编织色纱情况,排列提花轮上的钢米。例如,第2号提花轮上的第III段(第25~第36槽,即第III段中的第1~第12槽)对应于意匠图中第9横列,且是选针编织白色(符号"□")的线圈。所以第25~第28槽(即第

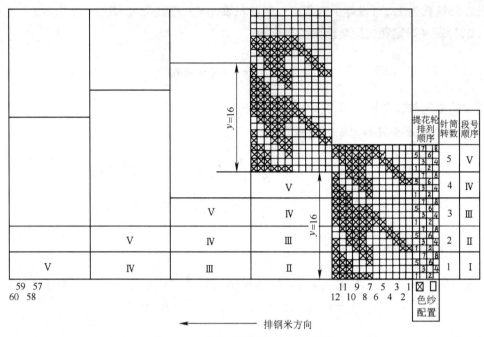

图 5-14 花纹意匠图与上机工艺图

III段中的第1~第4槽)应排高钢米,第29~第36槽(即第III段中的第5~第12槽)应不排钢米。8个提花轮上其余各段的钢米排列依此类推,提花轮槽钢米排列见表5-1。

表 5-1 提花轮钢米排列表

色纱	提花轮段号 针筒转数 提花轮编号	I	II	III	IV	V
		1	2	3	4	5
黑纱	1	1~6 无、7~12 高	1~2 高、3~6 无、7~9 高、10~11 无、12 高	1~4 无、5~12 高	1~6 无、7 高、8~9 无、10~12 高	1~2 无、3~4 高、5~7 无、8~10 高、11~12 无
白纱	2	1~6 高、7~12 无	1~2 无、3~6 高、7~9 无、10~11 高、12 无	1~4 高、5~12 无	1~6 高、7 无、8~9 高、10~12 无	1~2 高、3~4 无、5~7 高、8~10 无、11~12 高
黑纱	3	1~9 无、10~12 高	1 无、2~3 高、4~7 无、8~10 高、11 无、12 高	1~5 无、6~12 高	1~6 无、7~8 高、9~10 无、11~12 高	1~3 高、4~5 无、6 无、7~11 高、12 无
白纱	4	1~9 高、10~12 无	1 高、2~3 无、4~7 高、8~10 无、11 高、12 无	1~5 高、6~12 无	1~6 高、7~8 无、9~10 高、11~12 无	1~3 高、4~5 无、6 高、7~11 高、12 高
黑纱	5	1~6 无、7 高、8~9 无、10~12 高	1~2 无、3~4 高、5~7 无、8~10 高、11~12 高	1~6 无、7~12 高	1~2 高、3~6 无、7~9 高、10~11 无 12 高	1~4 无、5~12 高
白纱	6	1~6 高、7 无 8~9 高、10~12 无	1~2 高、3~4 无、5~7 高、8~10 无、11~12 高	1~6 高、7~12 无	1~2 无、3~6 高、7~9 无、10~11 高、12 无	1~4 高、5~12 无

续表

色纱	针筒转数提花轮段号提花轮编号	I	II	III	IV	V
		1	2	3	4	5
黑纱	7	1~6 无、7~8 高、9~10 无、11~12 高	1~3 无、4~5 高、6 无、7~11 高、12 无	1~9 无、10~12 高	1 无、2~3 高、4~7 无、8~10 高、11~12 高	1~5 无、6~12 高
白纱	8	1~6 高、7~8 无、9~10 高、11~12 无	1~3 高、4~5 无、6 高、7~11 无、12 高	1~9 高、10~12 无	1 高、2~3 无、4~7 高、8~10 无、11 高、12 无	1~5 高 、6~12 无

有位移花纹在织物上呈螺旋形分布,成圈系统数越多,花纹的纵移越大,螺旋线也越明显。为了减轻这种螺旋形分布的不良影响,设计花纹时应对花纹的大小、位置布局、纵移横移情况加以全面考虑,使相邻接的两完全组织花纹能合理配置,首尾衔接,形成比较自然的螺旋形分布,这样比较合乎人们的审美习惯。

第三节 电子选针原理与上机工艺

电子选针机构属有选择性的单针式选针机构。随着计算机应用技术和电子技术的迅速发展以及针织机械制造加工水平的不断提高,越来越多的针织机采用了电子选针装置,再配以计算机辅助花型准备系统,大大提高了针织机的花型编织能力和花型设计准备的速度。目前,纬编针织机采用的电子选针装置主要有两类:单级式与多级式。

一、单级式电子选针器与选针原理

图5-15为迈耶·西公司电子选针针织机的编织与选针机件及其配置。同一针槽中自上而下安插着织针1、导针片2和带有弹簧4的挺针片3。选针器5是一个永久磁铁,其中有一狭窄的选针区(选针磁极)。根据接收到选针脉冲信号的不同,选针区可以保持磁性或消除磁性,选针器上除选针区之外,其他区域为永久磁铁。6和7分别是挺针片的起针三角和压针三角。织针没有起针三角,织针上升与否取决于挺针片是否上升。活络三角8、9可使被选中的织针进行编织或集圈。当活络三角8、9同时拨至高位置时,织针编织;同时拨至低位置时,织针集圈。

单级式选针原理如图5-16所示。在挺针片3即将进入每一系统的选针器5时,先受复位三角1的径向作用,使挺针片片尾2被推向选针器5,并被其中的永久磁铁区域7吸住。此后,挺针片片尾贴住选针器表面继续横向运动。在机器运转过程中,针筒每转过一个针距,从控制器发出一个选针脉冲信号给选针器的狭窄选针磁极8。当某一挺针片运动至磁极8时,若此刻选针磁极收到的是低电平脉冲信号,则选针磁极保持磁性,挺针片片尾仍被选针器吸住,如图5-16(b)中的4。随着片尾移出选针磁极8,仍继续贴住选针器上的永久磁铁7横向运动。这样,挺针片的下片踵只能从起针三角6的内表面经过,不能走上起针三角,因此,挺针片不推动织针上升,即织针不编织;若选针磁极 8 收到的是高电平脉冲信号,则选针磁极磁性消除。挺针片在弹簧的作用下,片尾 10 脱离选针器,如图 5-16(c)中的 4 所示。随着针筒的回转,挺针片下片踵沿起针三角 6 运动,推动织针上升工作(编织或集圈)。

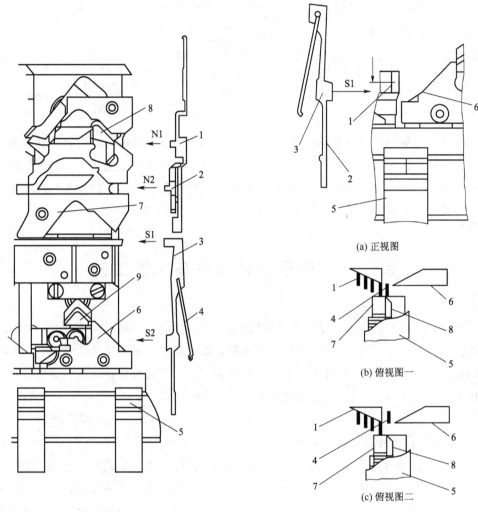

图 5-15　单级式选针与成圈机件配置　　　　图 5-16　单级式选针原理

(a) 正视图

(b) 俯视图一

(c) 俯视图二

二、多级式电子选针器与选针原理

如图 5-17 所示为多级式电子选针器,由多级(一般六或八级)上下平行排列的选针刀 1、选针电器元件 2 以及接口 3 等组成。每一级选针刀片受与其相对应的同级电器元件控制,可作上下摆动,以实现选针与否。选针电器元件有压电陶瓷和线圈电磁铁两种。前者具有工作频率较高、耗电少和体积小等优点,因此使用较多。选针电器元件通过接口和电缆接收来自电脑控制器的选针脉冲信号。

由于电子选针器可以安装在多种类型的针织机上,因此,机器的编织与选针机件的形式和配置不完全一样,但其选针原理还是相同的,下面举例说明选针原理。

如图 5-18 所示为多级式选针与成圈机件配置。1 为八级电子选针器,在针筒 2 的同一针槽中,自下而上插着提花片 3、挺针片 4 和织针 5。提花片 3 上有八档齿,高度与八级选针刀片一一对应。每片提花片只保留一档齿,留齿呈步步高"/"或步步低"\"排列。如果选针器中某一级电器元件接收到不选针编织的脉冲信号,它控制同级的选针刀向上摆动,刀片将留同一档齿的提花片压入针槽,通过提花片的上端 6 作用于挺针片的下端,使挺针片的下片踵也没入针槽中,因此,挺针片不能沿挺针片三角 7 上升,在挺针片上方的织针也不上升,织针不编织。如果某一级选针电器元件接收到选针编织的脉冲信号,它控制同级的选针刀片向下摆动,刀片作用不到留同一档齿的提花片,即提花片不被压入针槽。在弹性力的作用下,提花片的上端和挺针片的下端向针筒外侧摆动,使挺针片下片踵沿三角 7 运动,挺针片上升,并推动在其上方的织针也上升进行编织。三角 8 和 9 分别作用于挺针片上片踵和针踵,将挺针片和织针向下压至起始位置。

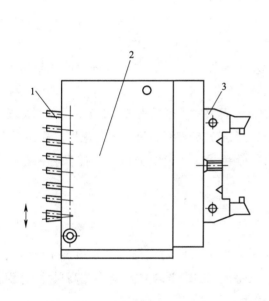

图 5-17 多级式电子选针器

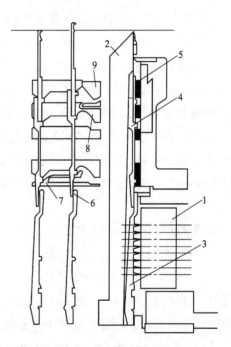

图 5-18 多级式选针与成圈机件配置

在针织机运转过程中,八级电子选针器中的各级选针电器元件在针筒每转过 8 个针距时都接收到一个信号,从而实现连续选针。选针器级数的多少与机号和机速有关。由于选针器的工作频率有一个上限,所以机号和机速越高,需要级数越多,致使针筒高度增加。这种选针机构属于两位选针(即编织与不编织)方式。与多级式电子选针器相比,单级式具有选针速度快,选针机件少,机件磨损小的优点。

三、电子选针圆纬机花纹设计的特点

在具有机械选针装置的普通针织机上,不同花纹的纵行数受到针踵位数或提花片片齿档数等的限制;花纹信息储存在变换三角、提花轮、选针器等机件上,储存的容量有限,不同花纹的横

列数受到限制。电子选针可以对每一枚针独立进行选针(又称单针选针),不同花纹的纵行数可以等于总针数;花纹信息储存在计算机的内存和磁盘上,容量大,针筒每一转输送给各电子选针器的信号可以不一样,所以,不同花纹的横列数可以非常多,花纹完全组织的大小及其图案可以不受限制。

为了保证电子选针针织机能顺利地编织出所要求的花纹,需要有花型设计、信息储存、信号检测与控制等部分与之相配套。计算机花型准备系统用来设计与绘制花型以及设置上机工艺数据,可通过鼠标、数字化绘图仪、扫描仪等输入图形;设计好的花型信息保存在磁盘上;将磁盘插入与针织机相连的电脑控制器中,便可输入选针等控制信息;电脑控制器上有键盘、显示器和开关等,也可在其上直接输入比较简单的花型或对已输入的花型进行修改。起始点传感器(也称同步接触开关等)用来确定选针的起始位置;针槽传感器(有的机器用同步电动机)用来实现选针速度与机器回转速度的同步,保证针筒每转一个针距,电脑控制器根据花纹信息向每一个电子选针器中的每一选针电器元件输送一个选针脉冲信号。

四、电子选针设计举例

电脑提花圆机采用电子选针系统和 WAC Designer 提花设计软件,其设计和修改花型简单方便,编织的花型更加丰富,其最大花宽可为机器总针数。

电脑提花圆机通过 WAC Designer 提花设计软件进行颜色、参数的设置,将自主设计的意匠图或具有 BMP 等格式的图形转换成机器的控制指令,完成选针编织。设计提花花型步骤如下:新建文件—图形设计(自主设计或者导入图片)—颜色设定—编织分解—文件保存—花型上机。

双面电脑提花圆机的花型设计过程如下。

(一)新建文件

新建一个文件,选择菜单栏"文件–新建"选项,弹出"新文件"对话框窗口如图 5-19 所示,选择机器种类,机型 AS.KS[SC]为单面、双面提花机,键入"绘图"选项的花宽和花高尺寸,分别对应图形的像素。"分解图"选项中的宽高尺寸可填也可不填,填写机器针数。

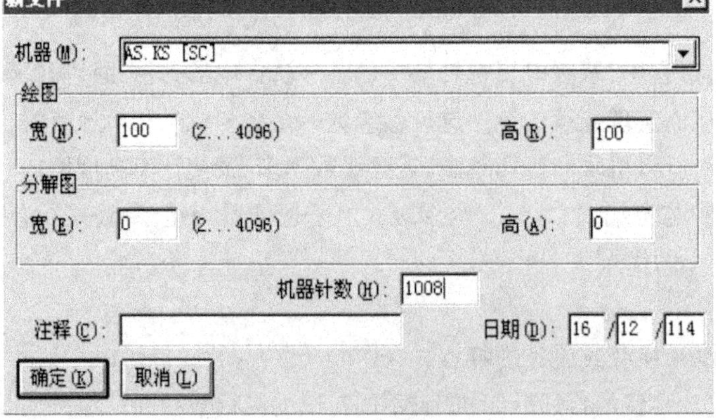

图 5-19 新文件窗口

(二)图形设计

图形可以自主设计或者直接导入图片,导入图片的格式必须是 BMP 格式,对于其他格式的图片可以用 XnView 等图像软件或 Windows 系统自带的画图工具将其他格式的图片转换成 BMP 格式,对导入图片,要求新建的文件中其绘图尺寸与所要导入的图片像素一致,必须是偶数;如果是奇数,应该在原数值基础上减 1 得到所需数值。图片选择放置区域,一般是一个目标矩形,并且尺寸一致,操作鼠标从窗口左上角(坐标起始点)拖至右下角(坐标结束点)完成转换。图片如果不使用导入图片工具的,可以用画图工具将图形打开进行复制,然后使用设计软件将图片粘贴在绘图窗口。现导入一个像素宽、高都为 100 的黑白两色图片,如图 5-20 所示。

图 5-20 绘图窗口

(三)颜色设定

导入图片后,需要把图像的颜色转换成设计软件制板中的颜色,为了方便,对于 256 色位图,可以使用 XnView 等图像软件将图形减少颜色后再导入到软件中。WAC Designer 提花设计软件具有调色板 0 号至 9 号共 10 种颜色,其中 0 号至 7 号色表示编织成圈提花的颜色,8 号色表示编织集圈的颜色,9 号色表示编织浮线的颜色如图 5-21 所示。本例为双面两色提花产品,只需在调色板中挑选 0 号色至 7 号色中任意两种颜色进行设定,其中 0 号至 7 号色在织物上表示编织动作,若自主设计图形,在调色板上选择 0 号色至 7 号色中除背景色以外的任意颜色,在工具栏中选择工具可以进行图形设计与编辑。

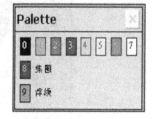

图 5-21 调色板

(四)编织分解

图形绘制或导入完成后,需要将其分解以转换成机器可执行的控制指令,对于编织不同的组织,其分解的方式要依据组织类型进行设置。选择菜单栏"实用—分解"选项进行分解,其弹出的"编织分解"对话框窗口如图 5-22 所示。

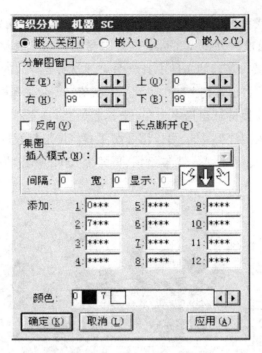

图 5-22 编织分解窗口

对双面两色提花组织进行如下设置:"长点断开"前面的选项选"开",集圈栏中"间隔"输入"0",在对应的路数填入相应的颜色代号,如第一路输入 0 号色的纱,第二路输入 7 号色的纱,系统自动将两路为一组进行分解,按"确定"按钮,弹出分解图窗口,如图 5-23 所示,再选择菜单栏"实用-示意图"如图 5-24 所示,检验无误后,按"确定"按钮。

图 5-23 绘图与分解图窗口

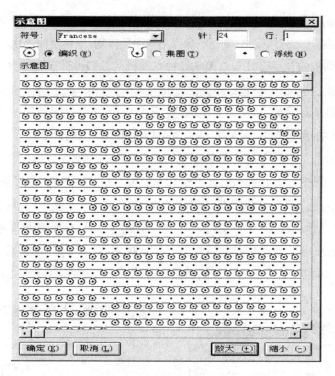

图 5-24 花型编织示意图窗口

三色提花或四色提花织物的设计方法与两色提花织物的相同,只是在编织分解时其路数栏填入相关色号,分别按三路一组和四路一组填写。

(五)文件保存

图形编织分解完成后,在绘图窗口和分解窗口同时存在时,选择菜单栏"文件-保存或另存为"选项,将其保存到指定路径下,选择文件所需存放的位置和文件名如图 5-25 所示,也可以直接选择导入软盘。花型设计制板完成。

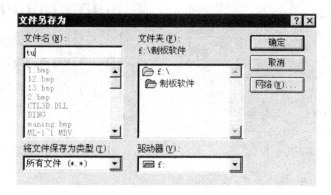

图 5-25 文件保存窗口

(六)花型上机

选用 TDC 13015 型双面电脑提花圆机,针筒直径为 457mm(18 英寸),机号 $E$18(针/25.4mm),成圈系统数为 32 路,针筒总针数为 1008 针,本例是花宽 B 为 100 纵行;花高 H 为 100 横列的双面两色提花产品,按两路一组排列上机纱线,其中一路选用黄色167dtex涤纶低弹丝编织,另一路选用白色167dtex涤纶低弹丝编织,上三角按高、低、低、高四路一循环排列,织物反面选用小芝麻点效应。

单面电脑提花圆机的花型设计与双面电脑提花圆机的花型设计步骤一致,通过WAC Designer提花设计软件进行颜色、参数的设置。不同之处是在编织分解步骤上,单面提花组织,需要在集圈栏里选择间隔、宽、显示和倾斜方向。这里的间隔是指长浮线用集圈断开的长度,如将间隔设为"3"时就表示每3针的浮线就要用集圈断开。宽是指集圈组织点的针数。显示是指相邻各路集圈组织点之间相隔的针数。倾斜方向是指集圈组织点在织物中的配置方向,有左斜、直向和右斜三种方式,可以根据需要选择相应的设置,通常选择左斜或右斜。在此例中,间隔选"3",宽度选"1",显示选"1",倾斜方向选左斜。两色提花,在对应的路数填入相应的颜色代号如第一路输入0号色的纱,第二路输入7号色的纱,系统自动将两路为一组进行分解,编织分解图如图5-26所示。编织中,一种颜色纱线编织时,另一种颜色纱线在其后形成浮线(不编织),根据上述设置,这里将浮线每隔三针添加一个集圈,采用了3×1左斜的集圈方式,编织示意图如图5-27所示。

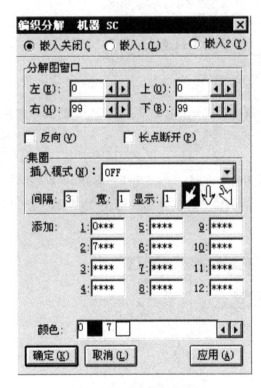

图 5-26　编织分解窗口

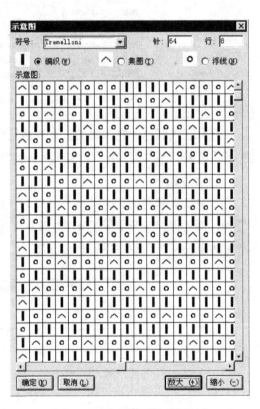

图 5-27　花型编织示意图窗口

第四节　单面提花圆机产品设计实例

纬编单面提花组织结构可分为均匀(规则提花组织)和不均匀(不规则提花组织)两种,每种产品又有单色、双色和多色之分。下面以产品设计实例分别介绍产品的外观风格、特点及产品的设计方法。

一、单面均匀提花织物的设计

（一）单面均匀提花织物的特点及外观

在结构均匀的提花组织中，所有线圈大小基本相同，织物的外观比较平整，不产生褶皱现象。这类单面织物的最大缺点是：当织物花纹图案较大且颜色较多时，织物反面会有很多很长的浮线，在穿着使用时易产生勾丝、抽丝的现象；在自然状态下，织物边缘有卷边现象，给使用和加工带来不便。单面提花组织的产品，由于有浮线和拉长线圈存在，其织物的横、纵向延伸性较平针织物小，其中横向延伸性减小得更为明显，且织物的幅宽也较纬平针织物幅宽略有减小。这类产品按其外观风格有如下几种。

1. 采用色纱交织 由不同颜色（两色或者多色）的纱线，按花纹意匠图的要求编织出具有各种不同色彩花纹效应的单面提花产品。

2. 采用不同类型的原料进行交织 利用两种不同原料的纱线进行交织，采用一浴法染色（先织后染），以形成两种不同色彩交织的外观。此外，也可采用不同特点的同种原料进行交织，如采用有光涤纶丝与无光涤纶丝进行交织，尽管经染色后，两种涤纶丝的上染情况基本相同，但由于两种原料反光效果存在差异，仍可形成两种不同的外观。

3. 采用粗细不同的纱线进行交织 尽管所用纱线原料的品种、特性均相同，若采用线密度明显不同的纱线进行交织，则可形成略带凹凸效应的外观。

（二）不同颜色纱线交织的提花织物设计

多色提花产品按其颜色数量的不同可分为两色、三色及多色等几种，形成一个完整线圈横列需要两个、三个或多个成圈系统；织物的外观也是由两色、三色或多色组成。无论织物颜色多少，其产品的设计方法基本相同。下面以两色单面均匀提花织物为例介绍设计方法。

1. 织物组织 两色均匀提花组织，即色纱数 $e=2$。

2. 花宽与花高 花宽 $B=12$ 纵行；花高 $H=12$ 横列。

3. 花纹图案和意匠图 根据已选定的花宽和花高在意匠纸上确定出一个完全组织花纹范围，然后在这一范围内设计花型图案，使意匠图符合上机工艺的要求，如图 5-28 所示。

设计提花组织花纹意匠图时必须注意：某一成圈系统编织时，连续不工作的针数不能过多，否则会产生漏针，不能正常生产。连续不工作的针数要根据所用机器型号、机号及机器结构等具体情况而定，一般不超过 4~5 针。

4. 根据意匠图编排成圈系统号和选针片号 根据选用机器的成圈系统数、选针机构特点及花纹图案要

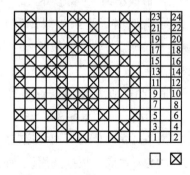

□ ⊠

□ —奇数路编织色纱①
⊠ —偶数路编织色纱②

图 5-28 两色均匀提花织物意匠图

求进行编号。两色提花织物编织一横列需要两路成圈系统,现花高 $H=12$ 横列,共需 24 路成圈系统编织。

5. 配色 采用选定的两种色纱编织,颜色的排列顺序有两种,比较效果后确定。配色时,同色系和近似色相配比较协调,而对比色相配则比较鲜明。现选色纱①为淡蓝色,色纱②为白色,外观淡雅协调。

6. 排列提花片和排花 设计花宽 $B=12$ 纵行,且为对称花纹,可在针筒的针槽内插入 1~6 号提花片且呈" Λ "形排列,按照对称方式编织;或插入 1~12 号提花片呈"／"形排列,按照非对称方式编织。因该织物花宽较小,所以通常采用后者。为提高工作效率,也可选用 1~24 号或 1~36 号提花片,且呈"／"形排列,其可控制 24 或 36 枚织针,编织 2 或 3 个花宽。根据选用机器选针机构的特点和花纹的要求排花。

7. 上机举例

(1)机器条件。选用 S3P172 型单面提花圆纬机,针筒直径为 762mm(30 英寸),成圈系统数为 72 路,拨片齿数 $n=37$,36 档提花片按"／"形排列,机号为 $E22$;机器一转可编织 3 个完全组织花高。

(2)原料选择。选用 167dtex 涤纶丝(两种颜色)进行编织。

(3)坯布参数。坯布幅宽为 154cm,单位面积质量为 127g/m²。

二、单面不均匀提花织物的设计

(一)单面不均匀提花织物的特点及外观风格

不均匀单面提花织物的线圈大小不一致,有的较小,有些被拉得很长,同时每个线圈背后的浮线多少也不同。织物下机后,拉长的大线圈收缩,而平针线圈不收缩,使平针部分产生皱褶,织物反面浮线形成附加层,使织物产生凹凸不平的外观。

设计此类产品时,若将凹凸花纹适当排列,将形成具有明显浮雕风格、立体感很强的产品,还可给人以新颖、活泼、粗犷、随和的感觉。产生的凹凸效果(褶皱显著性)主要与线圈指数的大小差异、纱线性质和花型完全组织结构有关。花型范围大小视设备选针能力而定。若线圈差距较小,则形成小绉纹(类似乔其纱)的产品。

此类产品,由于受拉长线圈和浮线的制约,织物的横纵向延伸性均很小。在穿着使用时,纵向外力过大,就会使拉长的大线圈断裂,既影响正常使用,也破坏了原有凹凸花纹的外观效果。

这种凹凸褶皱织物,在普通多针道单面圆机和单面提花圆机上均可生产。

(二)凹凸产品设计举例

1. 产品组织 单面不均匀提花组织。

2. 花高与花宽 根据选用设备的情况确定花高与花宽。现设计花宽 $B=12$ 纵行,花高 $H=84$ 横列。

3. 设计花纹图案并画出意匠图 为使织物外观形成皱褶的效果,必须有被拉长的大线圈,但线圈指数太大不利于编织。采用化纤原料编织时,最大线圈指数可达 10~20;采用高弹锦纶丝编织时,其允许最大线圈指数可比涤纶低弹丝大一些。画出花纹图案意匠图,如图5-29所示。其中一路成圈系统编织意匠图中的一个线圈横列,故需84路成圈系统编织一个完全组织花高。成圈系统号的编排情况如图5-29所示。

4. 配色设计 凹凸皱褶产品有素色和多色之分,素色常给人柔和、典雅之感,多色对比则给人明快、跳跃的感觉。色彩的选择可视产品的用途和市场流行情况而定。在染整加工时,织物在热水中洗一下,可增加皱褶的效果,且使皱褶更自然。

5. 提花片排列 由于花纹属不对称花型,且花宽 $B=$ 12纵行,可选用1~12(或1~24、1~36)号提花片,按"/"或"\"形排列。

6. 排花 根据选用提花机的选针原理、机构特点及提花片的排列情况,按意匠图的要求排花。

7. 上机举例

(1)机器条件。选用单面提花圆机,针筒直径为762mm(30英寸),成圈系统数为84路,提花片齿数 $n=25$,机号为 $E24$。选用1~12(或1~24)号提花片,按"/"形排列。

(2)原料选择。选用110dtex涤纶低弹丝。

(3)色纱排列。17、18、19、25、26、27路编织深色纱线;其余各路编织本色纱线。

(4)坯布参数。毛坯布密度:纵向为62横列/5cm,横向为60纵行/5cm。净坯布纵向密度为85横列/5cm,单位面积质量为118g/m²。

凹凸皱褶织物的生产中,定形工艺是坯布最终能否具有立体感的关键工序。定形时拉幅过大,会使皱褶减小或消失,失去产品应有的风格;若拉幅过小,则布面不平整,且皱褶疏密不匀,密度和单位面积质量较大。实际生产时,需多次试验,选择适当的拉幅定形宽度,使织物的凹凸皱褶效果最佳,且立体感强。因此,除线圈指数的大小、纱线弹性的大小是影响织物凹凸皱褶显著性的主要因素外,定形拉幅宽度也是不可忽视的影响因素。实践证明,这种由不均匀提花组织形成的凹凸皱褶织物,定形后经多次洗涤,其产品的形状和外观风格仍保持不变。

(三)乔其纱起绉产品的设计举例

采用线圈指数较小的拉长线圈不规则地均匀分布,则可生产出细绉效应显著(比集圈组织显著)

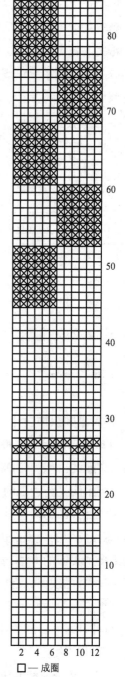

□—成圈
☒—浮线(不编织)

图5-29 单面凹凸织物意匠图

的乔其纱起绉产品。此类产品常为素色织物,采用先织后染的加工工序,质地轻薄、柔软,可作女装。

1. 织物组织 单面不均匀提花组织。

2. 花宽与花高 根据选用设备的情况确定花高与花宽。现设计花宽 $B=12$ 纵行,花高 $H=18$ 横列。一路成圈系统编织一个横列($e=1$)。

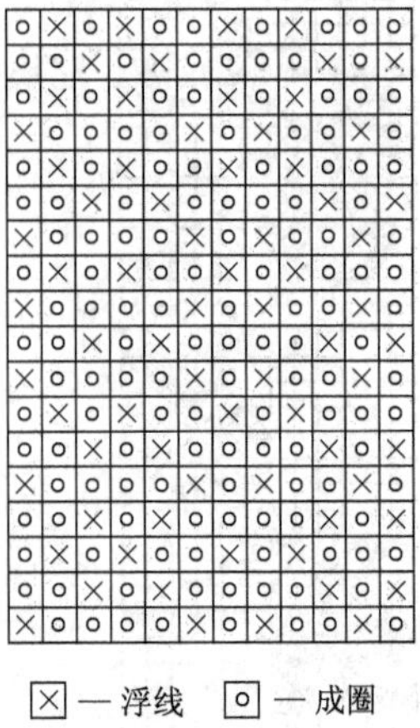

3. 设计花纹图案并画出意匠图 为使织物绉纹均匀,具有乔其纱的风格,大线圈呈无规律分布。根据上述原则设计花纹意匠图,如图 5-30 所示。

4. 排花、排提花片 花纹为不对称花型,提花片 1~12(1~24或1~36)号排成"/"形,按意匠图要求,并根据提花片排列情况排花。

5. 上机举例

(1)机器条件。选用拨片式单面提花圆机,针筒直径为 762mm(30 英寸),成圈系统数为 72 路,拨片齿数 $n=37$,机号为 $E24$。设计花高 $H=18$ 横列,机器一转可编织 4 个完全组织花高。

(2)原料选择。选用 110dtex 涤纶低弹丝进行编织。

(3)坯布参数。坯布幅宽为 150~156cm 时,其坯布单位面积质量为 76~96g/m²。

⊠—浮线 ⊙—成圈

图 5-30　乔其纱织物意匠图

三、单面集圈织物设计

(一)单面集圈组织的特点和织物外观风格

利用集圈的排列和使用不同色彩的纱线,可使织物表面具有图案、闪色、网眼及凹凸等效应的外观。当采用光泽较强的人造丝或有光丝编织时,即可得到具有闪色效应的外观效果。

由于集圈线圈的伸长量是有限的,且线圈处于张紧状态。因此与其相邻的普通线圈被抽紧,使与悬弧相邻的线圈凸出在织物表面,形成具有凹凸效应的花纹。

利用多列集圈的方法,还可形成类似网眼的集圈组织,由于纱线在其自身弹力的作用下力图伸直,将相邻的线圈纵行向两侧推开,结果在织物的反面形成有明显网眼的外观。

集圈组织的脱散性比平针组织小,但易抽丝。由于悬弧的存在,其织物的厚度较平针织物大,横向延伸性较平针织物小,且织物的宽度增加而长度缩短。由于集圈组织中线圈大小不匀,其强力比平针织物小。

(二)具有色彩图案的单面集圈织物设计举例

具有色彩图案的单面集圈产品的意匠图、垫纱情况及色彩效应图之间的关系,举例如图 5-31 所示。

1. 织物组织 单面集圈组织,每个成圈系统编织一个横列。

2. 花宽与花高 采用可以选针编织集圈组织的机器,现选择花宽 $B=10$ 纵行,花高 $H=6$ 横列。编织一个完全组织花高需 6 路成圈系统。

3. 花纹图案 在给定的花宽、花高范围内设计花纹图案,画出上机意匠图。

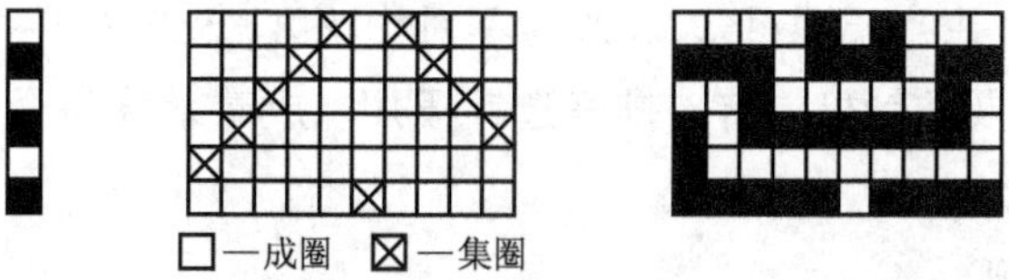

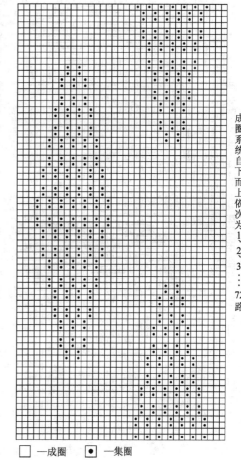

（a）色纱配置　（b）意匠图　　（c）色彩效应图

图5-31　单面集圈组织意匠图

4. 配色设计　根据设计构想和色彩效应形成原理选择各成圈系统的色纱，根据意匠图、色纱配置，画出色彩效应图。

5. 排花、排提花片及选针片　根据意匠图和所用设备选针机构的特点，将提花片片齿排成"Ｖ"形或"／"形，选针片按花纹要求排列。

（三）具有凹凸网孔效应的单面集圈织物设计举例

1. 产品的形成与外观　集圈织物大线圈上有悬弧凸出于织物表面的效果，提花织物的凹凸感更强。织物凹凸效果的显著性与线圈不均匀程度和所用纱线的弹性有关。若将集圈组织点按一定的花型适当排列，在织物的反面会形成具有一定凹凸效果的花纹图案。在这种织物的反面，平针组织线圈比较平整，集圈组织悬弧凸出织物表面，具有立体感。若将集圈组织适当排列（均匀无规律地排列），则可形成外观均匀且较为平整的绉产品，如乔其纱产品等。集圈组织的绉产品设计方法与单面提花组织褶皱产品的设计方法相同，只是将单面提花织物中浮线组织点换成集圈组织点或稍加修改即可上机编织起绉产品，而且两者外观效果也很相似。在纱线自身弹力作用下，集圈组织的悬弧力图伸直，从而将相邻线圈纵行推开，使织物形成网孔效应。这类具有凹凸效果的单面集圈织物以素色为多，也有部分为多色。

2. 具有一定花纹的凹凸织物设计　将集圈组织线圈按一定的花纹排列，使其在织物的反面形成凸出的花纹，以反面为使用面，表面凹凸效果明显，立体感强。此类织物多为素色，且只能在具有三位选针能力的机器上进行编织。

（1）织物组织。单面集圈组织。

（2）花高与花宽。根据选用机器的情况设计花宽 $B=36$ 纵行，花高 $H=72$ 横列，一路成圈系统编织一横列，织一个花高共需72路。

（3）设计花纹图案并画出意匠图。选用单针双列集圈的方式，在 $B=36$ 纵行，$H=72$ 横列的范围内设计出具有菱形外观的产品。其意匠图如图5-32所示。

成圈系统自下而上依次为1、2、3…72路

□ —成圈　　⊙ —集圈

图5-32　单面集圈组织意匠图

（4）提花片排列。由意匠图可知,花纹为不对称花型,故选用1～36号提花片,以单片排成"/"形,并按花纹要求及选针机构特点排好选针拨片。成圈系统序号由下至上依次为1、2、3…72,如图5-32右侧所示。

（5）上机坯布举例。

①机器条件。拨片式单面提花圆机,机器筒径为762mm(30英寸),机号为$E20$,36档提花片排成"/"形,成圈系统数为72(机器一转编织一个花高)。按图5-32所示花纹要求排花,即排好拨片位置。

②选用原料。选用20tex棉纱。

③坯布参数。织物幅宽为140cm,单位面积质量为$128g/m^2$。

四、单面复合组织产品设计

以单面提花集圈复合组织为例介绍产品设计方法。

(一)提花集圈组织产品的特点和外观

在单面提花集圈组织中,既有浮线和悬弧,又有平针线圈。将这三种结构适当组合,可形成具有图案、闪色及皱褶等多种外观效应的织物,同时也克服了单面提花产品浮线太长带来的不利影响。由于提花集圈复合组织同时存在线圈的三种形式,所以要求编织这类产品的机器在每一路成圈系统选针时,既可选针编织、不编织,又能选针织集圈。只有具有三位选针能力的机器,才能生产这种产品。

(二)立体花纹产品设计

采用不均匀提花组织和集圈组织都可形成具有细绺或凹凸等立体感强的花色产品。提花集圈复合组织,将使织物的外观更为丰富、多变,其织物极富层次感和立体感。织物的反面花纹效果更为显著,因此多以织物反面为使用面,常为单色轻薄产品,由于平整的平针线圈、细绺及褶裥花纹的适当搭配,织物立体感极强,适用于作装饰用布和女装面料等。

1. 织物组织 单面提花集圈复合组织。

2. 设计花宽与花高 选择具有三位选针能力的单面提花圆机,根据机器结构设计花宽$B=36$纵行,花高$H=72$横列,一路成圈系统编织意匠图中一个横列,共需72路成圈系统编织一个完全组织的花高。

3. 设计花纹图案画出意匠图 为使产品富有层次且立体感强,需将各种不同线圈指数的线圈适当搭配,意匠图如图5-33所示。

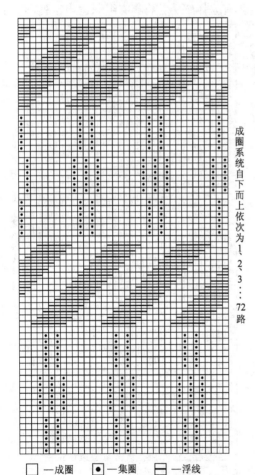

成圈系统自下而上依次为1、2、3……72路

□—成圈　●—集圈　〓—浮线

图5-33　单面提花集圈复合组织意匠图

4. 产品色彩 为纯白或单色产品,以织物反面为使用面。

5. 排提花片、排花 为不对称花型,且 $B=36$ 纵行,现选用 $1\sim36$ 档提花片以单片形式排成"/"形。根据意匠图要求排花。

6. 设备与产品参数

(1)机器条件。拨片式单面提花圆机,机器筒径为 762mm,72 路成圈系统(机器一转编织一个花高),选用机号为 $E18$。36 档提花片排成"/"形,并分别按意匠图 5-33 的要求排好拨片位置。

(2)原料选择。选用 76dtex/1 涤纶丝编织。

(3)坯布参数。织物幅宽为 $149\sim154$cm,单位面积质量为 $42\sim50$g/m^2。

(三)具有闪色效应的产品设计

在采用提花集圈组织使织物更富有层次感的同时,采用棉纱与涤纶丝或有光丝与无光丝交织,使织物具有更丰富闪色的外观,并有极强的装饰效果,反面花纹效果更为突出,多以织物反面为使用面。

1. 织物组织 单面提花集圈复合组织。

2. 花宽与花高 选择具有三位选针能力的单面提花圆机,现设计产品花宽 $B=36$ 纵行,花高 $H=72$ 横列。一路成圈系统织一横列,其产品需 72 路成圈系统织一个完全组织花高。

3. 花纹图案和意匠图 将浮线、集圈及平针线圈适当组合,并将具有不同光泽效应的纱线搭配得当。产品的花纹意匠图如图 5-34所示。

4. 原料选择和配置 产品用棉纱与化纤(涤纶丝)交织,纱线的喂入为 3 路一循环,即1、2、4、5、7、8…71 路成圈系统喂入涤纶丝;3、6、9…72 路成圈系统喂入棉纱。

5. 排提花片、排花 产品为不对称花型,且 $B=36$ 纵行或其约数,现选用 $1\sim36$ 档提花片以单片形式排成"/"形。根据意匠图和选针机构要求排花。

6. 设备与产品参数

(1)机器条件。拨片式单面提花圆机;机器筒径为 762mm;72 路成圈系统(机器一转织一个花高);机号为 $E22$;36 档提花片排成"/"形,并分别按意匠图的要求排好拨片位置。

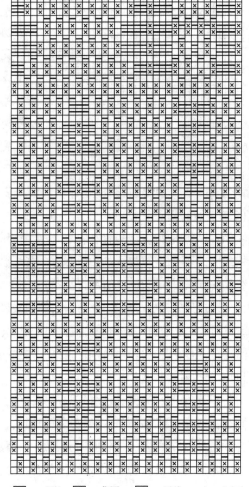

成圈系统自下而上依次为 1、2、3…72 路

□—成圈 ☒—集圈 ▭—浮线

图 5-34 单面提花集圈复合组织意匠图

（2）原料选择。产品选用 78dtex 涤纶丝和 20tex 棉纱编织。

（3）坯布参数。织物幅宽为 154~202cm，单位面积质量为 85~121g/m²。

五、其他单面产品设计

除了上述几种产品外，在单面机上还可以生产出以下几种风格各异的产品。

(一)浮纹织物

此类织物的花纹采用浮线的编织方法，使浮线花纹凸出在织物反面，从而形成所需花纹。

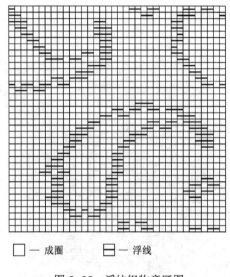

□ — 成圈　　□ — 浮线

图 5-35　浮纹织物意匠图

如图 5-35 所示为浮纹织物的意匠图，花纹花宽为 36 纵行，花高为 36 横列，一路成圈系统编织意匠图中的一个横列。用浮线编织出比较厚实凸出的花纹，使织物反面形成浮线形状的花型，这种织物即为浮纹织物，织物多以其反面为使用面。

(二)仿双反面织物

双反面织物是一种两面均有正反面线圈的双面织物。在单面圆机上可编织出具有双反面风格的仿双反面织物，如图 5-36 所示为其产品的意匠图。两路成圈系统编织意匠图中一个线圈横列，可单色或两色纱线编织。如图 5-36 中"⊠"处成圈与浮线间隔交替编织，这样该区域的线圈被浮线拉大拉圆。扩大了针编弧，使针编弧与圈柱一起形成圆弧，正面呈反面状，从而成为仿双反面织物。意匠图所示花纹花宽为 36 纵行，需将 36 档提花片排成"╱"形；花高为 36 横列，需 72 路成圈系统编织。

(三)仿经纱提花织物

编织经纱提花的绕经装置在袜机上使用得较广泛，在圆机上也有安装，用来编织经纱提花花型的织物。不带绕经装置的单面圆机，也可编织一些仿经纱提花花型织物。

织物的意匠图如图 5-37 所示，花宽为 36 纵行，花高为 36 横列，两路成圈系统编织意匠图中一个横列。奇数成圈系统喂入 56dtex 涤纶丝，偶数成圈系统喂入 14tex 棉纱作经纱提花用纱线。该织物的地组织用涤纶丝编织，棉纱不参加地组织的编织，而以浮线的形式悬浮在织物的反面，所以地组织比较稀疏。用棉纱编织的仿吊线花纹区域比较厚实，而使花纹轮廓更加突出，呈图案型仿吊线织物。

(四)花式衬垫织物

衬垫织物有良好的保暖性，外观给人以粗犷、豪放的感觉（当织物反面不起绒时）。在单面提花圆机上利用浮线、集圈和平针线圈的组合，生产平针衬垫织物，其意匠图如图 5-38 所示。花宽为 36 纵行，花高为 72 横列，每横列由一路成圈系统编织；偶数路编织纬平针组织；奇数路选针编织集圈和浮线。若奇数成圈系统垫入较粗的纱线，则按设计要求在织物反面形成具有一定纹路或一定花纹图案的花式衬垫织物。如按图 5-38 所示的意匠图编织，则浮线组织点可在织物反面形成具有凹凸花纹效果的衬垫织物。

奇数成圈系统编织方法：□、●—成圈
☒—浮线
偶数成圈系统编织方法：
☒—成圈　□—浮线　●—集圈

图 5-36　仿双反面织物意匠图

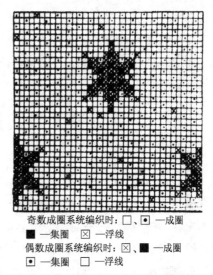

奇数成圈系统编织时：□、●—成圈
■—集圈　☒—浮线
偶数成圈系统编织时：☒、■—成圈
●—集圈　□—浮线

图 5-37　图案型仿经纱提花织物意匠图

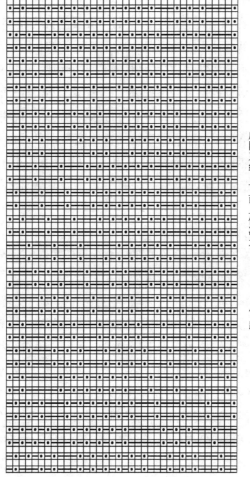

成圈系统自下而上依次为1、2、3……72路

●—集圈　▭—浮线　□—成圈

图 5-38　花式衬垫织物意匠图

若选用单面提花圆机编织上述织物。机号为 $E18$,筒径为 762mm,72 路成圈系统。意匠图中自下而上的横列对应成圈系统的 1、2、3…72 路。现将偶数路喂入 25tex 棉纱,奇数路喂入 59tex 棉纱。织物幅宽为 172cm,坯布的单位面积质量为 170g/m²。

第五节　双面提花圆机产品设计实例

一、双面提花产品的特点

双面提花产品的花纹可以在织物的一面形成,也可以在织物的两面形成。实际生产中多采用一面提花,并把提花的一面作为织物正面花纹效应面,不提花的一面作为织物反面。织物的正面花纹由双面提花圆机的选针机构,按设计意匠图的要求,对针筒织针进行选针编织形成;织物的反面则依据针盘织针和针盘三角的排列不同形成不同的外观。

二、织物反面的工艺设计

双面大花纹纬编产品是在双面提花机上编织的。机器的种类很多,其选针方式也有很大差别。但其上针盘一般只有高低两种不同针踵高度的织针,通常按一隔一交替排列。与之相应的两种不同高度三角的排列方式不同,将使织物反面形成不同的外观。不同的反面外观对正面花纹效果的影响也不同。织物的反面设计就是合理排列上三角,设计出与正面相适应的反面组织,从而使正面花纹清晰,表面丰满,反面平整。下面按不同的组织结构分别说明其织物反面设计的方法。

编织提花织物,其上三角在每一路成圈系统均排上高低两种成圈三角,则针盘上所有织针在每一路成圈系统全部参加编织。即反面组织是每一路编织一个横列(一种色纱组成的横列)。织物的反面呈"横向条纹",正面容易"露底"使正面花纹效应不清晰。因此,提花织物极少采用这种反面组织结构。

(一)提花织物反面工艺设计

1. 两色提花织物反面工艺设计　两色提花织物针盘三角有三种配置方式。将使织物反面形成"直向条纹""大芝麻点""小芝麻点"三种外观。

图 5-39(a)表示上三角呈高、低两路一循环排列,色纱呈黑白交替排列。这样的设计方法,高踵针始终吃黑纱,低踵针始终吃白纱,使织物反面呈"直向条纹",正面容易"露底",正面花纹效果不清晰。因此,在两色提花织物的反面设计中很少采用这种组织结构。

图 5-39(b)表示上三角呈高、低、低、高 4 路一循环排列,色纱呈黑白交替排列。这种设计方法,高踵针在第 1 路吃黑纱,接着在第 2 路吃白纱;低踵针在第 3 路吃黑纱,接着在第 4 路吃白纱。在织物反面每一纵行与横列都是由黑白线圈交替排列而成,呈"小芝麻点"花纹效应。

图 5-39(c)表示上三角呈高、低、高、低、低、高、低、高 8 路一循环排列,色纱呈黑白交替排列。这种设计,高踵针在第 1、第 3 路连续两次吃白色纱线,在第 6、第 8 路连续吃两次黑色纱线;低踵针在第 2、第 4 路连续吃两次黑纱,在第 5、第 7 路连续吃两次白纱。在织物反面每一纵行都是由两个白线圈与两个黑线圈交替排列而成,外观呈"大芝麻点"效应。

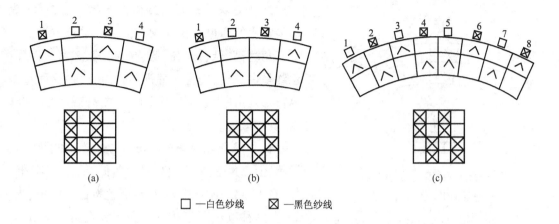

图 5-39　两色提花织物反面工艺设计

　　由于采用"芝麻点"的外观时,反面色纱组织点分布较均匀,使"露底"现象得以改善,正面花纹清晰,以"小芝麻点"效果更好,因此,一般都采用"小芝麻点"的反面组织结构。

　　2. 三色提花织物反面工艺设计　图 5-40 表示两种最常用的三色提花织物反面工艺设计方法。

　　图 5-40(a) 表示色纱呈白、红、黑交替排列,上三角为高、低、高、低、高、低 6 路编织一个循环。这种设计方法,高踵针在第 1、第 3、第 5 路吃白、黑、红色纱;低踵针在第 2、第 4、第 6 路吃红、白、黑 色纱。在织物反面每一纵行都是由白、黑、红三色交替编织而成,每一横列是由白、黑或黑、红或红、白两色交替而成,织物反面外观呈"小芝麻点"花纹效应。

　　图 5-40(b) 表示色纱呈白、红、黑交替排列。上三角为高、低、低、高、高、低、低、高、高、低、低、高 12 路编织一个完全循环。这种设计方法,高踵针在第 1、第 4 路连续吃两次白纱,在第 5、第 8 路连续吃两次红纱,在第 9、第 12 路连续吃两次黑纱;低踵针在第 3、第 6 路连续吃两次黑纱,在第 7、第 10 路连续吃两次白纱,在第 2、第 11 路连续吃两次红纱。织物反面每一纵行都是由 2 白、2 红、2 黑三色线圈交替而成,外观呈"大芝麻点"的花纹效应。

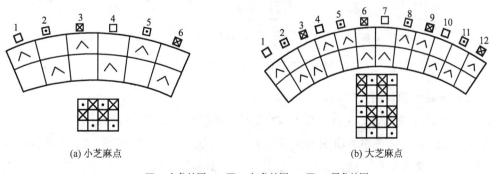

(a) 小芝麻点　　　　　　　　　　　　　　(b) 大芝麻点

□—白色纱圈　　▣—红色纱圈　　▨—黑色纱圈

图 5-40　三色提花织物反面工艺设计

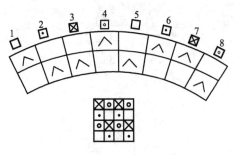

图 5-41　四色提花织物反面工艺设计

3. 四色提花织物反面工艺设计　图 5-41 表示最常用的四色提花织物反面工艺设计方法。当上三角呈高、低、低、高、低、高、高、低 8 路一循环，色纱呈白、红、黑、蓝交替排列时，在织物反面每一纵行都是由白、蓝、红、黑交替而成，外观呈"小芝麻点"花纹效应。

4. 六色提花织物的反面工艺设计　如图 5-42所示，上三角呈高、低、低、高、高、低、低、高、高、低、低、高 12 路一循环排列，色纱颜色按白、红、黑、蓝、绿、黄六种颜色顺序接纱。高锺针在第 1、4、5、8、9、12 路分别吃白、蓝、绿、红、黑、黄色纱；低锺针在第 2、3、6、7、10、11 路吃红、黑、黄、白、蓝、绿六种色纱。在织物反面形成的单数纵行是由一个白色线圈、一个蓝色线圈、一个绿色线圈、一个红色线圈、一个黑色线圈、一个黄色线圈交替而成，而织物反面的双数纵行是由红色、黑色、黄色、白色、蓝色、绿色线圈交替组成，织物反面的每一横列是由白、红或红、白，蓝、黑或黑、蓝，绿、黄或黄、绿，红、白或白、红，黑、蓝或蓝、黑，黄、绿或绿、黄交替而成，织物反面外观呈"六色小芝麻点"花纹效应。

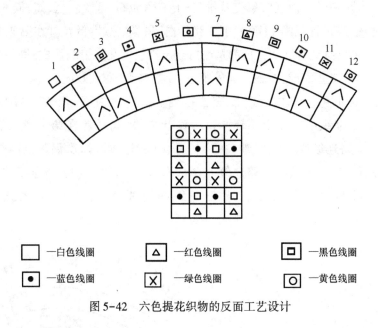

图 5-42　六色提花织物的反面工艺设计

(二)复合织物的反面工艺设计

1. 单胖组织反面工艺的设计　图 5-43 表示单胖组织反面工艺设计方法。

图 5-43(a)表示两色单胖组织的反面工艺设计方法，上三角呈高、平、低、平 4 路一循环排列，色纱呈白、红交替排列。这种设计方法，第 1 路上高踵针吃白纱；第 2 路编织红色胖花线圈，上针全不参加编织；第 3 路上低踵针吃白纱；第 4 路编织红色胖花线圈，上针全不参加编织。这样使两色单胖组织的反面全部呈地组织纱线的颜色，同时可将红色胖花线圈凸出在织物正面。

图 5-43(b)表示三色单胖组织的反面工艺设计方法,上三角呈高、平、平、低、平、平 6 路一循环排列,色纱呈白、红、黑交替排列。这种设计方法,针盘上高踵针在第 1 路,低踵针在第 4 路吃白色地组织纱,形成白色反面线圈横列;而在其余 4 路上针全不参加编织。因此,三色单胖组织的反面也全部呈地组织纱的颜色。

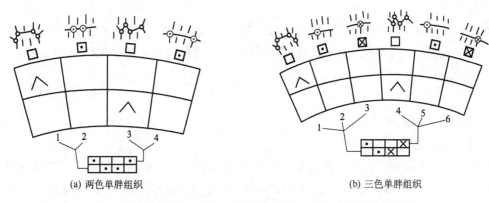

(a) 两色单胖组织　　　　　　　　　　　　(b) 三色单胖组织

□—白色底组织线圈　　☑—红色单胖组织线圈　　☒—黑色单胖组织线圈

图 5-43　单胖织物反面工艺设计

2. 双胖组织反面工艺的设计　如图 5-44 所示。

图 5-44(a)是最常用的两色双胖组织的反面工艺设计方法。上三角呈高、平、平、低、平、平

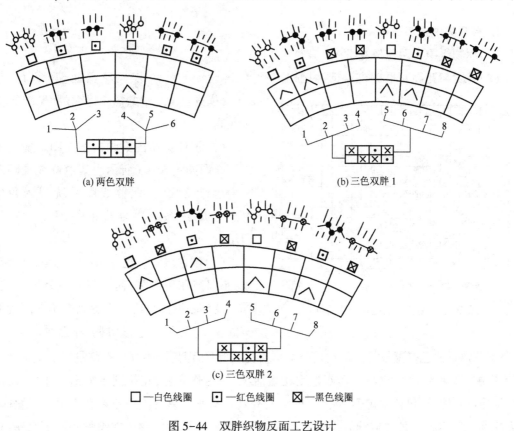

(a) 两色双胖　　　　　　　　　　　　(b) 三色双胖 1

(c) 三色双胖 2

□—白色线圈　　☑—红色线圈　　☒—黑色线圈

图 5-44　双胖织物反面工艺设计

6路一循环排列,色纱呈白、红、红交替排列。这种设计方法,上针盘的高、低踵针分别在第1、第4路吃白色地组织纱,而在其余路上针全部不参加编织,使织物反面呈地组织纱线的颜色。

图5-44(b)表示三色双胖组织的反面工艺设计方法,上三角呈高、高、平、平、低、低、平、平8路一循环排列,色纱呈白、红、黑、黑交替排列。这种设计方法使织物反面呈"小芝麻点"花纹效应。

图5-44(c)表示另一种三色双胖组织的反面工艺设计方法,上三角呈高、平、高、平、低、平、低、平8路一循环排列,色纱呈白、黑、红、黑交替排列。这种设计方法也使织物的反面呈"小芝麻点"花纹效应。

三、双面提花组织产品设计

(一)具有花纹效应的提花产品

此类产品多为线圈结构均匀的提花组织,织物表面平整,反面各色线圈呈"芝麻点"配置,且分布均匀,透露在织物正面的色效应比较均匀,因此,无"露底"的感觉。织物的正面是由两色、三色或四色纱线按一定规律(意匠图)编织,形成一个提花线圈横列,从而使织物表面具有一定色彩花纹效应。此外,也可采用不同原料的纱线交织(如黏胶丝与涤纶丝交织等)。染色后,由于各种原料的纱线着色情况不同,使织物外观具有一定的色彩花纹效应。当采用有光丝与无光丝或化纤与棉纱交织时,可产生具有闪色效应的提花产品。此类产品较厚挺,富有装饰效果。

1. 两色提花产品设计

(1)织物组织。两色提花组织。

(2)花宽与花高。根据机器选针机构的特点,现设计不对称花纹,花宽$B=18$纵行,花高$H=16$横列,$e=2$,则共需32路成圈系统编织一个花高。

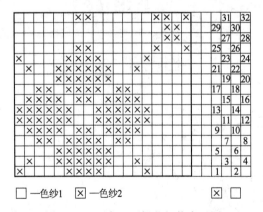

□一色纱1　☒一色纱2

☒ □

图5-45　两色双面提花织物意匠图

(3)设计花纹图案画出意匠图。现设计花纹意匠图如图5-45所示。其中奇数成圈系统喂入色纱2"☒";偶数成圈系统喂入色纱1"□"。成圈系统序号排列如图5-45右侧所示。

(4)配色设计。提花织物外观是否协调、美观,不仅与花型有关,而且与配色有密切关系。同一花型不同配色给人感觉完全不同。近似色搭配在一起,可使色彩协调,花型柔和,格子花与条子花以近似色搭配较好。对比色搭配可使花纹醒目,但搭配不好易有刺眼的不良感觉。深浅色搭配,可使花纹突出,浅色作底色则花型活泼;深色作底色,花纹则更突出。此外,相同花型,相同色彩构成,仅色纱排列顺序不同,织物外观也有很大差异。由于在编织提花织物时,有"先吃为大"的特点,即先成圈的线圈较大(正面线圈),其色纱的颜色在织物表面更为明显、突出。因此,在排列色纱顺序时,要将花纹中需突出的色纱放在每个循环的第一路成圈系统编织。

(5)排提花片、排花。根据花宽 $B=18$ 纵行,且为不对称花型,可将 $1\sim18(1\sim36)$ 档提花片排成"/"或"\"形,以控制编织一个(两个)花宽。根据选针机构特点、提花片排列及意匠图的要求排花。

(6)织物反面设计。为使正面花纹清晰,表面丰满,反面平整,反面采用"小芝麻点"外观,因此,两色提花织物上三角排列为高、高、低、低4路一循环。

(7)上机举例。

①机器条件。双面提花圆机,机号为 $E18$。

②原料。167dtex 涤纶低弹丝。

③织物规格。纵密为73横列/5cm,单位面积质量为 $180g/m^2$。

2. 三色提花织物设计

(1)织物组织。三色提花组织,编织一横列需色纱数(路数)为 $e=3$。

(2)花宽与花高。现设计花宽 $B=18$ 纵行;花高 $H=6$ 横列,需18路成圈系统编织一个完全组织花高。

(3)设计花纹意匠图。图5-46所示为三色提花织物意匠图。成圈系统序号如图右侧所示。1、4、7…16路喂入色纱1;2、5、8…17路喂入色纱2;3、6、9…18路喂入色纱3。

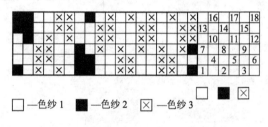

图5-46 双面三色提花织物意匠图

(4)配色设计。当选定3种颜色后,其搭配的方案很多,比较后确定最佳方案。

(5)排提花片。将提花片按一个花宽(或一个花宽的整数倍的片齿)排成"/"形或"\"形。

(6)织物反面设计。若使织物反面有"小芝麻点"效应,根据三色提花织物反面设计原则,将上三角配置成高、低、高、低、高、低6路一循环。

(7)上机举例。选用机号为 $E18$ 的双面提花圆机,167dtex 涤纶低弹丝;织物纵密为86横列/5cm;织物单位面积质量为 $201g/m^2$。

3. 六色提花织物设计

(1)织物组织。六色提花组织。

(2)花型图案设计。完成图案设计:点击花型编辑器中文件中的输入花型(I)并将设计好的 BMP 格式的"锦绣山河"(图5-47)图形输入花型编辑器进行编辑,完成图案设计。设置花型大小:点击"编辑(A)"中的比例缩放(S)确定花宽为1100纵行,花高为463横列。点击"编辑(A)"中的改变色彩(O)按白、红、黑、蓝、绿、黄六个色彩编辑。点击"帮助(H)"中的"花型的有关信息(P)"中的色彩代码,确定色彩代码(图5-48)后保存。

图 5-47　锦绣山河

（3）工艺编辑。打开 rpp 工艺卡编辑器，点击"文件（F）下方的第一个图标后出现如图 5-49 所示界面，选择"增强型工艺卡"并选择花型。

图 5-48　色彩代码

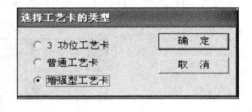

图 5-49　选择工艺卡的类型

将已经制作好的锦绣山河图形在增强型工艺卡中打开，点击由左到右的第九个图标"编辑工艺卡"设置循环数为 12，再点击"选择花型"，并点击"编辑花型数据"下方的锦绣山河图的名称，再点击"色彩分配"，按六色锦绣山河图的色彩代码并结合机器上的六色纱线穿纱顺序（色纱颜色按白、红、黑、蓝、绿、黄六种颜色顺序排列）设置成如图 5-50 所示的色彩分配，点击"确定"。

（4）花型传入机器。点击第 11 个"专送工艺卡"图标中的开始以后，六色锦绣山河图形已存储在机器的电脑中。

（5）织物反面设计。依据六色提花织物反面设计方法，上三角呈高、低、低、高、高、低、低、高、高、低、低、高 12 路一循环排列，织物反面外观呈"六色小芝麻点"花纹效应。

（6）机器条件。选用 OVJA1.6E/3WT 双面电脑提花圆机，针筒直径为 760mm（30 英寸），48 路成圈系统，针筒总针数为 1728 针，机号为 $E18$（18 针/2.54cm）。按工艺要求操作和调试机器进行生产。

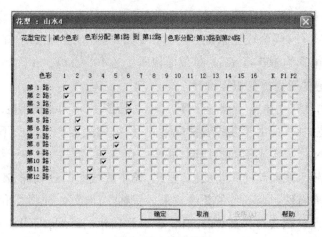

图 5-50 色彩分配

(二)闪色提花织物的设计

选用有光丝与无光丝交织,使织物有闪色的外观效应,有丝织物的风格。

1. 织物组织 两色提花组织。

2. 花宽与花高 根据选用机器的特点,现设计花宽 $B=36$ 纵行,花高 $H=36$ 横列,两路成圈系统编织一个横列($e=2$)。

3. 花纹图案意匠图 意匠图如图 5-51 所示,其中奇数路编织无光丝,偶数路编织有光丝。织物在"⊠"处形成闪色的方格。

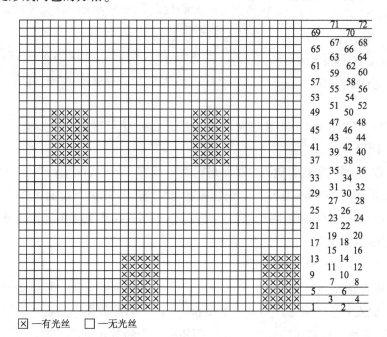

⊠—有光丝 □—无光丝

图 5-51 双面闪色提花织物意匠图

4. 提花片排列 将 36 档提花片以单片形式排成"/"形或"\"形。

5. 织物反面设计 根据两色提花织物反面设计原则,上三角排成高、低、低、高 4 路一循环。

6. 上机举例 选用双面提花圆机,筒径为762mm,机号为$E28$;72路成圈系统(织一个花高)。选用76dtex有光丝(偶数成圈系统)和76dtex无光丝(奇数成圈系统)进行编织,每两路编织一个横列;织物幅宽为160~176cm,单位面积质量为105~114g/m^2。

(三)具有立体感的双面提花织物设计

使双面提花织物具有立体感,通常有两种方法:一是采用不同线密度的纱线交织,尽管其编织的组织是均匀提花组织,但由于纱线线密度不同,使织物表面产生凹凸不平的立体效应。二是采用改变线圈大小,形成大小不匀的线圈,并按一定规律(方式)分布于织物表面,较大的线圈下机后收缩,迫使较小线圈趋向织物反面,因此,较小的线圈凹进较深,较大的线圈浮凸于织物表面,从而形成具有特殊风格的各种花纹效果。织物立体感强,光泽柔和,蓬松丰满,富有弹性。如采用较细的纱线,则具有乔其纱的风格;若采用较粗的纱线,编织较为密而厚的织物,具有较强的毛感且挺括。

1. 具有立体感的双面均匀提花织物 此类织物可以是素色的,也可以是多色的,用不同线密度的纱线交织,使织物表面富有立体感。

(1)织物组织。均匀提花组织,每一横列需2路成圈系统编织($e=2$)。

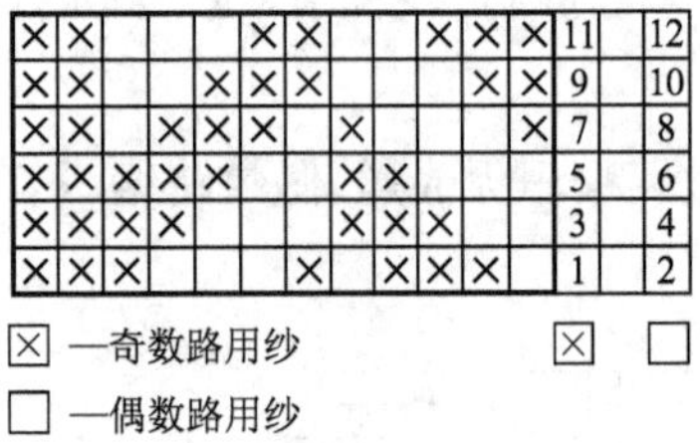

☒—奇数路用纱
□—偶数路用纱

图5-52 具有立体感的双面均匀
提花织物意匠图

(2)花宽与花高。现设计花宽$B=12$纵行;花高$H=6$横列(需12路成圈系统编织一个花高)。

(3)花纹意匠图。现设计素色人字形花纹,意匠图如图5-52所示,"☒"为奇数路用较粗纱线编织;"□"为偶数路用较细纱线编织,成圈系统序号如图右侧所示。

(4)提花片排列。花纹为不对称花型,提花片1~12(1~24或1~36)齿排成"/"形或"\"形,控制编织1个(2个或3个)花宽。

(5)排上三角。编织两色不完全提花组织,当反面是"小芝麻点"外观时,上三角排成高、高、低、低4路一循环。

(6)上机参数。选用机号为$E18$的双面提花圆机编织,奇数成圈系统喂入167dtex涤纶低弹丝,偶数成圈系统喂入56dtex涤纶丝。织物纵密为90横列/5cm,单位面积质量为190g/m^2。

2. 双面绉纹织物 与单面织物相似,将线圈指数不同的线圈无规则地均匀分布,使织物表面形成不均匀的细微绉纹。

(1)织物组织。不均匀双面提花组织。

(2)花宽花高及意匠图。图5-53为一绉纹织物花纹正面意匠图,花宽$B=36$纵行,花高$H=48$横列,一路成圈系统编织意匠图中一个横列($e=1$)。为使此类产品绉纹效应明显,设计意匠图时,浮线组织点呈无规则均匀分布,最大线圈指数不宜超过4,否则织物较易起毛起球。

(3)排提花片和上三角。根据花纹要求将36档提花片排成"/"形或"\"形,并将上三角排成高、低两路一循环。

(4)上机参数。选用双面提花圆机编织,机号为$E24$,选用83dtex涤纶低弹丝。织物横密为

70 纵行/5cm,纵密为 76 横列/5cm,织物单位面积质量为 137g/m²。

编织此类产品时,加大下针弯纱深度或增加筒口距,使线圈长度加大,绉纹效应更为突出。

3. 针织闪光绸织物　这类产品利用无光泽与有光泽两种不同原料,将大线圈有规律地在地组织表面形成花纹。有光泽大线圈浮凸于平纹地组织之上,犹如镶嵌于织物表面的珠光颗粒所组成的图案,光彩夺目,高雅华贵,可用作妇女儿童衣裙料。如图 5-54 所示是一种针织闪光绸织物的花纹意匠图。花宽 B=24 纵行,花高 H=42 横列,两路成圈系统编织一个横列。

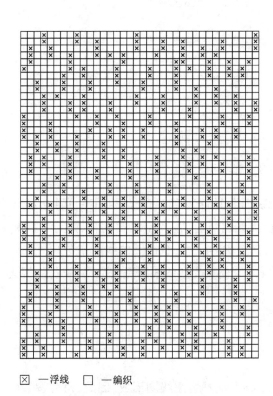

図 — 一浮线　　□ — 编织

图 5-53　双面绉纹织物意匠图

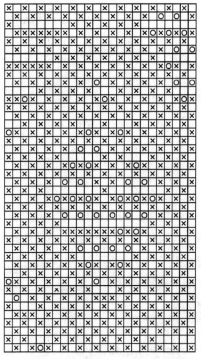

◎ — 编织 55tex/36 根(50 旦/36 根涤纶有光丝)

図 — 编织 33tex/6 根(30 旦/6 根涤纶无光长丝)

□ — 不编织

图 5-54　双面闪光绸织物意匠图

上三角为高低相间排列,两路一循环,上针高低踵织针 1 隔 1 排列,因此,织物反面呈纵条纹。

由于该类织物利用原料和织物结构的特性,使织物表面产生明显的闪光花纹,因此,选用的有光丝比无光丝粗,从而使浮凸的有光大线圈更加突出。两种丝编织的先后顺序,将对织物的闪光效应产生影响。若第 1 路成圈系统织有光丝,其编织图如图 5-55(a)所示(奇数路与偶数路使用不同原料),有光丝线圈 a、b 的线圈指数分别为 6 和 4,无光丝线圈 c、d 的线圈指数分别为 2 和 3。若第 1 路成圈系统织无光丝,编织图如图 5-55(b)所示(奇数路与偶数路使用不同原料)。有光丝线圈 a′、b′的线圈指数分别是 4 和 2,无光丝线圈 c′、d′的线圈指数分别为 4 和 3。比较两种垫纱方式,为了增加有光丝花纹效应,应采用图 5-55(a)的方式,先织有光丝。

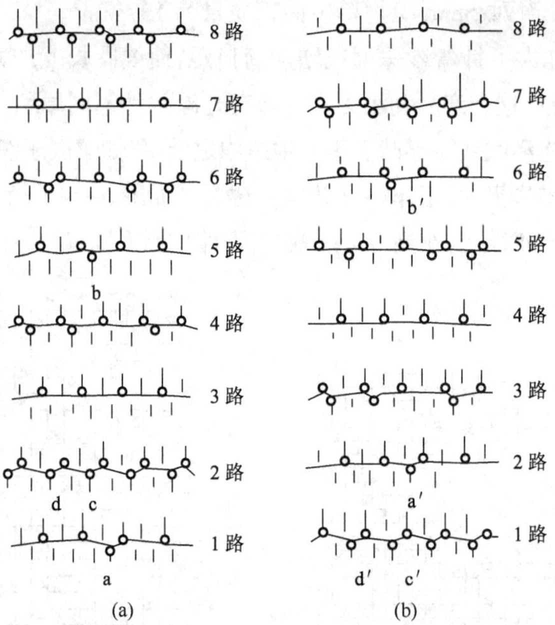

图 5-55 双面闪光绸织物编织图

由于织物上三角高低相间排列,反面呈有光与无光相间的直条纹,有光丝粗而亮,条纹凸起而有光泽。若采用高、高、低、低4路循环排列,则有光、无光线圈呈"小芝麻点"排列,织物反面平整。

设计此类产品意匠图时要注意:必须有大线圈存在,有光丝所织线圈的线圈指数比无光丝所织线圈的线圈指数大一些,且有光丝粗一些,这样才能使有光丝的线圈更为突出,织物的闪光效果更明显。

四、双面集圈织物设计

(一)双面集圈织物特点

双面集圈组织一般是在罗纹或双罗纹组织的基础上配置集圈线圈形成,因此,可分罗纹集圈组织与双罗纹集圈组织两种。

其产品可分两大类:一类是织物两面分别编织两种不同的原料,通过集圈使两面相连的双面织物。如正面使用化纤丝编织,使织物外观平整、挺括、耐磨;反面使用棉纱编织,使织物反面柔软、穿着舒适、吸湿性强。集圈线圈连接织物两面,且不显露悬弧,这类"丝盖棉"产品,目前应用极为广泛,其编织方法较多(多属小花纹产品)。第二类是网眼织物,由于织物中悬弧力图伸直,使相邻的线圈纵行彼此分开,从而在织物的表面形成凹凸状网眼效应,增加了织物的透气性和立体感,但这种织物的纵向、横向延伸性较小。

(二)产品设计举例

1. 织物组织 双面集圈组织。

2. 花宽与花高 现设计花宽 $B=18$ 纵行,花高 $H=36$ 横列,一路成圈系统编织一个横列。其织物正面花纹意匠图如图5-56所示,自下而上依次为成圈系统的1、2、3…72路。选针编织或集圈,结果在织物的反面形成明显凹凸网眼效应,因此以织物反面为使用面。

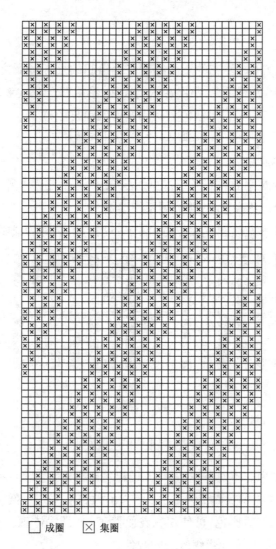

成圈系统自下而上依次为1、2、3……72路

□ 成圈 　 ☒ 集圈

图 5-56 　双面集圈织物意匠图

此织物集圈次数为 2,网眼较小,且不很明显。若增加连续集圈次数,一方面可扩大网眼的花纹范围,另一方面也可使织物表面的凹凸网眼效应更为显著。

3. 上机举例 　选用双面提花圆机编织,针筒筒径为 762mm,机号为 E24,72 路成圈系统,36 档提花片排成"/"形。选用 76dtex 涤纶丝编织。织物幅宽为 164~194cm,单位面积质量为 75~98g/m²。

五、双面复合织物设计

将提花大线圈与集圈大线圈适当排列,可形成具有一定花纹图案的双面纬编织物;将单面线圈配置在双面纬编地组织中,可形成架空的具有凹凸花纹、立体感强的胖花组织织物;利用提花组织和集圈组织复合,使产品在编织丝盖棉产品的同时,织物的正面具有与提花组织相同的花色效应的织物;利用变化罗纹组织与单面组织复合,可形成空气层织物和绗缝织物;此外还有横楞织物、网眼织物等。

(一)胖花织物

1. 胖花织物特点 由于形成胖花的正面线圈与地组织的反面线圈之间没有联系,且正面密度较大,从而使胖花线圈(单面线圈)凸出在织物表面,形成凹凸花纹效应。此类织物一般单位面积质量较大,弹性较好,有很强的立体感,可用作外衣和装饰布。

2. 单胖织物设计举例 现以多色单胖织物为例设计胖花产品。

(1)织物组织。三色单胖组织。

(2)花宽与花高。设计花宽 $B=36$ 纵行;花高 $H=12$ 横列。三色单胖织物每一横列需 3 路成圈系统编织,一个完全组织花高需 36 路成圈系统编织。

(3)花纹图案和意匠图。花纹图案意匠图如图 5-57 所示,右侧为成圈系统序号。

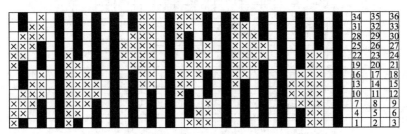

□ — 1、4、7…路织地组织纱
■ — 2、5、8…路织胖花一
⊠ — 3、6、9…路织胖花二

图 5-57　三色单胖织物意匠图

(4)提花片和上三角排列。不对称花型将 36 档提花片排成"/"形,并按选针机构特点和意匠图要求排花。按三色单胖组织反面设计方法,上三角排成高、平、平、低、平、平 6 路一循环。

(5)配色。选择同类色或对比色,可使织物花纹清晰,更具立体感。此类织物正面呈意匠图所示的三色花纹效应,反面均呈地组织纱线的颜色。

(6)上机举例。选用机号为 $E18$ 的双面提花圆机,地组织纱选用 110dtex 涤纶丝,胖花一选用 110dtex 涤纶丝,胖花二选用 167dtex 涤纶丝编织。胖花线圈呈架空状凸出于织物表面,但胖花二纱线较粗,使意匠图中"⊠"花纹在"■"的基础上更为突出,从而增加了产品的层次立体感。织物单位面积质量为 160~200g/m² 。由于单胖织物不如双胖织物的立体感强,若能合理改进工艺设计,也可使单胖织物具有与双胖织物相似的凹凸效应,且单胖织物的生产效率高、成本低。为此可采取以下改进措施。

①单胖凸纹宽度的针数(纵行数)一般要少,可考虑为 2~4 针。

②凸纹纵向或斜向长度增加,可使凹凸效应增加。

③凸纹和凸纹之间的间隔适当加宽,可达 8~10 针。

④增加胖花一路的压针深度,以增加胖花线圈长度,一般可比地组织的压针深度增加 0.3~0.5mm(30~50 丝)。此外纱线粗细的变化,也可增加织物的凹凸效应。

3. 双胖织物设计举例

(1)织物组织。两色双胖组织。

（2）花宽与花高。花纹宽度为 18 纵行，花高为 8 横列；3 路成圈系统织一个横列，共需 24 路织一个完全组织花高。

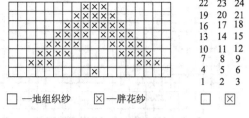

图 5-58　两色双胖织物意匠图

（3）花纹意匠图。意匠图如图 5-58 所示，图中 1、4、7…路织地组织，2、3、5、6…路织胖花线圈。

（4）排上三角。按两色双胖织物反面设计方法，上三角排成高、平、平、低、平、平 6 路一循环，提花片排成"/"形。

（5）上机参数。选用机号为 E16 的双面提花圆机编织，地组织和胖花组织均用 167dtex 涤纶丝（可为相同或不同颜色）。单位面积质量为 200~230g/m²。此织物较厚，宜作秋冬装面料和装饰用布。

（二）空气层组织和绗缝织物

此类产品是在双面提花圆机上编织，将单面编织与双面编织复合形成的。由于有正反面单面编织存在，使织物形成空气层。绗缝织物可在单面编织的夹层中衬入不参加编织的衬纬纱，然后由双面编织成绗缝。织物由于中间有空气层，织物保暖性、柔软性良好，加入衬纬纱又使织物更丰满、厚实。

现设计一具有菱形花纹的绗缝产品，花宽 36 纵行，花高 36 横列，每 2 路编织一横列。奇数路下针编织的花纹意匠图如图 5-59（a）所示，其右侧为成圈系统序号。编织方法如编织图所示。所有偶数路为下针全编织，织单面平针；奇数路上针全编织，下针按意匠图选针编织；在 1、5、9、13…路垫入衬纬纱。

可选用双面提花圆机编织，筒径为 762mm，机号为 E22，72 路织一个花高，将 36 档提花片排成"/"形。使用 20tex 棉纱，织物幅宽为 154cm，单位面积质量为 330g/m²。

在设计绗缝织物时，采用不同的原料，对织物的外观风格，织物实际花型大小及织物的丰满度均有一定影响。一般来说，所用原料弹性越大，形成织物实际花型尺寸越小；不同原料配制对织物丰满度有较大影响（表 5-2）。此外，编织时里层纱线张力越大，外层纱线张力越小，衬垫纱张力越小；衬垫纱粗或衬垫路数增加，织物丰满度越好。设计产品时，若不希望连接织物两面的纱线显露，可采用集圈方式连接。如在图 5-59 中，可将奇数路（上针全编织）的下针选针成圈改为下针选针集圈，从而使织物正面不显露织物反面的纱线。绗缝产品除可设计成格形、菱形图案外，还可设计成多角形、球形及其他多变的花型图案。

表 5-2　不同原料配制对织物丰满度的影响

1		2		3	
外层	里层	外层	里层	外层	里层
涤纶	锦纶	涤纶	棉	锦纶	涤纶
丰满度好		丰满度较好		丰满度一般	

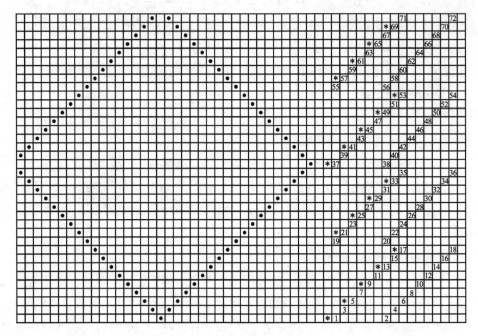

(a) 奇数路下针花纹意匠图

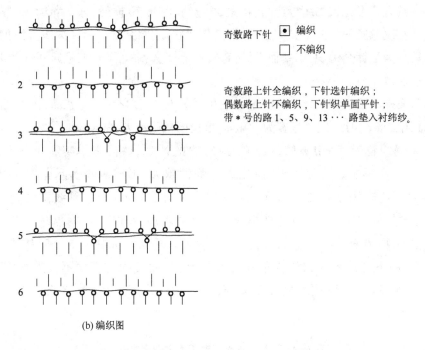

(b) 编织图

图 5-59　绗缝织物意匠图及编织图

🖙思考题

1. 试论述各种选针机构的选针原理和特点。

2. 某拨片式双面提花圆机路数为72路,在该圆机上设计一种花宽为18纵行,花高为12横列的三色提花织物并排其上机工艺(排色纱、提花片、各路拨片位置和上三角配置)。

3. 某一单面提花轮提花圆机,机器总针数 N 为 1830 针,路数 M 为 32 路,提花轮槽数 T 为 120 槽,在编织两色提花组织时,试求其最大花宽和花高、段的横移数和纵移横列数,画出段号作用顺序。并以最大花宽和花高设计一种两色提花产品,排出各路提花轮钢米的排列情况。

第六章 毛圈和绒类产品设计

✿ **本章知识点**

1. 了解毛圈和绒类织物的分类
2. 掌握衬垫织物、毛圈织物、人造毛皮织物的设计方法
3. 了解一些典型产品的结构、特性和上机工艺要求

毛圈和绒类产品很多,通常以织物外观形态进行分类,其中包括衬垫织物、毛圈织物、人造毛皮织物等。在衬垫织物当中,又分为平针衬垫和添纱衬垫织物等。毛圈织物又包括普通毛圈、花式毛圈、天鹅绒、摇粒绒等。

第一节 衬垫织物产品设计

衬垫组织可分为平针衬垫组织(二线绒)和添纱衬垫组织(三线绒),该类织物既可以起绒方式使用,也可以不起绒方式使用。起绒的衬垫组织通常使用工艺正面作服用面,反面呈均匀的绒毛状,有较好的保暖作用。不起绒衬垫组织通常可设计成具有花纹效果的反面,并作为服用或装饰织物的使用面。衬垫组织可在台车、多针道圆机、三线衬垫圆纬机、单面提花圆机等设备上生产。

一、普通平针衬垫织物产品设计

普通平针衬垫组织的衬垫比以 1:2 或 1:3 最为多见,可在多针道圆机和单面提花圆机等设备上编织。图 6-1 为其工艺图。

采用机号 $E20$ 设备编织,地纱采用 36tex、衬垫纱采用 56 tex 普通棉纱,可得到毛坯面料的单位面积质量为 $210g/m^2$ 左右的产品,该产品可采用起绒和不起绒两种方式使用,前者作为绒衣绒裤等面料(成品单位面积质量约为 $175g/m^2$),后者可作装饰等面料。

二、斜纹式添纱衬垫织物设计

该类织物通过衬垫比例与垫纱方式的组合及排列,在织物反面形成斜纹式的外观效果。选择的垫纱比例数越大,反面的浮线越长,易出现勾丝现象。图 6-2 为一种斜纹式的添纱衬垫织物工艺图,花宽 $B=4$ 纵行,花高 $H=4$ 横列,可在三线衬垫圆纬机上生产。图 6-2(a) 为衬垫纱与地组织的连接点意匠图,"⊠"表示连接点(集圈点),图 6-2(b) 为织针排列图,图 6-2(c) 为垫入

衬垫纱的三角配置图,图中只显示了1、4、7、10路三角排列情况,2、3、5、6、8、9、11、12路完成添纱组织编织,实际编织该花型的一个完整循环应当是12路。

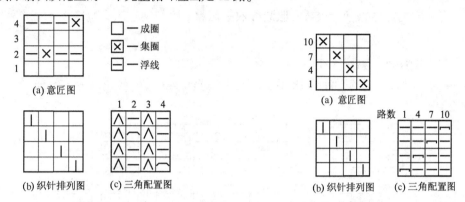

图 6-1 普通平针衬垫织物工艺图

图 6-2 斜纹式添纱衬垫织物工艺

采用机号 $E18$ 三线衬垫圆纬机编织,面纱、地纱、衬垫纱均使用18tex普通棉纱,可得到毛坯面料单位面积质量为200g/m² 左右的产品,织物的反面呈现斜纹的外观效果,可采用起绒和不起绒两种方式使用,前者作为绒衣绒裤等面料,后者可作装饰等面料。

三、折线式添纱衬垫织物设计

图 6-3 为一种折线式的添纱衬垫织物工艺图,花宽 $B=4$ 纵行,花高 $H=32$ 横列。图 6-3(a)为衬垫纱与地组织的连接点意匠图,"⊠"表示连接点(集圈点),图 6-3(b)为织针排列图,图 6-3(c)为垫入衬垫纱的三角配置图,图中只显示了垫入衬垫纱各路的三角排列情况,实际编织该花型的一个完整循环应当是96路。

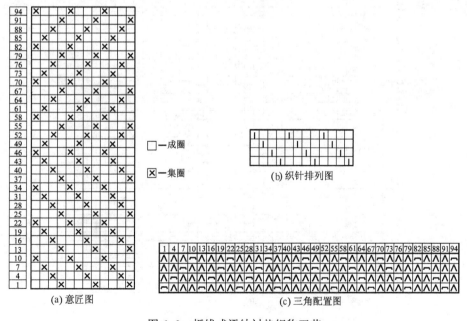

图 6-3 折线式添纱衬垫织物工艺

采用机号 E18 三线衬垫圆纬机编织,面纱、地纱使用 25tex 棉纱,衬垫纱采用 83.3tex 棉纱,可得到毛坯面料单位面积质量为 245g/m² 左右的产品,织物的反面呈现折线式(人字形)的外观效果,并有一定的立体感,可作装饰、服装外衣等面料。

四、竹节式平针衬垫织物设计

图 6-4 为一种竹节式的平针衬垫织物意匠图,花宽 B=36 纵行,花高 H=36 横列(由 72 路成圈系统编织)。

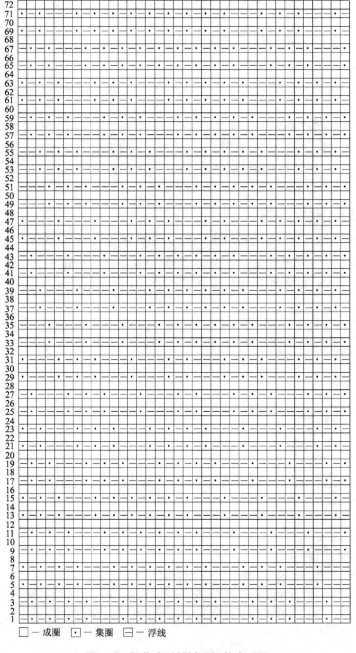

□ — 成圈 · — 集圈 ⊟ — 浮线

图 6-4 竹节式平针衬垫织物意匠图

采用机号 $E18$ 单面提花圆机编织,地纱使用 25tex 棉纱、衬垫纱使用 59tex 棉纱,可得到毛坯面料单位面积质量为 220g/m² 左右的产品。该产品织物的反面呈现斜向竹节式间断的花纹效果,并有凹凸效应,立体感强,可作装饰、秋冬休闲服装等面料。

五、绞花式平针衬垫织物设计

图 6-5 为一种绞花式的平针衬垫织物意匠图,花宽 $B = 36$ 纵行,花高 $H = 18$ 横列(由 36 路成圈系统编织)。

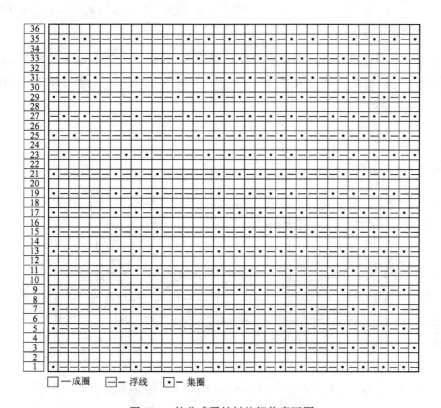

□—成圈　▯—浮线　▫•—集圈

图 6-5　绞花式平针衬垫织物意匠图

采用机号 $E20$ 单面提花圆机编织,地纱使用 25tex 棉纱、衬垫纱使用 59tex 棉纱,可得到毛坯面料单位面积质量为 190g/m² 左右的产品,该产品织物的反面呈现类似毛衫织物中的绞花效果,并有凹凸效应,立体感强,可作装饰等面料。

第二节　毛圈织物产品设计

一、选针式花式毛圈产品设计

(一)选针式花式毛圈编织原理

毛圈产品可简单分为普通毛圈和花式毛圈。普通毛圈的编织工艺比较简单并已有叙述,在

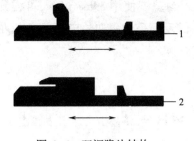

图 6-6　双沉降片结构

这里就不再赘述。在花式毛圈机中,又分为选沉降片式和选针式两种。目前,以选针式的为主要机种。

选针式的花式毛圈机的关键机件是双沉降片结构,图 6-6 为一种形式的双沉降片结构,1 为毛圈沉降片,2 为握持沉降片,它们相邻插在同一片槽内,并受两个不同的沉降片三角控制其运动轨迹。织针受专门的选针机构控制。

图 6-7 为编织两色提花毛圈组织时织针与双沉降片的运动轨迹及其配合关系。

1 为织针,2 为织针轨迹,3 为针筒筒口线,4 为握持沉降片(6、7、8 分别为其片颚、片鼻与片喉),5 为握持沉降片轨迹,9 为毛圈沉降片(11、12 分别为其片顶与片鼻),10 为毛圈沉降片轨迹,13 为织针运动方向。

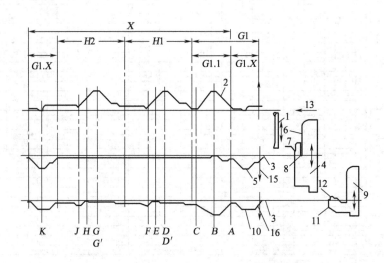

图 6-7　织针与双沉降片的运动轨迹及其配合

区段 $G1$、$H1$、$H2$ 分别为地纱、毛圈纱 1、毛圈纱 2 的喂入与编织系统。其中,$G1.1$ 和 $G1.X$ 分别是织针的退圈和脱圈区域。对于两色提花毛圈,需要三路编织一个横列,第一路($G1$ 区)垫入地纱,所有织针都垫入该纱,但弯纱深度较浅,不能完成脱圈。第二路($H1$ 区)垫入毛圈纱 1,被选上的织针垫入该纱,此路的弯纱深度仍较浅,不能完成脱圈。第三路($H2$ 区)垫入毛圈纱 2,在第二路没被选上的织针垫入该纱,再通过最后的完全弯纱,形成一个提花毛圈横列。成圈过程中,两个沉降片的配合非常重要。

(二)产品设计

选针式提花毛圈是目前比较流行的一种花式毛圈生产方法,与提花织物的选针原理相似。但是在花型形成过程中,每一横列都有一根地组织纱线垫入编织,即两色提花毛圈需要三路编织一个横列,三色提花毛圈需要四路编织一个横列,依此类推。一个提花毛圈横列只脱圈一次,这正是选针式提花毛圈外观效果优于选沉降片式提花毛圈的根本原因。选针式提花毛圈织物需要由专门的割绒机进行割绒处理,原料损耗较大,成本较高,通常用作汽车内饰等中高档装饰面料。

以 MCPE 型机器为例,机号 $E20$,地纱选用白色,毛圈纱分别为黑色和灰色,三种纱线均为 222dtex/96f(200 旦/96f),两色提花毛圈花型意匠图如图 6-8 所示,花高 $H=60$ 横列,花宽 $B=62$ 纵行,毛圈高度为2.0mm,毛坯单位面积质量为 $467g/m^2$,成品单位面积质量为 $378g/m^2$。

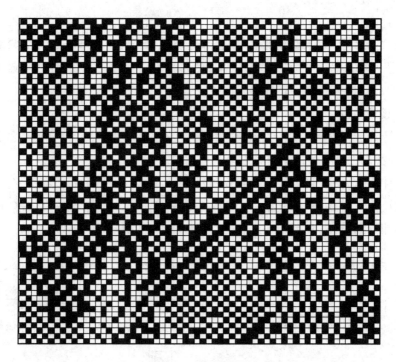

图 6-8 花型意匠图

色织产品原料的选择对产品的形成起着至关重要的作用。编织时,无论是使用染色还是原液色丝,其色级或称染色均匀度必须达到4.5级,否则生产的面料会因色差而产生横条,形成疵布。另外,除了复丝的孔数对织物的手感影响较大外,一般不使用网络丝。为了保证织物尺寸的稳定性,使针织物的线圈充分恢复,保证水洗的时间和温度,让织物充分回缩是十分必要的。定形温度的选择也很重要,温度过高会致花型模糊;温度低,绒感、手感等均差,一般在 170～200℃。控制剪毛时的绒毛高度在 1.8～2.2mm,绒毛高度过高则花型不清晰,绒面效果差;绒毛高度过低则易露底。

二、选沉降片式(圆盘式)提花毛圈织物设计

在生产花式毛圈的设备中,有一部分还是采用圆盘式的选沉降片方式。这种方式生产的花型,通常是有位移的,其花型设计原理与提花轮提花圆机类似。产品设计应注意两个问题,一是花纹范围,二是花纹衔接,后者是设计产品的关键,也是不易掌握之处。现以 TSJP 型 36 路单面提花毛圈机为例来论述其产品设计。

工艺参数:机号为 $E28$;总针数 $N=2268$ 针;圆齿片齿数为 84 齿,相当于针数 $P=168$ 针;圆齿片分 A、B 片,分别控制 1 隔 1 配置的 A、B 沉降片。参照提花轮提花圆机设计原理,总针数与圆齿片齿数之间的关系为:

$$N=ZP+r(2268=13\times168+84)$$

式中:Z——整数;

P——两片圆齿片的齿数;

r——余针数。

上式说明,当针筒转一转时,圆齿片转过 13 转还多转半转,$P/2=r=84$ 针(42 齿)。如果把圆齿片分成两段,其符号为I、II,那么每段为 84 针(42 齿),针筒每转一转,针数与圆齿片段对应关系如图 6-9(a)所示,针筒每转一转横移一段。

(一)花纹设计范围

①花纹设计范围为 $B=84$ 纵行,$H=36$ 横列,如图 6-9(b)所示。这样的花纹设计范围,花纹无位移,每一圆齿片第II段排花与第I段完全相同。

②花纹设计范围为 $B=168$ 纵行,$H=36$ 横列,如图 6-9(c)所示,花纹有位移。

③花纹设计范围为 $B=84$ 纵行,$H=72$ 横行,如图 6-9(d)所示,花纹有位移。

④花纹设计范围为 $B=56$ 纵行,$H=36$ 横列,如图 6-9(e)所示,花纹有位移。

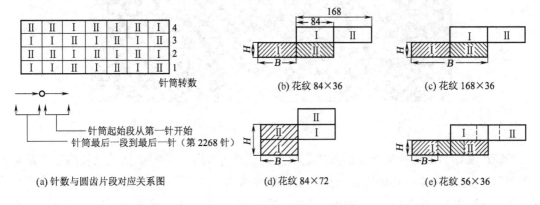

图 6-9　织针与圆齿片对应关系图

(二)浮雕(凹凸)毛圈织物的设计

1. 花纹范围 $B=168$ 纵行,$H=36$ 横列的产品设计　图 6-10(a)表示毛圈织物的实际花纹效应,在整个织物中出现上下左右相互衔接的菱形花型,使人感到花纹无位移,而且是一副完整连续的花型。一个完全组织内的实际花型比设计花纹范围有所扩大。这样的设计需要掌握一定的设计原则和花纹衔接方法,其规律如图 6-10(b)所示。

在意匠纸上取 $B=168$ 纵行,$H=36$ 横列,为一个完全组织的花纹范围。在花高两边取 $H/2$,花宽从两边取 $B/4$。连接 4 条点画线。这 4 条线就是衔接上下左右花型的衔接线。设计花型时以这 4 条线为对称轴,然后扩展花型。

图 6-10(c)为任意花型衔接方法,这种方法称错位对衔。第I段上面的 a、b 与第II段下面 a、b 衔接;第I段下面的 c、d 与第II段上面 c、d 衔接,左右同高度 e、e 衔接。

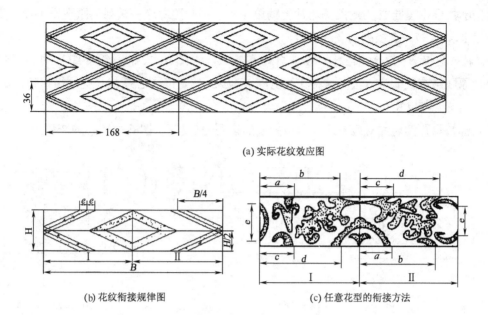

(a) 实际花纹效应图

(b) 花纹衔接规律图　　　(c) 任意花型的衔接方法

图 6-10　设计花型和组合图一

　　排花时,36 路圆齿片对应 36 横列意匠图花型,一路对应一横列,依次排 A、B 圆齿片的齿。根据花纹需要在圆齿片上钳齿或留齿。

　　2. 花纹范围 B＝84 纵行,H＝72 横列的产品设计　图 6-11 表示毛圈织物的实际花纹效应、设计原则与花纹衔接方法、任意花型的衔接方法。任意花型的衔接以每段中心的 4 条点画线为衔接线,这种方法称错位对衔。第 I 段的左边 a 与第 II 段的右边 a 衔接;第 I 段的右边 b 与第 II 段的左边 b 衔接。上下 c 与 c;d 与 d 衔接,e 与 e 衔接。

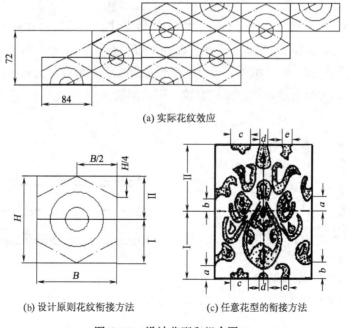

(a) 实际花纹效应

(b) 设计原则花纹衔接方法　　(c) 任意花型的衔接方法

图 6-11　设计花型和组合图二

排花时,根据意匠图。36路圆齿片上的第Ⅰ段按照一路对应一横列的原则排1~36横列的花纹;第Ⅱ段排37~72横列的花纹。

3. 花纹范围 $B=56$ 纵行,$H=36$ 横列的产品设计 图6-12表示毛圈织物的实际花纹效应、设计原则与花纹衔接方法。这种花纹范围 $B=P/3$,其宽度中心线就是花纹衔接线。a 与 a,b 与 b,c 与 c,d 与 d 衔接。

排花时,每路圆齿片对应着意匠图中相应的横列,重复三次图6-12(b)的花型。

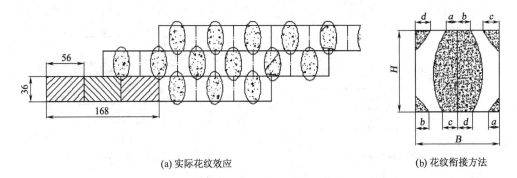

(a) 实际花纹效应　　　　　　　　(b) 花纹衔接方法

图6-12　设计花型及组合图三

三、割圈式毛圈产品设计

(一) 割圈式毛圈编织原理

割圈式毛圈机的关键部件是刀针,该类机器又分为普通割圈机和提花割圈机。前者用来生产普通的割圈织物,后者配置了可多级选针的电子选针装置,能够独立控制每一刀针的进出,从而可以在织物表面形成有绒区、无绒区、长绒区、短绒区、混色绒区等提花效果,增加了割圈绒产品的花色效应。

如图6-13所示为一种三针道割圈机的针盘针和刀针。针盘的舌针有A型、B型、C型、D型四种,针筒的刀针有a型、b型、c型三种。割圈的过程是当针盘针上的新线圈形成后,新、旧线圈能较好地夹持绒纱时,钩有绒纱的刀针从最低位置上升到最高位置进行的。在刀针上升过程中,绒纱在刀针的刀口处逐渐被扩张直至被刀刃口割断。

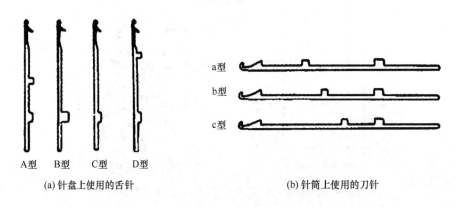

(a) 针盘上使用的舌针　　　　　　　　(b) 针筒上使用的刀针

图6-13　针盘上使用的舌针和针筒上使用的刀针

图 6-14 是一种较复杂的割圈毛圈机的编织机构。用于成圈的针盘针 2 装在针盘 1 上,用于形成毛圈的毛圈针片 4 装在针筒 3 上,沉降片环 5 上装有割圈沉降片 6。在编织时,地纱 7 垫在毛圈针片的背面进入针钩,毛圈纱 8 垫在毛圈针片的前面进入针钩。当毛圈形成后,割圈沉降片向针筒中心运动,其前部的刀刃与毛圈针片上部握持毛圈的刀片形成剪刀状,割断在毛圈针片上形成的拉长沉降弧。该机的剪刀式结构避免了在割圈时毛圈被过度拉伸和转移,使毛绒高度均匀一致。它还可以通过相应的选针机构有选择地形成割圈毛圈,其选针原理与其他选针式纬编提花毛圈机类似。

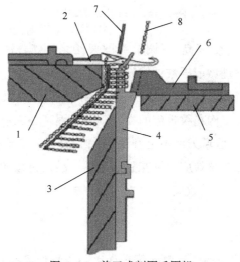

图 6-14 剪刀式割圈毛圈机

(二)产品设计

图 6-15 是几种常见的割圈毛圈组织的结构,根据上下针出针规律通常有 1+1、2+1 和 3+1 三种组织。由于 2+1 组织和 3+1 组织毛绒纱被刀针割断后毛绒固结紧固、毛绒均匀、长度合理,因此生产中大多采用这两种组织结构。

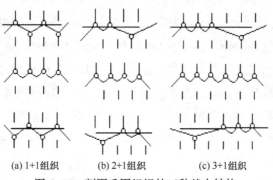

(a) 1+1组织　　　(b) 2+1组织　　　(c) 3+1组织

图 6-15 割圈毛圈组织的三种基本结构

图 6-16 为 2+1 割圈毛圈织物的编织图,6 路一个循环,1、4 路喂入毛纱和捆绑纱,捆绑纱只在上针编织起加固毛圈作用,毛圈纱在上针编织并在下针的刀针上形成毛圈;2、5 路喂入底纱在上针的所有针上成圈;3、6 路不喂纱,只是将刀针上升到割圈高度将所形成的毛圈割断。该产品通常采用 166.7dtex/48f 常规涤纶低弹丝作为底纱,166.7dtex/288f 细旦涤纶低弹丝作为

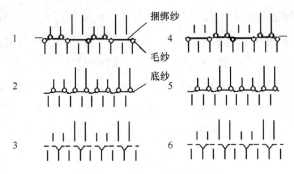

图 6-16　2+1 组织编织图

毛圈纱编织,所形成的绒毛高度较高,可调节范围大,绒毛丰满、密集。通常单位面积质量在 350g/m² 左右,经起绒摇粒整理做成摇粒绒织物。

提花割圈毛圈织物的产品设计与选针式花式毛圈产品设计类似,也有结构花纹效应和色彩花纹效应两大类。其中具有结构花纹效应的提花割圈毛圈产品在有绒区域刀针上升垫入毛圈纱并将其割断形成毛绒,无绒区域刀针不上升,毛圈纱以浮线的形式存在于织物中,从而在织物的绒面形成凹凸效应。色彩花纹效应的提花割圈毛圈产品则是按照花纹需要分别勾取相应色的绒纱并将其割断,形成彩色绒毛效应。

四、天鹅绒织物产品设计

纬编针织天鹅绒(简称天鹅绒)是由纬编单面毛圈织物经高级后整理而成的,其织物的绒面类似天鹅的内绒毛。该类织物具有质地柔软,绒面丰满等特点,属于中、高档产品,在服装、装饰、工艺品、鞋帽及玩具等领域得到了越来越多的应用。

(一)影响坯布质量的因素

1. 原料的选择

(1)原料的品种。天鹅绒产品一般可采用棉、腈纶、黏胶丝、醋酯丝、丙纶丝、涤纶和锦纶等原料,其组织结构多为普通毛圈组织。根据不同的用途,可以采用不同的原料进行编织。

在编织天鹅绒产品时,采用不同的地纱会影响坯布的拉伸弹性、强度、挺括程度和对毛圈的握持牢度。涤纶低弹丝和锦纶弹力丝经热定形后,织物具有良好的尺寸稳定性。选择不同的毛圈纱直接关系到产品的风格、光泽、绒毛丰满度和手感。生产装饰用的天鹅绒,一般采用黏胶丝和醋酸丝等作毛圈纱原料,由此得到的天鹅绒产品光泽明亮,手感滑爽,华贵,适宜作窗帘、舞台幕布、桌布、沙发罩及其他装饰用布。在作沙发罩布时,也可选用原液染色的丙纶丝作毛圈纱。丙纶长丝刚性大、延伸性小、弹性恢复性好,毛绒不易倒伏,且能承受多次坐压。丙纶比重轻,价格低,因此,丙纶长丝是生产沙发罩用天鹅绒的较理想的毛圈纱原料。但丙纶刚性大,抱合力差,在编织时困难较大。对用作服装的天鹅绒,一般采用棉纱作毛圈纱,由此得到的天鹅绒绒毛丰满,手感柔软,穿着舒适,美观大方。如果采用腈纶纱作毛圈纱,毛圈整齐,高度均匀,色泽鲜艳。

(2)纱线的线密度。不同机号的圆机应选用合理的纱线线密度。从染整角度看,优质天鹅绒织物所用毛圈纱纱线线密度以 16~20tex 为宜。为了摸索不同线密度棉纱对天鹅绒质量的影响,分别采用了 20tex 长绒棉纱、18tex 普梳纱、16tex 专纺棉纱、15tex 精梳纱、14.5tex 长绒棉纱、13.8tex 普梳棉纱作毛圈纱,进行完全相同的加工对比实验,得出如下的实验结果:16tex 专纺棉纱作毛圈纱的天鹅绒产品质量最好,而 13.8tex 和 18tex 普梳棉纱作毛圈纱的天鹅绒质量最差。天鹅绒产品要求品级高、线密度小、长度长、成熟度好的细长绒优质棉。棉纤维线密度越小,在同样粗细的棉纱内纤维的根数越多,剪绒后布面绒感就越强;纤维的长度越长,剪绒后的掉毛现象就越少。在编织沙发用天鹅绒织物时选用 167dtex 丙纶长丝(毛圈纱)和 78dtex 涤纶低弹丝,在 TSJ/P 型毛圈机上编织,比较机号 $E24$ 和 $E20$ 的编织效果后认为,$E24$ 毛圈机的编织效果更好。

在毛圈高度一定时,为使织出的产品绒毛丰满、厚实、延伸性小,毛圈纱与地纱线密度的配合也甚为重要。毛圈纱线密度确定后,地纱线密度越小,则毛圈织物密度越高,单位面积的毛绒越多,对地纱组织的覆盖性越好。相反,地纱的线密度确定后,毛圈纱的线密度越大,则单位面积内的毛绒纱数多,同样可以提高对地组织的覆盖性和减少织物的延伸性。在设备规格允许范围内,毛圈纱与地纱线密度的差别越大越好。

(3)纱线的捻度和捻向。天鹅绒产品对毛圈纱的捻度有着特殊的要求,在使用棉纱时,所用纱线的捻度应在 750~760 捻/m 以下,也就是说,天鹅绒产品要求棉纱的捻度要小。捻度小,剪绒后棉纱开捻比较容易,每根棉纱都能自动开捻,布面的质量较好。同时,天鹅绒产品还要求棉纱捻度不匀率要小,这是因为如果棉纱在不同长度内的捻度变化大,编织过程中,捻度大的纱线处易发生打卷现象。因而在打卷处的毛圈高度低,容易倒伏,剪绒加工过程中会造成漏剪现象,影响布面质量。但天鹅绒产品要求棉纱捻度不是越小越好,如果捻度过小,编织时纱线蓬松,强力低,易造成断头和许多其他残疵。如果棉纱捻度合适,编织后的毛圈呈直立的"A"字形或"8"字形,剪绒前线圈保持直立不倒伏。

纱线捻向与天鹅绒产品的质量密切相关。如地纱采用锦纶弹力丝时,两种捻向(Z 捻、S 捻)的地纱间隔配置效果最好,因为捻向一致的纱线在坯布中形成的扭矩会使线圈歪斜。而纱线捻向不同,扭矩可部分抵消,毛圈歪斜现象不明显。毛圈纱线捻向的选择与所用毛圈机的转向也有着极为密切的关系。如果毛圈纱使用 Z 捻棉纱,当毛圈机为顺时针转向时,毛圈纱在编织过程中有加捻作用,而使毛圈纱形成"8"字形;而当毛圈机为逆时针转向时,毛圈纱在编织过程中有解捻作用,毛圈呈圈状。前者适宜编织天鹅绒坯布,后者用于编织毛巾布,可使毛圈纱显得蓬松。在使用 S 捻棉纱时,其结果与上述相反。在编织天鹅绒织物时,毛圈纱不宜采用 Z 捻和 S 捻棉纱间隔配置,否则会影响天鹅绒绒面质量和手感。

2. 编织密度对天鹅绒的影响 从理论上讲,编织密度越大,毛圈竖立越好;密度越小,则毛圈越易倒伏,给剪绒带来困难。毛圈密度太低时,毛圈倒伏现象比较严重,并且倒向不一致,线圈打扭现象较重。这不利于剪绒加工,剪出的天鹅绒产品绒毛丰满度和光泽都不好。毛密过大时,由于纵密过高,纵密、横密不成比例,因而对编织不利,同时造成单位面积质量增加,剪绒损耗增大,成本增加。

3. 毛圈高度的要求 要保证经过反复剪毛的天鹅绒绒面仍有较高的丰满度,通常毛圈高度控制在3.5~3.8mm(也即沉降片片鼻高度在 3.5~3.8mm),剪毛后毛绒高度为 1.8~2.5mm

时就可获得很好的织物质量。毛圈高度偏低,剪绒加工就有困难。毛圈过高,容易倒伏,不利于剪绒加工,且剪绒损耗加大,单位面积质量偏大,成本增加。

(二)影响净坯布质量的因素

影响天鹅绒净坯布质量的因素很多,除毛坯布的质量因素外,后部加工的优劣极其重要。针织天鹅绒后部整理加工较为复杂,而且难度较高,以下几个方面应给与重视。

1. 转笼烘干　先经转笼烘干再剪毛的纬编剪毛织物,其外观最佳,质量最好。转笼烘干可以使织物松弛,毛圈直立,因而毛圈顶部与剪毛刀的接触性好,剪毛效果均匀,纱线损耗率低,转笼烘干温度为150℃,烘干时间为20min,烘后需冷却4~5min。如冷却速度过快,则易造成毛圈排列不整齐,歪斜倒伏等现象,将影响后部剪绒的质量,转笼装布量不宜过大,一般以一匹为宜。烘前如为干坯布,就要用饱和蒸汽喷8~10min,使坯布湿透。

2. 剪绒　针织天鹅绒的剪绒分为初剪和复剪,初剪效果与天鹅绒的质量紧密相关,把毛圈的顶部剪开是初剪的目的,初剪时要求毛圈的开剪率达到98%以上,否则染色后尚没剪开的毛圈在复剪时将极难剪开。复剪是把绒头剪齐,每剪一次绒,约剪去0.5mm高度的绒毛。先进行初剪,然后染色,否则染后转笼烘干和剪毛的次数就要增加,这不仅会造成时间的浪费和剪绒损耗的增加,而且会严重影响产品的质量。毛圈纱采用原液染色丙纶丝时,其工序也是先剪后洗油松弛处理。另外,剪绒次数和方法不尽相同,国内采用初剪两次,一顺一逆(也有采用一逆一顺)的方法;而在国外则采用顺着绒毛的方向剪绒的方法,在剪绒时要给予布匹一定的超喂,以保证织物的质量和单位长度内规定的重量。如果初剪效果好,复剪时顺剪一次即可。

3. 染色　天鹅绒织物的漂染加工多采用间歇式单机,有的在常温绳状染色机上进行。绳状染色机封闭性不好,机内温差较大,容易染花,浴比大,但通路短,调度加色容易。在绳状染色机中织物必须顺毛方向运行。封闭式常温溢流染色机的浴比小,内部温度较为均匀,是较为理想的染色机,但在使用喷射染机时,过滤器常发生堵塞的现象。染色机装布过量,转笼烘干和染色过程中的冷却速度过快,都能引起褶皱产生。绞盘式的染槽是天鹅绒织物较好的染色设备,对织物产生揉搓和压挤的作用强烈,对绒毛开松很有好处;织物的运行方向始终要与绒头的方向相反,否则毛圈纱会竖立,给坯布运行造成困难。在染色加工中,一般采用活性染料和阴丹士林染料染色。因为这类织物的成品要经常下水洗,要求用湿染色牢度好的染料染色,至少要经受住60℃水的洗涤。

4. 柔软处理和定形　天鹅绒织物在染色后,尚需以2~3g/L的水溶工业蜡进行柔软处理,然后经转笼烘干、复剪。只要初剪绒毛的高度适当,复剪就能起到改善手感的作用。

五、摇粒绒产品设计

摇粒绒的关键工艺在后整理过程,即在坯布的后整理过程中,增加了"摇粒"这一工序,使用专门的摇粒机对面料进行摇粒整理。产品表面绒毛密集、手感柔软、保暖性好,深受人们的喜欢,被广泛应用于服装、鞋帽、玩具等领域,尤其适用于休闲装。

(一)工艺流程

摇粒绒的工艺流程一般为:绒纱(地纱)→络纱→编织→坯布检验修补→预定形→染色(印

花)→柔软→烘干→定形→抓毛→梳毛→剪毛(烫剪)→摇粒→成品定形→检验→打卷包装→入库。

(二)工艺要求

1. 原料的选择 摇粒绒产品的质量很大程度上取决于原料的质量。摇粒绒坯布是由地纱和毛圈纱在毛圈机上编织而成的。当毛圈高度一定时,表面绒丰满与否与地纱和毛圈纱的粗细有关,成品手感则与毛圈纱的单丝根数(f数)密切相关。一般采用超细涤纶丝为毛圈纱(起绒纱),使得布面柔软细腻、质地高雅、手感丰满、蓬松度好、外观华丽、光泽优雅、穿着舒适。

2. 编织 在编织中,选择合适的密度和毛圈的高度很重要。若密度不够,太疏,拉伸太大,则坯布毛圈稀疏时容易露底,影响绒面效果。若密度过高,太密,则坯布毛圈稠密,影响绒粒成粒效果。选择不同的毛圈高度,做出的毛圈效果是不一样的。毛圈高度过低则绒粒细,毛圈高度过高则绒粒长。喂纱张力均匀一致是决定织物能否获得均匀、平整、品质良好布面的重要条件。采用储存式积极给纱,具有稳定的退绕条件,使喂入成圈系统的纱线张力均匀且较小,从而使得线圈长度均匀一致,纹路清晰。为了使毛圈纱能可靠地覆盖在织物的正反面,在编织时,地纱的喂纱张力要适当调大,而毛圈纱相对调小一些。在采用超细涤纶丝编织时,超细涤纶丝与机件多次摩擦会产生大量静电,增加车间的相对湿度,易使沉积的电荷通过金属机件或机架传到地下。但是相对湿度过大,涤纶变得发黏、湿涩,对编织也不利。而当相对湿度较小时,电荷不易转移,易造成断丝或出残品。车间温度控制在 25℃ 左右,相对湿度在 75% 时生产能顺利进行。

3. 染色 染色(印花)是纬编摇粒绒生产工艺中比较复杂的后整理工艺。如果产品是单色的聚酯纤维纬编摇粒绒,需要高温染色才能完成,其染色的工艺流程为:白色坯布→整平拉直→滚筒染色→松式烘干机初步固色→高压高温永久固色→反复水洗、洗掉浮色。采用分散染料染色,设备为高温高压染色机,以 1∶15 的浴比在 130℃温度下进行染色。后整理时,采用 3% 的起毛剂和 1% 的氨基硅柔软剂,以 1∶12 的浴比在 50℃ 低温下处理 30min。采用此办法后处理后可使下道工序起毛容易,手感好。染色除了要使坯布上染均匀,色度达到既定要求以外,染色工艺还要解决在后整理抓毛、剪毛中因聚酯纤维而容易产生的静电,从而改善纬编摇粒绒面料的手感。除此以外,选用氨基有机硅柔软剂作助剂,即可起到改善手感的效果,也可减轻聚酯纤维产生的静电,使后道工序抓毛、剪毛容易进行,保护了聚酯纤维的弹性。如果产品复色或者是复杂图案,需要采用印花才能完成,其印花的工艺流程:白色坯布→整平拉直→经过每个印花板、滚轴滚动印色→松式烘干机初步固色→高温高压永久固色→反复水洗、洗掉浮色。

4. 抓毛、剪毛、摇粒 抓毛的作用是把纱线状态的毛绒纱打松成单纤维状态,消除捻度。此过程由刷毛机上的毛刷辊对毛面进行抓毛梳理。对于双面绒,抓毛整理工艺需要做底面轻抓毛,面毛抓两次,再抓底毛一次的处理,顺序不能倒转,如果先抓面毛后再抓底毛,容易造成有毛的毛圈因凹陷而抓面毛的时候不到位,影响正面绒粒,造成面毛长短不一,甚至有的毛圈剪不到毛,俗称有"小辫子"。抓好毛之后,把梳出来的毛和长短不齐的毛,经逆向剪毛后,将毛面剪齐。

摇粒工艺是纬编摇粒绒成形的关键,通常向滚筒蒸汽摇粒机加入温度为 90~100℃的蒸汽,用蒸汽水洗掉剪绒时粘在布上的毛头,并使毛绒结成粒状,经过半小时滚动摇粒后,用热风吹至九成干,再转吹冷风。调节蒸汽量的大小对绒毛结粒有很大关系,汽量小,绒毛松散,难以成绒粒。

5. 定形 通常采用五区定型机,在150~180℃温度下进行干热定型,车速控制在25~30m/min。采用干定型的目的是提高摇粒绒织物的抗皱性和尺寸稳定性,使摇粒绒的绒面具有立体感,且手感好、色泽鲜艳,湿定型不可能达到这种效果和坯布风格。

第三节 人造毛皮产品设计

一、原料选择

生产人造毛皮的主要原料为腈纶。目前我国采用两类腈纶纤维:普通腈纶用于中低档产品,规格为3.3dtex、6.7dtex、10dtex,长度为38~51mm;特种腈纶用于中高档产品,规格为3.3~22dtex,长度为38~51mm。

生产人造毛皮所用毛条通常由不同线密度纤维混合而成,其纤维的混合比例原则为:线密度大的纤维(16.7~44dtex)用作刚毛;线密度中等的纤维(10~16.7dtex)用作立绒;线密度小的纤维(3.3~6.7dtex)用作底绒。刚毛要长,绒毛要短,底绒占的比例为40%,其余为刚毛和立绒。

常见纤维制条的配比为:

$$3.3dtex×38mm \quad 40\%$$
$$6.7dtex×51mm \quad 30\%$$
$$10dtex×38mm \quad 30\%$$

以上比例关系纺条效果较好,梳毛机易于成网,毛条中的纤维抱合力好。

二、控制毛条条干不匀率

毛条喂入式人造毛皮针织机需要毛条定量为8~25g/m,MKP2型电子提花毛皮机使用15g/m的毛条最佳。若毛条轻,道夫抓取纤维困难,毛条重,针布和织针负荷过大,对道夫和织针的磨损也很大,并易堵塞喂毛辊。针织毛皮机要求毛条条干均匀度控制在5%以内。

三、人造毛皮的整理

1. 初剪 初剪可剪掉毛皮表面的浮毛,防止浮毛在拉幅定形过程中堵塞循环风道。温度一般选定为100℃,对于滚球绒织物,因其不宜高温,所以选定为60℃。

2. 涂胶定形 人造毛皮是一种保暖性织物,为了增强防风能力,固定绒毛,稳定尺寸,收缩底绒(使用有收缩性纤维),需要在毛皮背部涂胶。通常涂胶定形设备都采用刮胶方式,要求胶料黏稠度高,这样定形效果才会好,但底布硬。常见胶液配方为:

$$丁苯胶乳 \quad 15.5\%$$
$$PVA \quad 3.9\%$$
$$CMC \quad 3.3\%$$

水   77.3%

另一种上胶方式为滚筒拖胶式,要求胶料稀,涂胶后,底布渗进薄薄一层胶液,这样就需要对胶液比例进行改变,其胶液配方为:

丁苯胶乳   20%

PVA   2.5%

水   77.5%

这样的配方,绒毛可固定在底布上,纤维收缩状态也较好,起到了既拉幅又定形的效果。定形烘箱温度为130℃,这个温度能够保证纤维不焦,底布不黄,能够收缩纤维,高低绒一目了然。毛皮在烘箱中走行3~5min。温度过高则绒毛发硬,涂料分解,而温度过低又不易干。布速一般为2~3m/min,薄织物的布速为5m/min

3. 烫光整理 人造毛皮一般采用的烫光次数为4~6遍,烫光前纤维手感硬。烫光时,开始用高温,使纤维变软,再中温使纤维伸直,最后用低温使毛面上光。一般情况下,中高档织物烫光均采用顺逆两个方向烫光,高温烫直,低温烫光。

4. 剪毛 剪毛毛高是由毛皮的用途决定的。长毛绒织物大多用作防寒里料,不需剪毛。仿兽皮有刚毛,毛高要求一般为16~25mm。仿水貂皮毛高为20mm。作为装饰用的短绒织物,毛高不能过长,一般为8~14mm ,剪毛时根据上述要求剪毛。

思考题

1. 纬编绒类织物的编织方法主要有哪几种? 各有何特点?
2. 天鹅绒和摇粒绒在工艺上有何区别?
3. 人造毛皮在原料选择和整理上有哪些要求?
4. 衬垫组织分为哪几种? 举例说明一种衬垫织物设计方法。
5. 花式毛圈织物有哪几种控制花纹选择编织方式?

第七章　无缝内衣圆机产品设计

❋ 本章知识点

1. 无缝内衣圆机的结构和编织原理。
2. 无缝内衣产品主要织物组织的特点和编织原理。
3. 无缝内衣程序设计系统的主要功能和程序编制流程、花形和工艺设计的方法。
4. 无缝内衣产品常用款式的结构和各部位的组织特点。

第一节　无缝内衣圆机的编织机构及其编织原理

电脑控制无缝内衣圆机分单面和双面两类,可分别生产单面和双面无缝内衣产品。目前使用较多的是单面无缝内衣圆机。单面无缝内衣圆机针筒上的一个针槽里从上到下依次为舌针、中间片、选针片,它们和三角装置的配置关系如图7-1所示。其中1~9为织针三角,10和11为中间片三角,12和13是选针片三角,14和15为选针装置。图中的黑色三角为可动三角,即可以由程序控制,根据编织要求处于不同的工作位置,其他三角为固定三角。

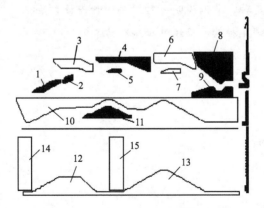

图7-1　成圈机件与三角装置的配置关系

集圈三角1和退圈三角2可以沿径向进出运动,当它们退出工作时,织针的工作状态是由选针装置控制的。由选针片三角12选上的织针上升的高度是集圈高度,对应的选针区称为第一选针区;由选针片三角13选上的织针上升的高度是退圈高度,对应的是第二选针区。中间片三角11可以将第一选针区选上的织针推向退圈高度。

单面无缝内衣圆机的产品结构以添纱组织为主。编织的组织结构除了与三角的工作状态、选针有关以外，还与穿纱方式有关。

一、平纹添纱组织及其编织原理

平纹添纱织物结构如图7-2所示。在编织时，中间片三角11退出工作，所有织针在两个选针区都选上成圈，1号或2号纱嘴穿包芯纱做地纱，4号或5号纱嘴穿其他纱线做面纱，针头的走针轨迹如图7-3所示。

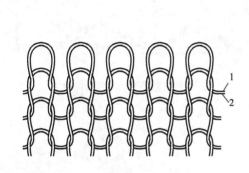

图7-2 平纹添纱组织

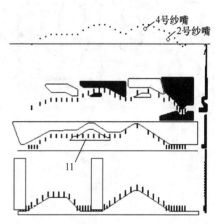

图7-3 平纹添纱组织走针轨迹

二、浮线添纱组织

浮线添纱组织是指地纱始终编织，面纱根据结构和花纹需要，有选择地在某些地方进行编织，在不编织的地方以浮线的形式存在所形成的织物组织，如图7-4所示。当地纱较细时可以形成网眼效果，而当地纱和面纱都较粗时，可以形成绣纹效果。

编织浮线添纱组织时，中间片三角11进入工作。在第一选针区被选上的织针经收针三角4后下降，如果在第二选针区不被选上，就沿三角7的下方通过，织针就不会钩取到4号纱嘴的纱线，使其以浮线的形式存在于织物反面，只能钩到2号纱嘴的纱线，形成单纱线圈；如果在第二选针区又被选上的织针，将会沿三角7的上方通过，可以钩到4号纱嘴的纱线，形成面纱，再钩取地纱2与面纱1一起形成添纱。如图7-5所示。

三、添纱浮线组织

浮线组织是有选择地使某些针参加编织形成线圈，而另一些针不参加编织形成浮线。如果参加编织的织针钩取两根纱线形成添纱线圈，就是添纱浮线组织，如图7-6所示。其三角配置和走针轨迹如图7-7所示，此时在两个选针区都选上的织针编织平针或添纱线圈，而在两个选针区都不被选上的织针既不钩取地纱2也不钩取面纱1，形成浮线。

假罗纹织物是在无缝内衣产品中使用较多的一种浮线组织。通常是做1+1、1+2或1+3编织形成假罗纹，其中前面的数字代表在一个循环中参加编织的针数，后面的数字表示不编织的

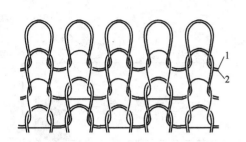

图 7-4　浮线添纱组织

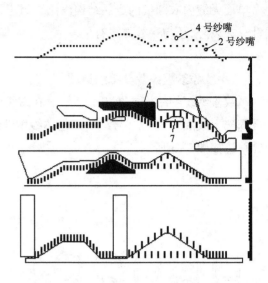

图 7-5　浮线添纱组织走针轨迹

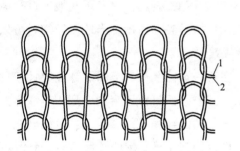

图 7-6　添纱浮线组织

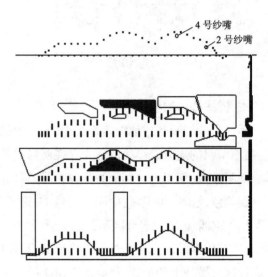

图 7-7　添纱浮线组织的三角配置和走针轨迹

针数在横列上采用隔行不编织,如图 7-8 所示,这种假罗纹可称作普通假罗纹。假罗纹背面浮线较长时(如1+3)还可以形成一种假毛圈的效果。

做裤腰时,通常在第 2 路和第 6 路穿橡筋线,其他路穿纱情况同上,且不参加编织的针数在第 2 路和第 6 路,这种假罗纹组织被称作裤腰假罗纹,如图 7-9 所示。

如果只有一个纱嘴进入工作,由一根纱线编织,所形成的就是平针浮线的结构。

四、集圈组织

在 SM8—TOP2 型无缝内衣圆机上编织集圈组织时,三角的配置和走针轨迹如图 7-10 所

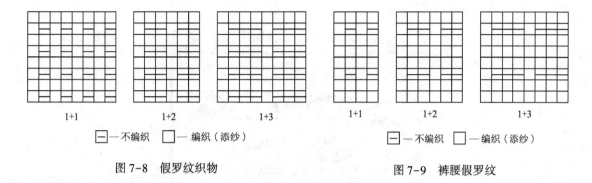

□—不编织　□—编织（添纱）　　　　　　□—不编织　□—编织（添纱）

图 7-8　假罗纹织物　　　　　　　　　　　图 7-9　裤腰假罗纹

示。此时，中间片挺针三角 11 退出工作，在第一个选针区被选上的织针只能上升到集圈高度，旧线圈不会从针头上退下来，再垫上新纱线时就形成集圈。如果仅在 2 号纱嘴（或 1 号纱嘴）处垫纱，就形成平针集圈；如果在 6 号纱嘴位置也垫纱，就形成了添纱集圈。

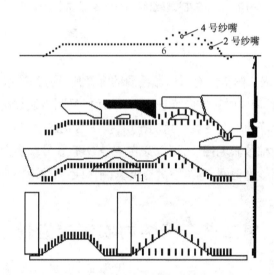

图 7-10　集圈组织的三角配置和走针轨迹

五、提花添纱组织

提花添纱组织地纱为一种纱线编织，在所有针上成圈，面纱为两种色纱编织，根据花型需要选择不同的面纱编织，如图 7-11 所示。

图 7-11　提花组织

通常，提花花型为整个织物花型的一部分。图中黑色的字用 8 号（或 7 号）纱嘴穿一根色纱做面纱，灰色用 4 号（或 5 号）纱嘴穿另一根色纱做面纱来编织，两种颜色都用 2 号（或 1 号）纱嘴做地纱。此时三角配置和走针轨迹如图7-12所示，在第一选针区被选上的织针钩取 8 号纱嘴的色纱，在第二选针区被选上的织针钩取 4 号纱嘴的色纱，然后一起钩取 2 号纱嘴的地纱。

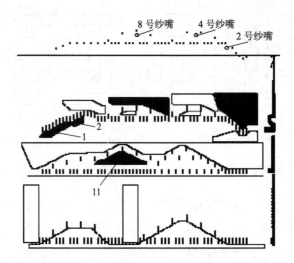

图 7-12　提花添纱组织的三角配置和走针轨迹

六、毛圈组织

SM8—TOP2 型无缝内衣圆机上有可以做毛圈的沉降片,通过转动沉降片罩,并使用毛圈三角将高踵毛圈沉降片向针筒顺时针方向推进一些,从而使毛圈纱线在高踵毛圈沉降片的片鼻上成圈,形成毛圈。低踵沉降片不受毛圈三角的作用,按正常状态编织。

做毛圈时,通常选用棉纱做毛圈纱,可以穿在 4 号纱嘴,6 号纱嘴穿锦纶纱,织毛圈的地方,两根纱线都进入工作,棉纱做毛圈,锦纶纱做地组织;不织毛圈的地方只有锦纶纱工作。

第二节　无缝内衣程序设计

在圣东尼(SANTONI)的无缝内衣圆机设计软件中,画图设计与程序指令的设定是分开的。目前使用的是由 DINEMA 公司设计的 GRAPHIC 6 的软件版本,其中画图使用的是 Photon,而程序编制使用的是 QUASARS。

一、图形设计

进行图形设计需要进入 Photon 窗口,其界面如图 7-13 所示。

在 Photon 中首先创建新的花型文件,花型文件的类型有 DIS、SDI 和 PAT 三种。

确定了花型类型后,出现一个花型尺寸对话框,从中可以输入所建花型的针数(花宽)和横列数(花高),花型中一个小方格代表一个线圈。

(一)SDI 图形文件格式

SDI 图为 Photon 软件中花型的基本形状图,它与各种通用绘图软件的功能基本相同。这种格式的花型中使用的颜色为颜色条上的除第 1、2、3、4(黑、绿、红、黄)外的所有颜色。针对织物

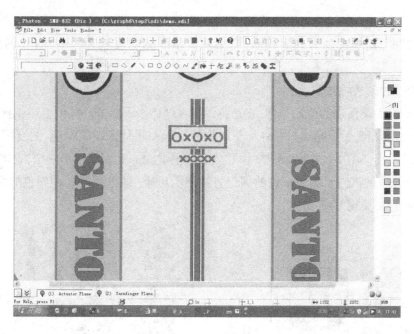

图 7-13 Photon 窗口

中不同的组织结构选择不同的颜色,这些颜色并不能够被机器识别,使用这种格式的花型,必须将花型中的颜色与 PAT 小组织通过 GALOIS Plus 联合起来,生成可以直接使用并编码到机器上的 DIS 花型文件。使用 SDI 格式作图可以方便以后的修改,而且可以用一个 SDI 花型与不同的 PAT 组织或花型相联合,生成几个完全不同的DIS 花型。通常 SDI 图的大小由织物的大小和密度决定。如图 7-14 为一张短裤 SDI 图的一部分。

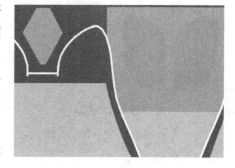

图 7-14 短裤 SDI 图

(二)PAT 图形文件格式

PAT 图是用来表示一个或几个完整循环的织物组织结构图。PAT 图中使用的颜色应该是机器能够识别的四种颜色(黑、绿、红、黄),大小为所要编织组织的完整循环数。将 PAT 图依次填入 SDI 图中的各个颜色块中就将其转化为 DIS 图。

对于 SM8—TOP2 型无缝内衣圆机,在 PAT 图中只能使用 4 种颜色,它们表示的是每路两个选针器的工作方式。其中,黑色表示两个选针器都不选针;绿色表示第二个选针器选针,第一个选针器不选针;红色表示第一个选针器选针,第二个选针器不选针;黄色表示两个选针器都选相同的针。各颜色的走针轨迹如图 7-15 所示。图 7-16 所示为几个 PAT 图。图7-16(a)由红黄两种颜色表示

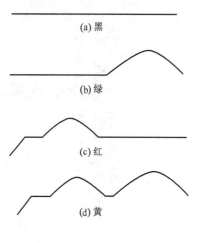

(a)黑

(b)绿

(c)红

(d)黄

图 7-15 各颜色的走针轨迹

的是浮线添纱织物,其中红色为单纱编织,黄色为添纱编织。图7-16(b)所示由黑黄两种颜色表示的浮线织物,其中黄色为成圈线圈,当由两根纱线编织时就为添纱结构,黑色为不成圈(浮线)。

(三)DIS 图形文件格式

DIS 图与 PAT 图使用的颜色一样,它是将用各种颜色表示的 SDI 图由上述 4 种选针颜色表示出来,整个 DIS 图实际上是编织一件完整织物的过程中织针的编织情况,结合程序中的指令完成整个编织过程。图7-17 为由图7-14 的 SDI 图转化过来的短裤的 DIS 图,它将 SDI 图中由 7 种颜色区分开来的不同区域用相应的编织方法表示出来,这里通过 3 种颜色的组合,即 3 种编织方法的组合来实现。

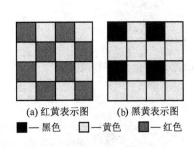

(a) 红黄表示图   (b) 黑黄表示图

■—黑色　□—黄色　■—红色

图 7-16　PAT 图实例

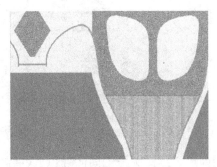

图 7-17　短裤 DIS 图

二、工艺程序设计

(一)主程序设计窗口

点击桌面上的 D3Plus 图标,就可以进入工艺程序设计窗口。其中的主程序设计窗口如图7-18 所示。

Step	Type	State	Degree	Parameter
		☑	1	Yarnfinger 2 feed 1 [macro ABC] [Macro:]
		☑	1	Yarnfinger 4 second position feed 1 [Macro:]
		☑	45	Yarnfinger 3 feed 2 [macro AC] [Macro:]
		☑	60	Yarnfinger 2 feed 2 [macro ABC] [Macro:]
		☑	60	Yarnfinger 4 second position feed 2 [Macro:]
		☑	230	Yarnfinger 2 feed 5 [macro ABC] [Macro:]
		☑	230	Yarnfinger 4 second position feed 5 [Macro:]
		☑	250	Yarnfinger 3 feed 5 [macro AC] [Macro:]
		☑	260	Yarnfinger 3 feed 6 [macro AC] [Macro:]
		☑	280	Yarnfinger 2 feed 6 [macro ABC] [Macro:]
		☑	280	Yarnfinger 4 second position feed 6 [Macro:]
		☑	1	[158] Elastomer trapper feed 8
		☐	20	[158] Elastomer trapper feed 8

Function n.: 158

图 7-18　主程序设计窗口

1. Step 栏　Step 表示机器编织的步数,通常一步就是一转,如 Step1 代表针筒第一转,Step10 代表针筒第十转。但在有循环时,每一个 Step 可能要循环编织若干次。在每一个 Step 中包含着各种编织动作的指令。步骤数的多少体现了一件衣片沿长度方向所编织结构的变化程度,也可反映织物的长度。步骤内按角度顺序执行命令。在 Step 区域中,可以执行与 Step 有关的操作,如插入、删除、复制、粘贴等操作。

2. Type 栏　在 Type 栏中显示的是相应的机器指令类型,它们包括选针、三角、导纱器、密度等,由相应的图标符号表示。

3. Status 栏　在 Status 栏中,显示相应机器指令的工作状态,如进入工作、退出工作或不起作用等状态。当在相应的方格中打勾时,表示相应的指令被执行;不打勾时,表示结束相应的指令;如果方格变灰,则表明相应的指令无作用。

4. Degree 栏　在 Degree 栏中,用数字表示执行相应指令时机器所处的角度。

5. Parameter 栏　在此区域内,写明所对应指令类型的具体工作状态,如选针的状态、导纱器的状态、相应的编织密度以及各三角的工作状态等。

(二)机器指令

在上面的 Type 栏中所包括的机器指令类型共有 12 种,可以在图 7-19 所示的菜单中进行选择。其中各个图标的含义如下。

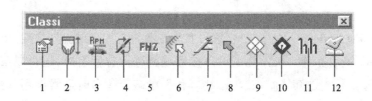

图 7-19　机器指令菜单

1. Memo of the step　Step 的说明语句,用于记录程序的名称、作用等以便于程序的阅读。如:

2. Economize　编织循环指令,可以填写所做花型的循环数,即某一 Step 中的指令连续执行的次数。它主要用于插入某一花型图以后,其循环次数与相应花型的横列数有关。双击程序中的该图标可以显示循环窗口,可以在该窗口中输入所要循环的次数。

3. Speed　机器速度指令,双击该图标,可以弹出速度修改窗口,以便对速度进行修改,通常有纱嘴或三角动作的 Step 里的速度会慢一些。两个 Step 之间的速度差值不能超过 30。

4. Air value functions　吸风指令,起牵拉织物的作用。在每个程序的结束部分,吸风值要设为 0,否则,机器将会显示错误信息并停车。

5. Function　一般功能,程序中的这些功能都只在一个 Step 中起作用,若想这些功能在多个 Step 中起作用,则需要在这些 Step 中都添加相应的功能。

6. Position functions 三角位置指令,用于填写可动三角进出的位置,有些三角进出时有严格的角度要求。

7. Yarn fingers 纱嘴、开针钩以及探针器等的进出设置指令。如:

| | ☑ | 238 | Yarnfinger 2 feed 5 [macro ABC] [Macro: C] |

表示第 5 路的 2 号纱嘴在 238°进入 C 位工作。

| | ☑ | 100 | Yarnfinger 2 feed 5 [macro ABC] [Macro: A] |

表示第 5 路的 2 号纱嘴在 100°进入 A 位置,即纱嘴退出工作。

8. Special functions 特殊功能指令,包括吹风、加油等。

9. Pattern 花型指令,用于填写所要调入或退出的花型名称以及一些相关参数。一个程序中可以包含几个花型,一个新花型起作用时会自动结束以前的花型。但在程序的结尾处须填写最后一个花型退出的指令。某个 Step 中加入一个花型进入指令,表示从这个 Step 开始编织这个花型。

10. Overlapping pattern 立体花型,填写立体花型的名称、参数,与花型相似。

11. Selection 选针指令。机器除了可以按照花型进行选针之外,还可以某种固定的方式进行选针,如全选、1 隔 1 选针等。在起头、扎口和程序结束落布时通常会用到选针指令,选针指令优先于花型中的颜色选针。打开选针窗口,可以选择下列参数。

(1)Selection。选择出针方式。常用的出针方式包括以下几种。

TUTTI_OF:所有的针都不出。

TUTTI_ON:所有的针都出。

1×1:偶数针出针。

1×1A:奇数针出针。

1×3:一针不出针,三针出针。

(2)Actuator。选择选针器。选针器的编号为 1~16,从第 1 路开始依次排列(每路两个)。

(3)Type of selection。选针模式。有两种模式可以选择。

A:相应的选针器执行设定的选针指令。

I:相应路的两个选针器都执行同一选针指令。如:

| hh | ☑ | 130 | Selections [Sel.: TUTTI_ON Actuator: 11 Prog. type: I] |

表示在 130°,第 6 路的两个选针器(11、12 号选针器)都执行全出针指令。

12. Step motor LVDT　压针电动机指令,即密度指令。密度指令的符号如下。

0:0 位,电动机位于中间位置。

P:设置的电动机压针较深,即在 0 位以下。

N:设置的电动机压针较浅,即在 0 位以上。

第三节　内衣产品设计实例

传统针织内衣(汗衫、背心、短裤等)的生产,都是先将光坯布裁剪成一定形状的衣片,再缝制成最终产品。因此,在内衣的两侧等部位具有缝迹,对内衣的整体性、美观性和服用性能有一定的影响。

无缝针织内衣是在专用针织圆机上一次基本成形、下机后稍加裁剪缝制以及后整理便可成为无缝的最终产品。无缝针织内衣产品除了可以生产一般造型的背心和短裤外,还可以生产吊带背心、胸罩、护腰、护膝、高腰束腰短裤、泳装、健美服、运动服和休闲装等。下面以一件简单的单面无缝三角短裤为例,说明其产品结构与编织原理。图 7-20 显示了一种三角短裤的外形。图 7-20(a)为无缝圆筒形裤坯结构的正视图,图 7-20(b)、(c)分别为沿圆筒形两侧剖开后的前片和后片视图。

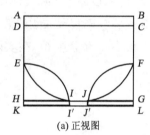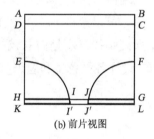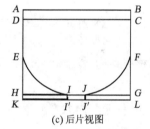

(a) 正视图　　　　(b) 前片视图　　　　(c) 后片视图

图 7-20　无缝三角裤结构图

编织从 A—B 开始。A—B—C—D 段为裤腰,采用与平针双层袜口类似的编织方法,通常加入橡筋线进行编织。C—D—E—F 段为裤身,为了增加产品的弹性、形成花色效应以及成形的需要,一般采用两根纱线编织,其中地纱多为较细的锦纶弹力丝或锦纶包芯纱等,织物结构可以是添纱(部分或全部添纱)、集圈、提花等组织。E—F—G—H 段为裤裆,其中 E—F—J—I 部分采用双纱编织,原料与结构同 C—D—E—F 段,而 E—H—I 和 F—G—J 部分仅用地纱编织平针。H—G—L—K 为结束段,采用双纱编织。圆筒形裤坯下机后,将 E—K—I' 和 F—L—J'部分裁去并缝上弹力花边,再将前后的 I—J 段缝合在一起(其中的 I—J—J'—I'为缝合部分),便形成了一件无缝短裤。

一、无缝内衣各部分的组织设计

由于无缝内衣是依靠组织与原料来体现立体和舒适的感觉,因此,在内衣的不同部位,组织的使用也不尽相同。

（一）短裤

短裤的裤腰通常需要加入橡筋线。无缝内衣短裤的裆部多采用毛圈组织，经常采用假罗纹形成的假毛圈，也可由毛圈沉降片形成真毛圈；也有很多强调美观的三角裤会采用平纹添纱组织。短裤的臀部多为平纹组织，而臀部周围为使短裤具有提臀效果，会采用一些其他的组织，如各种假罗纹、交错浮线组织或添纱浮线组织。而比较普通的短裤也可以全部使用平纹添纱。短裤的腹部通常会要求具有收腹的效果，因此，使用的组织可以与臀部周围起提臀效果的组织相同。

套装中的裤子组织大多与短裤相同，长裤的裤腿使用平纹添纱。裤脚处的组织可以使用橡筋线，与裤腰相同，也可以不使用橡筋线，使用1+1、1+2或1+3的假罗纹等。

（二）上衣或背心

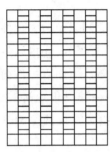

□—成圈　▥—浮线

图7-21　褶裥组织
意匠图

上衣的下摆通常使用平纹添纱组织，也可以使用1+1假罗纹组织等。胸部通常选择平纹，胸部周围的组织要起到提胸的效果，则需要使用一些其他的组织。两胸之间通常会有起皱效果，可使用图7-21所示的褶裥组织。如果在同一枚针上多次不起针，则会造成破洞或将针钩拉断，因此，这个组织需要根据原料的性能，适当地选择不起针的次数。胸部周围的组织也可以选择上面的组织，或使用与臀部周围相同的组织。

由于无缝内衣需要体现美体的效果，所以腰部需要利用组织结构使其收紧。可以选择1+1、1+2、1+3假罗纹来实现收腰的效果。

以上所列举的仅仅是内衣设计中很少一部分组织，在实际生产中可以根据结构、性能和美观的需要，设计各种花型和组织。

二、几种无缝内衣产品举例

（一）三角裤

三角裤的款式如图7-22所示。

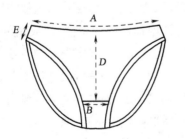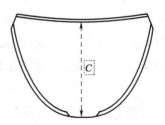

图7-22　三角裤的款式示意图

1. 机器规格　筒径为356mm（14英寸），机号为E28。

2. 产品的主要工艺参数

（1）原料。在2号纱嘴穿22/44dtex的锦/氨包芯纱作地底纱，4号纱嘴穿77dtex的锦纶弹力纱作面纱,第 5 路的 3 号纱嘴穿 155dtex 的锦纶纱作扎口线,裤腰中加入了橡筋线(77/44dtex 锦/氨包芯纱)。

(2)尺寸说明(图 7-22)。A—1/2 腰围;B—裆宽;C—后中长;D—前中长;E—裤边长。

该产品主要部分采用平纹添纱,在腹部和臀部采用 1+3 假罗纹组织,以起到收腹和提臀的作用,裆部用 1+2 假罗纹使其加厚,产生类似毛圈的效果。如果通身采用添纱网眼结构也可以形成花式效果。

(二)平脚裤

平脚裤的款式如图 7-23 所示。

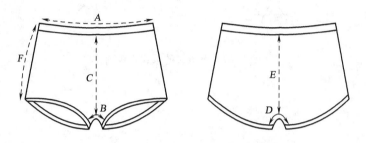

图 7-23　平脚裤的款式示意图

1. 机器规格　筒径为 356mm(14 英寸),机号为 E28。

2. 产品的主要工艺参数

(1)原料。在 2 号纱嘴穿 22/44dtex 的锦/氨包芯纱作地纱,4 号纱嘴穿 77dtex 的锦纶弹力纱作面纱,第 5 路的 3 号纱嘴穿 155dtex 的锦纶纱作扎口线,裤腰中加入了橡筋线(77/44dtex 锦/氨包芯纱)。

(2)尺寸说明(图 7-23)。A—1/2 腰围;B—前裆长;C—前中长;D—后裆长;E—后中长;F—裤边长。

该产品在设计上与三角裤很类似,在腹部和臀部可采用 1+3 假罗纹组织,起到收腹和提臀的作用,完全符合现代人所追求的塑形的愿望。

(三)游泳衣

游泳衣的款式如图 7-24 所示。

1. 机器规格　筒径为 356mm(14 英寸),机号为 E28。

2. 产品的主要工艺参数

(1)原料。在 2 号纱嘴穿 22/44dtex 的锦/氨包芯纱作地纱,4 号纱嘴穿 155dtex 的锦纶弹力纱作面纱,第 5 路的 3 号纱嘴穿 155dtex 的锦纶纱作扎口线。

(2)尺寸说明(图 7-24)。A—1/2 胸围;B—1/2 腰围;C—1/2 臀围;D—前裆长;E—前中长;F—挽边宽;G—腋下长;H—前袖窿长;I—前领口大;J—后袖窿长;K—后领口;L—后中长;M—后裆长。

该款产品的裤边的设计来源于平脚裤的设计。在腰部的设计上,可以采用 1+3 假罗纹将其收紧,展现穿着者的腰部曲线。

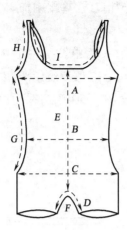 

图 7-24 游泳衣的款式示意图

☞ **思考题**

1. 无缝内衣机产品的织物组织主要有哪些,各有什么特点? 这些组织的编织原理是什么?

2. 无缝内衣机程序设计系统由哪两部分组成? 花型设计包括几部分内容? 工艺设计主要有哪些内容?

第八章　横机织物与产品设计

❈ **本章知识点**

1. 横机织物组织的结构特点和编织方法。特别是空气层织物、集圈类织物、移圈类织物、波纹组织、楔形编织和凸条等织物的结构、编织方法和设计要求。

2. 横机织物成形设计要求和方法。特别是款式规格设计和工艺设计计算的要求和方法。

3. 电脑横机程序设计的流程和设计方法。成形工艺设计和花型设计的方法和步骤。

横机织物花色品种很多,包括了几乎所有的纬编组织结构。除此之外,它还可以根据要求直接形成所需要的形状。由于横机织物主要用于制作羊毛衫、羊绒衫等产品,这类产品通常被统称为羊毛衫。此外,它还被用来制作针织手套等。

第一节　横机织物组织设计

一、纬平针组织

由于结构简单,用纱量少,纬平针组织是横机毛衫产品使用最多的一种组织,主要用作衣片的大身部位。在双针床横机上,如果在两个针床上轮流编织纬平针组织,就会形成如同圆机所编织的筒状结构,有时称作"空转组织",常用作衣片的下摆。

二、罗纹组织

罗纹组织由于具有较好的弹性、延伸性、不卷边性和顺编织方向不脱散性并且厚实、挺括、平整,在横机织物中除了用作大身之外,还大量地用作衣片的下摆、袖口、领口和门襟等。

使用较多的是1+1罗纹。在横机上,1+1罗纹有两种编织方式,一种是满针编织,一种是隔针编织。满针编织的1+1罗纹又叫作四平组织,如图8-1(a)所示。在编织时,两个针床针槽相错,所有的针都出针编织,编织的织物结构比较紧密,常用作大身、领口、袋边和门襟等。羊毛衫生产中通常所称的1+1罗纹一般是指1隔1出针的罗纹,又称单罗纹,如图8-1(b)所示。在编织时,前后针床的针槽是相对的,前后针床织针1隔1交替出针,所编织的织物比满针编织时松,延伸性好,主要用作衣片的下摆和袖口。

2+2罗纹在横机衣片的生产中主要用作下摆和袖口。2+2罗纹也有两种不同的编织方法,一种在编织时两个针床针槽相错,每个针床上的织针2隔1出针编织,如图8-1(c)所示,所编

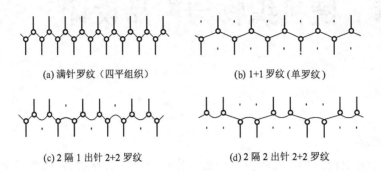

(a) 满针罗纹（四平组织）　　　　　(b) 1+1 罗纹（单罗纹）

(c) 2 隔 1 出针 2+2 罗纹　　　　　(d) 2 隔 2 出针 2+2 罗纹

图 8-1　常用罗纹组织编织图

织的织物结构紧密,弹性好。另一种编织方法如图 8-1(d)所示,前后针床针槽相对,每个针床 2 隔 2 出针编织,所编织的织物松软,延伸性好。

　　另外,在横机上也可以很容易地编织 5+2、6+3 等宽罗纹,作为衣片的大身。

三、双反面组织

　　双反面组织过去是用带有双头舌针的双反面机来编织。由于通过手工方式编织比较困难,在手动横机上一般很少编织。但在电脑横机上由于有特殊的移圈机构,能够很方便地实现前后针床织针上线圈的相互转移,编织双反面组织。双反面组织在横机产品中很少单独使用,但如果按照花纹要求,在织物中混合配置正反面线圈区域,可形成凹凸花纹。因此,局部或变化的双反面效果在羊毛衫中应用较多,如桂花针(图 8-2)和席纹织物(图 8-3)等。

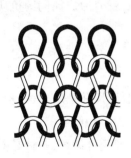

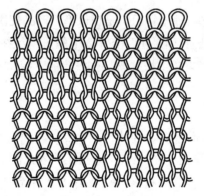

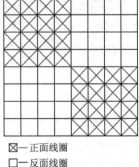

⊠—正面线圈
□—反面线圈

图 8-2　桂花针　　　　　　　　　　　　图 8-3　席纹织物

四、空气层织物

　　空气层织物是一种复合组织织物。在横机织物中最常见的结构是四平空转和三平。

　　四平空转学名叫米拉诺罗纹或罗纹空气层组织。它是由一个横列的满针罗纹(四平)和一个横列前后针床轮流编织的平针(空转)组成(图 3-78)。该织物厚实、挺括、横向延伸性小,尺寸稳定性好,表面有横向隐条。

在习惯上,为了表述横机两个针床上前后、左右位置关系,将两块针床放在一起按逆时针方向编号,即前针床的右边为 1 号位,后针床的右边为 2 号位,后针床的左边为 3 号位,前针床的左边为 4 号位。

前后针床的起针和弯纱三角也按照逆时针方向从右向左分别被定为 1、2、3、4 号三角。即前针床右边的三角分别为 1 号起针三角和弯纱三角,后针床右边的三角分别为 2 号起针三角和弯纱三角,后针床左边的三角分别为 3 号起针三角和弯纱三角,前针床左边的三角分别为 4 号起针三角和弯纱三角。

在手动横机上编织四平空转需要频繁变换三角的工作状态。变换三角的顺序可以有很多种,为了使变换三角的动作最少,效率最高,可以采用表 8-1 所示的变换方式。

表 8-1　编织四平空转时起针三角的工作状态

序　号	机头方向	起针三角工作状态				编织状态
		1 号	2 号	3 号	4 号	
1	→	关	开	(开)	开	后针床编织
2	←	不动	不动	关	不动	前针床编织
3	→	开	不动	不动	不动	前后针床都编织
4	←	不动	不动	不动	不动	前针床编织
5	→	关	不动	不动	不动	后针床编织
6	←	不动	不动	开	不动	前后针床都编织

表 8-1 中 2、4 号起针三角始终保持进入工作的状态(开),不需要进行调节;1、3 号三角根据表 8-1 所示进行变换。为了方便,在实际操作中也可以在第 3 行程和第 6 行程前将 1、3 号三角打开,在第 3 行程和第 6 行程后将 1、3 号三角关闭。四平空转织物应无卷边,否则要进行调整。

三平又叫罗纹半空气层,由一个横列的四平和一个横列的平针组成,如图 8-4 所示。该组织织物两面具有不同的密度和外观。

三平织物的延伸性比四平空转大,手感柔软,坯布较厚实。在手动横机上,三平织物的编织

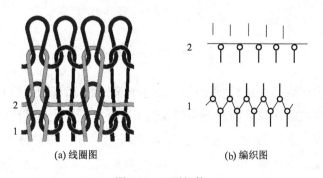

(a) 线圈图　　　　　　(b) 编织图

图 8-4　三平织物

要比四平空转简单,它只需要将四只起针三角中的一只退出工作即可,不需在编织过程中调节起针三角的工作状态。当关闭3号起针三角时,横密主要靠1号弯纱三角控制,纵密主要靠3号弯纱三角控制。因为此时1号弯纱三角决定了平针横列的线圈大小,对织物的横密影响较大;3号弯纱三角所编织的是四平横列中的拉长线圈一面,对织物的纵密影响较大。如果不是关闭3号起针三角,也可按照这个原则去调节。3只弯纱三角的弯纱深度也应有所不同,在关闭3号起针三角时,3号弯纱三角的弯纱深度最深,1号弯纱三角的弯纱深度次之,4号弯纱三角的弯纱深度最浅,2号弯纱三角此时不起作用。

五、集圈类织物

在横机上可以编织单面和双面集圈组织织物。单面集圈织物以形成各种凹凸网眼结构为主,因其结构具有凸起的效果,在羊毛衫产品中又被称为胖花。

单面集圈织物可以在二级花式横机或三级花式横机上通过排列三种不同的织针并结合相应的三角调节来实现,在电脑横机上通过选针编织。

如图8-5(a)所示为一种集圈网眼织物。此时,在集圈纵行排低踵针,在无集圈纵行排高踵针,即高低踵针1隔1排列。在编织有集圈的横列时,挺针三角半退,使低踵针集圈。这种织物可以在二级或三级花式横机上编织。

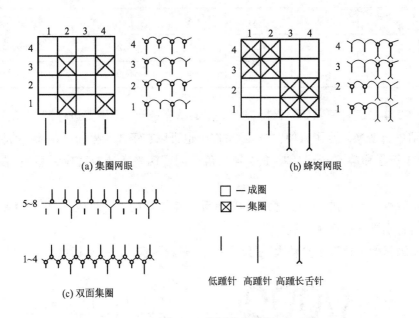

(a) 集圈网眼　　　　　　　　　　(b) 蜂窝网眼

□—成圈
⊠—集圈

低踵针　高踵针　高踵长舌针

(c) 双面集圈

图8-5　集圈花色组织

如图8-5(b)所示为一种蜂窝网眼织物。在这个织物中,相邻四个纵行中两两纵行交替地进行集圈。该织物需在三级花式横机上进行编织。排针方法是1、2纵行排低踵针,3、4纵行排高踵长舌针。在编织1、2横列时,上挺针三角退出工作,其他三角都进入工作,高踵长舌针集圈,其他针成圈;在编织3、4横列时,下挺针三角半退,低踵针集圈,其他针成圈。

在花式横机上通过排针也可以编织双面集圈织物。图8-5(c)所示为一种双面集圈织物。

此时,后针床可以只排一种针,前针床低踵针和高踵针2隔1排列。在编织时,先编织四个横列的四平,再编织四个横列的集圈,在编织集圈横列时,前针床的挺针三角全退,起针三角半退,从而使高踵针集圈,低踵针不编织。后针床所有的针都成圈。

在横机上所编织的两种最常见的双面集圈组织是半畦编组织(图3-15)和畦编组织(图3-16)。

在手动横机上编织畦编组织通常采用不完全脱圈即不完全压针的集圈方法,它并不需要在花式横机上编织。可以通过将四只弯纱三角中的任一对角线上的两只弯纱三角向上抬起,使其不能将织针压到弯纱最深点,织针上的旧线圈不能从针头上脱下来完成脱圈。当织针在下一行程重新上升退圈时,没有脱掉的旧线圈就和新形成的悬弧一起退到针杆上,形成集圈。

畦编组织正反面线圈结构相同,大小一致。由于悬弧的存在,织物丰满、厚实、保暖、手感柔软、蓬松,织物宽度增加,保型性差。

在手动横机上编织半畦编组织的方法与编织畦编组织的基本相同,只是此时只需将四只弯纱三角中的一只抬起集圈即可。半畦编织物下机后略带卷边属正常现象,一般由正面向反面卷,卷边严重则要调整。

在电脑横机上,畦编和半畦编都是通过相应针床上的织针不完全退圈集圈来实现,而不采用不完全脱圈的集圈方法。

六、移圈类织物

移圈组织是横机编织中一种较有特色的组织结构。在手动横机中一般要通过手工用移圈板来实现,因此,只能编织花纹比较简单的织物,否则效率会比较低。在电脑横机上,移圈组织可以通过选针移圈自动完成,不仅效率高,花色变化也多。根据花纹要求,将某些针上的线圈移到相邻针上,使被移处形成孔眼效应,被称为空花(挑花)(图3-48)。如果将两组相邻纵行的线圈相互交换位置,就可以形成绞花效应,俗称拧麻花。根据相互移位的线圈纵行数不同,可编织2+2、3+3等绞花。图3-50所示为2+2绞花的线圈结构图。

利用移圈的方式使两个相邻纵行上的线圈相互交换位置,在织物中形成凸出于织物表面的倾斜线圈纵行,组成菱形、网格等各种结构花型被称为阿兰花,如图8-6所示。

七、波纹组织

波纹组织又称扳花组织,是在横机上所编织的一种典型的组织结构。波纹组织可以在四平、三平、畦编或半畦编等常用组织基础上形成四平扳花、三平扳花、畦编扳花或半畦编扳花,也可以通过抽针形成抽条扳花或方格扳花等。

(一)四平扳花

四平扳花是在四平组织的基础上进行扳花的。针床移动的频率可以是半转移动一次(半转一扳),也可以一转移动一次(一转一扳);每次可以向一个方向移动一针距,也可以连续向一个方向移动两针距。一般移动一针距的效果不明显,移位两针距为好。图3-59和图3-60所

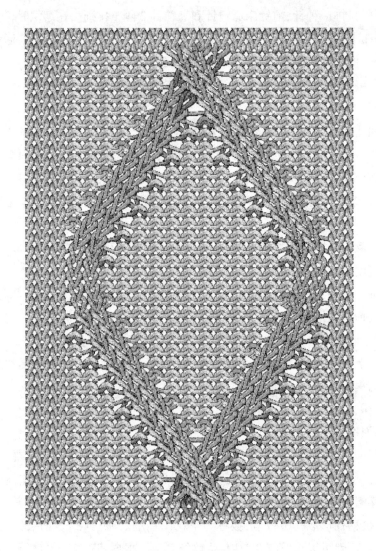

图 8-6 阿兰花

示为半转一扳,每次分别移动一个针距和两个针距时的线圈结构图。

(二)畦编扳花

畦编扳花(图 3-62)是在畦编组织的基础上通过横移针床形成波纹效应。在畦编扳花织物中,没有悬弧的线圈呈倾斜状,倾斜方向同这个针床上针的移动方向一致。因此,要在织物的某一面上得到波纹效果,就要在这一面线圈上没有悬弧的时候横移针床。如果一转一扳,织物仅在一面有倾斜效果;半转一扳时,织物两面都可以产生波纹效果。

(三)四平抽条扳花

在四平组织的编织原则下,将前针床有规律地进行抽针,经移针床后,在反面地组织上由正面线圈纵行形成波纹状的外观效果。图 3-61 所示为这种织物的线圈图。在编织时,每编织一横列,针床单向移动一针距,共三次,再换向移动三次,依此循环。该织物基本组织为单面平针,因此,后针床的弯纱三角应以平针织物为准调节,前针床弯纱三角应略紧一些,以免波纹起条、线圈松弛,但也不能太紧,否则织物会起皱。

八、嵌花织物

嵌花织物是在横机上编织的一种色彩花型织物。它是把不同颜色编织的色块,沿纵行方向相互连接起来形成的一种织物,如图8-7所示。每一色块由一根纱线编织,且该纱线只处于该色块中。各色块之间可采用轮回、集圈、添纱和双线圈等编织方式连接。其基本组织可为单面或双面纬编组织,也可以在其中再形成各种结构或色彩花型。单面嵌花织物因反面没有浮线又被称为单面无虚线提花织物,因其花纹清晰,用纱量少,可用作高档的羊毛衫花色织物。该产品可在手动嵌花横机、自动嵌花横机或电脑横机上编织,也可在具有嵌花功能的柯登机上编织。

九、楔形编织

楔形编织又称局部编织。在编织时,使有些编织针暂时退出编织,但针上的线圈不从针上退下来,当需要时再重新进入编织,以形成特殊的织物结构。如图8-8所示,在第一横列,所有织针都进行编织,然后参加编织的针逐渐减少,但线圈并没有从针上脱掉。到第五横列时,只有两枚针编织,在第六横列,前几横列逐渐退出工作的织针又重新进入工作,参加编织。楔形编织可以在休止横机上编织,也可以在电脑横机上编织。

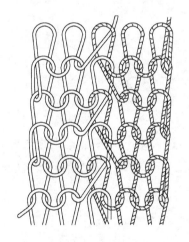

图8-7 嵌花织物

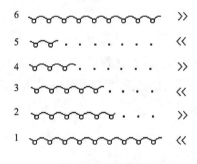

图8-8 楔形编织

如果采用两种颜色进行楔形编织,就可以编织出图8-9(a)所示的花型效果。如图8-9(b)所示,在编织时,先由图8-9中所示的黑色纱线编织1~6横列,参加编织的针逐渐减少。然后再由另一种颜色的纱线逐渐加针编织7~12横列,最后达到所有的织针都参加编织。由于各个纵行两种颜色的纱线所编织的线圈数不同,就形成了图8-9(a)所示的楔形色块效果。

在衣片起头时,如果在编织若干横列后,将某些针休止工作,然后再逐渐使其进入工作,最后达到衣片所要求的宽度,就可以形成楔形下摆,如图8-10所示。

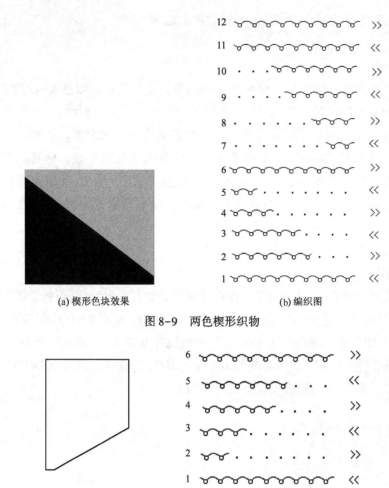

(a) 楔形色块效果　　　　　　　　　　(b) 编织图

图 8-9　两色楔形织物

图 8-10　楔形下摆

如果在肩部采用楔形编织,使参加编织的针逐渐减少进入休止状态,就会形成收肩的效果,如图 8-11 所示。这时要在编织完肩部之后,再用废线编织若干横列,以便于缝合和防止脱散。

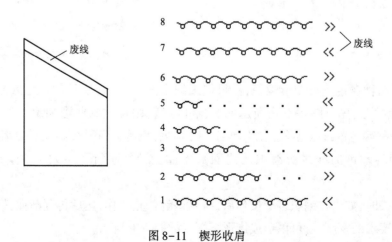

图 8-11　楔形收肩

立体编织又称三维编织,也是利用楔形编织来完成。它可以编织出具有三维结构的成形织物,如弯管、球体、盒体、汽车坐垫等,可用作产业用复合材料的骨架。图 8-12 为半球体在横机上编织的原理图。在编织时,图 8-12(a)所示的立体图可以被展开为图 8-12(b)所示的平面图。图中 T 为起针针数。起针针数可由下式计算:

$$T=\frac{\pi RP_A}{10}$$

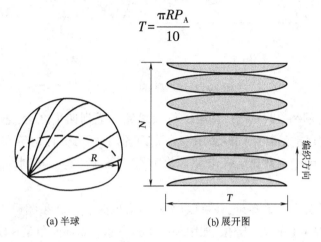

(a)半球　　　　　　　(b)展开图

图 8-12　半球体织物

一个半球体可以分成若干循环单元进行编织,一个编织循环包括收针和放针部分,这里采用的是持圈式收放针(即楔形编织的方式),图8-12所示为 6 个循环。对于针床上的某一枚针,在一个收放针循环中,收针或放针阶段连续编织的横列数为:

$$C_i=\frac{P_B T\sin(\pi i/T)}{2P_A N}$$

式中:C_i——第 i 枚针在展开图的一个收放针完全循环中收针或放针阶段连续编织的横列数 (C_i 取整);

R——半球体半径,cm;

P_A——织物横密,纵行数/10cm;

P_B——织物纵密,横列数/10cm;

N——展开图所包含的收放针完全循环的个数。

贝雷帽也是一种常见的三维成形产品。如图 8-13(a)所示,在编织 DE 段时,采用持圈式收针,使织针按照所要求的形状逐渐退出工作,但不脱掉线圈,当收到所要求的针数后,所有的针再一起进入工作,编织图中 DF 横列,这样就使 DE 和 DF 连接起来,同理,AB 与 AC 也是如此。由于纵行之间编织的横列数不同,下机后就形成了图 8-13(b)中所示的形状,由图 8-13(a)中的 EF 部分形成帽子中间的尖端,CB 部分形成帽子的里圈,$M-M$ 形成帽子的外圈。

十、凸条织物

当一个针床握持线圈,另一个针床连续编织若干横列时,就可以形成凸起的横条效应,

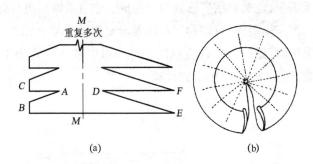

图 8-13　贝雷帽的编织方法

如图 8-14 所示。在图 8-14(a) 中,在第二行编织完一横列四平之后,连续在前针床编织 m 横列的单面,然后再由前后针床同时编织一个横列的四平。此时,由于在后针床只有两个横列的线圈,而前针床的横列数比后针床多 m 横列,在下机后,这 m 横列的线圈就会凸起,形成凸条。

除了可以形成上述整列凸条外,还可以形成局部凸条、斜向凸条和提花凸条等。局部凸条只形成于织物宽度方向上的某个部位,如图 8-14(b) 所示。斜向凸条是在楔形编织的基础上形成凸条,因此凸条形成倾斜外观,如图 8-15 所示。

如果所编织的凸条部位是一种提花结构,所形成的就是提花凸条,如图 8-16 所示。

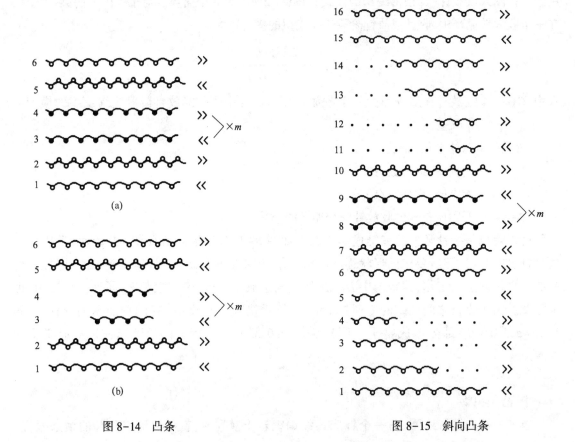

图 8-14　凸条 　　　　　　　　　　　　　　　图 8-15　斜向凸条

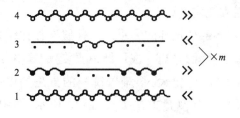

图 8-16　提花凸条

第二节　横机产品成形设计

横机织物除了少量用于生产裁剪服装外,大多数是在编织时就形成一定大小和形状的衣片,下机后不需裁剪或者只需进行少量裁剪就可以缝制成相应的产品。更先进的编织工艺甚至能够在机器上直接编织出整件服装,下机后只需少许缝合。因此,横机产品的成形设计也是其产品设计的一个非常重要的内容。

一、成形针织服装的款式设计

成形针织服装的款式设计包括整体和局部两部分。整体设计是成形针织服装外形轮廓线所形成的型体,是表现成形针织服装风格的主题。成形针织服装局部设计是指领、袋、肩、袖以及整体造型中各部分的分割线条等。

在设计成形针织服装时,肩型和袖型设计对服装外观效果及编织工艺的设计影响较大。图 8-17 所示为四种基本的成形针织服装的造型,在此基础上可以根据款式要求进行变化。

(a) 直肩型

(b) 平肩型（背肩型）

(c) 斜肩型（插肩袖）

(d) 马鞍肩型

图 8-17　常用肩型

二、成形针织服装的成衣规格设计

成衣规格就是成品衣服各部位尺寸的大小。一件服装往往需要标出十几个甚至几十个尺寸才能将其描述清楚,这些尺寸就是成衣(成形针织服装)的规格,或称"细部规格"。

成形针织服装产品款式多、变化大,很难以统一的方法加以说明,一般款式成形针织服装上衣各主要部位规格尺寸及其测量方法如图8-18所示,图中序号与其测量部位序号相对应。

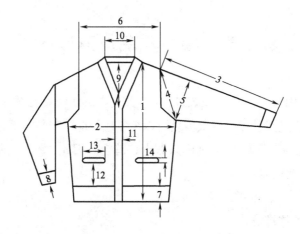

图8-18 上衣测量示意图

1. 身长(衣长) 肩点(肩折缝与领子缝合处的交接点)量至下摆底边。

2. 胸宽(成品明示规格胸围/2) 挂肩下1.5cm处横量。

3. 袖长 一般从肩袖接缝处量至袖口边。插肩袖和马鞍肩袖从后领深中间处量至袖口边。

4. 挂肩 从肩袖接缝处顶端至腋下斜量。

5. 袖宽(袖肥) 自腋下沿坯布横列方向量至袖上边。

6. 肩宽(阔) 从左肩袖接缝处量至右肩袖接缝处。

7. 下摆罗纹 从罗纹交接处量至罗纹底边。

8. 袖口罗纹 从袖子罗纹交接处量至袖口。

9. 领深 开衫V字领的领深是从肩点量至第一粒纽扣中心,套衫V字领、翻领和圆领领深是从肩点量至前领内口。

10. 领宽 指领口的宽度(樽领领宽在领中横量)。

11. 门襟宽 门襟边至门襟接缝处。

12. 口袋深 袋的边缘至下摆接缝处。

13. 口袋宽(阔) 指口袋的横向宽度。

14. 袋边宽 指袋边的宽度。

值得注意的是:对于同一种款式的成形针织服装产品,其测量方法并不是固定不变的;成形针织服装产品的测量直接影响到工艺计算。

三、编织工艺设计与计算

成形针织服装编织工艺的设计计算,是成形针织服装产品设计过程中的重要环节,其工艺的正确与否直接影响产品的款式造型和规格尺寸,并对劳动生产率、成本均有很大的影响。

(一)横机成形针织产品工艺计算方法

横机成形针织服装产品的工艺计算,是以成品密度为基础,根据产品各部位的规格尺寸,计算并确定所需要的针数(宽度)、转数或横列数(长度)。同时要考虑在缝制成衣过程中的损耗(缝耗)。

设计产品的成品密度时,一般情况取袖子的纵密比衣身纵密小 2%~8%,而横密比大身横密大 1%~5%。这样可以抵消产品在生产过程中产生的变形,具体差异比例应根据原料性质、织物组织结构、机器机号及后整理条件等因素决定。

成形针织服装产品工艺计算的方法不是唯一的。各地区、各企业、甚至各设计者都有自己的计算方法和习惯;只要设计计算生产出符合要求的产品均为正确的。现在只就一般设计方法进行介绍(但其计算的原理是完全相同的)。

1. 前、后身的工艺计算

为便于设计计算成形针织服装产品生产操作工艺,一般习惯先计算后身。

(1)后身胸宽针数。

$$后身胸宽针数 = (胸宽尺寸-两边摆缝折向后身的宽度) \times \frac{大身横密}{10} + 缝耗针数$$

式中大身横密的单位为:线圈纵行(针)/10cm。

为获得良好的外观,使缝迹容易整理,成形针织服装前、后衣片的摆缝一般折向后身。折向后身的宽度一般取 1~1.5cm。

式中缝耗是指两边缝耗针数之和,缝耗的多少与产品的种类和缝合机械有关。摆缝耗一般取每边 0.5cm,细机号产品约 3~4 针,粗机号产品约 1~2 针,一般品种取 2~3 针。纵向合肩缝耗一般为 2~3 个线圈横列。

(2)后身肩宽针数。

$$后身肩宽针数 = 肩宽尺寸 \times \frac{大身横密}{10} \times 肩斜修正值 + 装袖缝耗针数$$

考虑到毛衫在使用过程中,肩宽受袖子拉伸影响而变宽。一般产品计算时修正值取 95%~97%。

(3)后领宽针数。

$$后领宽针数 = (领宽尺寸+领子因素) \times \frac{大身横密}{10}$$

领子因素主要与领子款式、边口方式及后领尺寸的测量方式有关,此外还要考虑缝耗的影响。

(4)后身身长转数。

$$后身身长转数 = (身长尺寸 \pm 下摆边口长度 \pm 肩缝折向尺寸) \times \frac{大身纵密}{10}$$

$$\times 组织因素 + 缝耗转数$$

下摆边口为罗纹或加边时,减去下摆边口长度;下摆边口为折边时,加上下摆边口长度。

肩缝折向尺寸一般产品为 0.5~1cm;其他依款式来定。式中大身纵密的单位为:线圈横列数/10cm。在计算转数时需要考虑组织结构的因素,将其换算成转数,式中的组织因素即为转换系数。转换系数与织物的组织结构有关(与组织结构在机器一转编织的横列数有关),所以称组织因素。组织结构、转数及组织因素的关系见表8-2。

表8-2 组织结构、转数及组织因素的关系

组 织 结 构	线圈横列数与转数	组织因素值
畦编、半畦编(正面)、双罗纹、罗纹半空气层(反面)	一转一横列	1
纬平针、半畦编(反面)罗纹、四平、罗纹半空气层(正面)	一转二横列	1/2
罗纹空气层(四平空转)	三转四横列	3/4

(5)后肩收针次数和转数。

$$后肩收针次数 = \frac{后肩阔针数 - 后领宽针数}{每次两边收去针数}$$

$$后肩收针转数 = 后身收肩纵向长度 \times \frac{大身纵密}{10} \times 组织因素 + 缝耗转数$$

收针次数应为整数,背肩产品一般只有后肩需要收针,后身收肩纵向长度,一般男衫取 8~10cm,女衫取 7~9cm,童衫取 5~7cm。前、后身均收肩时,前、后身各自的收肩纵向长度为上述值的一半。一般粗厚织物每边每次收 2 针;细薄织物每次每边收 3 针。

(6)后身挂肩收针次数和转数。

$$后身挂肩收针次数 = \frac{后身胸宽针数 - 后身肩阔针数}{每次两边收去针数}$$

$$后身挂肩收针转数 = 后身挂肩收针长度 \times \frac{大身纵密}{10} \times 组织因素$$

后身挂肩每次每边收针数:粗厚产品一般每次每边收 2 针;细薄产品一般收 3 针。后身挂肩收针长度,一般男衫取 8~10cm,女衫取 7~9cm。前身挂肩比后身挂肩多收 1~2 次。

(7)后身挂肩转数的计算。

$$挂肩转数 = (挂肩尺寸 - 修正因素) \times \frac{大身纵密}{10} \times 组织因素 + 缝耗转数$$

修正因素视产品款式和每档挂肩规格的差异而定,一般为 0.5~1.5cm。

或 $$挂肩转数 = \sqrt{挂肩^2 - \left(\frac{胸宽 - 肩宽}{2}\right)^2} \times \frac{大身纵密}{10} \times 组织因素$$

①前、后身均收肩时。

$$后身挂肩以上转数 = 挂肩转数 + 后肩收肩转数$$

$$后身挂肩平摇转数 = 后身挂肩以上转数 - 后肩收肩转数 - 后身挂肩收针转数$$

$$后身挂肩下转数＝后身身长转数－后身挂肩以上转数$$

②只后身收肩时。

$$后身挂肩转数＝挂肩转数－1/2后肩收针转数$$

$$后身挂肩平摇转数＝后身挂肩转数－后身挂肩收针转数$$

$$后身挂肩以上转数＝后身挂肩转数＋后肩收针转数$$

$$后身挂肩下转数＝后身身长转数－后身挂肩以上转数$$

③斜袖产品不计算前、后身挂肩总转数，而直接计算挂肩以上转数。

$$后身挂肩以上转数＝（袖肥尺寸＋修正因素）\times\frac{大身纵密}{10}\times组织因素$$

修正因素根据斜袖的倾斜而定，一般为 6~7cm。

（8）前身胸宽针数。

$$套衫前身胸宽针数＝（胸宽尺寸＋两边摆缝折向后身的宽度）\times\frac{大身横密}{10}＋缝耗针数$$

$$装门襟开衫前身胸宽针数＝（胸宽尺寸＋两边摆缝折向后身的宽度－门襟宽）\times\frac{大身横密}{10}$$

$$＋摆缝和装门襟的缝耗针数$$

$$连门襟开衫前身胸宽针数＝（胸宽尺寸＋两边摆缝折向后身的宽度＋门襟宽）\times\frac{大身横密}{10}$$

$$＋摆缝和装丝带的缝耗针数$$

（9）前身肩宽针数。

①套衫：前身肩宽针数＝后身肩宽针数。

②开衫：同前身胸宽的算法。

（10）前领宽针数。

套衫：一般与后领宽针数近似，或等于后领宽针数。

开衫：前领宽针数计算与开衫前胸宽针数的计算方法相似。

（11）前身身长转数。

$$前身身长转数＝（身长尺寸±下摆边口长度±肩缝折向尺寸）\times\frac{大身纵密}{10}$$

$$\times组织因素＋缝耗转数$$

下摆边口、肩缝折向尺寸参照后身身长转数的计算。

（12）前身挂肩收针。

$$前身挂肩收针次数＝\frac{前身胸宽针数－前身肩宽针数}{每次两边收去针数}$$

前身挂肩每次每边收针数参照后身挂肩每次每边收针数。

前身挂肩收针转数比后身多 1 ~ 2 转或相同，具体由款式决定。

（13）前身挂肩转数的计算。

①前、后身均收肩时。

前身挂肩下转数 = 后身挂肩下转数

前身挂肩以上转数 = 前身身长转数–前身挂肩下转数

前身收肩转数 = 后身收肩转数

前身挂肩平摇转数 = 前身挂肩以上转数–前身挂肩收针转数–前身收肩转数

②只后身收肩时。

前身挂肩下转数 = 后身挂肩下转数

前身挂肩以上转数 = 前身身长转数–前身挂肩下转数

前身挂肩平摇转数=前身挂肩以上转数–前身挂肩收针转数

③斜袖产品不计算前、后身挂肩总转数,而是直接计算挂肩以上转数,即:

前身挂肩下转数 = 后身挂肩下转数

前身挂肩以上转数 = 前身身长转数–前身挂肩下转数

(14)领深转数。

$$领深转数=(领深尺寸\pm修正因素)\times\frac{大身纵密}{10}\times组织因素-缝耗转数$$

修正因素根据产品领型和测量方法而定,一般款式可按下式计算。

$$圆领领深转数=(领深尺寸+领罗纹宽+前、后身长差)\times\frac{大身纵密}{10}$$

$$\times组织因素-缝耗转数$$

$$V领领深转数=(领深尺寸-测量因素+领尖高+前、后身长差)\times\frac{大身纵密}{10}$$

$$\times组织因素-缝耗转数$$

测量因素:V领开衫一般取所钉扣子直径的一半,V领套衫取0。

(15)下摆罗纹转数的计算。

$$下摆罗纹转数=(下摆罗纹高-起口空转长度)\times\frac{\frac{1}{2}罗纹纵密}{10}$$

起口空转长度一般为0.2~0.3cm。

(16)下摆罗纹排针。

①1+1罗纹下摆罗纹排针条数=(胸宽针数-快放针数×2)÷2

快放针又称连放针、跑马针,常用于下摆罗纹、袖口罗纹等处,一般每边2~3针。

②2+2罗纹下摆罗纹排针对数=(胸宽针数-快放针数×2)÷3

(17)口袋。

$$袋口宽针数=袋宽尺寸\times\frac{大身横密}{10}$$

$$袋口嵌纱高度转数=袋深尺寸\times\frac{大身纵密}{10}\times组织因素$$

2. 袖子的计算

(1)袖宽最大针数。

$$袖宽最大针数=2×袖宽(肥)尺寸×\frac{袖子横密}{10}+缝耗针数$$

若规格中未给定袖宽(肥)尺寸,可用挂肩尺寸修正计算,由于一般挂肩尺寸是由肩袖接缝处至腋下斜量,所以袖窿比挂肩小,因此,袖宽尺寸可由下式确定。

$$袖宽(肥)尺寸=挂肩尺寸-袖斜差$$

通常男、女装的袖斜差为 2~4cm,童装的袖斜差为 1~2cm。

(2)袖口针数(罗纹交接处)。

$$袖口针数=袖口尺寸×2×\frac{袖子横密}{10}+缝耗针数$$

由于袖口罗纹具有良好的弹性,因此不能以袖口实际尺寸为准,要根据罗纹组织及其弹性大小而定。通常男装袖口尺寸为 12~13cm,女装为 11~12cm,童装为 10~11cm。

(3)袖山头针数。

$$袖山头针数(平袖产品)=\frac{(前身挂肩平摇转数+后身挂肩平摇转数-缝耗转数)}{\dfrac{组织因素×大身纵密}{10}×\dfrac{袖子横密}{10}}+缝耗针数$$

$$袖山头针数(斜袖产品)=袖山头尺寸×\frac{袖子横密}{10}+缝耗针数$$

斜袖产品袖山头尺寸一般为 4~7cm。

(4)袖长转数。

$$袖长转数=(袖长尺寸±袖口尺寸)×\frac{袖子纵密}{10}×组织因素+缝耗转数$$

如果袖长尺寸是从领中量起,则要减 $\frac{1}{2}$ 肩宽尺寸(平袖),再减 $\frac{1}{2}$ 领宽尺寸(斜袖)。

(5)袖子(膊)的收针次数和转数。

$$袖子(膊)的收针次数=\frac{袖宽最大针数-袖山头针数}{每次两边收去针数}$$

平袖袖子(膊)收针转数与前、后身挂肩收针转数相近;斜袖袖子(膊)收针转数一般与后身挂肩收针转数相近。

(6)袖口罗纹转数。

$$袖口罗纹转数=(袖口罗纹长-起口空转长度)×\frac{组织因素 × 袖子纵密}{10}$$

(7)袖子放针次数和转数。

$$袖子放针次数=(袖宽最大针数-袖口针数)÷每次两侧放针数$$

$$袖子放针转数=袖长转数-袖子收针转数-袖宽平摇转数$$

其中:$袖宽平摇转数=袖宽平摇尺寸×\dfrac{组织因素 × 袖子纵密}{10}$

袖宽平摇尺寸一般为 2~5cm。

3. 附件工艺计算

附件工艺设计通常采用实测与计算相结合的方法,而成形针织服装又是具有弹性的产品,因此,在实测计算的基础上,要注意在缝合过程中对缝迹弹性的选择,以弥补计算中的不足。

(1)领条排针数。

$$领条排针数 = 领圈周长 \times \frac{领子横密}{10} + 缝耗针数$$

其中领圈周长可用领型样板实测,也可以用几何形状近似计算。此外领圈周长还要根据领型加减修正因素。

(2)挂肩带针数。

$$挂肩带针数 = (挂肩尺寸 \times 2 + 凹势修正因素) \times \frac{挂肩横密}{10} + 缝耗针数$$

上述均以一层计算,若是双层则应考虑层数的影响。附件工艺计算后,经反复试制修改才能完成。

(二)工艺计算说明

(1)上述工艺计算是指常规产品,具体计算时可根据实际情况调整修改。

(2)当织物中有抽条、扎花、绣花、挑花组织时,应考虑其对规格尺寸的影响,并在计算时加以修正。

(3)为便于操作,一般取针数为奇数,特殊要求除外。

(4)根据尺寸计算出的针数和转数要适当修正,以达到所需的整数。

(5)先收或先放是指先进行收、放针操作再平摇;否则为先平摇再进行收、放针操作。

(6)为便于各衣片缝合,应在对应的位置标明对位记号。

(7)工艺计算时,成品的横密通常用 P_A 表示,单位为:纵行数(针)/10cm;成品的纵密通常用 P_B 表示,单位为:横列数/10cm,或换算为:转数/10cm。

(三)编织工艺设计与计算举例

以 35.7tex×2(28 公支/2)羊绒圆领女套衫为例进行设计计算。

1. 确定款式和规格 款式和成衣规格测量如图 8-18 所示。羊绒圆领女套衫的成品规格见表 8-3,表中编号与其款式图中的测量序号相对应。

表 8-3　95cm圆领女套衫成品规格尺寸

编号	1	2	3	4	5	6	7	8	9	10
部位	胸宽	身长	袖长	挂肩	肩宽	下摆罗纹	袖口罗纹	后领宽	领深	领罗纹
尺寸(cm)	47.5	61	51	21	37	4	3	13	8	2

2. 确定横机机号、坯布组织及成品密度 根据纱线的线密度选择机号为 12 针/2.54cm ($E12$),大身、袖子为纬平针组织,下摆、袖口为 1+1 单罗纹,领条为四平组织。各部位的成品密度见表 8-4。

表8-4 成品密度

大身		袖子		下摆罗纹	袖口罗纹	领	
P_A	P_B	P_A	P_B	P_B	P_B	P_A	P_B
纵行数 行/10cm	横列数 列/10cm	纵行数 行/10cm	横列数 列/10cm	横列数 列/10cm	横列数 列/10cm	条数 条/10cm	横列数 列/10cm
56	84	57.5	80	118	116	42	105

3. 衣片编织工艺计算

(1) 后身胸宽针数 $=(47.5-1)\times\dfrac{56}{10}+2\times2=264.4$(针),取 265 针。

(2) 后身肩宽针数 $=37\times\dfrac{56}{10}\times96\%+2\times2=202.9$(针),取 203 针。

(3) 后领宽针数 $=(13+2\times2-1.5)\times\dfrac{56}{10}=86.8$(针),取 87 针。

(4) 后身身长转数 $=(61-4-0.5)\times\dfrac{84}{10}\times\dfrac{1}{2}+1=238.3$(转),取 238 转。

(5) 后肩收针次数 $=\dfrac{203-87}{2\times2}=29$(次)。

后肩收针转数 $=8\times\dfrac{84}{10}\times\dfrac{1}{2}+1=34.6$(转),取 35 转。

则后身肩部收针分配方式为:

$$\begin{cases}\text{平摇 1 转;}\\ \text{1 转收 2 针,收 16 次;}\\ \text{1.5 转收 2 针,收 13 次(先收)。}\end{cases}$$

(6) 后身挂肩收针次数 $=\dfrac{265-203}{2\times2}=15.5$(次)。

后身挂肩收针转数 $=8\times\dfrac{84}{10}\times\dfrac{1}{2}=33.6$(转),取 34 转。

则后身挂肩分配方式为:

$$\begin{cases}\text{3 转收 2 针,收 6 次;}\\ \text{2 转收 2 针,收 8 次;}\\ \text{2 转收 3 针,收 1 次(先收)。}\end{cases}$$

(7) 挂肩转数 $=\sqrt{21^2-\left(\dfrac{47.5-37}{2}\right)^2}\times\dfrac{84}{10}\times\dfrac{1}{2}=85.4$(转),取 85 转。

后身挂肩转数 $=85-\dfrac{35}{2}=67.5$(转),取 68 转。

后身挂肩平摇转数 $=68-34=34$(转)。

后身挂肩下转数 $=238-68-35=135$(转)。

(8)前身胸宽针数 $=(47.5+1)\times\dfrac{56}{10}+2\times2=275.6$(针),取 275 针。

(9)前身肩宽针数=后身肩宽针数=203 针。

(10)前领宽针数一般与后领宽针数近似,或等于后领宽针数,即 87 针。

(11)前身身长转数 $=(61-4+0.5)\times\dfrac{84}{10}\times\dfrac{1}{2}+1=242.5$(转),取 243 转。

(12)前身挂肩收针次数 $=\dfrac{275-203}{2\times2}=18$(次)。

前身挂肩收针转数取比后身挂肩收针转数多 1 转,为 35 转。

则前身挂肩收针分配方式为:

$\begin{cases}3\text{ 转收 2 针,收 1 次;}\\2\text{ 转收 2 针,收 17 次(先收)。}\end{cases}$

(13)前身挂肩下转数 = 后身挂肩下转数=135(转)。

前身挂肩以上转数 = 243-135=108(转)。

前身挂肩平摇转数=108-35=73(转)。

(14)领深转数 $=(8+2+1)\times\dfrac{84}{10}\times\dfrac{1}{2}-1=45.2$(转),取 45 转。

前领口收针分配:前领口收针针数为 87 针,转数为 45 转,取开领时拷针为 $\dfrac{87}{3}=29$(针);余

下每边收针次数 $\dfrac{87-29}{2\times2}=14.5$(次);平摇转数为 $\dfrac{45}{4}=11.25$(转),取 12 转;余下收针转数为

33 转,则分配方式为:

$\begin{cases}\text{平摇 12 转;}\\3\text{ 转收 2 针,收 5 次;}\\2\text{ 转收 2 针,收 8 次;}\\2\text{ 转收 3 针,收 1 次;}\\\text{拷 29 针。}\end{cases}$

(15)下摆罗纹转数 $=(4-0.2)\times\dfrac{118}{10}\times\dfrac{1}{2}=22.4$(转),取 22 转。

(16)后身下摆罗纹排针 $=(265-2\times2)\div2=130.5$(条),取正面 131 条,反面 130 条。

前身下摆罗纹排针 $=(275-2\times2)\div2=135.5$(条),取正面 136 条,反面 135 条。

(17)袖宽最大针数 $=2\times(21-3)\times\dfrac{57.5}{10}+2\times2=211$(针)。

(18)袖口针数(罗纹交接处) $=11.5\times2\times\dfrac{57.5}{10}+2\times2=136.3$(针),取 137 针。

(19)袖山头针数 $=(73+34-1\times2)\div\dfrac{0.5\times84}{10}\times\dfrac{57.5}{10}+2\times2=147.8$(针),取 147 针。

袖山头收针记号针数 $=(34-1)\div\dfrac{0.5\times84}{10}\times\dfrac{57.5}{10}+2=47.2$（针），取 47 针。

(20) 袖长转数 $=(51-3)\times\dfrac{80}{10}\times\dfrac{1}{2}+2\times2=196$（转）。

(21) 袖子（膊）的收针次数 $=\dfrac{211-147}{2\times2}=16$ 次；

袖膊收针转数取与前片挂肩收针转数相同的,为 35 转,则袖膊的收针分配为:
$$\begin{cases}平摇 1 转;\\2 转收 2 针,收 11 次;\\3 转收 2 针,收 5 次(先收)。\end{cases}$$

(22) 袖口罗纹转数 $=(3-0.2)\times\dfrac{80}{10}\times\dfrac{1}{2}=11.2$（转），取 11 转。

(23) 袖子放针次数和转数。

袖子放针次数 $=(211-137)\div2=37$（次）。

袖宽平摇转数 $=3\times\dfrac{80}{10}\times\dfrac{1}{2}=12$（转）。

袖子放针转数 $=196-35-12=149$（转）。

则袖子放针分配方式:
$$\begin{cases}5 转放 1 针,放 5 次;\\4 转放 1 针,放 32 次(先放)。\end{cases}$$

(24) 领条排针数 $=\left[2\times\sqrt{(8+2)^2+\left(\dfrac{17}{2}\right)^2}+17\right]\times\dfrac{42}{10}+2=183.6$（条）

计算前领时采用的是勾股定理,考虑到前领是弧状,可以适当加几针,每边加 3 针,领条排针为 $183+6=189$ 条。计算后领条排针数做记号,排针时留 5 条针做记号,目的是使得领条缝合线偏向后侧;后领条排针数应为后领宽针数除以大身横密,再乘以领罗横密,最后加缝耗,则:

后领条排针数 $=\dfrac{87}{5.6}\times\dfrac{42}{10}+1=66.25$（条），取 66 条。

(25) 领条转数 = 领罗纹高×领罗纵密×组织因素 + 缝耗转数 $=2\times2\times\dfrac{105}{10}\times\dfrac{1}{2}+1=22$ 转。

4. 编织操作工艺单（图 8-19）

货号：＊＊＊＊＊＊＊　　　　　品名：圆领女套衫

规格：95cm　　　　　　　　　原料：35.7tex×2 羊绒纱

机型：12 针机　　　　　　　　拉密：27.941cm（11.0/英寸）（沿织物纵行方向用力拉后,1 英寸内的线圈数,一般是在织物的反面数）

收针辫子：4 条　　　　　　　　空转：1.5 转（正面 1 转,反面 0.5 转）

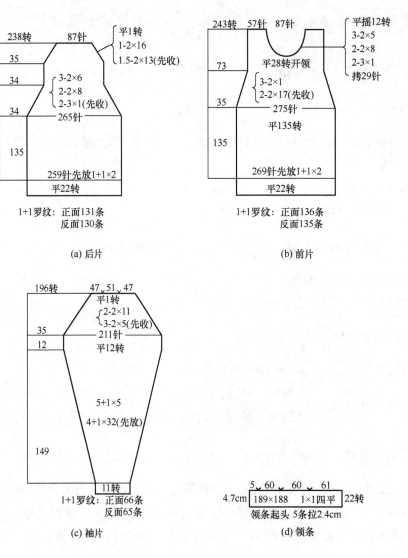

图8-19 95cm圆领女套衫的编织工艺单

四、横编成形鞋面的设计

近些年,电脑横机编织的运动鞋鞋面逐渐兴起,横编成形的鞋面材料具有质量轻、透气性好、成型性好、加工工序简单、用工少等优点。

横编成形鞋面作为鞋材产品需满足鞋面对于保型性、耐磨性、顶破强度、透气性等性能要求,因此在鞋面组织结构设计中通常选用双面线圈结构进行编织,如空气层组织、双罗纹组织以及罗纹空气层组织等,由于其具有外观平整、延伸性小的特点,通常作为基本组织应用于横编半成形鞋面产品中。此外,在基本组织上运用集圈、移圈、浮线等手段进行编织,形成装饰性与功能性统一的孔洞变化组织。

用电脑横机编织鞋面时有两种方式:一种是半成形鞋面,一种是成形鞋面。半成形鞋面是在鞋口的位置采用不同组织或者做记号标出轮廓,下机后将鞋口部分裁掉(图8-20);成形鞋面鞋口处采用两套纱嘴分别编织左、右两部分直接成形,下机后不需要裁剪,这种鞋面需要用局部编织技术来形成,如图8-21所示。

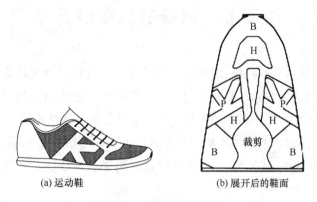

(a) 运动鞋   (b) 展开后的鞋面

图 8-20　鞋面展开效果图

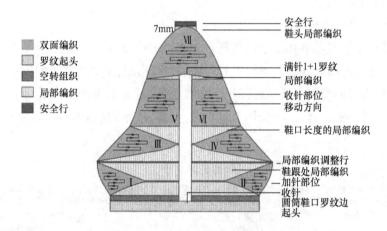

图 8-21　成形鞋面的局部编织方式

　　鞋面成形工艺可依据上述编织工艺计算原理来进行,将鞋面展开后,根据鞋面各部位的尺寸计算工艺。图8-22是按照男士40码鞋样进行工艺计算,完成鞋样的外部廓形;纱线原料采用经柔软处理的77.8tex(700D)涤纶原料,达到轻质的特点,色彩选用深绿与草绿搭配

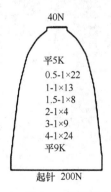

图 8-22　男士40码鞋样工艺单

编织。

第三节　电脑横机程序设计

电脑横机程序的编制又叫打板,对使用者来说是一个关键。随着计算机技术的发展,不仅电脑横机的控制功能越来越强大,而且其程序设计系统的功能也越来越强大,系统界面更加友好,操作和使用更加方便。由于各电脑横机生产厂家都开发了各自不同的程序设计系统,因此,用户就不得不根据不同的机型掌握不同的程序设计方法。本节主要介绍两种电脑横机程序设计:一种是德国斯托尔(STOLL)公司的 M1 程序设计系统及其程序设计方法,另一种是国产恒强程序设计系统。

一、M1 程序设计系统
(一)M1 程序设计系统特点
M1 程序设计系统是继 SIRIX 之后斯托尔公司推出的新的设计系统。该系统在 windows 操作系统下运行,通过绘图方式绘制编织工艺图和织物结构图,形成所要求的织物结构;可以通过标准模块和创建自己的模块方便地进行程序的编制;通过成形模块生成成形衣片;通过工艺数据行和相应的对话框输入、修改和选择工艺参数,如密度、牵拉、速度等。其主程序设计界面如图 8-23 所示。

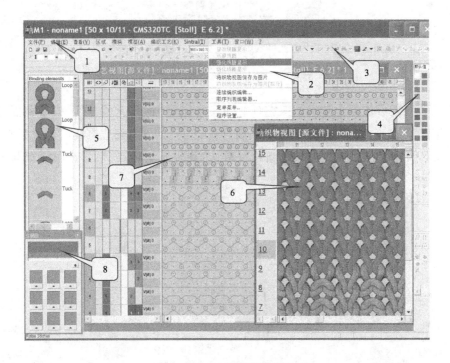

图 8-23　M1 程序设计窗口

1. 菜单栏 1（menu bar） 如同很多通用的程序系统一样，它包含了文件、编辑等常用的命令菜单，但其中的很多内容有该系统自己的特点，此外，它还有一些专用的菜单项，如编织工艺（Knitting technique）、Sintral 等。

2. 级联菜单 2（Content Menu） 显示下一级菜单。

3. 工具按钮 3（Tool Bar） 用于点击一些常用命令的按钮。

4. 色彩选择按钮 4（Color Bar） 用于选择绘图所用颜色。

5. 模块栏 5（Module Bar） 用于选择系统的或自制的模块。

6. 织物视图 6（Fabric View） 用于以线圈结构图的形式绘制和显示所编织花型的三维图形。

7. 工艺视图 7（Technical View） 用于以编织图的形式绘制和显示所编织花型图案。

8. 全视窗口 8（Overview Window） 用于显示整个花型缩略图。

（二）系统的基本结构与操作

1. 新建花型窗口

在该窗口中可以进行下述操作。

（1）输入文件名。

（2）选择机型。

（3）选择起头。它包括起针梳（起底板）的选择、起头程序文件夹的选择、采用何种固定起头程序、是否用弹力纱和采用何种起头组织（如 1+1、2+2 等）。为了便于意匠图的绘制，在这里也可以将起头组织选择为空，即不要起头，而在设计完组织图后，点击编辑菜单下的更换起头来选择起头的组织结构。

2. 图形绘制

图形绘制是程序设计最重要的一步。该程序设计系统的意匠图绘制可以在工艺视图窗口中进行，也可以在织物视图窗口中完成。在工艺视图中可以保证精确地绘制每一个针位的编织方法，而在织物视图中进行绘制则更加直观，但有时很难准确地定位每一个针。因此，最好的办法是在工艺视图窗口绘制，在织物视图窗口中验证效果。

（1）线圈结构模块的选择 在绘图时，首先要通过点击模块工具栏中的相应图标选择所要绘制的线圈结构。在模块工具栏的基本结构栏中包括了一些最基本的结构单元，如正面线圈、反面线圈、双面（四平）线圈、前针床针集圈、后针床针集圈、前针床针编织后针床针集圈或后针床针编织前针床针集圈等。如果编织一些花式组织，如绞花、阿兰花或移圈网眼等，系统配置了相应的模块工具栏。还可以自己设计一些专用的模块，将经常使用的一些结构单元组合存储起来，作为模块来使用。

（2）色彩选择 在程序设计窗口的右面，有一个色彩选择按钮工具栏，如图 8-23 所示。在进行色彩花型编织时，可以通过选择其中的各种颜色来绘制编织图和织物图。

（3）区域操作和绘图工具的使用 如图 8-24 所示为该系统实用绘图工具，可以通过点击相应的按钮来激活，包括徒手画、画线、画空心或实心矩形、画空心或实心圆形、画空心或实心多边形等图标。

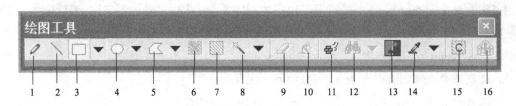

图 8-24 区域操作和绘图工具

区域操作工具使绘图更加方便快捷,选择图形中的一个部分或全部图形实现所选区域的拷贝、翻转拷贝、连续拷贝、删除等操作。首先点击区域选择按钮,点击图标 15 选择图形中的一部分进行操作,点击图标 7 将整个图形都选上,以进行拷贝等操作。如果只对图形中的一部分进行操作,就用鼠标在图形中选择一块欲进行操作的区域。点击编辑菜单中的复制项(或按下组合键 Ctrl+C)对所选的区域进行拷贝,点击编辑菜单中的对称插入(或按下组合建 Ctrl+T)进行镜像拷贝。其他各图标功能见表 8-5。

表 8-5 区域操作和绘图工具菜单的功能与作用

序 号	项 目	功 能
1	画笔	用于徒手画图
2	画线	用于画直线
3	画矩形	用于画矩形,可选择实心矩形或空心矩形
4	画圆	用于画实心圆或空心圆
5	画多边形	用于画实心多边形或空心多边形
6	取消区域	取消所选择的区域
7	全选	选择全部图形
8	魔笔	在魔笔所选区域填充模块
9	删除	删除花型中的一个区域
10	填充	用当前所选模块填充所选区域
11	识别和选择	在花型中识别和选择模块
12	寻找并选定	在花型中寻找并选定光标所带的功能或模型属性
13	寻找并替换	寻找一个花型单元并用其他花型单元替换它
14	取色	用于在图形中选取某一种颜色或某一种结构模块
15	选区域	用于在图形中选择一块区域,可对其进行复制等操作

3. 导纱器配置

图形完成后要排列导纱器,点击"显示纱线区域"图标(或点击编织工艺菜单中的显示纱线区域项),打开纱线区域视图窗口和纱线区域分配窗口,如图 8-25 所示。

纱线区域视图窗口中显示了所使用的纱线数目,一般不同的色块就代表了不同的纱线区域。凡是在图形绘制中用不同颜色绘制的区域,都被认为是由不同的纱线编织的;对于用同一种颜色绘制的两块以上的区域,如果在编织时不能用同一把导纱器来编织(如嵌花),也被认为

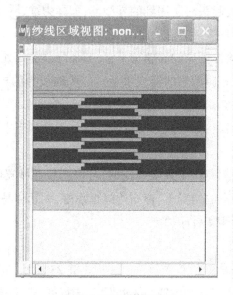

(a)纱线区域视图窗口

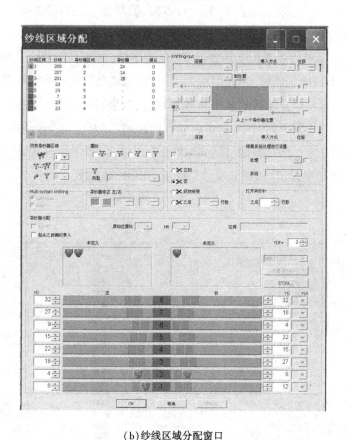

(b)纱线区域分配窗口

图8-25 纱线区域视图和纱线区域分配窗口

是不同的纱线区域。根据窗口中的不同纱线区域数,在纱线区域分配窗口中相应地配置了不同的导纱器。当用鼠标选中了某一纱线区域时,纱线区域分配中所对应的导纱器就会被围上一个红框。纱线区域分配窗口中,起头时所用到的导纱器,如弹力纱、罗纹纱和废纱等被安排在相应的导纱器轨道上;如图8-25中废纱在左边第一把导纱器轨道上,起口用弹力纱在左边第二把导纱器轨道上,罗纹纱在右边第二把导纱器轨道上;而其他导纱器则处于未定义区域,可以用鼠标点击并拖动它们将其安排在相应的导纱器轨道上。起头纱线等的导纱器也可以被重新安排位置。由于罗纹纱通常与大身编织的某一种颜色用同一种纱,可以将它们合并起来,这时可以选中所要与罗纹纱合并的导纱器,再点击合并导纱器框,从下拉列表中选择"1+1罗纹",即可将其与罗纹导纱器合并。

在导纱器轨道的每一端都有一个数字选择框,可以调整导纱器距布边的距离,一般导纱器应该在保证距布边有一定距离的情况下,离布边越近越好,太远容易垫不上纱或使纱线松弛,但各把导纱器之间应该至少相距4针距以上。

4. 工艺参数设定和修改

在工艺视图窗口的左边是工艺参数控制列,如图8-23所示,它可以通过编织工艺菜单打开,也可以通过将鼠标放置在工艺视图窗口左边的工艺行处,点击鼠标右键弹出相应的菜单进行选择;包括线圈大小、牵拉值、机速、机头运行方向、循环变量、STIXXX等内容。通常,线圈长度、牵拉值、机速和循环变量都需要进行查看,必要时要进行修改。

(1)线圈长度 编织的线圈长度是通过NP值确定的,它是工艺中的一个重要指标,直接影响到织物的密度和单位面积质量,在花色织物编织时,特别是编织一些结构花型织物时,它也影响到织物的平整度、宽度以及编织的效率和难易程度,需要细心调整。在弹出菜单中选择了线圈长度后,就会将其添加到工艺行中,它占控制列的两列,分别是前针床线圈长度和后针床线圈长度。此时点击此两列上方的图标,将会弹出一个菜单,包括了所使用的NP值,最后一项是"编辑数据",点击该项会弹出"线圈长度表"窗口,如图8-26所示。

线圈长度表									
应用在花型中			设定未定义						
	颜色	状态			[NP]	名 [中文]	类型	NP 索引	NPJ	组
		修改	总体	使用	Sin f E 6.2 (8)					
1			×	×	9.0	Setup Row	间接	1	=	-
2			×	×	10.0	Setup Tub	间接	2	=	-
3			×	×	9.0	1x1-Cycle	间接	3	=	-
4			×		10.0	2x1/2x2-Cycle	间接	3	=	-
5			×		10.0	1x1-Cycle-2	间接	?	=	-
6			×		10.0	2x172x2-Cycle-2	间接	?	=	-
7			×		11.0	Tubular Cycle front	间接	2	=	-
8			×		11.0	Tubular Cycle back	间接	3	=	-
9			×	×	11.0	Loose Row	间接	4	=	-
10			×		9.5	Transition-RR	间接	4	=	-
11			×		11.0	Transition-2	间接	?	=	-
12			×		9.5	Setup-MG	间接	1	=	-
13			×		10.5	Setup-Tub-MG	间接	2	=	-
14			×		10.0	1x1-MG	间接	3	=	-
15			×		11.5	2x1/2x2-MG	间接	3	=	-
16			×		10.0	1x1-MG-2	间接	?	=	-
17			×		11.5	2x1/2x2-MG-2	间接	?	=	-
18			×		12.5	Tub-front-MG	间接	2	=	-
19			×		12.5	Tub-rear-MG	间接	3	=	-
20			×		13.0	Transition-loose-MG	间接	4	=	-

图8-26 线圈长度表

在此窗口中，主要包括以下内容。

①颜色。用不同的颜色表示在织物中所使用的不同密度区域。在工艺视图左边的线圈长度控制列中，与每一编织横列相对应的位置就有一种密度颜色，它就代表了这一行所使用的 NP 值，而在该表的颜色列中，列出了可使用的所有线圈长度颜色代码。

②状态。在状态栏中，已经使用的 NP 值会在其中的使用栏里打叉表示出来。

③[NP]。这一栏所显示的是直接密度值，取值范围从 5.6~23.3。所谓直接密度值，是指它的大小直接反映了弯纱深度的大小程度，数值越小，弯纱深度越小；数值越大，弯纱深度越大。当然它只是一个相对的量，并不是弯纱深度的毫米数。程序中也给出了与相应的弯纱深度相对应的线圈长度(mm)值，但其数值并不能完全与实际的线圈长度相吻合。这一栏的数值通常要根据所编织的密度要求进行修改。

④名[中文]。该栏所显示的是所编织织物的部位。对应某一部位，系统给出了默认的密度值。

⑤NP 索引。与直接弯纱深度值相对应，这一栏所显示的是间接弯纱深度值的组号，它的取值范围是从 1~25，即 NP1~NP25。它与直接弯纱深度值不同，它的数值大小并不表示实际弯纱深度的深浅，而只是一种代号，其具体弯纱深度值要看上面所述的 NP 值。

还有一些内容在这里就不一一介绍了。

(2)牵拉值(WM)　与弯纱值一样，牵拉值也是影响编织的一个重要参数。在弹出的菜单中选择了牵拉值后，在控制栏中就会出现牵拉值栏，对于相应的每一工艺行，将会用不同的颜色表示相应的牵拉值。同样也可以通过牵拉值表对相应的数值进行修改。牵拉值表如图 8-27 所示。

牵拉表

应用在花型中　设定未定义

	颜色	状态				主牵拉牵拉											辅助牵拉牵拉			名[中文]	类型	WMF 索引	组
		修改	总体	使用	Sin f	WM/W	WM最	WM最	N 最小	N 最大	WM	WMI	WM^	WMC	WM+C	WMK+	W+	W+P	W+C				
1			×	×		WMN	0.0	0.0	0	0	0.0	3	0	10	20	50	10	0	10	Forward	间接	1	-
2			×			WM	0.0	0.0	0	0	0.0	0	0	10	10	10	10	0	10	Relieve	间接	2	-
3			×			WM	0.0	0.0	0	0	2.0	0	20	10	10	10	10	0	10	Turn-back	间接	3	-
4			×			WM	0.0	0.0	0	0	2.0	7	0	0	0	0	10	4	0	Picking-up	直接	-	-
5			×			WMN	0.0	0.0	0	0	0.0	3	0	10	20	20	10	0	10	Default Knit	间接	?	-
6			×			WM	0.0	0.0	0	0	2.0	3	0	10	10	10	10	0	10	Default SO	间接	?	-
7			×			WM	0.0	0.0	0	0	2.0	3	0	10	10	10	10	0	10	Default Transfer	间接	?	-
8			×			WM	0.0	0.0	0	0	30.0	3	0	0	10	10	1	0	10	Cast-off 30	直接	-	-
9			×			WM	0.0	0.0	0	0	2.0	0	20	0	10	10	1	0	10	Cast-off 2	直接	-	-
10			×			WM	0.0	0.0	0	0	0.0	0	0	0	0	0	1	0	10	Link-off	间接	?	-
11			×			WMN	2.0	4.0	0	0	0.0	3	0	10	20	20	15	0	20	Relieve k&w	间接	?	-
12			×			WM	2.0	4.0	0	0	0.0	3	10	10	20	20	15	0	20	Turn-back k&w	间接	?	-
13			×			WM	0.0	0.0	0	0	0.0	0	0	0	0	0	6	0	10	Link-off k&w	间接	?	-
14			×			WM	0.0	0.0	0	0	0.0	0	0	0	0	0	1	0	10	Ending Link-off k&w	间接	?	-
15			×			WM	0.0	0.0	0	0	2.0	3	0	10	10	10	10	0	10	Remaining Narrowing k&w	间接	5	-
16			×			WM	0.0	0.0	0	0	0.0	0	30	10	10	10	1	0	10	Combine Sleeves k&w	间接	4	-
17			×			WM	0.0	0.0	0	0	4.0	3	0	10	10	50	10	0	10	Setup Row 2x2 k&w	间接	6	-

图 8-27　牵拉值表

①WM/WMN。牵拉值是否随针数变化。选择 WM，牵拉值不随参加编织的针数变化；选择 WMN，牵拉值将会随针数的增减变化。当参加工作的针数为最多时，牵拉值取最大值；当参加工作的针数为最小时，牵拉值取最小值。其他情况下，牵拉值取最大和最小之间的值，也与参加工作的针数相适应。左键点击相应行可从箭头处切换。

②WMmin。织物宽度为最小时的牵拉值，启动时必须同时使用 WMN。

③WMmax。织物宽度最大时的牵拉值，启动时必须同时使用 WMN。

④Nmin。最小织物宽度的针数。

⑤Nmax。最大织物宽度的针数。

⑥WM。主牵拉值(0~31.5),书写时带一位小数。

⑦WMI。牵拉脉冲值(0~15),用于对织物进行瞬时牵拉。

⑧WM^。织物牵拉反转角度(0°~120°),用于暂时放松织物,以便进行翻针等操作。

⑨WMC。主牵拉停机控制,如当织物很短,织物牵拉转动太快时,则停机。这里:0——没有灵敏度,1——灵敏度很小,32——最灵敏。

⑩WM+C。定义在多少编织系统工作之后,主牵拉仍未达到预定值时就停机,可取 0~100。

⑪WMK+C。定义在多少编织系统工作之后,牵拉梳仍未达到预定值时就停机(0~100)。

⑫W+。辅助牵拉的速度(1~15)。

⑬W+P。辅助牵拉的压力(0~10)。

⑭W+C。定义在多少编织系统工作之后,辅助牵拉仍未达到预定值时,就停机(0~100)。

⑮WMF 牵拉索引。间接牵拉组号,用 WMF 表示,取值 1~8。若放了问号"?"则由程序自动安排。

一般情况下只需对前面六项进行修改或赋值,其他采用默认值。

(3)机速 在弹出的菜单中选择了机速后,在控制栏中就会出现机速栏,对于相应的每一工艺行,将会用不同的颜色表示相应的机速。同样也可以通过机速表对相应的数值进行修改。在选择机速时,可以根据编织的不同部位设置不同的速度。机速用符号 MSEC 表示,其可取范围为 MSEC=0.1~1.4 m/s(编织时速度最大为 1.2 m/s)。不同速度可以用不同的速度组数来表示,共有 10 组,即 MSEC0~MSEC9,一般 MSEC0 用作空程的速度。

(4)循环变量 循环变量是用来使某些横列重复编织,以避免重复作图的麻烦。循环变量用 RSn 表示。n 为表示不同循环部段的数字,可在编程时自行选择。如 RS1 通常用于下摆罗纹的循环。所要重复执行的横列数一般应为偶数,所循环的次数可以在上机时给出,如 RS2=10,就表示 RS2 所代表的这部分横列要编织 10 次。

(三)成形程序设计

在 M1 程序系统中调用成形模板来形成相应的成形样板,包括相应的收放针工艺,称为模型。设计系统储存了一些通用的模型可供使用,大多数情况下需要根据所要编织的衣片大小、织物密度和收放针要求等情况自行建立相应的模型。

1. 模型编辑(edit shape)界面及其主要功能

做模型是根据要编织衣片的尺寸大小和所计算的收放针工艺编写相应的收放针程序,形成相应的衣片模板,该模板与花型程序复合后就形成了相应的衣片编织程序了。

做模型要打开"模型"(shape)菜单,选择"创建/编辑模型…(generate/edit shape)",弹出相应的编辑窗口,如图 8-28 所示。

(1)模型参数 主要包括类别、创建日期、输入方式、显示格式和密度等。在类别项中通常选择默认值。输入方式栏中包括三种选择。

①行。以长度为单位的输入方式,可以转换成线圈模型。

②线圈。以线圈为单位的输入方式。

③幅度。以一格为一线圈的输入方式。

密度(stitchdensity)栏中以 100mm 为单位,在相应的输入框中可以输入横向密度和纵向密度。

(2)所选单元(Elements) 包括预览窗口和调整栏两部分内容。预览窗口用图形的形式显示每个衣片单元的内容,如果使用"选择所有单元",这里将显示复合后的单元图形(如收 V 领时,要用基本单元和开领单元复合)。调整栏显示单元最后一行用蓝线标注的内容。

(3)单元 是一个基本的成形结构。一个模型可以包括几个单元,例如有开领的前片需要由两个单元组成,包括一个"基本"单元和一个"开领"单元。每点击一次"新单元"按钮就会产生一个新单元的图形,可以在"名称"输入框中输入相应单元的名称,而在"类别"栏中选择相应的单元类别,它包括基本模型、开领、洞(自动拷针再起针)和楔形(分两把纱嘴,边缘用集圈)。也可以通过选中某单元后点击相应的按钮将其删除,但"基本模型"不能被删除。

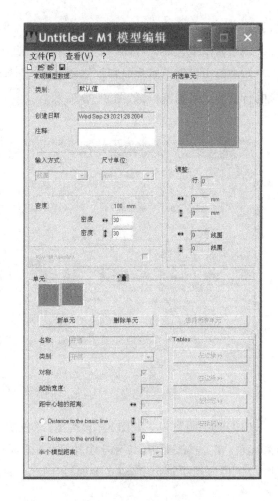

图 8-28 创建/编辑模型窗口

(4)对称(Mirrored)按钮 用于左右对称的模型的制作,选择后自动将左功能行拷贝到右功能行,此时右行和右标记变灰。

(5)起始宽度(Starting width)框 用于输入第一行的起始宽度尺寸,在选择对称时,在宽度上显示实际宽度的一半。

(6)到中轴线距离(Distance from center axis)框 输入距中心轴的水平距离,正值表示远离中心轴,负值表示向中心轴方向移动。如输入 4,则左右两片将各离开中心轴 4 针(注意这 8 针不参加工作,并且不要加开领模块)。

(7)到底线距离(Distance to the basic line)框 所输入的是一个单元(如开领单元)的起始点相对于基本模型底边的纵向距离。

(8)半个模型的距离(Distance of shape halves) 在模型中间插入编织行,此时花型将增加宽度。例如在做 V 字领时,如果想做 1 针领尖,选择开领单元后,可以在这里设置 1。对于对称的模型,当衣片的针数为奇数时,这里也应该设置 1。

(9)表格(Tables)栏 包括行和标记按钮。行按钮分左行和右行,标记也分左标记按钮和右标记按钮。左行就是所要做的成形模型的左半部分,而右行就是所要做的成形模型的右半部分。当所做模型为对称时(选择对称按钮),就只有左行按钮起作用。而左右标记则是在衣片模型左右两边可能不对称时根据需要选择,最多可显示两个。当点击这些按钮时,就会弹出相应的行或标记编辑窗口,如图8-29所示。

图8-29 行编辑窗口

(10)行编辑窗口 如图8-29所示,它包括相应的工具按钮、设定和默认属性选择框以及输入表。在工具按钮中,共有6个按钮,其图标和相应功能见表8-6。其中合并组只有在"功能"处的内容相同时才能合并(例如,不同部分收针包括边缘组织、收针针数等相同)。

表8-6 行编辑窗口图标和相应功能

图标	功能
Delete all line	取消所有功能行和标记。假如没有功能行存在就不被激活
Cut	删除所选行。也可用右键菜单执行同样的功能
Group or un group selected line	合并组,至少选择两行
Generate end line	模型结束行,且用绿色标注,如果已经存在就不能被激活
Add new line at end	在表格的末行加入新行。如果是新模型,第一次点击后为基础行。光标在末行时按Tab键即添加了新行。注意在没有结束行时才能加入新行
Insert new line before selected line	在所选行之前插入新行,注意符号在如下情况时不能使用 1. 没有功能行 2. 选中基础行时

设定和默认属性选择框主要包含了收放针的宽度、编织技术等设置。选择之后,新行自动按设置执行,也可在后期统一选择重新执行[点应用(apply)]。输入格式须使用"线圈""幅度"的方式。各选项的作用见表8-7。

表8-7　设定和默认属性选择框的功能

默认属性 （Specifications）	预先将收放针的宽度、编织技术等进行设置，特别是可将常用边缘组织、收针针数、收针模块设置为一种默认属性，以备调用。区域中的数字代表属性的编号
默认值 （Default attributes）	有5种默认选择： 1. Basis：无任何编织技术。自动用在第一行"基础"行中 2. CMS>6</0>：用于收针为6针的模块，无放针模块 3. CMS>6</6>：用于收针为6针的模块，放针宽度为6 4. CMS TC4>6</0>用于4针床机器的收针方式，收针宽度为6针，无放针模块 5. CMS1×1>4</0>：用于1隔1技术的收针模块，收针宽度为4针，无放针模块
Apply	确认
设定	—
收针数（Narrowing）	每次收针数0~100
放针数（Widening）	每次放针数0~100
高度（Height）	行数，即几行收或放设定的线圈数0~100
Apply	采纳上面的设置

行编辑窗口是模型制作的主要内容，如图8-29所示，其表头包括序号No.、行编辑器、高度、宽度、列的变化、循环次数、剩余高度和剩余宽度、组和功能等项。相应的位置可以输入工艺单中的相应内容。

其序号就是各功能行的序号。在工具按钮中每点击一次添加行按钮，就自动增加一行，添加一个序号。第一行是基础行，在该行中自动显示衣片的起始针数，起始针数在宽度线圈列中显示。高度和宽度列是要输入的主要内容，有三种输入方式，即毫米、线圈和幅度。分别对应于前面所述的输入方式，如果在输入方式中选择长度，则对应的高度和宽度将在毫米栏中输入，其他栏不可输入，其他两项也是如此。选择以毫米的形式输入时，则输入的就是衣片各部分的尺寸，如下摆尺寸、胸围尺寸、肩阔尺寸等，根据前面所输入的密度，程序将自动将其换算成相应的针数和行数。如果选择以线圈数来输入，则要输入各部分线圈的横列数和纵行数。在这两种方式中，在高度和宽度栏中所输入的数值都是在原基础上增加或减少的数值。在宽度方向上，向左为正值，向右为负值；在高度方向上，向上为正值，向下为负值。收放针的方式将根据前后两行数值的差值，按照行编辑器所选择的收放针方式自动生成。以幅度方式输入比较接近工艺员的习惯，此时可以分别在高度幅度、宽度幅度和次数三栏中输入数据。如果工艺是每4行收2针收3次的对称方式，选择以"左行"输入时，则应在高度幅度中输入4，在宽度幅度中输入2，在次数中输入3；如果是放1针，则应该在宽度幅度栏中输入-1。这里应该注意的是，高度幅度的单位是横列数或行数，而不是习惯上的转数。随着这些数值的输入，在图8-28"所选单元"的图形显示框里同步显示衣片的形状，这样使工艺设计人员可以直观地了解输入的情况。

剩余高度和剩余宽度只是在宽度和高度不匹配时有数值。需要进行修正。

行编辑栏是一种收放针方式的编辑器，点击后，会出现一个相应的窗口，可以从中选择你所希望的某一收放针段的收放针方式,如直线形、J形或S形等,从而形成你所希望得到的曲线形态。当你选择了输入幅度时,其意义就不大了。

在功能列中将显示各行的工艺方式,如收针、放针或拷针等。当点击时,将会显示一个功能窗口,显示出相应的操作方式,如边缘线圈、收针方式等,可以对其进行修改。

2. 收 V 领

收 V 领是在做完基本单元后,点击新单元按钮,产生新单元。在名称中选择开领,如图 8-30 所示,再调出行编辑窗口进行相应的编辑,生成相应的领口收针结构。在做完后,点击"选择所有单元"按钮,基本单元与开领单元就会合成为一个完整的成形模型。

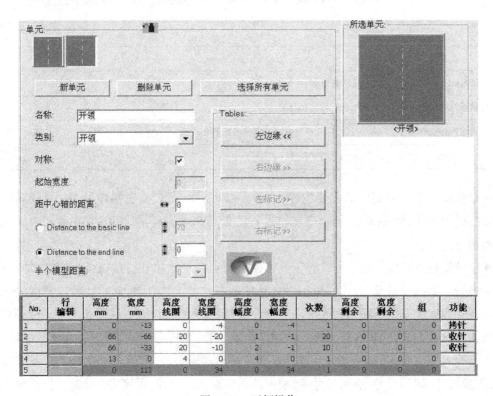

No.	行编辑	高度 mm	宽度 mm	高度线圈	宽度线圈	高度幅度	宽度幅度	次数	高度剩余	宽度剩余	组	功能
1		0	-13	0	-4	0	-4	1	0	0	0	拷针
2		66	-66	20	-20	1	-1	20	0	0	0	收针
3		66	-33	20	-10	2	-1	10	0	0	0	收针
4		13	0	4	0	4	0	1	0	0	0	
5		0	113	0	34	0	34	1	0	0	0	

图 8-30 开领操作

做好的模型要点击存盘按钮存入硬盘,才能调用。

当一次收针数较多,如超过 3 针(用户可以自定)时,可以设计程序进行拷针操作,又叫套针。此时的拷针操作如图 8-31 所示,它是从织物的边缘通过将需要减去的织针两针以边织边移圈的方式逐渐收去,从而在织物边缘形成光滑的锁边效果。

(四) 花型设计

如前面所述,斯托尔公司的 M1 系统的花型设计是在设计窗口中以编织图和线圈结构图与各种色彩结合的方式进行绘制的。在绘制中可以用到各种工具,如选色工具、图形工具、复制工具以及模块工具等。

1. 色彩花型设计

色彩图案花型包括嵌花和提花两大类。

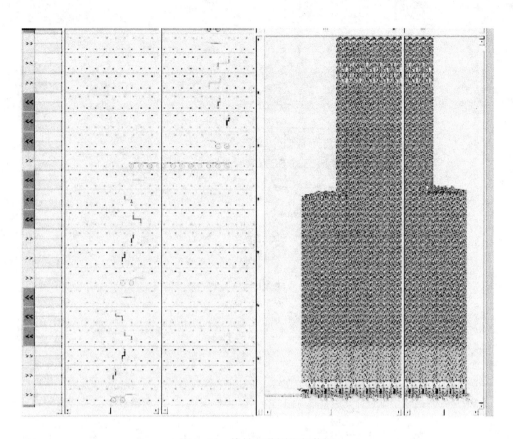

图 8-31　拷针工艺图和织物图

嵌花图案的绘制比较简单,需要用相应的颜色在编织图区域或线圈图区域将所要编织的图案绘制出来,然后对导纱器等工艺参数进行相应的配置,由程序自动处理后就可以进行编织了。一些复杂的嵌花织物需要程序设计人员对导纱器等进行精心的处理。

提花花型设计的第一步与嵌花相同,要用不同的颜色将所要编织的图形以编织图或线圈图的方式绘制出来。与嵌花不同的是要对所绘制的图形进行相应的处理,即选择不同的反面结构。选中所要处理的花型区域,然后选择"编辑/提花(edit/jacquard)",出现如图 8-32 所示的窗口。

在窗口中打开相应的文件夹(如 Stoll),点击各种结构提花的文件夹:Float(单面浮线)、Stripe(横条反面)、Twill(芝麻点反面)、Net(空气层反面)、Net 1×1(1 隔 1 空气层反面)、Net 1×2(1 隔 2 空气层反面)、Net 1×3(1 隔 3 空气层反面)等。各种提花织物的编织图和线圈图如图 8-33 所示。

2. 结构花型的设计

对于结构花型,如桂花针、移圈网眼、绞花、阿兰花等,直接在工艺图窗口或线圈图窗口用相应的结构进行画图,可以通过选择颜色、画图工具和相应的模块来完成。如前所述,这些模块包括各种线圈结构及其相应的组合。对于单个的线圈,在标准模块中包括正反面线圈、正反面集圈、正反面浮线以及各种移圈;对于组合线圈,包括了四平线圈、前针床成圈后针床成圈或后针床成圈前针床集圈等;在组合图形中,绞花可以从 1+1 绞花到 4+4 绞花,阿兰花则有各种几何图形,如菱形、双菱形等。图 8-34 为绞花的编织图和线圈结构图。

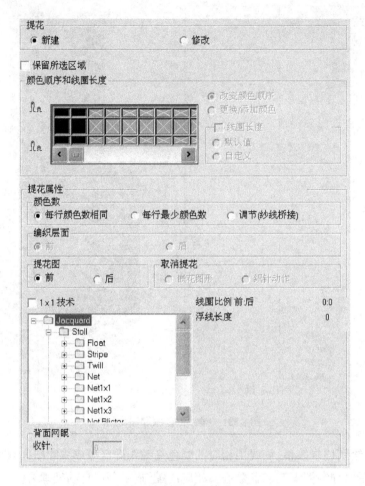

图 8-32 提花编辑窗口

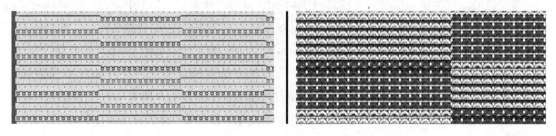

(a) 单面浮线提花

(b)横条反面

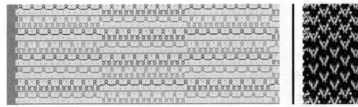

(c) 芝麻点反面

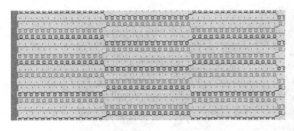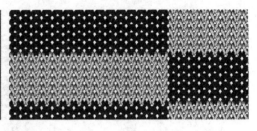

(d) 空气层反面

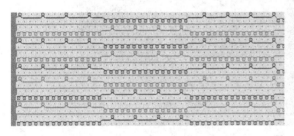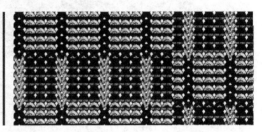

(e)1 隔 2 空气层反面

图 8-33 提花织物的工艺图和线圈图

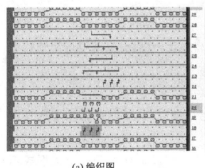

(a) 编织图　　　　　　　　　　　　　　　　(b) 线圈结构图

图 8-34 绞花

二、国产电脑横机程序设计系统

国产电脑横机以恒强花型设计系统为例,它是在 Windows 操作系统下运行,是一种色码式程序设计系统,即其所有的编织方式均由色码绘出,不同的色号就代表了不同的编织方式。恒强花型设计系统除具有花型和程序的输入、输出及编辑等基本功能之外,主要还有:绘图功能——通过绘图方式绘制花型图,形成所需要的织物结构;功能条设置功能——可以设置密度、牵拉、速度等编织工艺参数,此外,编织提花、嵌花、开领等组织时也需要在功能条进行相应的设置;花型处理和检验——解译图形并将其转换成上机文件,检查花型程序是否有误等。

（一）恒强花型程序设计系统的绘图界面

恒强花型程序设计系统的绘图界面如图 8-35 所示。

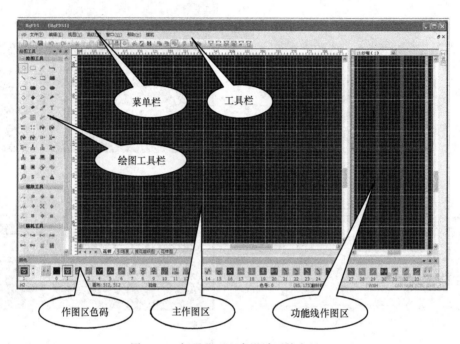

图 8-35　恒强花型程序设计系统主界面

绘图界面中各部位的主要功能如下。

1. 菜单栏　菜单栏主要包含文件、编辑、视图、高级、窗口、帮助、横机菜单,每一个菜单都有各自的级联菜单。这些菜单中有些内容的功能和通用的程序系统一样,有些菜单是恒强花型程序设计系统所特有的,如横机菜单。

2. 工具栏　用于点击一些常用命令的按钮。

3. 绘图工具栏　使用绘图工具,既可以选择相应工具直接画图,又可以在花型中选择区域,进行区域操作,如复制、拷贝花型区域。

4. 作图区色码　不同的色码代表不同的编织动作,通过不同编织动作的配合可以形成不同的花型组织。

5. 主作图区　选择色码绘制所编织的花型图案。

6. 功能线作图区　设置编织工艺参数,如密度、牵拉、速度等,编织提花、嵌花、开领等组织时也需要在功能条进行相应的设置。

（二）系统的基本功能与操作

1. 新建花型　点击菜单栏中"文件"→"新建",出现"选择机型"窗口,选择所要编织的机型点"确定",出现"设置画布大小"窗口,在此窗口中可以进行的操作包括:设置主作图区画布的大小;选择下摆罗纹,软件已将一些常用的下摆罗纹做成模块,选择后花型将自动生成下摆罗纹。

2. 绘图工具栏　绘图工具栏由三个工具栏组成,分别是绘图工具、缩放工具、横机工具,其中绘图工具和缩放工具的功能与通常所用的画图程序的功能相同,横机工具栏中对应的图标的功能见表8-8。

表8-8　横机工具中图标的功能

序号	图标	功能
1		将作图区中花样页的图案信息复制到引塔夏页中
2		将作图区中花样页的图案信息复制到提花组织页中
3		将作图区中引塔夏页的图案信息复制到花样页中
4		将作图区中引塔夏页的图案信息复制到提花组织页中
5		将作图区中提花组织页的图案信息复制到花样页中
6		将作图区中提花组织页的图案信息复制到引塔夏页中

注　引塔夏为 Intarsia 的音译,即嵌花。

3. 色码　在软件系统中,色码一共有 256 个(0~255),色码在软件的不同区域(主作图区、功能线区、引塔夏区等)起的作用不同。这里主要介绍色码在主作图区中的作用。

色码在主作图区主要代表编织的动作,256 个色码可分为三类:0~119 号色码,有时还有191~198 号色码为设计色码;120~183 号色码为使用者巨集和小图模块色码;199~255 号色码为未使用色码。以下按编织动作归类,介绍各设计色码所代表的动作信息。

①不编织。

■——0 号色,空针,表示不编织,即没有任何编织动作。

✕——16 号色,无选针,只带纱嘴不编织。

σ——15 号色,前落布。前床出针,不带纱嘴。

ℓ——17 号色,后落布。后床出针,不带纱嘴。

②成圈编织。

℧——1 号色,带自动翻针功能的前编织,即在前针床编织后,如果下一行后针床编织,则前针床的线圈先自动翻到后针床,然后执行编织,如图 8-36 所示。

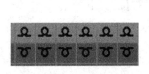

(a) 色码图

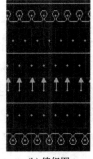

(b) 编织图

图 8-36　1 号色用法

　　 ⚭——2 号色,带自动翻针功能的后编织,即在后针床编织后,如果下一行前针床编织,则后针床的线圈先自动翻到前针床,然后执行编织。用法参照 1 号色。

　　 ⚮——3 号色,前后编织(四平),带自动翻针功能的前后针床编织,用法参照 1 号色。

　　 ⚮——8 号色,不带自动翻针功能的前编织,即在前针床编织后,不管下一行后针床是否编织,前针床的线圈都不会转移到后针床,如图 8-37 所示。

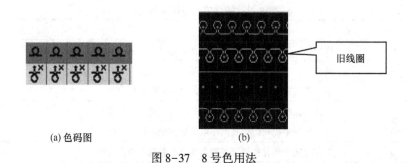

(a) 色码图　　　　　　　　　　(b)

旧线圈

图 8-37　8 号色用法

　　 ⚭——9 号色,不带自动翻针功能的后编织,用法同 8 号色。

　　 ⚮——10 号色,不带自动翻针功能的前后床编织,用法同 8 号色。

　　 ⚮——20 号色,前床编织,然后翻针到后床。

　　 ⚮——30 号色,前床编织,然后翻针到前床。

　　 ⚮——40 号色,后床编织,然后翻针到前床。

　　 ⚮——50 号色,后床编织,然后翻针到后床。

　　 ⚮——60 号色,前床编织,然后翻针到后床,再翻针到前床。

　　 ⚮——80 号色,后床编织,然后翻针到前床,再翻针到后床。

　　 ⚮——70 号色,先翻针到前床,然后在前床编织。

　　 ⚮——90 号色,先翻针到后床,然后在后床编织。

　　③集圈编织。

　　 ⋁——4 号色,前床集圈。

　　 ⋀——5 号色,后床集圈。

　　 ⚮——6 号色,前床编织后床集圈,前后针床对位为四平板。

　　 ⚮——7 号色,前床集圈后床编织,前后针床对位为四平板。

　　 ⋏——14 号色,前床集圈后床集圈,前后针床对位为四平板。

　　④移圈挑孔编织。软件系统中根据移圈挑孔编织动作的不同色码可分为两组。

　　第一组: ⬉ ⬉ ⬉ ⬉ ⬉ ⬉ 21 ~ 27 号色,表示前床编织,左移(1 ~ 7)针; ⬈ ⬈ ⬈ ⬈ ⬈ ⬈ ⬈ 31 ~ 37 号色,表示前床编织,右移(1 ~ 7)针; ⬈ ⬈ ⬈ ⬈ ⬈ ⬈ ⬈ 41~47 号色,表示后床编织,左移(1~7)针; ⬉ ⬉ ⬉ ⬉ ⬉ ⬉ ⬉ 51~57 号色,表示后床编织,右移(1 ~ 7)针。另外, ⬈ 88 号色、⬈ 89 号色、⬈ 98 号色、⬈ 99 号色、

101~109 号色、113~115 号色也属于第一组。这一组的特点是先摇床后翻针,以 21 号色为例,编织图如图 8-38 所示。

第二组:61 ~ 67 号色,表示前床编织,左移（1 ~ 7）针;71 ~ 77 号色,表示前床编织,右移（1 ~ 7）针;81 ~ 87 号色,表示后床编织,左移（1 ~ 7）针;91~97 号色,表示后床编织,右移(1~7)针。这一组的特点是先翻针后摇床,以 61 号色为例,编织图如图 8-39 所示。

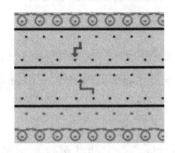

图 8-38　21 号色的编织图

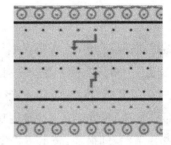

图 8-39　61 号色的编织图

⑤移圈交叉编织(索股)。移圈交叉编织主要用于两种花型:绞花和阿兰花。系统中移圈交叉编织的色码也分为两组,绞花和阿兰花一般都是采用几个色码形成,因此,色码搭配时只能使用同组的色码。

第一组:18 号色(下索骨 1,无编织),28 号色(前编织,下索骨 1),29 号色(前编织,上索骨 1),38 号色(后编织,下索骨 1),39 号色(上索骨 1,无编织)。

第二组:19 号色(下索骨 2,无编织),48 号色(前编织,下索骨 2),49 号色(前编织,上索骨 2),58 号色(后编织,下索骨 2),59 号色(上索骨 2,无编织)。

注意:同组色码配合使用,不同组色码不能混用;绞花常采用 18 号色与 29 号色配合,19 号色与 49 号色配合;18 号色与 39 号色,19 号色与 59 号色码为偷吃色码,不能在一起使用。

⑥其他色码。

68 号(69 号)色:前、后床编织,再翻针到后(前)床。

78 号(79 号)色:先翻针到后(前)床,然后前、后床编织。

100 号(110 号)色码:线圈从前床(后床)翻到后床(前床)。

111 号(112 号)色码:前(后)床编织挑半目。

116 号(117 号)色码:前床编织挑半目,左(右)移 1 针。

118 号(119 号)色码:后床编织挑半目,左(右)移 1 针。

在作图时,每种组织使用的色码并不唯一,可以有多种搭配方式,一般常用的只是其中的部分色码。

4. 功能线　功能线作图区如图 8-40 所示。

功能线作图区是描述主作图区的辅助信息的,如花型编织时的工艺参数(密度、机速、牵拉

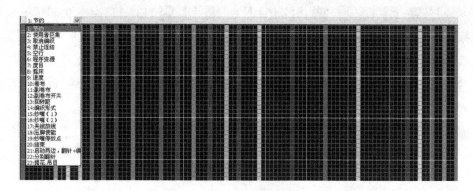

图8-40 功能线作图区

等),做提花花型程序时,织物反面组织的设置,还有嵌花、成形衣片开领处使用纱嘴的设置等,功能区与主作图区在行上是一一对应的,即每一编织行都要有相应的功能线指令。功能线作图区有23项内容,对应有23条功能线,分别定义为L201~L223。做花型程序时,并不是每一项功能线都需要填,下面介绍一些常用功能线的用法。

L201 节约:即循环,表示主作图区的当前行至某一行循环执行。节约开始行必须是奇数行,结束行必须是偶数行。

L202 使用者巨集:自定义前后针床的出针方式。

L203 取消编织:表示在当前行不管作图区有无编织色码,只执行翻针动作,不执行编织动作(图8-41)。

图8-41 L203取消编织功能线

L204 禁止连结:指上下行间,取消自动产生的翻针动作。如图8-42所示,当前行是后床编织,下一行是前床编织,一般需要自动插入后翻前的动作,在L204列选择"1"表示设定禁止连结,则取消当前行的自动翻针功能。

图8-42 L204禁止连结功能线

L205 空行:在当前行后设置是否插入一个空白动作。

L207 度目:即密度。花型从下到上不同部段的密度可以用不同的色码进行分组,然后根据不同的段数在上机时设置其实际大小。度目可分为编织度目(度目1)和翻针度目(度目2),如图8-43所示。

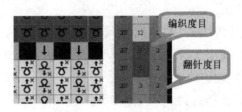

图8-43 L207度目功能线

L208 摇床:定义当前行的摇床信息,包括摇床方向、摇床针数、摇床对位、摇床速度等。

L209 速度:当前行机头运行速度,速度可分别设置为编织时速度和翻针时速度。用法参照L207度目。

L210 卷布:当前行主牵拉拉力的大小,卷布可分别设置为编织时卷布和翻针时卷布。用法参照L207度目。

L211 副卷布:当前行辅助牵拉拉力的大小,副卷布可分别设置为编织时副卷布和翻针时副卷布。用法参照L207度目。

L213 回转距:当前行机头回转时,纱嘴与编织区之间的距离。

L214 编织形式:在做提花、嵌花花型,V领成形程序时使用。

L215 纱嘴1:当作图区中的色码只表示基本花型组织时,需要在此定义当前行编织时使用的纱嘴号。

L216 纱嘴2:当机头的一个系统需要带双纱嘴编织时,需要在此定义另一个纱嘴号。

L217 夹线放线:当使用起底板功能时,需要在此定义剪刀夹子的功能。

L219 纱嘴停放点:可以校准纱嘴停放点的合适位置。

L220 结束:设定工艺结束点,在编织结束行设为"1",表示工艺结束。

L222 分别翻针:表示同一行有翻针动作时,分两次翻完(图8-44)。

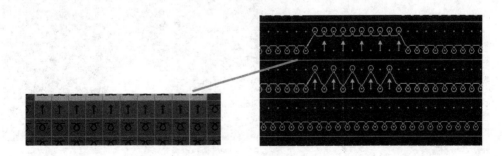

图8-44 L222的作用

L223 提花吊目:此功能只适用于多色提花,在此行编织后,插入1隔1的吊目(即集圈)。采用这种编织方式,编织集圈的纱嘴需要在纱嘴组中进行定义。

5. 编译和检验 花型画好之后,点击工具栏中按钮 ▢,这个过程称作"编译"或"自动生成动作文件",即将所画花型转换成机器可以识别的文件,以便上机编织。

(1)文件类型。每一个花样都能生成一系列不同类型的文件,这些文件代表花样的不同属性。这些文件所代表的含义如下。

BMP:记录编织信息,包括前编织、后编织等,本系统支持256色位图。

PDS:此文件为恒强制版花型文件,保存后自动生成,下次打开花样时可以直接双击打开。

INA:提花颜色信息文件,颜色块不能大于16。

OPT:记录功能线作图区的信息,如密度、速度、摇床等。

YSY:记录纱嘴的停放以及颜色与纱嘴的对应关系的信息。

UWD:记录的是使用者巨集的要素信息。

1×1:记录的是自定义背面提花的要素信息。

JQD:记录提花组织图信息。

PAT:经过编译后可被程序调用的花样拆分图(花样文件),上机时需导入。

CNT:经过编译后花样的动作文件,横机将根据CNT文件完成编织等动作,上机时需导入。

YXT:作图时用到引塔夏时,编译后会出现此文件类型,上机时需导入。

SET:花样展开文件。

PRM:花样循环信息(即节约设置),上机时需导入。

(2)CNT图与PAT图。将光标移至作图区右侧的"工作区"按钮上停留两秒,或是点击菜单栏上的"视图"→"工具栏"→"工作区",打开CNT窗口;花型编译成功后,打开主作图区的花样图页面即为PAT图,如图8-45所示,其中CNT行与PAT行的信息是一一对应的。此时,可以检查

图8-45 CNT图和PAT图

生成的动作文件是否完整,例如画板行号、纱嘴号、动作、剪刀等,也可以在此做适当的修改。

(3)模拟编织。在 CNT 窗口中功能行处选择"模拟"(图 8-46),出现花型的模拟编织图(图 8-47)。

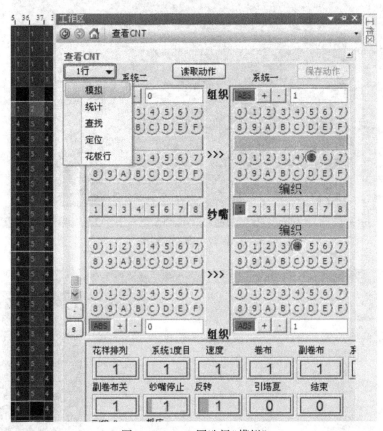

图 8-46　CNT 图选择"模拟"

图 8-47 模拟编织图显示花型的编织动作,在此图中可以检查花型的编织动作是否正确。

(三)成形程序

1. 工艺单输入界面　将光标放在作图区,点击鼠标右键,选择"模板"→"标准";或者直接点击工具栏快捷按钮 🗋,打开"工艺单"窗口,如图 8-48 所示,在此窗口中可以输入成形工艺单的内容。

2. 工艺单输入窗口的功能

(1)机器类型。如图 8-49 所示,选择是否使用起底板,单击"2 系统"处出现"机器类型设置"窗口,在此窗口中选择机型。

(2)起始针数。输入衣片的起始针数。

(3)起始针数偏移。成形衣片起始针偏移针数,一般用在衣片左右两边收针工艺不同时,中心线位于衣片花型外侧,因此需要设置该偏移量将中心线移到花型内容。

(4)废纱转数。衣片编织完后封口废纱的转数,系统默认为 40。

(5)罗纹转数。衣片的罗纹转数,不包括起底空转。

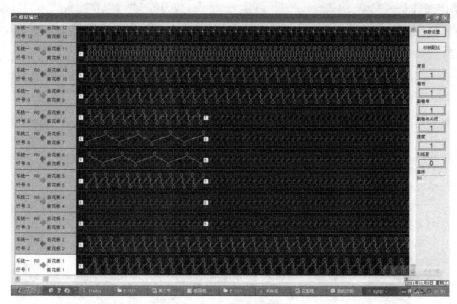

图 8-47　模拟编织图

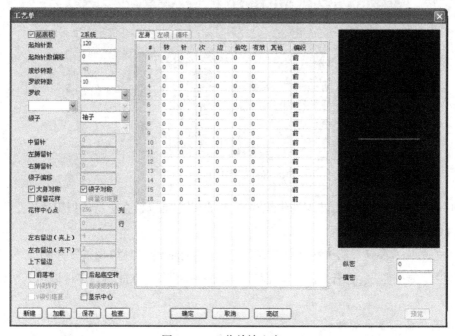

图 8-48　工艺单输入窗口

（6）罗纹。选择下摆罗纹的组织结构,罗纹过渡到大身的过渡方式。

（7）领子。主要是用来选择 V 领、圆领的领子编织的形式。

（8）中留针。用在有开领的衣片,指衣片中间开领需留的针数。

（9）左（右）膊留针。工艺单上开领收针后左（右）肩所剩的针数。

（10）领子偏移。领子默认为居中,如果领子不对称,可以在此输入偏移量。向右偏移为正,向左偏移为负。

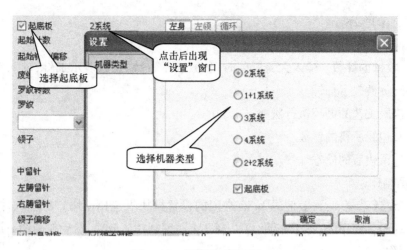

图 8-49　机器类型设置窗口

（11）大身对称、领子对称。对于衣片和 V 领左右收放针相同的模型，可选择"对称"，则在输入工艺时只需输入"左身"或"左 V 领"的工艺即可；如果左右收放针不相同，选择"不对称"，则需要分别输入左身和右身、左 V 领和右 V 领的工艺。

（12）保留花样。勾选"保留花样"后，可以先在作图区做花型，然后将输入好的工艺单成形模板套在花型上，生成成形花型。选择此项后，还需要在"花样中心点"处输入花型中心点的坐标；在"左右留边（夹上）""左右留边（夹下）""上下留边"设置边缘组织的针数。

（13）前落布、后起底空转。根据工艺需要可以选择封口废纱的落布方式和起底空转方式。默认为后落布、前起底控制。

（14）V 领拆行、V 领引塔夏。编织开 V 领衣片时，可以选择 V 领自动拆行或者引塔夏编织方式，默认为 V 领不拆行编织方式。

（15）圆领底拆行。当中留针大于三针时，对于圆领底部的处理。

（16）显示中心。显示成形花型的中心点。

（17）输入工艺单表格。在输入工艺单表格中输入工艺单的内容，如图 8-50 所示。

#	转	针	次	边	偷吃	有效	其他	编织
1	6	0	1	0	0	0		前
2	4	-1	6	0	0	0		前
3	6	0	1	0	0	0		前
4	5	1	6	0	0	0		前
5	0	0	1	0	0	0		前
6	0	0	1	0	0	0		前
7	0	0	1	0	0	0		前

图 8-50　输入工艺单表格

在表格上方选择"左身"，表示下面的表格中输入的内容是大身左侧的工艺；选择"左领"，表示下面的表格中输入的内容是开领左侧的工艺。表格中的内容依次如下。

\#:输入部段的顺序号。

转:表示该段工艺的转数。

针:加针、收针的针数。输入大身工艺时,负数表示收针,正数表示加针;输入领子工艺时,正数表示收针,负数表示加针。

次:表示该段工艺的循环执行次数。

边:收针时边缘所留的针数。

偷吃:收针留边后的偷吃针数。

(四)小图制作

花型程序设计系统中,一般情况下,有常用的设置模块供选择使用。对于软件中没有设置的花型,如果是经常使用的,为了方便,可以自己将花型制作成模块,然后在画图时调用,这一过程称作小图制作。

1. 小图模块的组成 小图模块可以在作图区花样层中(可以是当前花型的结束行上方)任选一行开始,一个小图模块至少要包含开始行、编织动作、模块色数、模块标识四项内容,小图模块的组成如图 8-51 所示。

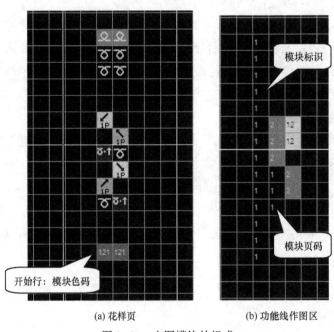

(a) 花样页   (b) 功能线作图区

图 8-51   小图模块的组成

(1)花样页小图的组成。

图 8-51(a)中,花样页中小图的组成从下到上依次为以下几个内容。

①开始行填上需要被定义的模块色码,色码必须在 120~183 之间。

②向上空两行,从第三行起开始定义具体的编织动作信息,动作信息使用设计色码。

③编织动作定义完成后,向上空两行填写自定义的颜色数目,表示模块色数。

④再向上一行填写循环标记,色号为1,如不需要循环则可以不填。

⑤再向上一行填写纵向平移数目,用颜色号码来表示,如不需要纵向平移则可以不填。

(2)功能线指令的设置。

图8-51中(b)是在功能区中根据编织动作可以设置的功能线指令,主要是在 L201 处设置,包括以下几点内容。

①模块标识范围。选择"1"表示花样行必须用到小图的所有色码;选择"2"表示花样行可以用到小图的部分色码。

②模块页码。花样码必须设置相应的页码,用于区分不同的编织动作。

③左右平移针数。设置左右平移的针数,如不需要可以不填。

2. 小图模块的保存

(1)小图模块的保存。圈选小图区域,在主作图区单击右键选择"模板"→"保存"可以保存小图,注意保存时要勾选"是否包含功能线"。为了避免系统升级后小图被覆盖,还需通过"模板→自定义→其他→导出"的功能将自定义的模块保存在硬盘上。

(2)小图的应用。在作图区中直接画出模块色码,在对应的功能线处标出模块标识和模块页码,框选模块色码区域,打开"横机→模板→展开花样",模块色码将被具体的编织动作取代。

思考题

1. 横机编织空气层织物、集圈类织物、移圈类织物、波纹组织、楔形编织及凸条等的织物结构和编织方法。

2. 成形编织针织服装的肩型主要有哪些种类。

3. M1 电脑横机程序设计的流程和设计方法。

4. 国产电脑横机程序设计的方法。

5. 设计一款毛衫产品,计算其编织工艺,并写出编织工艺单。

第九章　袜子产品设计

❈ 本章知识点

1. 袜品的结构与分类。

2. 单针筒袜袜口的种类,平针双层袜口的编织机件与编织方法。袜跟和袜头的结构以及成形编织原理。

3. 双针筒袜的主要成圈机件,抽条素袜的设计与编织工艺。

4. 电脑袜机的特点、编织范围,L501型单针筒电脑袜机的选针原理。

第一节　袜子产品概述

一、袜子的分类

袜品的种类很多,根据所使用的原料,可以分为天然纤维袜,如棉袜、麻袜、毛袜、丝袜等,合成纤维袜如锦纶丝袜、弹力锦纶丝袜、丙纶袜以及各类混纺袜;根据袜子的花色和组织结构可以分为素袜、花袜等;根据袜口的形式可以分为双层平口袜、单罗口袜、双罗口袜、橡筋罗口袜、橡筋假罗口袜、花色罗口袜等;根据穿着对象和用途可以分为宝宝袜、童袜、少年袜、男袜、女袜、运动袜、舞袜、医疗用袜等;根据袜筒长短可以分为连裤袜、长筒袜、中筒袜和短筒袜等;根据织造方法可以分为纬编单针筒袜、双针筒袜、经编网眼袜、分趾袜等。

二、袜子的结构

袜子的种类虽然繁多,但其结构大致相同,仅在尺寸大小和花色组织等方面有所不同。图9-1为三种常见产品的外形与结构图。

下机的袜子有两种形式,一种是袜头敞开的袜坯,如图9-1(a)所示,需将袜头缝合后才能成为一只完整的袜子;另一种是已成形的完整袜子(即袜头已缝合),如图9-1(b)、(c)所示。

长筒袜的主要组成部段一般有袜口1、上筒2、中筒3、下筒4、高跟5、袜跟6、袜底7、袜面8、加固圈9、袜头10等。中筒袜没有上筒,短筒袜没有上筒和中筒,其余部段与长筒袜相同。

不是每一种袜品都有上述的所有组成部段。如目前深受消费者青睐的高弹丝袜结构比较简单,袜坯多为无跟型,由袜口(裤口)、袜筒过渡段(裤身)、袜腿及袜头组成。

袜口的作用是使袜边既不脱散又不卷边;既能紧贴在腿上,穿脱时又方便。在长筒袜和中筒袜中一般采用双层平针组织或橡筋袜口;在短筒袜中一般采用具有良好弹性和延伸性的罗纹组织,也有采用衬以橡筋线或氨纶丝的罗纹组织或假罗纹组织。

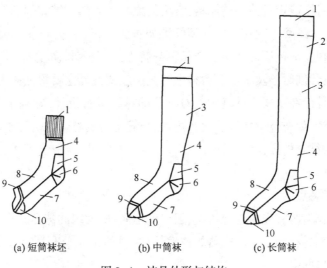

(a) 短筒袜坯　　　　　(b) 中筒袜　　　　　(c) 长筒袜

图 9-1　袜品外形与结构

　　袜筒的形状必须符合腿形,特别是长筒袜,应根据腿形改变各部段的密度。袜筒织物组织除了采用平针组织和罗纹组织之外,还可采用各种花色组织如提花、绣花添纱、网眼、集圈和毛圈等来增加外观效应。

　　高跟属于袜筒部段,但由于这个部段在穿着时与鞋子发生摩擦,所以编织时通常在该部段加入一根加固线,以增加其坚牢度。

　　袜跟要织成袋形,以适合脚跟的形状,否则袜子穿着时将在脚背上形成皱痕,而且容易脱落。编织袜跟时,对应于袜面部分的织针要停止编织,只有袜底部分的织针工作,同时按要求进行收放针,以形成梯形的袋状袜跟。这个部段一般用平针组织,并需要加固,以增加耐磨性。袜头的结构和编织方法与袜跟的相同。

　　袜脚由袜面与袜底组成。袜底容易磨损,编织时需要加入一根加固线,俗称夹底。近年来,随着产品向轻薄方向发展,袜底通常不再加固了。编织花袜时,袜面一般织成与袜筒相同的花纹,以增加美观,袜底无花。由于袜脚也呈圆筒形,所以其编织原理与袜筒的相似。袜脚长度决定袜子的规格尺寸,即袜号。

　　加固圈是在袜脚结束时、袜头编织前再编织 12、16、24 个横列(根据袜子大小和纱线线密度不同)的平针组织,并加入一根加固线,以增加袜子牢度,这个部段俗称"过桥"。

　　袜头编织结束后还要编织一列线圈较大的套眼横列,以便在缝头机上缝合袜头时套眼用;然后再编织 8~20 个横列作为握持横列,这是在缝头机上套眼时便于用手握持操作的部段,套眼结束后即把它拆掉,俗称"机头线",一般用低级棉纱编织。

第二节　袜子产品工艺设计

　　袜子产品的设计包括原料、颜色、款式和花型等内容。根据穿着对象的需求和产品市场定位,结合实际生产条件,确定所使用的原料;常用的原料有天然纤维如棉、麻、毛、丝等,合成纤维如丙纶、涤纶、锦纶、氨纶等。现在一些新型纤维如竹碳纤维、牛奶纤维等也在袜子生产中得到应用。袜品颜色需根据配色原理并结合产品自身特点进行设计,如男袜多以素色为主,女袜则是五颜六色,颜色设计同时涉及编织和后整理工艺。款式设计主要根据袜机的技术条件进行袜子各部段尺寸的设计。在款式设计基础上对袜子的花型进行设计,并确定其编织方法。此外,还有一些装饰性设计,如在袜口加装蕾丝花边,在袜筒上缝制丝带等。袜子的设计是一项原料、设备、技术与美学相结合的工作。

一、机型的技术特点

在设计款式和花型时首先要选定机型,因机型不同,所编织的袜品款式、织物组织以及花型设计的技术条件也不尽相同。了解机器的技术特征,目的是充分利用其编织的许可范围,在设计时扩大想象和创作的空间。

二、设计花型意匠图

1. 图案设计前考虑的因素 设计花型图案时,要根据市场流行趋势和各地的风俗习惯,不同对象的穿着要求和色泽要求,进行图案的构思,在确定图案的草图后,绘制意匠图草图。

2. 花型图案大小的确定 对于全电脑袜机,构思图案等不受花宽、花高和完整循环等限制,想象和设计的空间较大。花宽只要在袜机总针数以内,花高可以在袜口,也可以在袜筒、袜底、过桥等部位,如果需要也可以为整个袜子长度。在电脑袜机专用设计软件上设计好,对颜色、动作等进行连接或编辑后即可输入袜机进行生产。

对于机械控制袜机,需要确定花型图案和完全组织的宽度及高度。

提花组织花型完全组织宽度与提花片的齿数多少及其排列方式有关。在设计花型时可以在最大花宽范围内选择,但选择的花宽应等于针筒总针数的约数。如果不是约数,在实际生产中可以设计一组不完全花型,将这组特殊的花型排在脚底中部的调刀位置。绣花组织的花型宽度,即绣花线圈纵行数与针筒上总针数有关,一般等于或小于针筒总针数的5%。

花型完全组织高度即线圈横列数,一定要等于竖花滚筒上棘轮齿数的约数,有花型缩小装置的可不受此限制。

考虑草图是否符合编织要求,是否还有改进的地方,花型图案是否给人以美的感觉等,在这些条件都成熟后,即可绘制上机图或确定上机工艺。

三、绘制花型上机图

(一)绘制意匠图总体图案

在绘制意匠总体图案时,一般最少要绘制花型的一个完全组织。为了显示完整花型大范围的效果,可在花型的横向和纵向多绘制几个完全组织循环的图案。根据花型图案的特点,设计单独花型或主花和宾花的配置,即花型在袜子上的配置。一般在袜子的一侧,用总针数的一半来表达出袜子花型的完整效果和花型的起始位置等,然后根据使用袜机编织的成圈系统数进行颜色的选配。

（二）提花片的排列

在机械式提花袜机中，提花片排列是根据花型意匠图在袜子上的配置而进行的。提花片齿排列有以下几种基本形式。

1. 不对称花型的排列　由于不对称花型在一个完全组织宽度内没有相同的纵行，因此，每一纵行要有一把提花刀控制，所以，编织不对称花型时，使用的提花刀数等于完全组织宽度的纵行数。提花片经钳齿后，片齿的排列呈"/"或"\"形。

2. 对称花型的排列　由于对称花型在一个完全组织宽度内有一半是对称相同的纵行。因此，相同纵行用一把提花刀控制即可，所以编织对称花型时，提花片经钳齿后，片齿的排列呈"∨"或"∧"形。使用的提花刀数视花型纵行数而定。当花型的纵行数为奇数时，则提花刀数应为花型纵行数+1的一半；当花型的纵行数为偶数时，则提花刀数为花型纵行数的一半。因此，对称花型比不对称花型节省一半提花刀。

3. 复合排列法　复合排列法是对称和不对称花型的组合形式。因为在花型设计中，经常遇到部分对称和不对称混合的花型，根据花型中对称和不对称的部分，应把用刀数减到最少，将提花片齿排列成"/""\"和"∧"相组合的复合排列形式。

4. 并齿的排列法　花型中相同纵行，可使用同一档齿提花片。因此，利用花型所具有的特点，采用并齿排列法可减少用刀量，可使花型的宽度加大，这种方法常在提花花型中使用。

（三）选针片的排列

在机械式提花袜机中，选针片的排法是根据花型位置（即编织的方向）、正花型还是倒置花型以及提花片齿排列的形式而定。在确定选针片的排列时，需考虑以下两点。

（1）花型、提花片和选针片三部分的对称中心轴应符合投影关系，要使它们之间的对称中心始终是在一个投影直线上，否则所编织出的花型就达不到原设计花型的要求。

（2）花型编织方向的起始点既是袜口向上时的正花型位置，也是袜口向下时的倒置花型位置，还要考虑花滚筒的转动方向是顺时针还是逆时针，要保持对应的一致性。

图9-2所示的对称花型是一把伞。在选针片排列时，首先要看提花片齿的排列是采用"∧"形还是"∨"形排列。如是"∧"形，花型的对称中心线交在"∧"形的顶点上，再按顺逆转90°的投影关系，为选针片花型的对称中心线。然后再根据花型编织方向的起始横列和花滚筒的转向，确定花型的转向。如图9-2的花型是袜口向上的正花型，编织方向是由上向下；花滚筒顺时针转。为了保持花型编织与花滚筒起始点的一致性，此时选针片的排列应为花型左半部逆时针转90°。如花滚筒逆时针转，此时选针片的排列为花型右半部顺时针转90°。

根据该花型设计方法，提花片无论排成"∧"或"∨"形，花型无论正置或倒置，花滚筒无论顺时针或逆时针转，都可方便、准确地判断出花滚筒上选针片的排列方法。

如图9-3所示的不对称花型是有把的伞。该花型选针片齿的排列方法与对称花型有所不同，因花型不对称，提花片齿的排列为"/"或"\"形。如提花片齿用"/"形排列时，花滚筒为顺时针转，选针片齿应排列为全花型向左即逆时针方向转90°，编织出的花型与设计花型相同。如花滚筒为逆时针转，选针片齿排列为全花型向右转90°，编织出来的花型为设计花型的反花

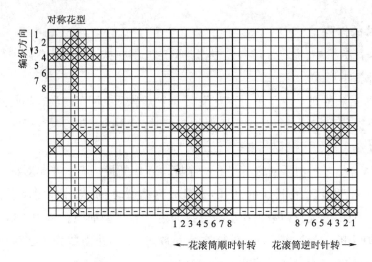

图 9-2　对称花型选针片排列

型(即伞把朝右)。如有些袜机的花滚筒为逆时针转时,选针片齿排列应为全花型向右转 90°后,再翻 180°(如图 9-3 中选针片齿排列图 a 所示),这是设计不对称花型的关键之处,因此在设计选针片齿排列时应注意这一特殊情况。如提花片齿选用"\"形排列时,花滚筒为顺时针转时,选针片齿排列应为全花型左转 90°后,再翻 180°(如图 9-3 中选针片齿排列图 b 所示)。当花滚筒为逆时针转时,选针片齿应排列为全花型向右转 90°。

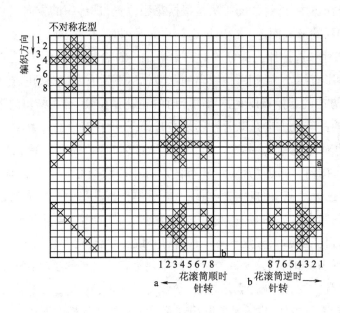

图 9-3　不对称花型选针片排列

四、配色、制订初步工艺和试织

(一)配色

根据袜子组织结构、花型图案的特征和服用对象及不同地区对颜色的要求,确定底色和花型、主色和副色之间的协调和美观。同时,还要注意确定的颜色必须与正常的染色工艺相适应,尤其是新的色谱,更应该考虑到正常生产和技术力量的可能性。

(二)制订初步工艺

绘制花型上机图并经过配色后,要根据消费对象和服用标准,制订初步生产工艺,其内容主要有袜子各部段所用原料、纱线线密度、横拉标准、下机规格尺寸及链条排列等。

(三)试织

设计的袜品经过以上几个步骤后,还需进行上机试织,经调试后,使下机的袜子基本符合设计和工艺的要求。试织后的样品应再听取各方面的意见,进行修改和最后确定,为正式投产做准备。

第三节 单针筒袜与成形编织工艺

圆袜机属于纬编针织机的一类。除袜口部段的起口和袜头、袜跟部段的成形外,其余部段的编织原理均与圆形纬编相同。

一、袜口的编织

单针筒袜子的袜口按其组织结构的不同可分为平针双层袜口、罗纹袜口、假罗纹(单面组织借助衬垫或衬纬氨纶形成类似罗纹效果)袜口几大类。罗纹袜口是先在计件小罗纹机上编织,然后借助套盘,人工将罗纹袜口的线圈一一套在袜机针筒的织针上,接着编织袜筒形成袜坯。衬垫氨纶袜口的编织方法与圆纬机编织同类结构相似。衬纬氨纶袜口是在地组织的基础上,衬入一根不参加成圈的氨纶纬纱。

长筒袜、中筒袜及短筒袜的袜口均有采用双层平针组织的,称为平针双层袜口,其主要编织过程分为起口和扎口两部分。

二、袜跟与袜头的编织

(一)袜头和袜跟的结构

袜跟应编织成袋形,其大小要与人的脚跟相适应,否则袜子穿着时,在脚背上将形成皱褶。

在圆袜机上编织袜跟,是在一部分织针上进行,并在整个编织过程中进行收、放针,以达到织成袋形的要求。

在开始编织袜跟时,相当于编织袜面的一部分针停止工作。针筒做往复回转,编织袜跟的针先以一定次序收针,当达到一定针数后再进行放针,如图9-4所示。当袜跟编织完毕,那些停止工作的针又重新工作。

在袋形袜跟中间有一条跟缝,跟缝的结构影响着成品的质量,跟缝的形成取决于收、放针方式。跟缝

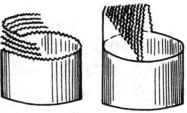

图9-4 袜跟的形成

有单式跟缝和复式跟缝两种。

如果收针阶段针筒转一转收一针,而放针阶段针筒转一转也放一针,则形成单式跟缝。在单式跟缝中,双线线圈是脱卸在单线线圈之上,袜跟的牢度较差,一般很少采用。如果收针阶段针筒转一转收一针,在放针阶段针筒转一转放两针收一针,则形成复式跟缝。复式跟缝是由两列双线线圈相连而成,跟缝在接缝处所形成的孔眼较小,接缝比较牢固,故在圆袜生产中广泛采用。

袜头的结构和编织方法与袜跟相似,一般在编织袜头之前织一段加固圈,在袜头织完之后进行套眼横列和握持横列的编织,其目的是为了以后缝合袜头方便,并提高袜子的质量。

(二)袜跟的编织

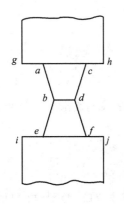

图 9-5 袜跟的展开图

如图 9-5 所示为袜跟的展开图,将 *ab* 部段、*cd* 部段分别与相应部分 *be* 部段、*df* 部段相连接,将 *ga* 部段和 *ie* 部段、*ch* 部段和 *fj* 部段相连接,即可得到袋形的袜跟。

在开始编织袜跟时应将形成 *ga* 部段与 *ch* 部段的针停止工作,其针数等于针筒总针数的一半,而另一半形成 *ac* 部段的针,在前半只袜跟的编织过程中进行单针收针,直到 *bd* 部段针筒中的工作针数只有总针数的 1/6~1/5 为止,这样就形成前半只袜跟如图中 *a—b—d—c* 部段。后半只袜跟是从 *bd* 部段开始进行编织,这时就利用放两针再收一针的方法来使参加工作的针数逐渐增加,以得到如图中 *b—d—f—e* 部段组成的后半只袜跟。

三、单针筒袜产品和工艺简介

(一)添纱袜产品

1. 绣花袜　绣花袜的花型主要为绣花添纱组织,绣花线或面纱按花纹要求覆盖在部分地纱线圈上,形成花纹。由于此组织在花纹的反面有较长的浮线,且花纹部分较厚,凸出于地组织,因此使得花纹突出,具有立体感。绣花花型设计范围一般较小,简单而紧凑,色彩镶嵌明显,穿着舒服,牢度较好。

在设计花型时,同一横列中,同色绣花的中间空针数最好不大于 5 针或连续 5 针以上的实心花纹,否则绣花线反面虚线过长会影响穿着,也会因绣花线抽紧而产生露底现象。同时,还要注意避免设计一针的断花花纹,否则易出残疵。

2. 网眼花袜　网眼花袜是在吊线绣花袜机上编织而成。网眼组织又称为架空添纱组织,是由两根纱线编织而成,地纱在所有针上编织成圈,添纱只在某些针上编织成圈,不成圈处添纱呈浮线状浮在织物反面。一般地纱用较细的纱线编织,添纱用较粗的纱线编织,所以在添纱不成圈处形成孔眼,将孔眼按花型排列,便能显示出网眼花的效果。

网眼组织的结构一般可分为小网眼、大网眼和抽条网眼 3 种。如果网眼是由 1+1 组合形式表示(前数字表示网眼,后数字表示平针),即在同一纵行中,在该横列织网眼,而下一横列织平针,所形成的网眼称为小网眼。如果是 2 列以上,如 2+2 的组合形式,即该纵行在相邻两横列编织网眼,接着又编织两横列平针,形成的网眼为大网眼。如果该纵行始终编织网眼,该纵行称为抽条网眼。为了增加袜子的牢度,一般相邻纵行在同横列中不可同时编织网眼组织。

3. 集圈袜 集圈组织具有孔眼清晰、花型突出及具有一定防织物脱散性能的特点,因而被广泛采用。一般常见花袜有集圈袜、集圈绣花袜和集圈网眼袜等。集圈组织可在多种机型的袜机上编织。在袜品上常用的集圈组织有单针单列或单针多列集圈,多列集圈花型效果虽好,但在外力作用下,常因线圈受力不匀,纱线易于断裂,因而只使用在一些特殊部位,如童袜的袜口和口边。

4. 绣花提花袜 绣花提花袜是将绣花、提花两种不同组织编织在同一袜品上。利用绣花花型具有突出、立体感强的效果与平整的提花花型编织在一起,使两种不同花色效应展现在同一袜子上。设计绣花提花复合组织花型时,需要考虑双色绣花、双色提花和抽条三部分花型的配置。

5. 补纱绣花袜 补纱绣花组织是在添纱网孔组织的网孔处补织绣花线,形成袜面平整、花型清晰的绣花组织,如图9-6所示。补纱绣花组织的不绣花部位由地纱与面纱一起编织平针组织。绣花部位增添一根绣线与面纱一起编织提花组织,即若面纱编织线圈呈现在织物正面,绣花线则以浮线隐藏在织物反面;若绣花线编织线圈呈现在织物正面,那么面纱则以浮线隐藏在织物反面,而地纱始终编织平针组织。

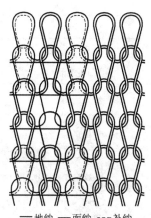

—地纱 —面纱 ---补纱

图9-6 补纱绣花组织

(二)提花袜产品

单针筒提花袜品的提花组织是在纬编单面,间隔且有规律地配有抽紧的小线圈纵行而形成的一种具有类似于罗纹外观的不均匀提花组织。颜色混杂、抽紧的小线圈,相对凹进织物表面,叫作混吃条;提花线圈纵行根据花纹要求,织针仅选择在一个系统垫纱成圈,形成拉长的线圈,颜色明显突出于织物表面,称为凸纹。这种组织也称作提花抽条组织。

图9-7(a)所示为两色提花抽条组织,每一横列由两根不同颜色的纱线交替编织而成,袜品具有两色花纹效应。图9-7(b)为三色提花抽条组织,每一横列由3根不同颜色的纱线交替编织而成,袜品具有三色花纹效应。

在提花线圈的纵行之间适当地配有抽紧的小线圈纵行,可以减少织物反面浮线的长度,增强提花袜品的横向延伸性和弹性,同时可以防止穿着时的抽丝。一般规定提花袜反面浮线的长度,在袜底部位不超过2针,袜面提花部位不超过3针,袜子两边侧花不超过5针。

提花袜品具有很好的色效应,但其反面浮线使其弹性与横向延伸性受到一定影响。为了弥补这一缺陷,目前国内厂家大都采用高弹锦纶丝来编织提花袜品。这不仅改善了提花袜品的弹性和延伸性,还使袜品具有很好的强力与耐磨性。编织提花袜常用袜机机号与加工纱线线密度的关系见表9-1。

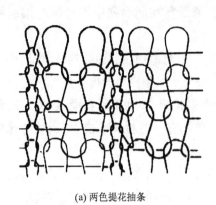

(a) 两色提花抽条

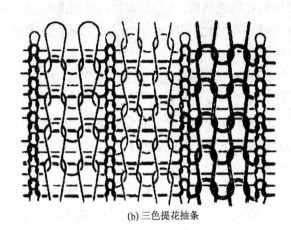

(b) 三色提花抽条

图9-7　提花抽条组织

表9-1　常用提花袜机机号与加工纱线线密度的关系

机　号	14.5	16	17
弹力锦纶主纱	1ltex,7.8tex		7.8tex
弹力锦纶加固纱	7.8tex		7.8tex

(三)横条袜产品

图9-8　横条袜

袜品的横条组织是在织针上周期地调换色纱,使袜品呈现各种颜色的横条花纹,如图9-8所示。最初的横条花型仅在素色袜的基础上进行调线,形成各种色条。后来调线机构应用于两系统、三系统的花袜机和毛圈袜机上,就可织出更多色彩的横条。

横条花袜随着其服用性能的不同,所采用的原料和袜品风格也不同,横条运动袜多采用棉纱或棉锦、棉丙交织,其吸湿性能较好,穿着舒适。编织两系统、三系统横条花纹时,只是将其中一个系统的纱线进行横条调线,增加花袜的色彩,其织物性能和原料选用与不进行横条调线的花袜相同。

(四)毛圈花袜产品

毛圈花袜比较厚实,手感松软,具有良好的保暖性,适于冬季穿着。织物效果类似毛巾,因而也被称为毛巾袜。袜品的毛圈花纹组织是按照所设计的花型,使一部分线圈的沉降弧拉长形成毛圈,另一部分线圈的沉降弧不拉长,不形成毛圈的花纹组织。每个线圈通常由两根纱线编织而成。毛圈处由一根纱线编织平针地组织,另一根纱线编织毛圈。无毛圈处,两根纱线一起编织平针线圈,不形成拉长的沉降弧。

毛圈袜的毛圈如被抽拉,则毛圈中的一部分纱段会发生转移,这将破坏织物表面的均匀性,影响织物外观。为了避免纱段的转移,应将织物编织得紧密些,同时选用摩擦因数较大的纱线进行编织。编织毛圈袜的主要原料有弹力锦纶丝、丙纶丝与棉纱等。毛圈袜机的机号与加工纱线线密度的关系见表9-2。

表 9-2 毛圈袜机的机号与加工纱线线密度的关系

机 号	7.5	8.7	9.8
毛圈纱	7.8~11tex		16.6tex
地 纱	7.8~11tex		

第四节 双针筒袜与成形编织工艺

双针筒袜需要在双针筒袜机上进行编织。双针筒袜机产品的主要特点是:在具有较好弹性和延伸性的罗纹组织的基础上可编织各种花色效应,其产品可分为素袜、凹凸花袜、双色或三色提花袜、提花与凹凸复合袜及绣花袜等。下面主要讲抽条素袜设计与编织。

一、导针片排列

抽条素袜的基本结构是以正反面线圈纵行进行不同排列的罗纹组织,现以 160 枚袜针为例进行工艺设计。袜口为 1+1 罗纹组织,袜筒为 3+2 罗纹组织,袜面部分与袜筒的组织结构相同,仍为 3+2 罗纹组织,而袜跟、袜底、袜头及加固圈部段全部为平针组织,其上机工艺如图 9-9 所示。

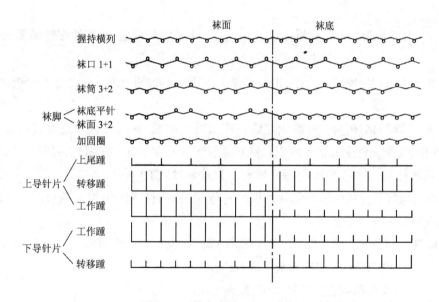

图 9-9 抽条素袜上机工艺图

袜口 1+1 罗纹组织中的编织通过上导针片尾踵的排列来控制,即对应于下针编织的针槽应排具有上尾踵的上导针片。

导针片转移踵的排列比较复杂,是根据袜子各部段的顺序和织物的组织结构来确定的。在上下针筒中,可插有长、中、短三种转移踵的导针片,因此,上下导针片在转移闸刀径向分级进入

(一般可三级进刀)的作用下,可有选择地转移织针。当袜筒编织 3+2 罗纹组织时,对应于下针编织的三根针槽应排具有长踵转移踵的上导针片;对应于上针编织的两根针槽在袜面部分应排具有短踵转移踵的上导针片,在袜底部分应排具有中踵转移踵的上导针片。下导针片转移踵的排列按照袜面部分排短踵,袜底部分排中踵,并可在袜底中部排部分长踵,便于转移闸刀进入和退出工作。

二、编织工艺

双针筒袜品的生产有单只落袜和连续式落袜两种,下面介绍连续式落袜。

连续式落袜的袜坯串连成带状,每只袜品由握持横列、分离横列前罗纹、分离横列、起口、袜口、袜筒、袜跟、袜脚、加固圈、袜头等部段组成,也可根据需要省去其中一些部段。

1. 握持横列　握持横列为平针组织,全部针在下针筒主成圈系统编织。

2. 分离横列前罗纹　此部段为罗纹组织,仅两转。由下转移闸刀将所有双头舌针向上转移,然后由辅助转移闸刀对上导针片的上尾踵作用,再通过转移闸刀使织针 1 隔 1 向下转移。随着针筒的回转,织针分别在上下针筒成圈。

3. 分离横列　分离横列上下织针仍为 1 隔 1 配置。通过针筒每一转下针成圈两次、上针成圈一次来形成。

4. 起口　此时起针闸刀退出工作,上针筒藏针不参加编织。下针仅在主成圈系统编织四个横列的袜口光边,同时衬入四根橡筋线(橡筋线导纱器进入工作),以增加袜口的抱合力与弹性。

5. 袜口　其结构为 1+1 罗纹衬纬组织。此时上下针筒均成圈,橡筋线在针筒每一转主成圈系统衬入。

6. 袜筒　其结构为罗纹凹凸条,由转移闸刀并配合其他机件对织针进行重新排列,形成袜筒抽条。

7. 袜跟　袜跟的结构为平针组织。编织袜跟时由袜跟、袜头起针三角对具有长工作踵的下导针片作用,使袜面针上升退出编织。接着袜底部分所有下针往复编织,并配合挑、揿针器收放针,形成袋形袜跟。袜跟编织结束后,使袜面针重新参加工作。

8. 袜脚　袜脚部段结构为袜底针编织平针组织,袜面针继续编织抽条组织。此时袜针不需转移,因此导针片不动。

9. 加固圈　加固圈为平针组织。此时袜面部分原在上针筒编织的袜针从上针筒转移到下针筒,使所有织针均在下针筒成圈形成平针组织。

10. 袜头　袜头的结构也为平针组织,编织方法同袜跟。

第五节　电脑袜机产品和编织工艺

电脑花袜是由电脑控制编织的各种花袜的统称。电脑袜机种类很多,所能编织的花型也各不相同,但它们有着共同的特点:从袜品的花型设计、款式更新,到袜子各部段编织及袜机故障的监测等全部由电脑进行控制;取消了控制链条、选针滚筒及控制滚筒等机械设备,使袜机结构更趋简单合理,维修与操作更加简便易行,生产效率大幅度提高。

现以意大利罗纳地公司 Lonati L501 型单针筒电脑袜机为例,对机器特性和无跟长筒袜编织方法做介绍。

该机为 4 路编织系统(图 9-10)的单针筒袜机,主要用于生产女式长筒袜。4 路可全部衬垫氨纶包芯纱。每一路均有 3 个电子选针系统,便于提花等花色组织的编织。成圈三角由步进电动机控制,在长袜各部段可实现局部加宽和收紧。

图 9-10　机器编织系统

一、选针原理和基本组织

(一)编织机件

1. 织针　如图 9-11(a)所示,针踵分长、短两种,便于三角径向进出控制。在针筒的针槽中,自上而下安插织针和提花片。

2. 沉降片　如图 9-11(b)所示,沉降片插在沉降片槽中,与针槽相错排列,配合织针进行成圈。

3. 哈夫针　本机采用单片式哈夫针,如图 9-11(c)所示。哈夫针仅在袜子起口与扎口时进入工作。

4. 提花片　如图 9-11(d)所示。每片提花片上仅留一档齿,共有 16 片不同档齿的提花片,受相对应的 16 把电磁选针刀的控制进行选针。

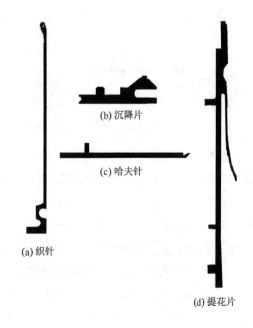

图 9-11　编织机件

(二)选针装置和选针原理

该机每一路喂纱系统有三个电子选针装置,其结构和工作原理与第五章分级式电子选针机构类似,这里不再赘述。

在这里,每个电子选针装置有 ON 和 OFF 两种状态。当电子选针装置为 ON 状态时,表示选针刀片将对应的提花片压进针槽,使提花片上的织针不被选中,不垫纱成圈;相反,当电子选针装置为 OFF 状态时,表示选针刀片不与提花片齿相接触,提花片和其上的织针不受影响,织针可沿三角上升进行编织。此外,还可以进行隔针选针,即选针装置按照某种规律进行选针,常用的有 1+1、1+3、3+1 选针。选针装置在 OFF 或 ON 的状态下加后缀符号"+sel"表示选针。由此,每路三个选针装置(T1、T2、T3)组合动作有 10 种,其代表符号以及对应选针装置状态见表9-3。

表9-3 选针器组合动作列表

选针器	T1	T2	T3	选针器	T1	T2	T3
PB	OFF+sel	OFF	OFF	PSX	OFF	ON	OFF
PBX	OFF+sel	ON	OFF	PTX	OFF	ON	OFF+sel
PN	ON	ON	ON	PTT	OFF+sel	ON	ON
PSA	OFF	OFF	OFF	PTN	OFF	ON	ON
PSJ	OFF	OFF+sel	OFF	PT	OFF	OFF+sel	ON

(三)走针轨迹

三个选针器分别进行选针,控制织针走针轨迹,如图9-12 所示。除脱圈、集圈高度外,有两个退圈高度,即位置 1 和位置 2。

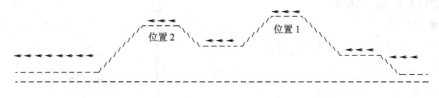

图9-12 织针走针轨迹

选针装置与走针轨迹的对应关系如图9-13 所示。从图9-13 中对应三个选针装置的走针轨迹可以看出,T1 选针装置控制织针是否达到集圈高度;T2 选针装置控制织针是否达到位置 1 成圈;T3 选针装置控制织针是否达到位置 2 成圈。图9-13(a)为 PTN 状态,此时 T1 在 OFF 状态,即织针不受影响,沿三角上升到集圈高度。T2 在 ON 状态,织针未被选中,保持原来高度,不能上升到位置 1,即不能成圈。T3 在 ON 状态,织针同样未被选中,保持原来高度,不能上升到位置 2 进行成圈,因此织针在此路编织了集圈组织。图9-13(b)为 PSX 状态,此时 T1 在 OFF 状态,即织针不受影响,沿三角上升到集圈高度。T2 在 ON 状态,织针未被选中,不能上升到位置 1 的高度进行成圈。T3 在 OFF 状态,织针被选中,继续沿三角上升到位置 2 的高度,垫纱成圈,因此,织针在此路能够垫纱成圈。

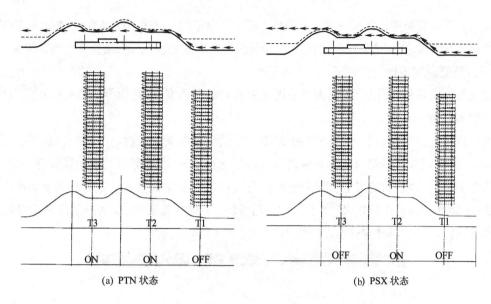

(a) PTN 状态　　　　　　(b) PSX 状态

图 9-13　选针器与走针轨迹

(四)常用组织

表 9-3 中各动作与间隔选针组合可以进行提花、集圈等花色组织的编织。该机常用的组织包括平针、集圈、添纱、提花、衬垫和浮线等,可形成各种网孔、点状、斜纹等花纹外观。具体编织原理在前面章节已有介绍,这里不再赘述。

二、程序设计

该机从花型设计到机器编织均由电脑程序控制,这里对其程序操作步骤进行简单的介绍。

(一)选择机器类型

在画图软件 Photon 中进行。由于 Photon 是 Lonati、Santoni 以及 Denima 几款机器通用的画图程序,所以打开 Photon 程序后首先要选择所使用的机器类型。如图 9-14 所示,这里选择第二项。

(二)创建花型文件并确定袜子尺寸

在工具栏中选择新建文件图标,创建新的花型文件。根据设计的款式,确定宽度(width)、高

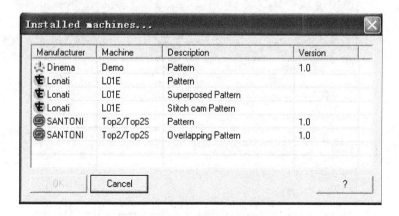

图 9-14　机器类型选择框

度(height),即确定所用针数和编织的横列数。花宽针数范围一般为100~400针,如做重复花型其针数通常为400的约数。横列数由设计的袜子长度和密度决定,袜子越长,所需横列数越大。

(三)花型图案设计

创建花型文件后,可以使用界面上绘图工具自行绘制图案,也可以导入已有的花型文件。

(四)确定编织组织

首先进行机器编织设置,即选择编织路数。根据设计的花型,选择相应的编织组织,即利用选针原理,通过配置花型颜色来控制各路选针器的选针动作、喂纱器的动作和成圈三角的动作。其中花型颜色的设定可以使用机器预设颜色,也可由用户自定义。4路编织系统各选针器的动作有20余种预设颜色进行定义,对于多色提花编织,还需另外选用30余种颜色来定义喂纱器和成圈三角的动作。具体操作步骤如图9-15~图9-17所示。

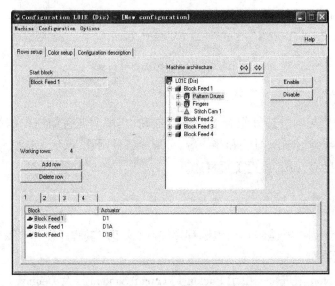

图9-15 定义第1路花型控制器

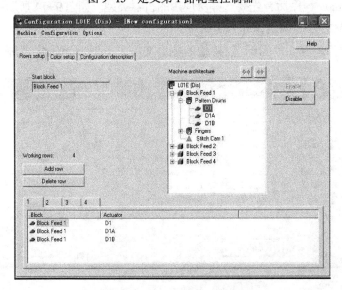

图9-16 定义第1路各选针器

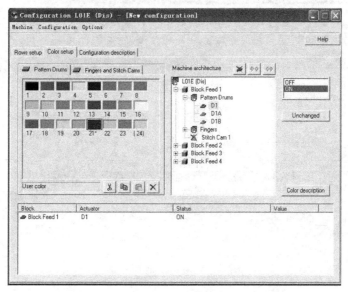

图 9-17　用不同的颜色定义各选针器动作

完成以上配置后,在后续的 Quasar 程序中直接导入设计的 Dis 花型(图 9-18),而 Dis 花型中的颜色就可以按照定义对机器动作进行控制。

(五)编写上机程序

Quasar 程序文件主要控制机器具体编织参数,如机速、吸风频率、导纱器穿纱、纱线张力以及线圈密度等,使设计的花型通过机器编织得以实现。Quasar 程序界面如图 9-19 所示。

由于该机型主要编织女式长筒袜,编织过程需根据脚和腿形的粗细变化分段进行。袜子筒径变化主要通过调节线圈密度来实现,如图9-20所示。图 9-20 中显示将袜子分为 12 段,并分别对各段的宽度等参数进行定义,在程序中通过改变成圈三角位置控制弯纱深度,从而得到所需密度。

(六)程序编译和上机编织

各步程序完成后经检查并编译后存储到机器里或磁盘上,生成机器可以识别的语言,进行编织。下机后得到的袜坯在缝头机上进行袜头缝合后,袜子的编织过程结束。

三、袜品编织实例

以下是 L 501 系列电脑袜机生产的两款女袜编织实例。

1. 提花花型　如图 9-21 所示为 4 色莲花长袜。采用 4 路编织,每横列颜色两两交错。具体编织参数见表 9-4。

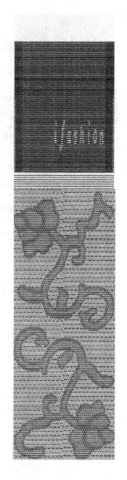

图 9-18　局部 Dis 花型

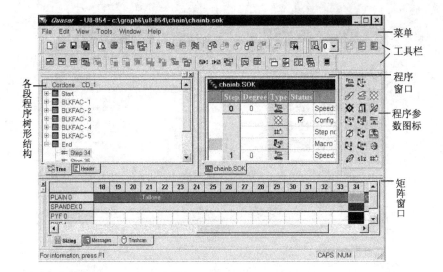

图 9-19　Quasar 程序界面

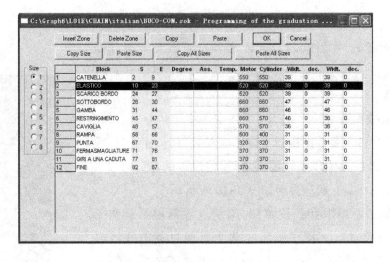

图 9-20　各段参数设置

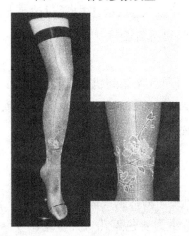

图 9-21　莲花长袜

表 9-4　莲花长袜编织参数

机　　型	LONATI L501	编织路数	4
针数	400	编织时间	1′45″
筒径(cm)	10(4 英寸)	下机重(g)	16.3
机号	E32	纱线颜色数	4
原料	弹性橡筋线, 22 dtex;锦纶染色变形纱,44/10/1 dtex,S-Z 捻;锦纶 6-6 亮丝,55/34 dtex;丙纶变形纱,78/25/1 dtex,S-Z捻		

2. 变密度花型　图 9-22 所示为克什米尔风格的变密度长袜。用 4 路编织,采用三种密度等级,纱线不剪断。袜子表面呈现凹凸起伏的花纹效果,下机后经染色工序使花型效果更加明显。具体编织参数见表 9-5。

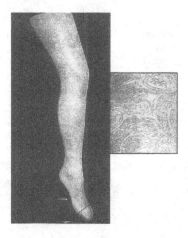

图 9-22　变密度长袜

表 9-5　变密度长袜编织参数

机　　型	LONATI L501	编织路数	4
针数	400	编织时间	2′25″
筒径(cm)	10(4 英寸)	下机重(g)	27
机号	E32	纱线颜色数	1
原料	弹性橡筋线, 17 dtex;锦纶,20/20/1 dtex,S-Z 捻;锦纶 6-6 亮丝,44/28 dtex		

☞ **思考题**

1. 按袜筒长短可将袜子分成几类? 各组成部分的名称是什么?

2. 单面圆袜袜口有哪几种?

3. 简要说明袋形袜跟的形成方法。

4. 电脑袜机的特点是什么?

5. 电脑袜机的程序设计包括哪些内容?

下篇
经　编

第十章　概述

❀ **本章知识点**

1. 经编针织物的基本概念。

2. 经编线圈的组成及其织物的基本参数。

3. 经编针织物的分类。

4. 特里科与拉舍尔经编针织物的主要区别。

5. 经编针织物的结构、性能和特点。

6. 经编针织物的设计与生产方法。

7. 经编生产工艺流程。

8. 经编针织物组织的表示方法。

9. 经编基本组织及其结构和性能特点。

第一节　经编针织物的基本概念

一、经编的线圈结构

经编针织物的基本结构单元是线圈。经编线圈由线圈主干和延展线组成,如图 10-1 所示。线圈的串套使织物在纵向连接起来,而横向则由延展线或其他成分连接,如图 10-2 所示。经编线圈可以分为开口线圈和闭口线圈,如图 10-3 所示。针前与针背作同向垫纱或有针前垫纱但针背横移为零时形成开口线圈,针前与针背作反向垫纱形成闭口线圈。

图 10-1　线圈的组成

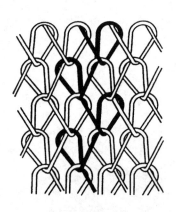

图 10-2　经编针织物的结构

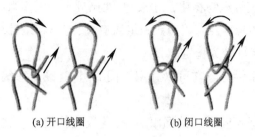

(a) 开口线圈　　　　　(b) 闭口线圈

图 10-3　开口线圈和闭口线圈

如图 10-4 所示,织物的工艺正面为圈柱覆盖圈弧和延展线的一面,其工艺反面即为延展线和圈弧压住圈柱的一面。织物的使用面可能是工艺正面,也可能是工艺反面。

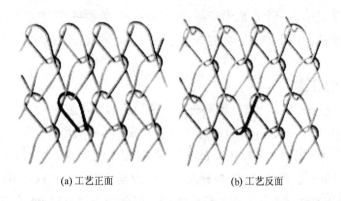

(a) 工艺正面　　　　　　(b) 工艺反面

图 10-4　工艺正面和工艺反面

线圈纵行与横列如图 10-5 所示,由同一根针形成的纵向串套的一系列线圈,称为线圈纵行。织物的纵行数小于或等于机器上的工作针数。线圈横列表示所有工作织针完成一个编织循环所形成的一系列线圈。

经编线圈密度中单位长度通常取 1cm,分别用 *cpc* 和 *wpc* 表示纵密和横密;有时也用每英寸(2.54cm)长度中的线圈横列数和纵行数表示,分别为 *cpi* 和 *wpi*。

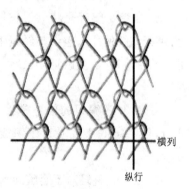

横列

纵行

图 10-5　线圈纵行和横列

二、经编针织物的分类

经编针织物品种繁多,根据织物形成方法、结构与性能特点,可分为特里科经编织物、普通拉舍尔经编织物、贾卡经编织物、多梳栉经编织物、双针床经编织物、取向经编织物等。

三、经编针织物的特点

(1)经编针织物的生产效率高,最高机速已达 4000r/min 以上,门幅达 660cm(260 英寸),效率可达 98%。

（2）经编针织物与纬编针织物相比，一般延伸性比较小。大多数纬编针织物横向具有显著的延伸性，而经编针织物的延伸性与梳栉数和组织有关，有的经编针织物横向和纵向均有很大的延伸性，但有的织物则尺寸较为稳定。

（3）经编针织物防脱散性好。它可以利用不同的组织，减少纬编针织物因断纱、破洞而引起的线圈脱散现象。

（4）经编针织物能形成不同形式的网眼组织，花纹变换简单。在生产网眼织物方面，与其他生产技术相比，经编技术更具有实用性。生产的网眼可以有不同大小和形状，并且织物形状稳定，不需要经过任何特殊的整理以使织物牢固。

（5）利用地梳栉编织网眼底布，花梳栉在网眼底布之上形成各种花型，生成网眼类提花织物，即弹性或非弹性的满花织物或条形花边，主要用作女性高档内衣和外衣面料。

（6）利用双针床经编机能生产成形产品，如连裤袜、无缝紧身衣、围巾和包装袋等。

（7）经编针织物能使用不同线密度的纱线进行幅度不同的衬纬编织。

四、经编生产工艺流程

经编生产工艺流程一般为：原料（原料进厂→原料检验→堆置）→整经→编织→整理（前处理→染色→水洗→定型）→入库（检验→打卷→进入成衣车间或坯布仓库）。

1. 原料　经编生产用的原料以化纤长丝为主，其中涤纶丝、涤纶低弹丝、锦纶丝应用最为广泛；锦纶高弹丝、丙纶丝、氨纶、PBT、蚕丝及各类黏胶丝应用较多；各类短纤维纱线，如棉、毛、麻、锦纶、绢丝及各类混纺纱亦开始用于经编生产。因此，几乎任何纱线均可用于经编生产，只要选用合适的机型和机号，并对纱线进行适当的前处理即可。

2. 整经　整经是将纱线按照编织工艺所需的根数、长度，以一定的张力平行卷绕到经轴上，供经编机使用。整经是经编生产的准备工序，相当于纬编的络纱。整经质量的好坏对经编生产的影响很大，实践证明，经编中的疵点有80%是由于整经不良而造成的，由此可见整经的重要性。

3. 编织　编织的任务是将经过准备工序加工处理的经纱通过经编机根据织物规格要求，按照一定的工艺设计编织成织物。编织工序的产量、质量和消耗直接影响企业的经济效益。

4. 整理　整理对于经编面料而言，可提高其美观性、实用性，经编产品的利润和高附加值往往通过整理来实现。目前，国际上功能性纺织品被日益发展的需求所推动，功能性整理技术正越来越多地应用到织物整理中去。

5. 入库　对成品进行品质检验，并打包入库，或直接进入成衣车间。

第二节　经编针织物组织的表示方法

经编针织物组织结构的表示方法有线圈图、垫纱运动图、垫纱数码等。

一、线圈图

线圈图有时又称为线圈结构图。它可以清晰、直观地反映经编针织物的线圈结构和导纱针的运动情况,以及纱线之间的覆盖关系。但绘制费时,表示与使用不够方便,尤其对于较为复杂的多梳栉和双针床经编织物,很难用线圈结构图清楚地表示,因此在实际生产中很少采用。图10-6为某种经编织物的线圈结构图。

二、垫纱运动图

垫纱运动图是在点纹纸上根据导纱针的垫纱运动规律自下而上逐个横列画出其垫纱运动轨迹,它也是一种垫纱轨迹的图形记录方式。点纹纸上的每个小点代表一枚针的针头,小点的上方代表针前,小点的下方表示针后。横向的一排点表示经编针织物的一个线圈横列,纵向的一列点表示经编针织物的一个线圈纵行。用垫纱运动图表示经编针织物组织比较直观方便,而且导纱针的运动与实际情况完全一致。图10-7是某种织物的垫纱运动图。图10-7(a)、(b)是同一垫纱轨迹的不同画法。

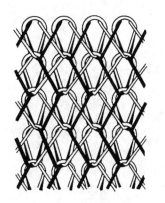

图 10-6 线圈结构图

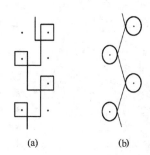

(a)   (b)

图 10-7 垫纱运动图

与单针床不同,表示双针床经编组织的意匠纸通常有三种,如图10-8所示。图中(a)用"●"表示前针床上各织针针头,用"×"表示后针床上各织针针头;其余的含义与单针床组织的点纹意匠纸(点纸)相同。图中(b)都用黑点表示针头,辅以标注在横行旁边的字母"F"和"B",以分别表示前、后针床的织针针头。图中(c)以两个间距较小的横行表示在同一编织循环中的前、后针床的织针针头。另外,也有使用不同直径大小的圆点(黑色或其他颜色)来表示前后针床的针头[图中(d)]。

在这些意匠纸上描绘的垫纱运动图与双针床组织的实际状态有较大差异。其主要原因如下。

(1)代表前、后针床针头的各横行黑点都是上方代表针钩侧,下方代表针背侧。也就是说:前针床的针钩对着后针床的针背,这与两个针床的织针针钩都是向外的排列的实际情况不符。

(2)在双针床经编机的一个编织循环中,前后针床虽非同时编织,但前后针床所编织的线圈横列处于同一水平位置。而在上述意匠纸中,同一编织循环前后针床的垫纱运动是分上下两排画的。

三、垫纱数码

垫纱数码有时也称为垫纱数字记录或组织记录,它是以数字顺序标注针间间隙的方法来表示经编组织。数字排列的方向与导纱梳栉横移机构的位置有关,对于梳栉横移机构在左面的经编机,数字应从左向右标注;对于梳栉横移机构在右面的经编机,数字则应从右向左标注。早先的拉舍尔型经编机的针间序号一般采用偶数,如 0、2、4、6…,而特里科经编机多采用正整数标注,如 0、1、2、3…。现已都采用 0、1、2、3…编号。垫纱数码顺序记录了各横列导纱针在针前的横移情况。与图 10-9 所对应的垫纱数码为:

GB1:1—0/2—3/1—0/2—3/1—0/1—2/2—1/1—2//;

GB2:1—0/1—2/2—1/1—2/1—0/2—3/1—0/2—3//;

GB3:2—3/1—0/2—3/1—0/2—3/1—0//。

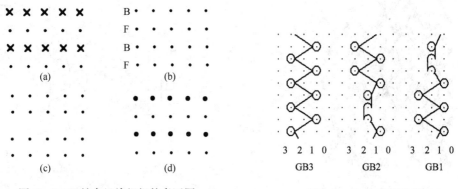

图 10-8　双针床经编组织的意匠图　　　　图 10-9　垫纱运动图

其中 GB1、GB2、GB3 分别表示第一、第二和第三把梳栉,横线连接的一组数字表示某横列导纱针在针前的横移方向和距离。在相邻的两组数字中,第一组的最后一个数字与第二组的起始数字表示梳栉在针背的横移情况。上例 GB2 第一横列的垫纱数码为 1—0,它的最后一个数字为 0,第二横列的垫纱数码为 1—2,它的起始一个数字为 1,因此 0—1 就代表导纱针在第二横列编织前,进行的针背横移的方向和距离。

对于双针床织物来讲,其垫纱数码的表示有所不同,例如,某把梳栉的垫纱数码为:2—0,2—2/2—4,2—2//,这里用"/"区别不同的横列,用"//"表示完整组织循环,用"—"前后的数字组合表示针前垫纱运动的方向和距离,而在一个横列中,则用","将前后针床的针前垫纱区分开。又如某把梳栉的垫纱数码为:1—0—1—1/1—2—1—1//,同前面相同,用"/"区别不同的横列,用"//"表示完整组织循环,但一个横列中第一个和第三个"—"及其前后的数字组合分别表示前后针床上的针前垫纱方向和距离,而第二个"—"只起到连接作用。

第三节　经编基本组织

经编基本组织为单梳栉组织,很少单独使用,但它是构成多梳栉经编组织的基础。

一、编链组织

每根经纱始终在同一枚针上垫纱成圈的组织,称为编链组织,如图 10-10 所示,有开口编链和闭口编链两种。

编链组织纵行之间无联系,只能编织成细条带,不能形成整块织物。故不单独应用。有时可利用编链组织线圈无横向联系的结构特色,在该处形成孔眼。

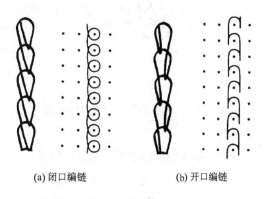

(a) 闭口编链　　　　(b) 开口编链

图 10-10　编链组织

编链组织纵向延伸性较小,主要取决于纱线弹性。其与衬纬结合,所形成的针织物纵向、横向延伸性都很小,与机织物相似,因此,欲获得纵向延伸性小的织物应考虑使用编链组织。

编链组织可逆编结方向脱散。利用其脱散性在编织花边时,将编链组织作为分离纵行使花边与花边联系起来,织成宽幅的花边坯布,经后整理再将编链脱散使花边相互分离。

二、经平组织

每根纱线轮流在同一针床的两枚针上垫纱成圈的组织,称为经平组织。根据两枚织针横跨的纵行数可以分为二针经平组织、三针经平组织、四针经平组织等。

1. 二针经平组织　每根纱线轮流在相邻的两枚针上垫纱成圈的组织称为二针经平组织,又称为经平组织。线圈可以是闭口,也可以是开口,如图 10-11 所示,也可以是两者交替。

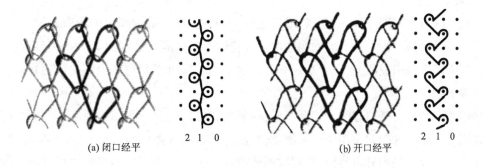

(a) 闭口经平　　2 1 0　　　　(b) 开口经平　　2 1 0

图 10-11　经平组织

二针经平组织中,同一纵行的线圈由相邻两根纱线交替形成。所有线圈都具有单向延展线,也就是说线圈的导入延展线和引出延展线都处于该线圈的一侧。由于纱线弯曲处力图伸直,使线圈处于倾斜状态,因此,经平组织的线圈纵行呈曲折形排列在针织物中。线圈向着延展线相反的方向倾斜。线圈的倾斜度与纱线弹性和针织物密度有关。

2. 多针经平组织 横跨三针以上的经平组织统称为多针经平组织。如图10-12所示,横跨三针范围的经平组织,称为三针经平组织,又称经绒组织。

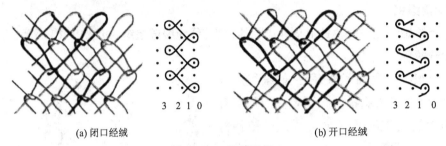

(a) 闭口经绒   (b) 开口经绒

图 10-12 经绒组织

该组织延展线横跨三针,线圈断裂能脱散,但不会分成两片,因反面有延展线连接,是常用的一种基本组织。

如图10-13所示的横跨四针的经平组织,称为四针经平组织,又称经斜组织。

另外,多针经平组织可以横跨更多纵行,如9个纵行,即九针经平,甚至出现十四针经平组织。经平组织中,一般延展线愈长,横向延伸性愈小。

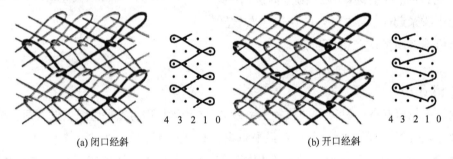

(a) 闭口经斜   (b) 开口经斜

图 10-13 经斜组织

三、经缎组织

每根纱线依次在同一针床上三枚或三枚以上的针上成圈的组织称为经缎组织。在一个完全组织中,导纱针横移的大小、方向和顺序可按花纹要求决定。图10-14为一种经缎组织,因为在五枚针上顺序编织成圈,所以常称为五针经缎组织。有时以其完全组织的横列数命名,如四横列经缎组织。

经缎组织往往由开口和闭口线圈组成,一般在垫纱转向时采用闭口线圈,而在中间的则为开口线圈。在垫纱转向时采用闭口线圈称转向线圈,转向线圈倾斜较大,故在转向处往往产生孔眼。中间一般都采用开口线圈,延展线处于线圈两侧。由于两侧纱线弯曲程度不一样,线圈向弯曲程度较小的方向倾斜,倾斜程度比转向线圈小,接近于经平组织的形态,如这种线圈很

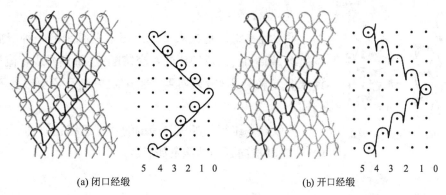

(a) 闭口经缎   (b) 开口经缎

图 10-14 经缎组织

多,其性质类似于纬平针织物。

该组织在线圈断裂时能沿纵行逆编结方向脱散,但不会分成两片(因为开口线圈延展线在线圈两侧,脱散后是一浮线与相邻纵行连接)。

四、重经组织

每根纱每次同时在相邻两枚针上垫纱成圈的经编组织称为重经组织。导纱针在针前横移两个针距。重经组织可在基本组织的基础上形成。图 10-15 为重编链组织,图 10-16 为重经平组织,后一横列相对于前一横列移过一个针距,此组织在单梳栉时采用 1 隔 1 穿经便能形成整片的经编织物。重经组织有闭口和开口线圈,其性质介于经编与纬编之间,具有脱散性小、弹性大等优点。

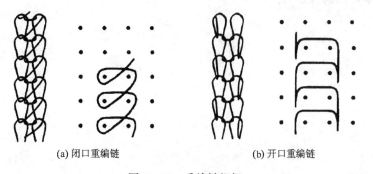

(a) 闭口重编链   (b) 开口重编链

图 10-15 重编链组织

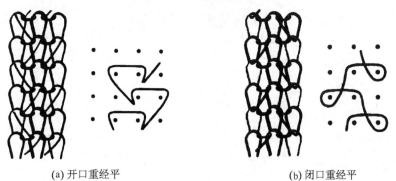

(a) 开口重经平   (b) 闭口重经平

图 10-16 重经平组织

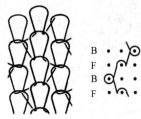

图 10-17　罗纹经平组织

五、罗纹经平组织

罗纹经平组织是在双针床经编机上编织的一种双面经编基本组织,编织时,前后针床的针交错配置,每根纱线轮流地在前后针床共三枚针上垫纱成圈。图 10-17 显示了罗纹经平组织的结构。

罗纹经平组织的外观与纬编的罗纹组织相似,但由于延展线的存在,其横向延伸性能不如后者。

☞ 思考题

1. 叙述经编线圈各部分的结构组成。

2. 简述线圈横列、线圈纵行、纵密、横密、工艺正面、工艺反面、开口线圈和闭口线圈的概念。

3. 简述经编针织物的分类。

4. 与纬编针织物相比,经编针织物有何特点?

5. 简述经编生产工艺流程。

6. 经编组织有哪些表示方法?

7. 简述各种经编针织物组织结构表示方法的优缺点。

8. 经编基本组织的定义及表示方法。

9. 经编基本组织的性能特点。

第十一章 单面少梳栉经编组织与产品设计

✽ **本章知识点**

1. 了解单面少梳栉经编组织的种类及其特点。
2. 掌握满穿双梳经编组织的类型和显露关系,会进行相应的产品设计和工艺上机。
3. 掌握空穿双梳经编组织的形成原则,会进行网孔产品设计和工艺上机。
4. 了解缺垫、缺压及压纱经编组织的编织原理,会进行相应的产品设计和工艺上机。
5. 掌握衬纬经编组织的分类和形成方法,会进行相应的产品设计和工艺上机。
6. 掌握毛圈经编组织的编织原理,会进行相应的产品设计和工艺分析。

第一节 素色满穿双梳经编组织与产品设计

采用两把满穿同色纱线的梳栉,作基本组织垫纱运动形成的经编组织,称为素色满穿双梳经编组织。

一、满穿双梳经编组织的命名

双梳组织以两把梳栉编织并对组织进行命名。若两把梳栉编织相同组织,如两把梳栉均编织经平组织,则命名为双经平组织。若两把梳栉编织不同组织,通常有两种方式命名:一是以后梳组织名称在前,前梳组织在后,如前梳编织经平组织,后梳编织经绒组织,则命名为经绒平组织;二是以前梳的组织名称放在前面,后梳的放在后面,中间用"/"相连,如前梳编织经平组织,后梳编织经绒组织,称为经平/经绒组织。如二梳均编织较复杂的组织,则要分别给出其垫纱运动图或垫纱数码。

二、素色满穿双梳经编组织

1. 双经平组织 两把梳栉都编织经平组织,垫纱运动方向相反。编织时,可用闭口线圈,也可用开口线圈或两者搭配编织。如图11-1所示为双经平组织的垫纱运动图。

一般两梳采用对称垫纱(组织相同,垫纱方向相反),即两把梳栉在编织同一横列时垫纱运动方向相反,这样可使线圈保持直立状态。

一般来说,两把梳栉在同一横列中作对称垫纱运动时,前梳纱线会显露在坯布的正反两面。但两梳纱线的显露关系所受影响因素较多,如垫纱角度、梳栉横移方向、纱线细度、送经量、线圈类型、针背垫纱长度以及机件调整等。

2. 经平绒组织 如图 11-2 所示,前梳采用经绒组织,后梳采用经平组织。由于在这种组织中前梳经绒延展线跨过一个纵行,在线圈断裂要使纵行脱散时,坯布结构仍然与前梳延展线联系在一起。经平绒组织中前梳长延展线显露在织物表面,手感柔软,表面平整,延伸性好,毛型感好,但抗起毛起球性较差。这种结构基本是最轻的平布结构,织物尺寸稳定性好,厚薄适中,因此该组织广泛用于衬衣和外衣织物的生产。

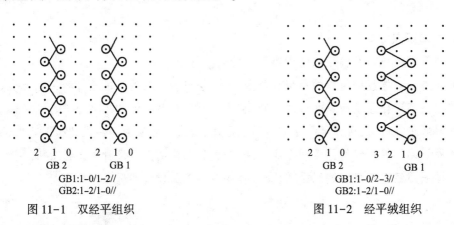

图 11-1 双经平组织   图 11-2 经平绒组织

3. 经绒平组织 如图 11-3 所示,前梳采用经平组织,后梳采用经绒组织。该组织将长延展线放在后梳,短延展线放在前梳,如采用反向垫纱,前梳纱显示在工艺正反两面,后梳纱被前梳纱包裹,前梳的短延展线将后梳长延展线束紧,使坯布的结构稳定紧密,同时起到抗起毛起球作用;其缺点是手感和毛型感较差。

4. 经平斜组织 如图 11-4 所示,前梳采用经斜组织,后梳采用经平组织。织物表面的延展线更长,工艺背面具有软滑的浮线段,具有很好的光泽。经加工可形成毛绒坯布或经过割绒加工形成割绒坯布。用这种方法加工的织物也叫拉绒织物。为了增加毛绒高度,前梳可以作五针经平垫纱运动。

5. 经斜平组织 如图 11-5 所示,前梳采用经平组织,后梳采用经斜组织。由于后梳经斜组织较长的延展线被前梳经平组织短延展线包覆在织物里层,使得织物稳定性较好,适合用作印花底布。

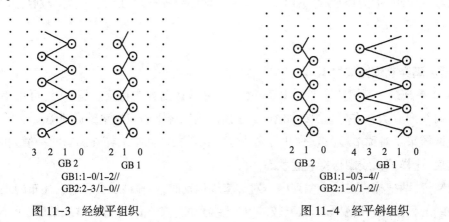

图 11-3 经绒平组织   图 11-4 经平斜组织

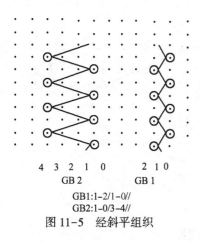

4 3 2 1 0   2 1 0
GB 2   GB 1
GB1:1-2/1-0//
GB2:1-0/3-4//

图 11-5 经斜平组织

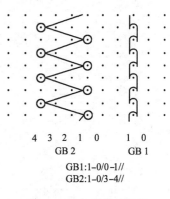

4 3 2 1 0   1 0
GB 2   GB 1
GB1:1-0/0-1//
GB2:1-0/3-4//

图 11-6 经斜编链组织

6. 经斜编链组织 如图 11-6 所示,前梳采用编链组织,后梳采用经斜组织。由于经斜组织较长的延展线被编链组织束缚,使得坯布纵、横向延伸性均较小,因此,坯布的尺寸稳定性较好。编链如使用色纱后,可形成色彩鲜艳的纵条纹。

第二节 花色满穿双梳经编组织与产品设计

在满穿双梳组织的基础上,采用一定根数,一定顺序穿经的多色经纱可以得到花色平纹效应的经编织物。

1. 彩色条纹 采用色纱穿纱,可以得到最简单的经编花纹即为彩色纵条纹。例如两梳结构,后梳编织经绒:2-3/1-0//,前梳编织编链:1-0/0-1//,后梳满穿白纱线,前梳按一定顺序穿白、红两色纱,则形成红白相间的彩色纵条纹效果如图 11-7 所示。纵条的宽度取决于色纱连续穿纱循环数。

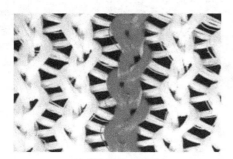

(a) 彩色纵条工艺正面   (b) 彩色纵条工艺反面

图 11-7 彩色纵条纹效果图

除了彩色纵条纹,还可以利用梳栉垫纱的走向形成彩色曲折条纹。纵条曲折角度和曲折位移取决于梳栉作针背垫纱横移的规律。例如图 11-8 所示的变化经缎组织,后梳穿经为全白,前梳穿经为 2 黑、24 粉红、2 黑、12 白、4 黑、12 白,所得坯布就显示了色彩对比鲜明的粉红和白色的大宽度曲折纵条,配置着细窄的黑色曲折纵条。

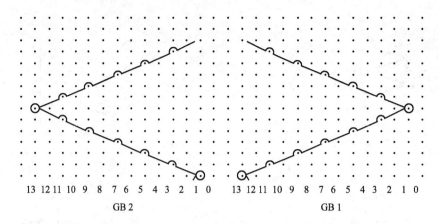

图 11-8　经缎组织形成曲折纵条

这时前后两把梳栉均作隔针经缎组织,其垫纱数码为:

(1)GB1:12-13/11-10/9-8/7-6/5-4/3-2/1-0/2-3/4-5/6-7/8-9/10-11//。

(2)GB2:1-0/2-3/4-5/6-7/8-9/10-11/12-13/11-10/9-8/7-6/5-4/3-2//。

2. 图案花纹　在基本满穿双梳组织的基础上,可利用一定的穿经方式与适当的垫纱运动相配合,得到菱形、方格、六角形等花纹图案。图 11-9 表示以 16 列经缎组织形成菱形花纹的一例。其垫纱数码如下。

(1)GB1:1-0/1-2/2-3/3-4/4-5/5-6/6-7/7-8/8-9/8-7/7-6/6-5/5-4/4-3/3-2/2-1//。

(2)GB2:8-9/8-7/7-6/6-5/5-4/4-3/3-2/2-1/1-0/1-2/2-3/3-4/4-5/5-6/6-7/7-8//。

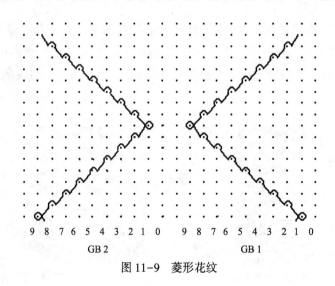

图 11-9　菱形花纹

其穿经如下(A——白色,B——黑色)。

GB1:1A,8B,7A。

GB2:8B,8A。

图 11-10 表示一种方格花纹垫纱运动图。其垫纱数码如下。

GB1:1-0/1-2/1-0/1-2/1-0/1-2/1-0/3-4/7-8/7-6/7-8/7-6/7-8/7-6/7-8/5-4//。

GB2：7-8/7-6/7-8/7-6/7-8/7-6/7-8/5-4/1-0/1-2/1-0/1-2/1-0/1-2/1-0/3-4//。

其穿经为（A——白色，B——黑色）。

GB1：8A，8B。

GB2：8A，8B。

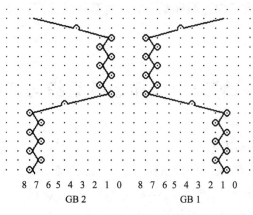

8 7 6 5 4 3 2 1 0 　 8 7 6 5 4 3 2 1 0
　　　GB 2　　　　　　　　GB 1

图 11-10　方格花纹

这样就在坯布表面得到宽为 8 纵行，高为 7 横列的方格，当然其边缘是有些模糊的。如图 11-11 所示为一种六角形花纹垫纱运动图。其垫纱数码如下。

GB1：1-0/1-2/2-3/3-4/4-5/5-6/6-7/7-8/8-9/9-10/9-8/9-10/9-8/9-10/9-8/9-10/9-8/9-10/9-8/8-7/7-6/6-5/5-4/4-3/3-2/2-1/1-0/1-2/1-0/1-2/1-0/1-2/1-0/1-2/1-0/1-2//。

GB2：9-10/9-8/8-7/7-6/6-5/5-4/4-3/3-2/2-1/1-0/1-2/1-0/1-2/1-0/1-2/1-0/1-2/1-0/1-2/2-3/3-4/4-5/5-6/6-7/7-8/8-9/9-10/9-8/9-10/9-8/9-10/9-8/9-

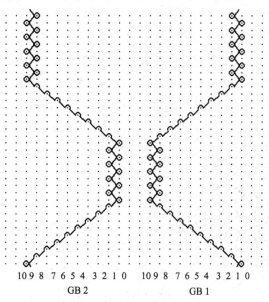

10 9 8 7 6 5 4 3 2 1 0 　 10 9 8 7 6 5 4 3 2 1 0
　　　　GB 2　　　　　　　　　GB 1

图 11-11　六角形花纹

10/9-8//。

其穿经为(A——白色,B——黑色)。

GB1:8A,8B。

GB2:8A,8B。

这样制成的经编坯布在横向为两种颜色的六角形相间,同色的六角形形成跳棋状配置,并由混杂色部分相连接。

第三节 满穿少梳栉经编组织与产品设计

一、经编平纹产品的一般工艺

普通经编平纹产品一般在普通的特里科型经编机上编织,常采用2~3把满穿的梳栉,而极少用单梳或三把以上的梳栉编织;常用机号多为 E28~E32,现正有向高机号如 E36~E44 方向发展,以获得质地细腻的薄型织物。

弹力平纹织物也是2~3梳特里科经编机的主要产品,后梳使用氨纶弹性纱经平垫纱,前梳使用锦纶或涤纶作经绒或其他组织垫纱。这类产品质地柔滑、轻盈、色泽鲜艳,具有优良的纵横向延伸性和回复弹性,坯布经染色或印花后所制成的内衣、健美服、泳衣、连裤袜等穿着舒适美观,运动方便自如、无压迫感,始终贴身,能体现形体美,可作妇女紧身衣、运动衣、游泳衣等。

在组织结构上,经编平纹织物编织时各梳栉的垫纱运动多以编链、经平及经缎等基本组织或其变化组织为主,其花纹循环高度一般较小。根据是否配置色纱,可分为素色经编平纹织物和花色经编平纹织物。常用于经编平纹织物的组织结构有经绒平、经平绒、经平斜、经斜平、编链经斜、编链经平等,这些组织结构的主要特点与应用如下。

(1)经平绒结构(反向):GB1:1-0/2-3//,GB2:1-2/1-0//,如图11-12所示,其中 A 为后梳经平纱,B 为前梳经绒纱。显然,前梳经纱显露于织物的两个外表面。由于两把梳栉反向垫纱,因而织物正面的线圈呈直立的"V"字形结构;而在反面,前梳纱形成的长延展线自由地浮在织物表面,而后梳纱的短延展线被包在里层,这样织物表面比较平滑。经绒平结构(反向):GB1:1-0/1-2//,GB2:2-3/1-0//。由于越过两个针距,储备了较多纱线的后梳长延展线被夹在织物里层,前梳纱短延展线在外,这种配置恰与经平绒组织相反,短延展线受长延展线摩擦阻力的遏制,纱线转移有限,这就降低了织物的延伸性,因而一般多用作加工外衣、运动衣或旗帜布。同时,该织物纵密较小,成品门幅较宽,在生产中必须减小织幅,有时会因仅使用部分针床编织而提高了编织成本。

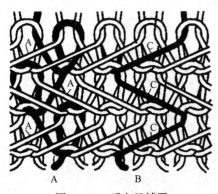

图11-12 反向经绒平

(2)经斜平结构(反向):GB1:1-0/1-2//;GB2:3

-4/1-0//或 4-5/1-0//,又称"雪克斯金"结构,织物结构比经绒平更加稳定。经平斜结构(反向):GB1:3-4/1-0//或 4-5/1-0//;GB2:1-0/1-2//,又称"经编缎子"。经斜平与经平斜结构正好相反,简单的变化垫纱运动产生了完全不同的织物特性。"经编缎子"织物延伸性好,柔软且悬垂性好;而"雪克斯金"正相反,织物犹如机织布,非常适于做衬衫、运动服、工作服和鞋子面料,而不适于做内衣。

经斜编链(反向):GB1:1-0/0-1//;GB2:3-4/1-0//。织物中后梳经斜的长延展线被编链组织束缚住,这样织物结构非常稳定,犹如机织布般,因而适于做外衣、工作服和旗帜面料。

(3)经编平纹织物生产与设计中应注意的问题。

①不同梳栉的经纱显露关系不相同,对织物的性能和外观均会产生影响。一般地,工艺反面显示为最前梳栉的延展线;而工艺正面线圈的覆盖关系受线圈结构、针背横移大小、送经量、经纱细度和经纱张力等因素的影响。在设计中,可利用经纱的不同显露来获得不同的花型效果。

②不同组织的相互搭配对双梳(或双梳以上)平纹织物的性能影响很大。如采用编链垫纱,则会使织物的纵向延伸性降低;如采用较大针距的变化经平垫纱,则会使织物的横向延伸性降低。

③在双梳或双梳以上的平纹织物组织设计中,如前梳采用较大针距的变化经平垫纱,长延展线则整齐排列在织物的工艺反面,使得布面平整光滑、柔软性好;反之,则布面紧密、织物稳定性较好。

④在氨纶弹力平纹织物组织设计中,为了在获得良好的纵、横向弹性的同时又要尽可能减少氨纶耗用量,氨纶一般采用经平垫纱并穿在后梳,保证被前梳的经纱覆盖住。

⑤平纹织物对原料、整经和编织的工艺要求极高,如线圈大小或织物纵、横密稍有差异,极易引起布面上的色光差异而影响布面品质。

二、经编特里科平纹产品工艺实例

经编平纹织物在服装、装饰、产业用领域具有广泛的应用,下面通过一些产品实例来具体地介绍其工艺与应用。

(一)印花地布

前梳采用编链组织,后梳采用经斜组织,前梳的短延展线将后梳长延展线束紧,使坯布的结构稳定紧密,适合作为印花底布。

1. 编织设备 机型:HKS2;机号:E28;幅宽:432cm(170 英寸);梳栉数:2;机速:2300r/min。

2. 原料、整经根数与用纱比

A:50dtex/20f 涤纶长丝,半消光,588×8,23%;

B:76dtex/24f 涤纶长丝,半消光,587×8,68.2%。

3. 组织、穿经与送经量

GB1:1-0/0-1//,满穿 A,1980mm/腊克;

GB2:1-0/3-4//,满穿 B,900mm/腊克。

4. 织物工艺参数

纵密:28.8cpc;横密:28.6wpc;单位面积质量:132.0g/m²;产量:47.1m/h。

5. 工艺流程

涤纶长丝→整经→织造→水洗→热定形→拉幅定形→(印花)。

(二)高弹紧身面料

1. 编织设备

机型:HKS2-3E;机号:E36;幅宽:330cm(130英寸);梳栉数:2;机速:3200r/min。

2. 原料、整经根数与用纱比

GB1:44dtex/13f锦纶6,深度消光丝,FDY,688×6,80.7%;

GB2:40dtex弹力丝,H-250,65%伸长,685×6,19.3%。

3. 组织、穿经与送经量

GB1:1-2/1-0//,满穿,1070mm/腊克;

GB2:1-0/1-2//,满穿,470mm/腊克。

4. 织物工艺参数

机上工艺参数:纵密:50.5cpc;横密:26.8wpc;单位面积质量:186g/m²;产量:38m/h。

5. 后整理工艺流程

松弛→水洗→定形→染色→干燥→拉幅定形。

(三)经编真丝绸面料

真丝是一种纯天然蛋白质纤维,具有独特的"绿色保健"功能,近年来对真丝在经编生产中应用的研究进展也很大,经编真丝产品已日益系列化。

通过适当的泡丝柔软预处理,改变丝胶的凝固状态并控制丝胶的含量,从而将生丝的刚硬度降低到可适应经编编织的要求,使真丝生产时经编机的生产速度达到1500r/min以上。

在实际生产中,经泡丝处理的生丝在整经时应注意控制整经张力和线速度,对于46dtex的生丝一般整经张力为4~7cN,整经速度为150~200m/min;编织时,一般采用2~3梳的特里科型经编机进行编织,前梳多采用延展线短的经平垫纱,使织物的抗起毛勾丝性好,后梳则采用经绒组织。这样织物的组织结构较为稳定,单位面积质量也较轻。

1. 编织设备

机型:HKS2;机号:E32;幅宽:330cm(130英寸);梳栉数:2;机速:1000r/min。

2. 原料、整经根数与用纱比

GB1:46dtex白厂丝(不低于4A级),600×6,43.1%;

GB2:46dtex白厂丝(不低于4A级),599×6,56.9%。

3. 组织、穿经与送经量

GB1:1-2/1-0//,满穿,1200mm/腊克;

GB2:1-0/2-3//,满穿,1584mm/腊克。

4. 织物工艺参数

(1)机上工艺参数。纵密:17cpc;横密:13.0wpc;单位面积质量:57.1g/m²;产量:35.3m/h;

（2）成品工艺参数。纵密:18cpc;横密:13.7wpc;单位面积质量:65g/m²;产量:33.3m/h。

5. 工艺流程

生丝→泡丝柔软处理→晾干络丝→整经→织造→精练→染色→防静电、免烫等整理→拉幅烘燥→呢毯松式定形整理。

三、经编弹力拉舍尔产品设计工艺与实例

弹性拉舍尔织物主要在4~6梳的弹性拉舍尔经编机上生产,在众多的拉舍尔机器中,弹性拉舍尔经编机在国际市场中是较为成功的机型。这类机型多用于生产弹性织物,也可用于生产非弹性织物。这类机型使用短动程或中动程复合针,梳栉数一般为4把,或是更多把梳栉,机号一般为E28、E32,为了满足对高品质妇女内衣面料的要求,机器的机号可以达到E40,机器工作宽度一般有330cm(130英寸)、431cm(170英寸)或482cm(190英寸),机器速度在2000~2500r/min之间,能高效生产经编弹性和非弹性织物。根据使用的织针动程可分为高速型弹性拉舍尔经编机(短动程)和通用型弹性拉舍尔经编机(中动程)两类。

(一)弹力色丁布

弹力色丁布(satin)有绸缎般的光泽,弹性很大,有修正形体的作用,并且穿着非常舒适,这是一类模量较高、单向弹性的平纹织物,大量用于弹力泳装面料、妇女内衣面料和运动服面料等。这种织物一般在机号E28~E32的拉舍尔型经编机上采用三把梳栉编织,前面两梳一般穿锦纶三角异形有光丝作反向的经绒平组织,后梳穿氨纶丝作1~2针距的衬纬垫纱。这种织物具有特殊的闪光效应,被大量用作泳装面料、妇女内衣面料及晚礼服面料等。前梳和中梳常用44~77dtex的锦纶,后梳用44~156dtex的氨纶裸丝满穿,氨纶用量一般为6%~10%,其单位面积质量一般可达200g/m²以上。

典型工艺如下。

1. 机器规格

机型:RSE4-1;机号:E32;工作幅宽:330cm(130″);梳栉数:4(3);机器速度:2300r/min;花盘数:3。

2. 原料

A:74.1%锦纶6长丝,44dtex/12f,有消光,三叶形;

B:19.5%锦纶6长丝,22dtex/9f,深度消光,三叶形;

C:6.4%氨纶,133dtex,$VS=25\%$。

3. 组织、穿经与送经量

GB1:1-0/2-3//,满穿A,2240mm/腊克;

GB2:1-2/1-0//,满穿B,1180mm/腊克;

GB3:2-2/0-0//,满穿C,80mm/腊克。

4. 织物工艺参数

纵密:63cpc(机上24cpc);横密:40wpc;单位面积质量:274.9g/m²;横向缩率:80%;产量:21.9m/h。

5. 后整理　包括松弛、水洗、热定形、染色、拉幅定形。

(二)琼斯汀(triskins)

1. 机器参数

机型:RSE4-1;机号:E28;梳栉数:4(3);花盘数:3。

2. 原料

A:76.67%,44dtex 锦纶 6;

B:13.68%,156dtex 氨纶;

C:9.65%,44dtex 氨纶。

3. 组织、穿经和送经量

GB1:1-0/1-2/2-1/2-3/2-1/1-2//,满穿 A,1060mm/腊克;

GB2:1-1/0-0//,满穿 B,80mm/腊克;

GB3:3-3/2-2/3-3/0-0/1-1/0-0//,满穿 C,240mm/腊克。

4. 织物规格

单位面积质量:220g/m²;成品幅宽:150cm。

(三)滑面拉架

这个系列包括有三列、四列、六列和十列不同布面光泽、弹性及回弹性风格的产品。因其布面呈半网眼状,透气性和排湿导汗功能好,还具有高弹和高回复性,能使服饰持久不变形,合身而舒适,是高档塑身型内衣服饰的最佳面料,也适合做抹胸、运动护腕、护膝等。

典型工艺如下。

1. 机器参数

机型:RSE4-1;机号:E28;梳栉数:4(2);花盘数:2。

2. 原料

A:88%,78dtex 锦纶半光;

B:12%,235dtex 氨纶。

3. 组织、穿经和送经量

GB1:0-1/1-0/2-1/1-2//,满穿 A,1200mm/腊克;

GB2:0-0/1-1/0-0/2-2//,满穿 B,80mm/腊克。

4. 织物规格

单位面积质量:210g/m²;成品幅宽:145cm。

第四节 空穿双梳经编组织与产品设计

利用一把或两把梳栉空穿,形成竖向隐条纹、凹凸或网孔效应的经编组织,称为空穿双梳经编组织。利用空穿可以在形成花色效应的同时减少经纱的使用数量,降低成本。这类经编织物通常具有良好的透气性、透光性,主要用作夏季衣料、女用内衣、服装衬里、网袋、蚊帐、装饰织物、鞋材面料等。

一、一把梳栉空穿的经编组织

一般后梳满穿,前梳空穿。根据空穿规律,在满穿底布上形成宽窄不一的凸条效果。例如两梳组织中地组织均为2-3/1-0//,前梳组织均为1-0/1-2//,但穿经规律分别为(a):丨·丨·;(b):丨丨·丨丨·;(c):丨丨··丨丨··。形成的凸条效果如图11-13所示。

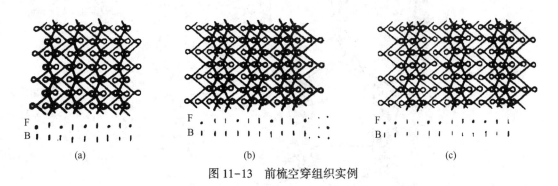

图11-13　前梳空穿组织实例

从图11-13可以看出,凸条宽度和凸条空隙宽度取决于做经平垫纱运动的梳栉的穿经完全组织。一般在凸条间空穿不超过两根纱线,因为织物在该处为单梳结构,易于脱散。若形成凸条的梳栉上穿较粗的经纱,凹凸效应会更加明显。

此外,当其中一把梳栉空穿时,可利用单梳线圈的歪斜来形成孔眼,配以适当的垫纱运动,可以得到分布规律的孔眼。

二、两把梳栉空穿的组织/网孔组织

1. 网孔组织形成原则　在编织过程中通过组织设计利用两把梳栉空穿,使得相邻的线圈纵行在局部失去联系,可以很方便地在经编坯布上形成一定形状的网孔。这种组织称为经编网孔组织。经编网孔是经编产品的一大特色,形成方法多种多样,梳栉既可以空穿,也可以满穿。两把梳栉空穿形成网孔需要遵循以下原则。

(1)在每一个编织横列内,在编织宽度的每一枚针上必须至少垫到一根纱线,否则漏针不成布。

(2)在相邻纵行间没有联系,单纱线圈的歪斜使此两纵行相互分开,在没有延展线连接处形成孔眼,即图11-14中标注"O"的区域;相邻纵行有延展线连接处形成紧密线圈纵行,即图11-14中标注"P"的区域。

(3)一般在孔眼间的纵行数即孔的宽度与一把梳栉的连续穿经数和空经数之和相对应。如在孔眼间有两个纵行,则梳栉穿经为一穿一空。

(4)一般孔眼的大小即孔的高度与连续在某相邻纵行间无延展线连接的横列数相对应。

(5)一般在穿经数和空经数依次相等时,至少有一把梳栉的垫纱范围要大于连续穿经数和空穿数之和。如穿经为一穿一空时,至少要有一把梳栉在某些地方的垫纱范围大于两针,具体参见图11-14中纱线A、B、C的垫纱规律。

图11-14是比较典型的经编六角网孔线圈结构和垫纱运动图。如图11-14所示,为了形成孔眼,相邻的线圈纵行在局部没有延展线连接从而失去联系。但在每一个横列中,每根针上

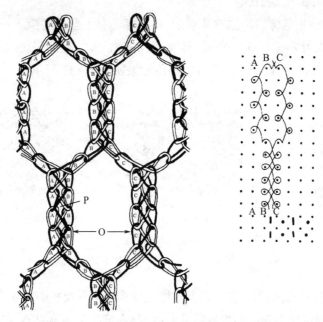

图 11-14 六角网孔组织线圈结构及垫纱运动图

均可以垫到纱线,这就保证了线圈不致脱落,线圈纵行不会中断。在转向线圈处,由于相邻纵行线圈相互没有联系,而同一纵行内的相邻线圈又向相反方向倾斜,这样以两连续横列内相反方向倾斜的线圈作为两个下边,以后续四个横列内直立线圈作为六角形的两个竖边,另两连续横列内相反方向倾斜的线圈作为两个上边,构成了六角形。编织此六角网孔的两把梳栉对称垫纱,基础组织为经平,其垫纱数码和穿经规律如下。

GB1:2-3/2-1/2-3/2-1/2-3/2-1/1-0/1-2/1-0/1-2/1-0/1-2// │·;
GB2:1-0/1-2/1-0/1-2/1-0/1-2/2-3/2-1/2-3/2-1/2-3/2-1// │·。

2. 经编网孔组织的类型

(1)变化经平类。如图 11-15 所示,采用经平与变化经平相结合的组织。这样就在经平垫纱处形成较大的孔眼。变化经平垫纱则用来封闭孔眼,使其大小和形状符合花纹要求。其垫纱数码和穿经规律如下。

GB1:1-0/1-2/1-0/2-3/2-1/2-3// │·;
GB2:2-3/2-1/2-3/1-0/1-2/1-0// │·。

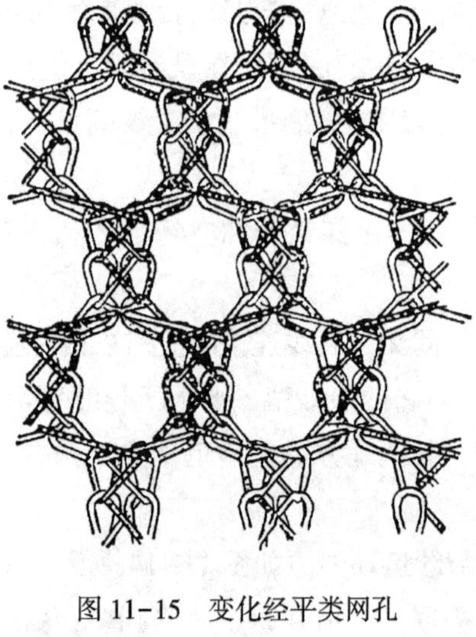

(2)经缎组织类。以经缎垫纱方式结合空穿形成带孔眼的经编坯布得到普遍应用。利用经缎组织形成的孔眼形状和配置方式也较多,常用的穿经循环为 1 穿 1 空。如图 11-16 所示,在两把梳栉均为一穿一空的情况下,最简单的是两把梳栉作对

图 11-15 变化经平类网孔

称的四列经缎垫纱运动,形成菱形孔眼。

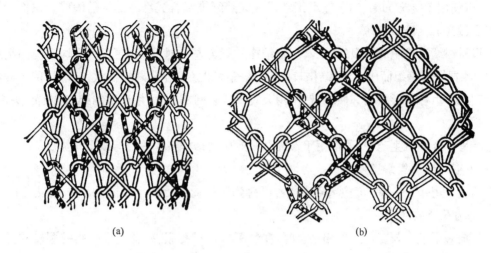

(a)　　　　　　　　　(b)

图11-16　经缎组织类网孔

如将经缎垫纱运动和经平垫纱相结合,可用1隔1穿经的两把梳栉制得大孔眼的结构。常用经编蚊帐坯布就是一例,其垫纱运动如下。

GB1:1-0/1-2/1-0/1-2/2-3/2-1/2-3/2-1//;

GB2:2-3/2-1/2-3/2-1/1-0/1-2/1-0/1-2//。

其结构如图11-17所示。垫纱完全组织为8横列,而孔高则为4横列,如增加连续的经平横列数,如图11-14所示,则孔眼可更大。

(3)编链衬纬类。编链加衬纬组织是经编中形成孔眼最常用的一种方法,可以形成方格、六角等许多孔眼形状。详细介绍见衬纬组织部分。

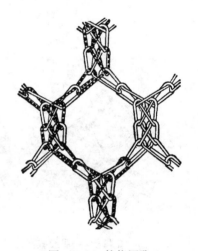

图11-17　蚊帐网孔

第五节　经编网孔织物设计

网孔是经编编织的一大特色,形成方法多种多样,梳栉既可以空穿,也可以满穿。网孔有大有小,网孔高度可从两个线圈横列到十几个线圈横列。网孔的形状多种多样,有三角形、正方形、长方形、菱形、六角形、柱形等。通过网孔的分布,可呈现直条、横条、方格、菱形、链节、波纹等花纹效应。

一、特里科经编网眼产品的一般工艺

特里科经编机生产的网孔类产品主要有头巾、蚊帐、鞋帽布等。特里科经编网孔产品可在

机号 $E5 \sim E32$ 的特里科型高速经编机上使用 $22 \sim 680$dtex 的合成纤维长丝或人造纤维长丝编织而成,也有使用 $59 \sim 590$dtex 的天然纤维纱线或天然纤维和合成纤维的混纺纱线。织物干燥单位面积质量为 $12 \sim 250$g/m^2。

特里科经编机编织的网眼织物,其网眼结构一般为左右对称或左右、上下均对称的组织结构,由 $2 \sim 4$ 把梳栉编织而成,具有结构较稀松、透气性和透光性较好的特点,被广泛用于缝制蚊帐、窗帘、医疗用各种形状的弹性绷带、军用天线及伪装网等,还可用于缝制外衣、内衣、头巾、运动服、袜子等。

在特里科经编机生产中,通常用于形成网眼效应的结构组织主要有以下几类。

(一) 变化经平组织类

当两梳采用一穿一空的经绒组织垫纱,可得到网孔周壁为四个线圈的菱形孔眼,如图 11-18 所示即为双经绒网孔。

当两梳采用经平与变化经平相结合时,在经平处形成孔眼,变化经平使得孔眼转移并使织物横向连接起来,如图 11-19 所示。

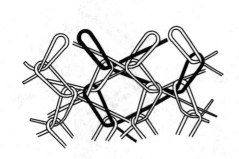

图 11-18　双经绒网孔

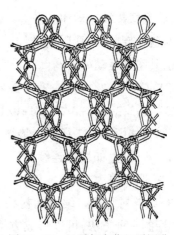

图 11-19　经平与变化经平网孔

(二) 经缎组织、变化经缎组织类

生产中常用经缎组织、变化经缎组织的垫纱以形成孔眼结构的织物。如图 11-20 所示即为两梳采用一穿一空的对称三针经缎组织垫纱,可得到网孔周壁为八个线圈的菱形孔眼;同样二穿二空的经缎组织垫纱则形成图 11-21 所示的菱形孔眼结构。

(三) 经平与经缎组织相结合类

在实际生产中还经常使用两梳采用经平与经缎相结合的网眼组织,形成较大的孔眼结构,如图 11-22 所示即为其中一例,其垫纱运动如下。

GB1:1-0/1-2/1-0/1-2/2-3/2-1/2-3/2-1//;

GB2:2-3/2-1/2-3/2-1/1-0/1-2/1-0/1-2//。

该组织的垫纱循环高度为 8 横列,而孔高则为 4 横列,如增加连续的经平横列数,则孔眼可更大。

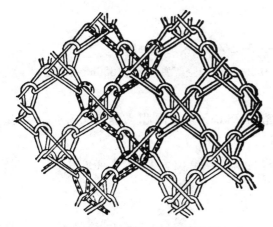

图 11-20 一穿一空双经缎网孔

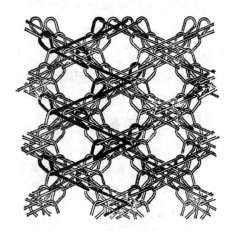

图 11-21 二穿二空双经缎网孔

(四)编链衬纬组织类

编链加衬纬组织是拉舍尔经编中形成孔眼最常用的一种方法,近年来在特里科经编生产中也被采用,俗称"假六角"。用两梳满穿编织出六角形网眼,如图 11-23 所示,其垫纱运动为:

GB1:1-0/0-1/1-0/1-2/2-1/1-2//;

GB2:0-0/1-1/0-0/2-2/1-1/2-2//。

这种网眼织物结构稀疏,一般可用作发网、面网等。

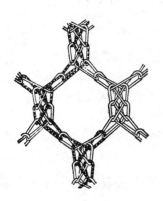

图 11-22 经平与经缎网孔

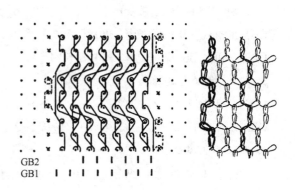

GB2
GB1

图 11-23 编链与衬纬网孔

二、特里科经编网眼产品工艺实例

(一)服装用全棉网眼织物

采用全棉纱为原料编织服用网眼织物,一般用两把梳栉作对称的变化经平垫纱,形成较大的网眼组织,这类织物大量用作 T 恤面料。一种全棉网眼织物的工艺如下。

1. 编织设备

机型:HKS3;机号:E20;幅宽:(330cm)(130 英寸);使用梳栉数:2;机速:1500r/min。

2. 原料、整经根数与用纱比

GB1:20tex(50 公支/1)棉纱,216×6,50%;

GB2:20tex(50公支/1)棉纱,216×6,50%。

3. 组织、穿经与送经量

GB1:(1-0/2-3)×5/4-5/3-2/1-0/2-3/4-5/3-2//,二穿二空,1850mm/腊克;

GB2:(4-5/3-2)×5/1-0/2-3/4-5/3-2/1-0/2-3//,一空二穿一空,1850mm/腊克。

4. 织物工艺参数

(1)机上工艺参数。纵密:18.1cpc;横密:7.9wpc;单位面积质量:49.7g/m²;产量:49.2m/h。

(2)成品工艺参数。纵密:14.2cpc;横密:11.4wpc;单位面积质量:106.0g/m²;产量:63.4m/h。

5. 工艺流程

全棉纱→整经→织造→水洗→漂白→染色→定形。

(二)素色蚊帐

我国自20世纪70年代后期,就开始生产经编涤纶六角形网眼蚊帐,现蚊帐市场已基本被经编涤纶蚊帐占有。在编织花纹上,一般为素色六角形网眼花纹,也可在六角形网眼基础上配上适当的花纹;在蚊帐款式上,应有普通圆形和方形,也应有壁挂式、钟罩式等;在装饰性方面,应有无装饰边产品,也应有缝有各种饰边的产品。普通六角网眼蚊帐的工艺如下。

1. 编织设备

机型:HKS2;机号:E28;幅宽:330cm(130英寸);梳栉数:2;机速:2100r/min。

2. 原料、整经根数与用纱比

GB1:50dtex/36f涤纶长丝,300×6,50%;

GB2:50dtex/36f涤纶长丝,300×6,50%。

3. 组织、穿经与送经量

GB1:1-0/1-2/1-0/1-2/2-3/2-1/2-3/2-1//,一穿一空,960mm/腊克;

GB2:2-3/2-1/2-3/2-1/1-0/1-2/1-0/1-2//,一穿一空,960mm/腊克。

4. 织物工艺参数

(1)机上工艺参数。纵密:25.0cpc;横密:11.8wpc;单位面积质量:30.7g/m²;产量:50.4m/h。

(2)成品工艺参数。纵密:29.6cpc;横密:10.2wpc;单位面积质量:30.0g/m²;产量:42.6m/h。

5. 工艺流程

涤纶长丝→整经→织造→水洗→染色→脱水→烘干→定形。

三、拉舍尔网眼织物的结构和特点

(一)拉舍尔网眼织物的结构

拉舍尔经编织物的主要产品为网孔织物。不同形式的网孔织物是根据其网孔形状和大小所决定的不同的相应工艺织制而成的。根据拉舍尔网孔的形成原理,可以分为两类结构。

1. 编链与衬纬组成的方格网眼　垂直于网孔织物的线圈纵行由编链所构成,而其他的梳栉用另外的纱线水平衬入,即以衬纬方式连接编链柱之间的间隙。尽管由于衬纬纱张力的作用会使线圈纵行受力产生偏移,然而在大多数的情况下,编链几乎都是呈垂直排列,因此这类网孔呈方格状。

在这一类结构中,最为普遍的一种网孔织物是如图11-24所示的格子网眼结构。网孔形状由垫纱组织的安排和纱线张力的大小决定,网孔在宽度方向是有限制的,最大值与两枚织针间的间距相等;在高度方向上,可以运用衬纬的垫纱在较大范围内变化,各种规格的网眼结构在网眼窗帘上大量被应用。

由编链和衬纬组成的结构具有高度的尺寸稳定性,这是这类网眼织物的主要优点。

2. 变化编链形成的网眼

该类网眼由变化编链形成,通常在编链上局部采用经平组织,经平组织的延展线使各线圈纵行产生横向连接。线圈受到延展线张力的作用会产生倾斜和变形,因此,线圈纵行一般呈歪曲状态,网眼的形状变化比较大。这种类型网眼中最典型的就是钻石型孔眼,如图11-25所示。两把一穿一空的梳栉采用对称垫纱,根据设计安排,编织若干编链后,两把梳栉在针背时反向各横移一个针距,换位形成线圈,然后又针背横移回到原来形成编链的织针上编织,这样就在编链之间形成了横向连接。

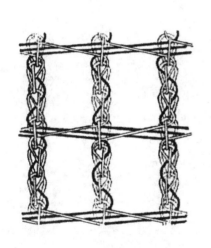

图11-24　格子网眼结构

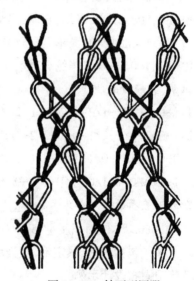

图11-25　钻石型网眼

这种结构的特性与第一种结构相比,它的特点是横向拉伸可以使织物宽度为编织宽度的若干倍,因此,孔眼在横向上的大小没有限制,仅受到垫纱运动和两连接点之间的横列数控制。然而这种网眼织物的尺寸稳定性比较差,在小载荷下很容易变形走样。

(二)拉舍尔网眼织物的特点

拉舍尔网孔织物与特里科网孔织物相比,主要区别如下。

1. 形成原理不同　特里科网眼主要通过垫纱组织配合空穿,使某些线圈纵行在局部没有延展线连接而形成网眼;而拉舍尔网眼主要采用编链、变化编链加衬纬,编链柱之间没有联系而形成网眼。

2. 网孔面积不同　特里科网眼织物的网孔面积一般小于布面面积,而拉舍尔网眼织物的网孔面积一般大于布面面积。

3. 网孔的形状和大小不同　拉舍尔网眼织物可以形成不同大小和形状的网孔,可以是方形、长方形、长菱形或近似圆形;而特里科网眼织物的网孔形状主要为椭圆形和菱形。

4. 用途不同　特里科网眼织物主要用在服装上,而拉舍尔网眼织物的用途则更广泛,除了一部分网眼服装、网眼窗帘外,有很大一部分是产业用网眼,如作为防护网、渔网和包装网等。

四、拉舍尔服用网孔织物

主要介绍绣花网孔底布、服装用网眼以及鞋用和帽用拉舍尔织物的产品工艺。

(一)服用六角网设计示例

1. 机器

机型:四梳拉舍尔型经编机;机号:$E28$;工作幅宽:330cm(130英寸);梳栉数:4;机器速度:1900r/min。

2. 原料

A:39.6%,50dtex/20f涤纶,长丝,半消光;

B:39.6%,50dtex/20f涤纶,长丝,半消光;

C:10.4%,100dtex/40f涤纶,长丝,半消光;

D:10.4%,100dtex/40f涤纶,长丝,半消光。

3. 组织、穿经与送经量

GB1:1-0/1-2/2-1/2-3/2-1/1-2//,1A,1空,880mm/腊克;

GB2:2-3/2-1/1-2/1-0/1-2/2-1//,1空,1B,880mm/腊克;

GB3:0-0/1-1/0-0/1-1/0-0/1-1//,1C,1空,116mm/腊克;

GB4:1-1/0-0/1-1/0-0/1-1/0-0//,1D,1空,116mm/腊克。

4. 织物工艺参数

纵密:41.5cpc;单位面积质量:59g/m²。

5. 后整理　包括水洗、热定形、荧光增白。

(二)遮阳帽布设计示例

1. 机器规格

机型:四梳拉舍尔型经编机;机号:$E12$;梳栉数:4(3);花盘数:3。

2. 原料

A:涤纶长丝,165dtex,有光;

B:涤纶长丝,165dtex×2,有光。

3. 组织、穿经

GB1:1-0/1-0/1-2/1-2//,满穿A;

GB2:0-0/1-1/1-1/0-0//,满穿A;

GB3:0-0/0-0/4-4/4-4//,满穿 B。

4. 织物工艺参数

纵密:9.6cpc;单位面积质量:130g/m²;

5. 后整理　包括松弛、水洗、热定形、染色、拉幅定形。

五、拉舍尔网眼窗帘

(一)普通拉舍尔网眼窗帘的结构和特点

在普通的拉舍尔机器上采用编链和衬纬生产的网眼窗帘是经编机生产网眼窗帘的其中一种方法,通常采用一把梳栉编织编链形成地组织,衬纬连接编链,并通过衬纬垫纱的变化在布面上形成透明和半透明的区域,使网眼的大小和结构产生变化,从而形成各种花式的网眼窗帘。由于这类产品是在少梳栉的拉舍尔机器上生产,因此,组织结构的变化有限,花式比较少。

(二)网眼窗帘的设计

在此列举了两种网眼窗帘的设计,它们均采用了编链和衬纬的组合来形成网眼,但由于衬纬组织的变化,网眼的形状各不相同。从中可以了解此类产品的设计方法。

如图 11-26 所示的网眼设计中采用了编链梳空穿,致使孔眼的宽度加大,配合两把一穿三空的衬纬梳对称垫纱,在布面上形成了有趣的棋格。而图 11-27 中,编链满穿,两把对称垫纱的衬纬梳二穿二空,当它们走 36 横列的两针衬纬时,布面上形成了长条网眼,而在进行四针、一针及三针衬纬变化时,由于编链条受到衬纬不均衡的张力作用产生了变形,则获得了有趣的网眼形状。

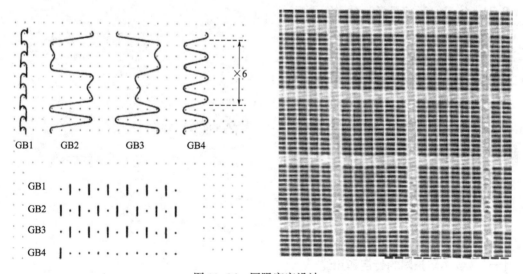

图 11-26　网眼窗帘设计一

(三)产品设计示例

1. 机器

机型:RS 4N—4;机号:E28;工作幅宽:330cm(130 英寸);梳栉数:4(3);机器速度:1800r/min。

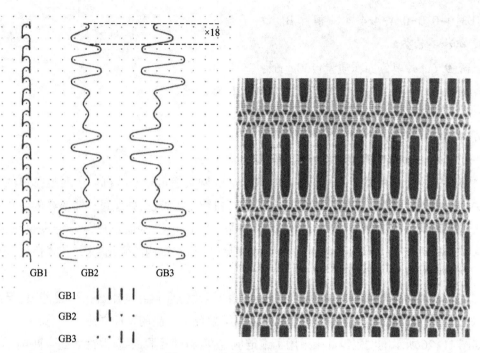

图 11-27　网眼窗帘设计二

2. 原料

A：47.9%，dtex76/24f 涤纶，长丝，消光；

B：31.5%，dtex76/24f 涤纶，长丝，消光；

C：20.6%，dtex76/24f 涤纶，长丝，消光。

3. 组织、穿经与送经量

GB1：0-1/1-0//，1A，1 空，1370mm/腊克；

GB2：5-5/4-4/5-5/0-0/1-1/0-0//，1 空，1B，900mm/腊克；

GB3：0-0/1-1/0-0/3-3/2-2/3-3//，1C，1 空，590mm/腊克。

4. 织物

纵密：16cpc；单位面积质量：91g/m²。

5. 后整理　包括水洗、热定形、染色、拉幅定形。

六、防护网

(一)拉舍尔防护网的特点和用途

防护网是一种能够防止人或物体下落或接住下落的人或物体的网。根据防护网功能的不同又分为阻止人、物体下落或阻止物体、材料漏出的"束网"和接住落下的人和物体的"集网"。

拉舍尔机器生产的防护网，其主要优点是能够适应各种最终用途。防护网孔眼的形状大小和纤维网厚度的选择余地极大。防护网的稳定性、纵横向弹性都可以人为控制。拉舍尔经编防护网无网结，当防护网被拉至围栏或栏杆处时不会被钩住，而且由于其表面光滑、无网结，因而不会伤害落下的物体。拉舍尔经编网防滑性强，无需任何整理，就能保证较长的使用寿命；而机织物需进行防滑处理。从生产和循环使用方面考虑,拉舍尔经编网比机织网更具有生态优势。拉舍尔经编防护网的半网孔和全网孔结构保证气流通畅,温度交换顺利,因而可以防止积热产生的冷凝现象。防护网质量轻,易于搬运,对支撑件不会产生太大的压力。

拉舍尔防护网可以用在各种需要安全、防护的产业领域,主要作为建筑防护网、运动安全网、运输安全防护网,防雪网、农用网、遮阴网等。

(二)拉舍尔防护网生产工艺

根据防护要求,确定使用的纱线、组织结构、网孔的形状和大小、连接点的强度,以使安全防护得到最大保障。由于防护网需要大面积使用,用量大,投资量也就比较大,因此机器产量、原料成本等经济因素要着重考虑。

1. 生产设备

一般采用4~6梳、机号为$E6$或$E12$的拉舍尔机。

2. 原料

选用110~7000dtex的涤纶、锦纶或聚烯烃纱线。聚乙烯、聚丙烯凭着价格优势被用来生产防护网,除了扁丝外还常用单丝。单丝截面是圆形,接受辐射的工作表面面积小,耐光性佳,因此,聚乙烯需适当改性。

3. 组织结构

根据防护网最终用途的不同,可以采用不同的组织结构或垫纱方式,较多采用编链与衬纬结构。为了使各防护网连结起来以达到大面积覆盖的效果,防护网边处需留有箝眼。有着致密的方形或长方形网孔的防护网多由六梳的拉舍尔机生产,其中4把成圈编织。

(三)产品设计示例

1. 冰雹防护网

(1)机器参数。

机型:RS4N—2M—F;机号:$E8$;工作幅宽:432cm(170英寸);梳栉数:4;机器速度:800r/min。

(2)原料。

A:81.5%,440dtex丙纶单丝(ϕ0.3mm),双根;

B:18.5%,670dtex丙纶单丝(ϕ0.3mm)。

(3)组织与穿经。

GB1:1-0/1-2/1-0/1-2/2-1/1-2/2-3/2-1/2-3/2-1/1-2/2-1//,一空一穿;

GB2:2-3/2-1/2-3/2-1/1-2/2-1/1-0/1-2/1-0/1-2/2-1/1-2//,一空一穿;

GB3:1-1/1-1/1-1/1-1/1-2/2-1/1-1/1-1/1-1/1-1/1-1/0-0/1-1//,满穿;

GB4:1-1/1-1/1-1/1-1/1-0/0-0/1-1/1-1/1-1/1-1/1-1/2-2/1-1//,满穿。

(4)织物规格。纵密:4.3cpc;横密:8wpi;单位面积质量:248g/m²;横向缩率:100%;产量:112m/h。

2. 遮阴网

(1)机器规格。

机型:RS4N—2M—F;机号:$E6$;工作幅宽:432cm(170英寸);梳栉数:4(2);机器速度:800r/min。

（2）原料。

A：100%，570dtex 塑料扁丝（2.4mm×25μm）。

（3）组织与穿经。

GB1：1-0/0-1//，满穿 A；

GB2：0-0/4-4//，满穿 A。

（4）织物规格。

纵密：4.2cpc（机上 4.0cpc）；横密：6wpi（机上 6wpc）；单位面积质量：144g/m²；横向缩率：100%；产量：114m/h；遮阴效果：60%。

七、渔网
（一）拉舍尔渔网的编织方法

用经编方法编织渔网，通常使用拉舍尔经编机。这种渔网的基本组织为编链。网柱部分的粗细大约是所用纱线的 3 倍，而强度为所用纱线的 1.5 倍，如图 11-28（a）所示。利用衬纬可以增加网孔的稳定性，增强网孔的牢度。在网柱的衬纬纱线几乎呈直线状态[图 11-28（b）衬入一根纱线，图 11-28（c）衬入两根纱线]。应该注意到，衬纬纱由于没有进行成圈编织，因此，它比经过成圈编织的纱线强度大。

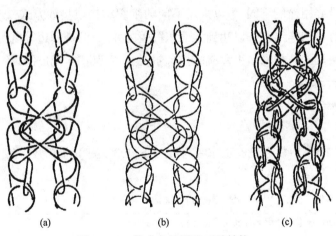

(a)　　　　　　　(b)　　　　　　　(c)

图 11-28　拉舍尔渔网的三种结构

编织网结的方法与编织网柱的方法是不同的。如图 11-28（a）所示，该组织用 4 根不同的纱线，即用 4 把梳栉编织形成渔网网结。编织时，成圈纱线在相邻的两根针上来回垫纱形成一个网结，由此形成的网结能满足纵向强度的要求，但横向强度只有纵向强度的 70% 左右，由此在结构上还存在着缺点。

在图 11-28（b）所示的组织中，使用两把编链梳栉形成编链地组织，另外再用 4 根衬纬纱线编织到编链中，以使渔网纵向强度得到加强，同时在交叉点上，横向强度也得到加强。在交叉点上，衬纬纱线从一个纵行转移到另一个纵行上，网结上的特征是纱线呈交叉状态。

通常编织这种渔网时要用六把梳栉，其横向强度大约是纵向强度的 85%。为了得到纵横向强度大致相等的渔网，可采用八把梳栉编织渔网。如图 11-28（c）所示为该组织的网结线圈结构。编织时,编链、衬纬纱各用四把梳栉,并且编链采用交叉垫纱法。

(二)拉舍尔渔网的特点

1. 对水流的阻抗小　由于网结不凸出在渔网的表面,所以摩擦阻力小,渔网在水中拖动时,由于拖动阻力小,所以所需要的动力可以减少。

2. 渔网强度高,价格便宜　由于网结与网结之间的纱线强度大,纱线不需要进行加捻,因此,可以节省加捻费用。另外由于无捻长丝不用加捻,所以纱线能最大强度地进行工作,并且无捻长丝的原料价格本身也很便宜。

3. 轻质便捷　重量轻,体积小,使用方便。

4. 渔网网孔尺寸稳定,网结结构紧凑　渔网网孔尺寸不会变动,网结的纱线也不会松动。

5. 耐腐蚀能力强　不必进行特别的处理和处置,也不要进行干燥。

6. 渔网有加强边　按照工艺要求,可编织出加固的渔网网边,这对大门幅的渔网特别有利。

(三)拉舍尔渔网的生产工艺

1. 生产机型　生产渔网一般采用八梳拉舍尔经编机,其中6把形成网孔结构(一穿一空),2把织网边。机器门幅有 330cm、386cm、436cm、482cm、538cm 和 660cm 等,机号可在 $E6$、$E7$、$E8$、$E9$、$E10$、$E12$、$E14$、$E16$、$E18$ 内任意选择应用。

2. 原料　由于渔网对强度要求高,并且牢度和耐磨性要好,因此,一般采用锦纶编织,中等重量的渔网选用的纱线线密度为 3000~6000dtex。重量轻的渔网选用的纱线线密度的变化范围是 210~3000dtex。

3. 组织　典型的六梳渔网垫纱和穿经如图 11-29 所示。

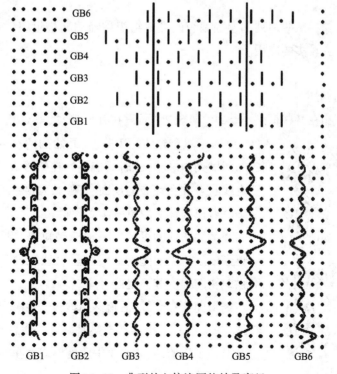

图 11-29　典型的六梳渔网垫纱及穿经

八、农作物、水果捆扎包装网

(一)拉舍尔捆扎网的特点和应用

使用敞开式的拉舍尔包装网带包扎水果和蔬菜,可以保证运输过程的安全,而且能够防止各个小捆之间的摩擦和交缠。对于长时间的储存而言,水和空气的自由流通可以防止水果和蔬菜的腐烂。

收割之后,植物的茎秆(稻草和干草)被打成圆形的包装来运输和储存。传统的方法是使用剑麻编成的绳子进行捆绑,这需要 50~60s 的时间,且在田间操作不方便。为了节约时间,采用拉舍尔机器生产的轻盈、敞开式的捆扎条网,其包装量可为原来的 1.5~2 倍。

(二)捆扎包装网的生产工艺

1. 生产机型 这类网眼织物一般在 2~4 梳的拉舍尔经编机上生产,最大机速可以达到 1200r/min,相应的生产量达到 720m/h。可在一个机器幅宽上同时生产多个网眼条带,生产量可达到了 7200m/h。

2. 原料 采用聚乙烯或聚丙烯扁丝,根据最终的用途,薄膜的厚度与扁丝的厚度和宽度可以不同。

3. 组织 一般采用两把梳栉,GB1 用作编链,GB2 用作衬纬。这种结构极大地降低了材料的损耗,编织的网眼重量仅为 11g/m² 。

第六节　经编缺垫组织与产品设计

一把或几把梳栉在某些横列不参加编织的经编组织称经编缺垫组织。缺垫组织在单针床和双针床经编机上有较多的应用。

一、缺垫组织的形成

编织缺垫的梳栉在某些横列不垫纱(即缺垫)而只在针间摆动,其他梳栉继续编织。如图

图 11-30　缺垫组织

11-30 所示黑色纱线位于前梳,开始的两横列作经平垫纱,在接着的两横列内缺垫,此时后梳仍然在垫纱成圈,这部分缺垫纱线呈直线状悬挂在坯布的反面,好像长延展线跨过两个横列,前梳缺垫时后梳因编织成单线圈而倾斜。

经编缺垫织物可以由一把梳栉缺垫,也可由两把梳栉轮流缺垫形成。轮流缺垫的纱线均呈直线段位于单梳线圈的背后,增强织物的强度和稳定性。

如果前梳穿红纱,后梳穿白纱,正常编织时针织物正面显示红纱(前梳纱),前梳纱在缺垫时呈直线状悬挂在织物反面,织物正面只显示后梳纱(白纱)并且是单线圈呈倾斜状态,故利用缺垫可产生花色效应。

二、经编缺垫组织的类型

1. 褶裥类　它是由缺垫纱线将地组织抽紧形成褶裥的经编组织。如图 11-31 所示三梳褶裥类缺垫组织，中梳和后梳对称垫纱，形成底布，前梳进行连续 11 横列的交替缺垫。编织褶裥类缺垫组织时，送经机构采用间隙送经机构。如两把梳栉编织，前梳缺垫的缺垫范围较大，达十几个横列，在缺垫时停止送经，而后梳正常编织，此时将会形成褶裥。缺垫横列数越多，褶裥效应越明显。如图 11-31 所示的穿经完全组织为：

GB1：1-0/1-2/2-3/3-4/4-5/5-6/6-7/（6-6）×11/6-7/6-5/5-4/4-3/3-2/2-1/1-0/（1-1）×11//；

GB2：1-0/2-3//；

GB3：2-3/1-0//。

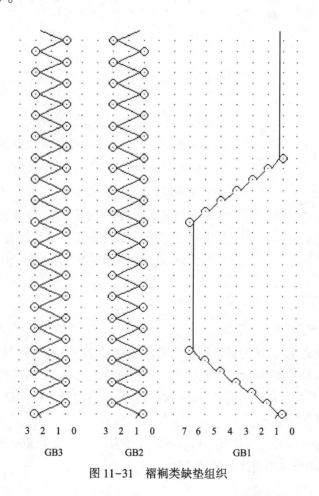

3 2 1 0　　　3 2 1 0　　　7 6 5 4 3 2 1 0

GB3　　　　GB2　　　　GB1

图 11-31　褶裥类缺垫组织

2. 图案类　利用缺垫纱线在工艺反面显示的关系，可以形成一定的几何图案花纹，类似纬编的提花组织。

如图 11-32 所示为利用缺垫形成方格效应的例子。其后梳满穿白色经纱，前梳穿经循环为 5 根色纱 1 根白纱，前梳编织 10 个横列后缺垫 2 个横列。前 10 个横列，前梳纱覆盖在织物工艺正面，织物上表现为一纵行宽的白色纵条与五纵行宽的有色纵条相间；在第 11 和 12 横列处，前

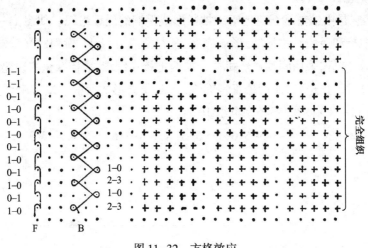

图 11-32　方格效应

梳缺垫,后梳白色纱线形成的线圈露在织物工艺正面,而前梳纱浮在织物反面,于是在有色底布上形成白色边缘的方格效果。

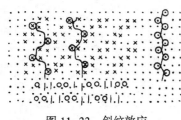

图 11-33　斜纹效应

如图 11-33 所示为采用缺垫编织斜纹。后梳经平垫纱编织底布,前梳与中梳轮流缺垫在织物正面形成斜纹。在设计斜纹组织时,意匠图应反过来设计,如坯布要求左斜,则意匠图设计成右斜,因在经编机上从成圈区域引出的坯布朝上的是反面,朝下的是正面,根据意匠图上机织出的实际坯布,正面的斜纹方向正好与意匠图上相反。

此外,利用缺垫和一定的穿经关系,还可以形成其他图案的花纹,例如波浪花纹等。

三、经编缺垫组织的生产工艺

在编织经编缺垫组织时,缺垫横列与编织横列所需的经纱量是不同的,这就产生了送经量的控制问题。当连续缺垫横列数较少时,仍可采用定线速送经机构,但需将喂给量调整为每横列平均送经量,同时采用特殊设计的具有较强补偿纱线能力的张力杆弹簧片,以补偿编织横列或缺垫横列对经纱的不同需求。

当织物中的缺垫片段与编织片段的用纱量差异较大时,则需采用双速送经机构或电子送经(EBC)机构,以使经轴满足不同片段的送经量。

四、经编缺垫产品设计

缺垫组织的外观效应一般以褶裥、方格和斜纹等为主,这对于布面线圈的均匀度、纹路清晰程度的要求较其他平纹组织为松,只要缺垫的效应突出,线圈纹路、均匀度可以忽略。

(一)褶裥类缺垫织物的一般工艺和实例

经编褶裥产品是由缺垫纱线将地组织抽紧而形成的,它一般是在 3~4 梳的带双速送经、双速牵拉装置的特里科型高速经编机上进行编织。编织时,一般采用后面的梳栉连续正常编织形成地组织,而前梳按要求进行多个横列的缺垫编织,并且在缺垫时送经装置停止送经、牵拉装置停止牵拉。为保证褶裥效果明显,前梳缺垫范围一般较大,达 12 个横列以上,缺垫横列数越多,褶裥效应越明显。

褶裥经编织物有时可利用前梳带空穿,形成花色褶裥;也可在后梳织入弹性纱线,编织弹性褶裥经编织物。

下列为两种褶裥类产品的工艺实例。

1. 涤纶褶裥织物 涤纶褶裥布采用 3 梳编织。利用 GB2、GB3 带空穿,使后面两把梳栉形成以几个纵行为一组的纵条,借助 GB1 的组织结构,周期性地在某些横列上进行缺垫、斜向抽紧,而形成类似棒针编织的花纹褶裥布,适宜作裙料或装饰用料。

该织物可在具有双速送经机构的经编机上编织,若在具有电子送经装置的经编机上编织,则效果更好。

(1)编织设备。

机型:HKS3—M;机号:$E28$;幅宽:432cm(170 英寸);梳栉数:3;机速:1700r/min。

(2)原料与用纱比。

GB1:55dtex 涤纶丝,17.4%;

GB2:55dtex 涤纶丝,41.3%;

GB3:55dtex 涤纶丝,41.3%。

(3)组织、穿纱与送经量。

GB1:(5-6/5-4)×3/5-6/(4-4)×3/(3-3)×3/(2-2)×3/(1-1)×3/(1-0/1-2)×3/1-0/(1-1)×3/(2-2)×3/(3-3)×3/(4-4)×3//,满穿,(7×1115+12×0+7×1115+12×0)mm/腊克;

GB2:(1-0/1-2)×19//,五穿一空,38×1170mm/腊克;

GB3:(1-2/1-0)×19//,五穿一空,38×1170mm/腊克。

(4)织物规格。

①机上工艺参数。纵密:54.5cpc *;横密:11.0wpc;单位面积质量:136.7g/m²;产量:18.7m/h。

②成品工艺参数。纵密:70.0cpc;横密:11.9wpc;单位面积质量:190.0g/m²;产量:14.5m/h。

注:*——机上纵密设置为13 横列20cpc 和6 横列(-20)cpc 两段牵拉速度。

(5)工艺流程。

涤纶丝→整经→编织→前处理→染色→水洗→脱水→定形。

2. 弹性褶裥织物 如图 11-34 所示为一弹性褶裥经编织物,它是在带有四把梳栉的特里科型经编机上生产的。这种面料花型新颖、富有活力。编织时,后面三

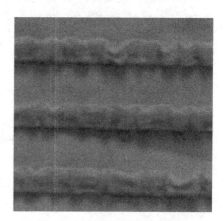

图 11-34 弹性褶裥经编织物

梳满穿,前梳只穿布边纱,并采用一旋转式边撑器来提高布边质量。褶裥是由于穿弹性纱的后梳和第二把梳栉共同作缺垫运动而产生的。在褶裥部分,仅由第三把用锦纶丝梳栉成圈。

(1)编织设备。

机型:HKS4—1 EL EBC/EAC;机号:$E$28;幅宽:330cm(130 英寸);梳栉数:4;机速:1950r/min。

(2)原料、整经根数与用纱比

GB1:布边纱;

GB2:22dtex/9f 锦纶三叶形闪光丝,600×6,24.2%;

GB3:44dtex/10f 锦纶半消光丝,600×6,61.6%;

GB4:44dtex 氨纶丝,600×6,14.2%。

(3)组织与穿经。

GB1:(1-0/1-2)×45//,布边穿纱;

GB2:(1-0/2-3)×30/(2-2)×10/(1-1)×10/(0-0)×10//,满穿;

GB3:(1-2/1-0)×30/(2-3/1-0)×15//,满穿;

GB4:(1-0/1-2)×31/(2-2/0-0)×13/1-0/1-2//,满穿(整经牵伸率140%)。

(4)织物工艺参数。

①机上工艺参数。纵密:48.2cpc＊;横密:11.0wpc;单位面积质量:98.7g/m²;产量:24.3m/h。

②成品工艺参数:纵密:58.5cpc;横密:25.0wpc;单位面积质量:272.0g/m²;产量:20m/h。

注:＊——机上纵密设置为 60 横列 40cpc 和 30 横列 82cpc 两段牵拉速度。

(5)工艺流程。

锦纶丝、氨纶丝→整经→织造→松弛→水洗→热定形→缝合成卷状(或管状)→喷射染色→烘干→拉幅定形。

(二)图案类缺垫织物的一般工艺和实例

利用缺垫形成几何图案花型时,一般以织物的工艺反面作为使用面。在组织设计时,采用3~4 梳特里科型经编机,将形成的经纱(或色纱)穿在前面的梳栉上进行缺垫编织,在织物的工艺反面形成斜纹、方格等几何花纹。

1. 汽车用斜纹织物

(1)编织设备。

机型:KS4;机号:$E$28;幅宽:330cm(130 英寸);梳栉数:4;机速:850r/min。

(2)原料与用纱比

A:76dtex/34f 涤纶长丝,白色,56.8%;

B:33dtex/14f 涤纶长丝,白色,43.2%;

C:167dtex/64f 涤纶长丝,深棕色,56.8%;

D:167dtex/64f 涤纶长丝,棕色,43.2%;

E:167dtex/64f 涤纶长丝,白色,56.8%;

（3）组织、穿经与送经量。

GB1：2 - 3/2 - 2/1 - 0/1 - 1//，1D，1E，2C，1200mm/腊克；

GB2：1 - 1/1 - 0/2 - 2/2 - 3//，2C，1D，1E，1200mm/腊克；

GB3：1-0/2-3/4-5/3-2//，4B，2160mm/腊克；

GB4：0-0/3-3/0-0/3-3//，4A，1070mm/腊克。

（4）织物工艺参数

纵密：14.2cpc；横密：12.4wpc；单位面积质量：254g/m²；横向缩率：89%；产量：35.9m/h。

（5）工艺流程

涤纶丝→整经→织造→水洗→拉幅定形。

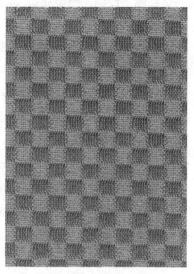

图 11-35 经编方格织物

2. 方格花纹织物 如图 11-35 所示为一方格效应的缺垫产品。通过改变两把前梳的穿经方式就可以获得不同宽度的方格，也可改变两把前梳的垫纱方式得到不同高度的方格。从织物结构可以看出两把梳栉在8横列的经绒组织和8横列的编链组织之间变换编织，前梳编织经绒组织时，织物由于延展线长而凸起，编织编链组织时呈平坦效应，这样交错就可以形成方格效应。

（1）编织设备。

机型：HKS3-M(EBA 2-Step)；机号：$E28$；幅宽：432cm(170 英寸)；梳栉数：3；机速：2200r/min。

（2）原料、整经根数与用纱比。

GB1：167dtex/48f 蓝色涤纶变形丝，262×6，38.5%；

GB2：167dtex/48f 蓝色涤纶变形丝，262×6，38.5%；

GB3：50dtex/16f 黑色涤纶有光长丝，524×6，23%。

（3）组织、穿经与送经量。

GB1：(1-0/2-3)×4/1-0/(1-2/2-1)×3/1-2//，七穿七空，8 横列 2200mm/腊克，8 横列 1450mm/腊克；

GB2：1-0/(1-2/2-1)×3/1-2/(1-0/2-3)×4//，七空七穿，8 横列 1450mm/腊克，8 横列 2200mm/腊克；

GB3：(2-3/1-0)×8//，满穿，1970mm/腊克。

（4）织物工艺参数。

①机上工艺参数。纵密：14.3cpc；横密：11.0wpc；单位面积质量：132.4g/m²；产量：92.3m/h。

②成品工艺参数。纵密：34.0cpc；横密：11.9wpc；单位面积质量：150.0g/m²；产量：87.4m/h。

（5）工艺流程。

涤纶丝→整经→织造→水洗→染色→定形→柔软整理。

(三)结构稳定的缺垫产品工艺实例

该类织物具有机织物外观，织物尺寸稳定，前面两把梳栉轮流缺垫，从而形成特殊的线圈结构。该织物可以用于涂层底布、鞋子面料、旗子面料、手提箱织物、室内装饰品及汽车用织物等。

1. 编织设备

机型:HKS3-M;机号:*E*28;幅宽:330cm(130英寸);梳栉数:3;机速:2100r/min。

2. 原料与用纱比

GB1+GB2:167dtex/30f涤纶半消光长丝,56.8%;

GB3:100dtex/40f涤纶半消光长丝,43.2%。

3. 组织、穿经与送经量

GB1:1-0/1-1//,满穿,900mm/腊克;

GB2:0-0/0-1//,满穿,900mm/腊克;

GB3:1-0/3-4//,满穿,2280mm/腊克。

4. 织物工艺参数

(1)机上工艺参数。纵密:17.8cpc;横密:11.0wpc;单位面积质量:216.7g/m²;产量:70.7m/h。

(2)成品工艺参数。纵密:19.5cpc;横密:11.8wpc;单位面积质量:254.7g/m²;产量:64.6m/h。

5. 工艺流程

涤纶丝→整经→织造→水洗→预定形→染色→拉幅定形。

第七节　经编衬纬组织与产品设计

在经编织物地组织的线圈主干与延展线之间周期地衬入一根或几根不成圈的纱线所形成的组织称为经编衬纬组织。

一、经编衬纬组织的分类

根据衬入的纬纱在坯布幅宽内的范围分为全幅衬纬和部分(局部)衬纬,分别如图11-36中(a)和(b)所示。

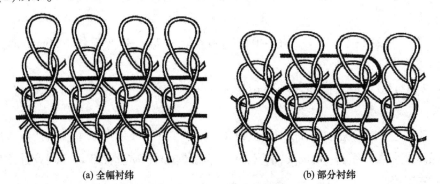

(a) 全幅衬纬　　　　　　　　　(b) 部分衬纬

图11-36　经编衬纬组织

二、经编衬纬组织的形成方法

1. 全幅衬纬　全幅衬纬组织需要利用专门的衬纬机构将纬纱衬垫到整个织物幅宽内。对于全幅衬纬包括单头全幅衬纬和复式衬纬两种形成方法。

（1）单头全幅衬纬。单头全幅衬纬需要辅助的引纬片将单根纬纱引入织物，具体形成过程如图11-37所示。如图11-37(a)所示织针处于下降位置，针头低于栅状脱圈板上表面，此时引纬片向机前运动，将单根纬纱引入针背；如图11-37(b)所示织针上升，地组织导纱针摆动到机后进行针前垫纱；如图11-37(c)所示导纱针进行针前横移后摆回机前，此时单根纬纱被握持在地组织线圈圈干与延展线之间，引纬片向机后退去。

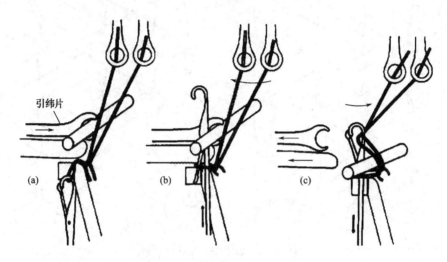

图 11-37 单头全幅衬纬形成过程

（2）复式衬纬。所谓复式衬纬即一次将多根纬纱衬入到织物当中所形成的组织。复式衬纬需要专门的衬纬机构，如图11-38所示。图中A所示为安放衬纬纱线的筒子架；B为将多根纬纱同时引出的导纱游架，此游架可在机器两端安装的传送装置C之间往复运动并将多根纬纱挂在传送装置的纱钩上；传送装置C可将纱钩上的一组纬纱同时传送至编织区域D，将其衬入到织物中。

2. 部分衬纬 部分衬纬是将衬纬纱线衬入到全幅织物的局部。部分衬纬组织不需要特殊的辅助机构，只需衬纬导纱梳栉做一定规律的垫纱运动来实现。若要将衬纬纱线握持在线圈主干与延展线之间，需要将衬纬纱线穿入后梳或除了第一把梳栉以外的梳栉，否则衬纬纱不能衬入到织物中。如图11-39所示为衬纬组织的线圈结构。

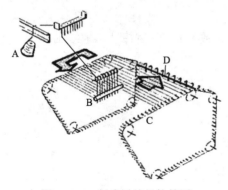

图 11-38 复式衬纬机构简图

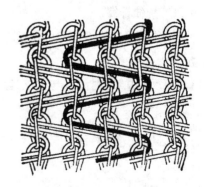

图 11-39 经编衬纬组织

部分衬纬组织编织过程中衬纬梳栉不作针前垫纱,只作针背垫纱。衬纬纱线能否被地纱延展线压住,除了上述两把梳栉的配置关系以外,还取决于两把梳栉针背横移的针距数和针背横移的方向。

具体形成原则结合实例进行分析。以图 11-40 为例,前梳作经绒垫纱,后梳衬纬。

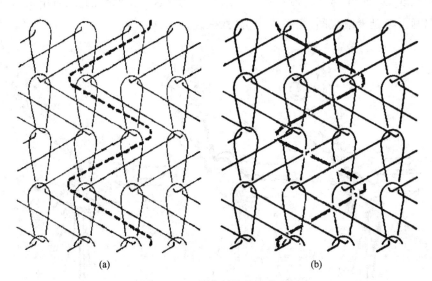

(a)　　　　　　　　　　　　(b)

图 11-40　部分衬纬组织实例

图 11-40(a)中前梳作 1-0/2-3// 的经绒垫纱运动,后梳作 0-0/2-2// 的垫纱运动。此时后梳满足部分衬纬梳栉的垫纱要求,即只做针背横移,不做针前垫纱。但是,由于后梳衬纬纱线的针背横移方向和针距数与地组织的完全相同,使得衬纬纱线处于两个线圈纵行之间,与地组织延展线之间没有交点,所以并不能衬入到织物中。

图 11-40(b)中前梳同样作 1-0/2-3// 的经绒垫纱运动,后梳横移针距数不变,改变垫纱方向作 2-2/0-0// 的垫纱运动。此时,后梳衬纬纱线的针背横移方向和针距数与地组织的相反,使得衬纬纱线每一横列均与地组织有交点,因此能够衬入到织物中。

由此可见,若要形成部分衬纬组织,除了满足衬纬梳栉的垫纱规律之外,还要保证衬纬纱线与地组织延展线至少有一个交点。具体每横列衬纬纱线与地组织延展线之间产生交点的个数可以通过以下规律计算。

若衬纬梳针背横移针距数为 n_1,地梳针背横移针距数为 n_2,则衬纬纱与地纱延展线之间交点的个数 N 为:

(1)两梳反向垫纱,衬纬纱与地纱延展线交点个数 N。

$$N = n_1 + n_2$$

(2)两梳同向垫纱,衬纬纱与地纱延展线交点个数 N。

$$N = |n_1 - n_2|$$

同向垫纱交织点少,织物松软(如起绒织物);反向垫纱交织点多,织物紧密(如少延伸织物）。

三、经编部分衬纬组织的应用实例

1. 网孔类　衬纬经编组织与编链和变化编链一起形成各种网眼经编织物。下面列举一些常用的编链衬纬网眼经编组织。

（1）方格网孔。如图 11-41 所示，使用 3 把梳栉形成方格网眼织物。如图 11-42 所示为其线圈结构图，该组织常用于多梳窗帘织物的底布。其组织如下。

GB1：2-0/0-2//；

GB2：0-0/2-2/0-0/6-6/4-4/6-6//；

GB3：4-4/2-2/4-4/0-0/2-2/0-0//。

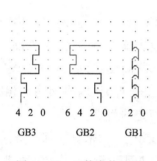

图 11-41　三梳方格网眼

图 11-42　方格线圈结构

（2）六角网孔。用两把满穿的梳栉可编织出六角形状的网眼，如图 11-43 所示，图 11-44 为该组织的线圈结构图。其垫纱数码为：

GB1：2-0/0-2/2-0/2-4/4-2/2-4//；

GB2：0-0/2-2/0-0/4-4/2-2/4-4//。

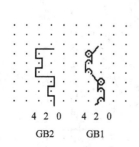

图 11-43　六角网眼组织

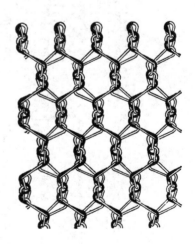

图 11-44　六角网眼线圈结构

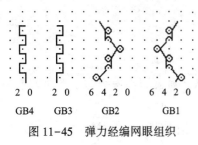

图 11-45　弹力经编网眼组织

使用最多的是六横列网眼。这种网眼织物可直接用于发网、面网领域,但更多的是再增加几把花梳,形成花边织物。假如将前梳栉编织的编链部分的长度增加,则可形成 10 横列、14 横列的六角网眼组织。当后梳使用弹性纱线时,它被广泛用于腰带、女三角裤等妇女紧身衣领域。

(3)弹力网孔。如图 11-45 所示为弹力经编网眼组织,它与六角网眼组织一样,使用非常广泛。其垫纱数码如下。

GB1:4-6/4-2/2-4/2-0/2-4/4-2//;

GB2:2-0/2-4/4-2/4-6/4-2/2-4//;

GB3:0-0/2-2//;

GB4:2-2/0-0//。

四把梳栉均为半穿,两把前梳对称垫纱形成地组织,两把后梳(弹性纱)对称垫纱作衬纬组

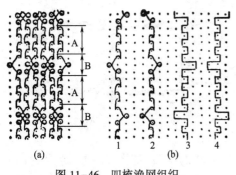

图 11-46　四梳渔网组织

织。在编织这种弹力经编网眼织物时,最重要的是花纹与花纹之间绞接的纱线应与弹性纱线的针背垫纱方向相同,否则如果垫纱方向相反的话,会显露出纵向行走的路线。

(4)经编渔网。由部分衬纬纱对网孔经编组织加固,可得到网目大小任意控制的渔网经编组织。如图 11-46 所示为最简单的四梳渔网组织。图(a)为地组织,A 为孔边区,B 为连接区。图(b)为此组织四梳的垫纱运动图,部分衬纬梳 GB3 和 GB4 起加固作用。

常用六梳渔网的垫纱运动,如图 11-47 所示,由梳栉 GB3、GB4、GB5、GB6 进行加固。八梳

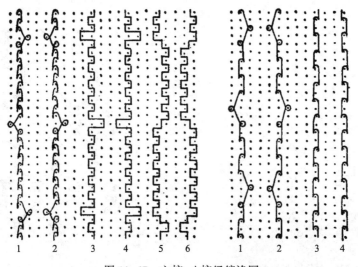

图 11-47　六梳、八梳经编渔网

渔网采用四把地梳,GB1 和 GB3 两梳栉与 GB2 和 GB4 梳栉配合形成孔边区,衬纬梳则与图(a)中 GB3、GB4、GB5 和 GB6 梳栉垫纱运动相同。

2. 起花类 通常利用衬纬结合贾卡装置可形成大型花纹织物,用作窗帘、台布等。一般都在拉舍尔经编机上编织,梳栉数较多,前面几把梳栉形成网孔底布,后面几把梳栉作衬纬形成花纹,采用编链作地组织,使纵向尺寸稳定,窗帘在悬挂时不易变形。

花边织物本质上是在地组织上用衬纬纱形成复杂花纹。一般采用较多的梳栉,其中用两把梳栉编织花边地组织(1、3 梳或 1、4 梳),第二把梳栉编织分离纵行(开口编链)。在花边地组织基础上由几十把花色梳栉衬纬形成复杂的花纹。如图 11-48 为简单花边一例。在六角网眼地组织基础上,依靠衬纬花梳形成花边。

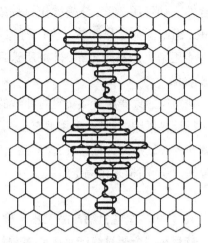

图 11-48 起花类衬纬组织

3. 起绒类 如图 11-49 所示,两梳采用同向垫纱,交织点少,织物松软,衬纬纱很粗,明显地暴露在织物表面,经起绒机起绒后形成绒面。

4. 少延伸类 如图 11-50 所示,地组织一般采用编链,再配以大针距横移的局部衬纬,可在降低横向延伸性的同时,大大减少坯布的纵向延伸性。

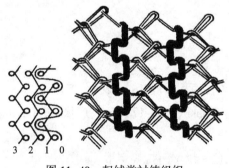

图 11-49 起绒类衬纬组织

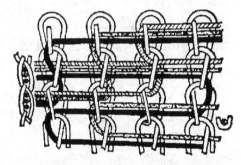

图 11-50 少延伸类衬纬组织

四、特里科全幅衬纬产品的一般工艺

特里科型全幅衬纬产品具有较好的尺寸稳定性,主要用于服装衬里、窗帘及台布等室内装饰织物、床上用品、涂层底布、手术室用台布和手术衣等医疗用品、用后即弃的婴儿尿布等方面。

在装有全幅衬纬机构的特里科型高速经编机上编织时,一般都用 1~2 把梳栉采用基本组织如编链、经平组织等作地组织,根据织物结构需要在地组织的横列中通过全幅衬纬机构衬上纬纱,机号一般为 $E24~E32$。

在经编衬纬织物的生产中,编织纱线一般采用较细的涤纶长丝,而采用较粗的棉纱或涤棉纱作衬纬纱线,这样纬纱显得比较突出,起绒加工时使纬纱易于起绒、易于涂层,以保证其黏合性。如可用36tex涤棉纱作衬纬纱线,有时为进一步降低平方米单位面积质量,还可用5.6tex涤纶低弹丝作纬纱。生产衬纬外衣面料可选用花式纱,如竹节纱、包芯纱等,但这类纱线不能用来生产黏合衬布,衬布所选用的衬纬纱条件要求较高,竹节、棉结的存在都会影响黏合效果。

地组织的选择将直接决定衬纬纱的束缚力并影响产品的风格,一般制作轻薄型衬布时,可用一把梳栉做编链垫纱,采用编链组织不但使织物具有良好的纵向尺寸稳定性,而且经实践证明其对衬纬纱束缚力最佳;而做厚型衬布时,则可选用两把梳栉来进行地组织编织,一般后梳采用经平组织,前梳采用编链组织。

五、特里科全幅衬纬产品工艺实例

特里科型全幅衬纬产品在许多领域中已得到广泛的应用,如服装衬里、女式外衣面料、窗帘、旗帜面料和婴儿尿布上的条带等。以下列举两款产品工艺实例。

1. 服装衬布 这类织物通常采用一把梳栉做编链垫纱,以确保能有效地锁住衬纬纱线;以涤棉纱作全幅衬纬,有利于后整理黏合的处理。具体工艺如下。

(1)编织设备。

机型:HKS3MSU;机号:$E32$;幅宽:533cm(210英寸);梳栉数:3;机速:900r/min。

(2)原料、整经根数与用纱比。

GB1:22dtex/6f涤纶灰色长丝,672×10,15.3%;

MSU纬纱:14tex×2涤棉纱,每横列1纬,84.7%。

(3)组织、穿经与送经量。

GB1:1-0/0-1//,满穿,900mm/腊克。

(4)织物工艺参数。

①机上工艺参数。纵密:18.9cpc;横密:12.6wpc;单位面积质量:167.0g/m²;产量:28.6m/h。

②成品工艺参数。纵密:20cpc;横密:12.6wpc;单位面积质量:178g/m²;产量:27.0m/h。

(5)工艺流程。

涤纶丝、涤棉纱→整经→织造→水洗→定形→染色→烘干→拉幅定形。

2. 女式服装面料 近几年,随着织物结构和花型的不断扩展,利用全幅衬纬织物结合后整理过程的烂花工艺,为突出所设计的花型和图案,烂掉所选区域的纬纱,使花型呈现镂空效果,如图11-51所示。此类织物质地轻薄,手感柔软,具有良好的透气性和美感,适合用作女式内衣和外衣面料。具体工艺如下。

(1)编织设备。

机型:HKS2MSUS;机号:$E24$;幅宽:447cm(176英寸);梳栉数:2;机速:1400r/min;工作幅宽:223cm×2。

(2)原料、整经根数与用纱比。

图11-51 全幅衬纬烂花织物

GB1:78dtex涤纶变形丝,264×8,17%;

GB2：78dtex 涤纶变形丝，264×8，17%；

MSUS 纬纱：36tex(28 公支)黏胶丝，每横列一纬，66%。

（3）组织、穿经与送经量。

GB1：1-0/1-2/2-3/2-1//，一穿一空，1230mm/腊克；

GB2：2-3/2-1/1-0/1-2//，一穿一空，1230mm/腊克。

（4）织物工艺参数。

①机上工艺参数。纵密：22.0cpc；横密：9.5wpc；单位面积质量：122.8g/m²；产量：23.7m/h。

②成品工艺参数。纵密：24.8cpc；横密：9.5wpc；单位面积质量：136.0g/m²；产量：38.0m/h。

（5）工艺流程。

涤纶丝、黏胶丝→整经→织造→印花预处理→烂花糊和涂料糊旋转荧光印花→烂花工艺→水洗→拉幅定形。

第八节　经编缺压组织与产品设计

在编织某些横列时，全部或部分织针不压针，旧线圈不脱圈，隔一个或几个横列再进行压针，使旧线圈脱下形成拉长线圈，这种经编组织称为经编缺压组织。经编缺压组织一般在钩针经编机上编织。

一、经编缺压组织的形成

如图 11-52 所示的缺压组织。一横列编织，一横列缺压。在不压针而形成悬弧的横列旁加上"-"号，如图(a)所示；也可将垫纱运动图画成如图 11-52(b)所示的形态，即将缺压横列的垫纱运动与上一横列的垫纱运动连续地画在同一横列中。

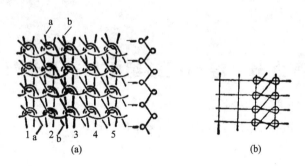

图 11-52　缺压经编组织

二、经编缺压组织类型

1. 集圈缺压组织　垫纱、缺压形成带悬弧拉长线圈的组织。如图 11-53 所示为集圈组织，连续 4 次不压针，由 2 根纱线同时绕 4 圈，共有 8 个圈在坯布表面形成凸起小结。

2. 提花缺压组织　不垫纱、缺压，形成不带悬弧拉长线圈的组织。如图 11-54 所示为单梳

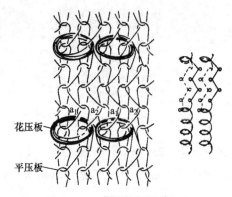

图 11-53 集圈缺压经编组织

提花经编组织,采用多列经缎垫纱运动。

(1)穿经完全组织。三穿三空。

(2)花压板:三凸三凹。

花压板凸出处正对垫纱的针,花压板凹口处正对不垫纱的针。花压板每一横列横移一次(一针距),由花板链条控制。图 11-55(a)是这种经编坯布的假想结构,实际上拉长线圈不可能拉这么长,由拉长线圈连接,将上下曲折边叠在一起,如图 11-55(b)所示,呈贝壳提花组织。需要注意的是:导纱梳栉的连续横移量应大于一穿经完全组织中的空穿数,否则某些针上垫不到纱,不能形成整幅坯布,只能织出窄条。

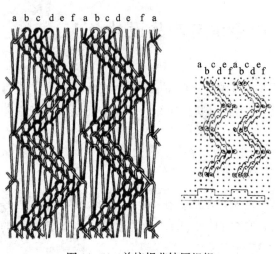

图 11-54 单梳提花缺压组织

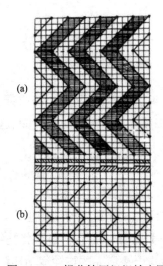

图 11-55 提花缺压组织效应图

第九节 经编压纱组织与产品设计

有衬垫纱线绕在线圈基部的经编组织称为经编压纱组织。

一、经编压纱组织的形成

图 11-56 是一种典型的经编压纱组织,有一把梳栉(后梳)编织地组织,此梳称为地梳,另一把梳栉(前梳)垫纱后不正常成圈,纱线绕在线圈根部,此纱称为衬垫纱,穿有衬垫纱的梳栉称为压纱梳。衬垫纱在地组织上形成花纹(在坯布反面),此结构能减小坯布横向拉伸性和脱散性。

形成压纱经编组织的过程如图 11-57 所示。图中有两把地梳在压纱板后面,压纱板前面有

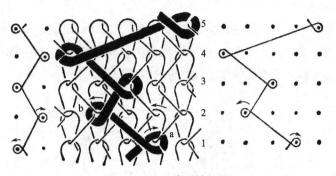

图 11-56　经编压纱组织

两把压纱梳,开始地梳、压纱梳以及压纱板同时摆到针前,在针前横移一个针距后,向针后摆,当压纱梳摆至针后时,压纱板突然下降将压纱梳的纱线压到针杆上,当针下降时,旧线圈与压纱纱线同时从针头上脱下,地梳与压纱梳一般反向垫纱,这样当压下压纱纱线时不会将地纱带下。

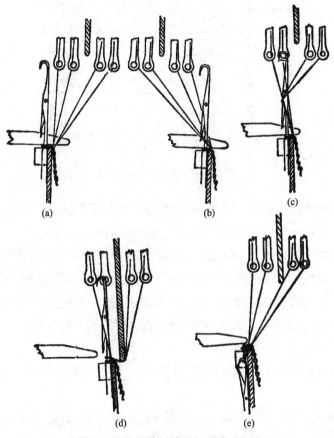

图 11-57　经编压纱组织形成过程

二、经编压纱组织的类型

经编压纱组织常用来在坯布上形成凸出绣纹,形成一定的花纹效果,同时改善坯布的尺寸稳定性。

1. 绣纹压纱组织 它是由压纱衬垫纱线在地组织表面形成明显凸出绣纹的经编组织。图11-58所示即为其中一例,GB3和GB4梳栉形成小方格地组织,GB1和GB2为压纱梳栉(在压纱板前方),它们空穿,作相反垫纱运动,形成凸出的菱形花纹。

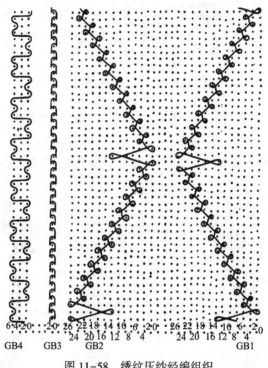

图 11-58　绣纹压纱经编组织

前梳与地梳的针前垫纱方向不同,前梳纱在坯布中的线圈结构也不同。前梳纱在坯布中的线圈结构也不同。前梳纱与地梳纱同向垫纱时的线圈结构形态如图11-59(a)和(c)所示;逆向垫纱时的线圈结构形态如图11-59(b)、(d)所示,这种结构有时也叫作"8"字形组织。另外,当同向针前垫纱的前梳纱被压纱板下压移至针杆时,由于滞留在针杆上的地组织纱线受到意外的张力,会引起线圈歪斜。因此,同向针前垫纱编织时,先由前梳栉进行针前垫纱,接着压纱板下压,然后地组织进行针前垫纱。除了这种垫纱方法之外,为了防止线圈歪斜,还可将前梳纱的张力调得小些,地梳纱的张力调大些。

逆向垫纱的组织最容易编织,而且使用也最为广泛。这种方法形成的线圈呈"8"字形,适用于运动衣等领域。

2. 缠接压纱经编组织 它是利用压纱纱线相互缠结,或与其他纱线缠结,形成一定花纹效应的经编组织。图11-60是压纱纱线相互缠结压纱经编组织的一例,图的下部表示垫纱运动,上部表示花色效应。

图11-61是压纱纱线与编链缠结的情况。图(a)为垫纱运动,图(b)则为压纱纱线的形态,地组织为抽针组织。

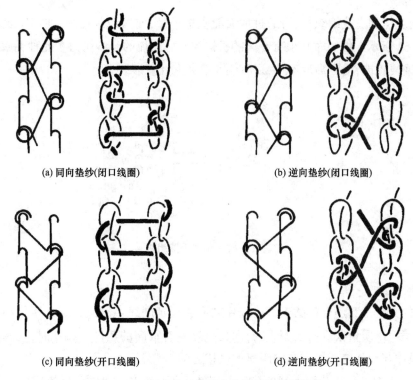

(a) 同向垫纱(闭口线圈)　　　　　(b) 逆向垫纱(闭口线圈)

(c) 同向垫纱(开口线圈)　　　　　(d) 逆向垫纱(开口线圈)

图 11-59　同向垫纱和逆向垫纱时的线圈结构

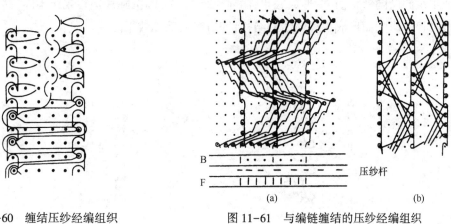

图 11-60　缠结压纱经编组织　　　　图 11-61　与编链缠结的压纱经编组织

第十节　经编毛圈组织与产品设计

利用较长的延展线或脱下的衬纬纱和脱圈线圈等,在织物上形成毛圈效果的组织,称为经编毛圈组织。经编毛圈组织有以下几种形成方法。

一、超喂法

例如,用双梳和三梳编织时,可通过加大前梳送经量,使其线圈松弛,在坯布表面上形成毛圈,如图 11-62 所示。编织时必须有专门的机构控制好前梳的经纱张力。此种毛圈织物具有一定的弹性和回复性能,毛圈高度不一,适宜制作婴儿和儿童服装。

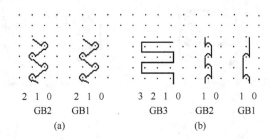

图 11-62 超喂毛圈组织

二、沉降片法

最常用的方法是利用专门的毛圈沉降片来形成长延展线毛圈组织。采用这种技术可以用双梳或三梳编织出质量很好的毛圈织物,而且机器具有很高的速度。编织时,毛圈沉降片不作前后摆动,只作与地纱梳栉同方向同距离的横移运动。

如图 11-63 中 1 和 2 分别为某两梳和某三梳毛圈组织中的地梳(后梳或中、后梳)与毛圈沉降片的垫纱规律。图中的"|"代表毛圈沉降片的位移规律。从图 11-63 可以看出,毛圈沉降片与地组织同向同针距横移,形成底布,而前梳组织与毛圈沉降片横移规律不同,其延展线受到毛圈沉降片的影响而形成拉长的线圈结构,即所需的毛圈效果。

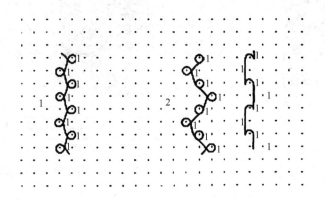

图 11-63 毛圈沉降片与地梳运动规律

三、脱纬法

由脱下的衬纬纱形成的毛圈组织,称为脱纬毛圈组织。图 11-64(a)所示的垫纱运动中,后梳 GB2 衬纬纱线由于与前梳同向垫纱,每横列与地组织延展线只有一个交织点,后整理过程中不受束缚的纬纱部分会脱离底布从而形成毛圈。图 11-64(b)所示的垫纱运动中,

GB3 与 GB1 在奇偶横列轮流缺垫,使得衬纬纱线更加自由,从而能够与地组织分离形成毛圈效果。

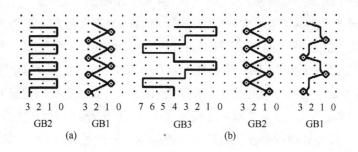

图 11-64 脱纬法毛圈组织

四、脱圈法

利用某些横列中有些织针垫不到纱线而使旧线圈脱落形成的毛圈组织,称为脱圈毛圈组织。如图 11-65 所示的垫纱运动中,后梳 GB3 一穿一空,1 隔 1 垫纱,织针上原有的旧线圈脱下时即可形成毛圈。其垫纱数码为:

GB1:0-1/1-0/0-1/1-0//;

GB2:5-5/0-0/5-5/0-0//;

GB3:3-4/0-0/4-3/7-7//。

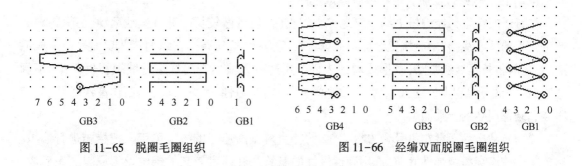

图 11-65 脱圈毛圈组织　　　　图 11-66 经编双面脱圈毛圈组织

经编双面毛圈织物是一种典型的脱圈毛圈组织,如图 11-66 所示,GB4、GB3 和 GB1 为一穿一空,GB2 为一空一穿。GB4 的针钩垫纱,脱下后即可形成正面毛圈,GB1 在偶数针上的线圈(该针上无编链线圈),脱下后即可形成反面毛圈。为使毛圈达到要求的长度,可使用刷毛辊刷拉毛圈织物的正反面。

经编绒类产品是特里科型经编机的重要品种之一,采用以上几种方法形成毛圈,经后整理起绒而成,在外衣、运动衣面料等方面应用广泛。

五、经编绒类产品的一般工艺

(一)利用织物表面的长延展线起绒

在机号 $E28 \sim E32$ 的特里科型经编机上,前梳做较长的针背横移垫纱,如 1-0/3-4//、1-0/

4-5//或更大,从而在织物表面形成了长延展线;后面2、3梳作经平等垫纱运动,形成地组织。编织时,一般采用2~4把梳栉进行编织。两梳起绒织物的结构稳定性较差,易变形,且因多用同向垫纱而使织物正面线圈倾斜性较大;而三梳、四梳产品则结构较稳定。

适当的垫纱运动可在绒面上形成一定的花型。大多平纹起绒组织一般用两梳,编织同向垫纱的经斜平类组织,如"圈绒""麂皮绒"等产品;而花色起绒织物大多使用三梳编织,其中机后两把梳栉满穿,编织经斜平类地组织,前梳栉采用部分穿纱,以较大张力编织编链组织。编织时,要求中梳起绒纱线采用强力较低的黏胶长丝或醋酯长丝,而前后梳栉用强力较高、具有热塑性质的涤纶长丝或锦纶长丝,并且地梳和绒梳采用反向的针前垫纱和针背垫纱。这种三梳织物拉绒时,显露在织物反面外层的前梳长丝阻挡中梳的绒纱形成绒面,因此形成了纵向直条的花色绒面效应。

除采用经斜类形成长延展线外,还可以采用衬纬纱作起绒纱段,如"金光绒"产品。编织时多采用三梳,其中衬纬起绒纱位于中梳,采用与前梳经平类组织同向垫纱的方式,减少前梳延展线与衬纬纱的交织点数,以利于衬纬起绒纱浮现在织物表面,后梳则编织经平作地组织。由于起绒纱采用衬纬方式,扩大了纱线的品种规格范围。

起绒类织物是在后整理时利用起毛机的针布对织物表面的长延展线进行拉毛处理,或采用磨毛机进行磨毛处理,从而在织物表面形成起毛效应。后整理时,为了保证良好的起毛效果,一般要求起毛前对织物进行预定形,并要求拉毛机针布上的针具有一定的形状和角度。

(二)利用氨纶弹性使长延展线收缩成毛圈

在普通的特里科经编机上编织氨纶弹力织物时,前梳做较长的针背垫纱运动,在织物表面产生较长的延展线,利用后梳氨纶原料的弹性回复力,使长延展线在织物工艺反面表面形成毛圈,整理时将长延展线割断,以形成丝绒表面。用这种方法生产的经编丝绒织物也称作"不倒绒"。这种绒毛织物类似立绒织物,织物光泽极好,富有弹性,手感柔软,是制作高级时装、紧身服装和装饰用品的上乘面料。

弹力丝绒产品通常在机号为$E28 \sim E32$的特里科型高速经编机上采用三把梳栉进行编织:后梳与中梳满穿编织弹性底布,选用弹性极好的氨纶丝和强度较高的锦纶丝为原料交织而成,其组织可使用双经平组织或经绒平组织;而前梳则做长距离的针背垫纱运动,一般前梳导纱针在针背要横移5~7个针距。由于前梳的长延展线覆盖于织物工艺反面的表层,这就便于割绒整理时将长延展线割断形成毛绒。毛绒高度取决于前梳延展线的长度,延展线越长,割绒后毛绒就越高。

(三)脱纬法形成绒圈

在特里科型经编机的正常编织中,使得部分梳栉的线圈在某些横列上脱套,脱套的圈干则形成了毛圈。利用脱纬法形成的毛圈,其高度取决于衬纬跨越的针距数和经纱张力。但是当跨越针数多、纱线张力松弛时,将造成编织困难,因而用脱纬法难以形成高毛圈织物。

在脱纬法绒圈织物设计时,一般在2~4梳特里科型经编机上编织。地组织采用部分织针编织,其余织针垫不到地梳的纱线;脱纬的梳栉部分横列在地梳工作针上垫纱参与正常编织,形成与地组织的联结;部分横列在地梳不工作的织针上垫纱,在下一成圈循环中刚刚垫纱形成的圈干会因为没有新的纱线而脱套,挂在地组织上形成绒圈。

(四)超喂法形成绒圈

超喂法一般采用加大前梳送经量,使线圈松弛来形成毛圈。经纱张力控制得恰当与否,决定了能否产生毛圈。因此,用这种方法形成的毛圈,难以保持均匀而达到一定的毛圈高度。现超喂法被广泛地用于经编双面绒产品的编织。

用这种方法可得到具有一定高度的单面或双面毛圈织物,但毛圈密度和高度难以调节。

六、经编绒类产品工艺实例

(一)经编麂皮绒产品

经编麂皮绒是将超细长丝以经编的加工方式所制得的仿麂皮织物,坯布经过后整理后,手感柔软。由于绒毛非常细密,被按压后易于倒伏,形成不同光泽的纹理,即"书写效应"。此类织物可直接作为服装用料,制作成夹克装、提包、套装、鞋子等,也可先复合再作服装用料或作其他用途。

经编麂皮绒常采用同向垫纱的经绒平组织或经斜平组织。编织时采用两把梳栉,前梳满穿超细纤维丝,作3~4针的经平垫纱,其较长的延展线通过起毛、染色、磨毛等工艺形成短、密、匀、齐的绒毛,在设计时,绒毛的长度最好以0.1~1mm为主。后梳满穿普通涤纶丝作为地组织,作经平垫纱,这样对绒纱有一定的收缩作用,且编织时经纱张力要比后梳纱小一些。

在进行经编麂皮绒整理加工时,需对超细纤维进行开纤,以保证良好的毛绒效果。

1. 编织设备

机型:HKS3-M;机号:$E32$;幅宽:533cm(210英寸);梳栉数:3;机速:1800r/min。

2. 原料、整经根数与用纱比

GB1:83dtex/36f海岛弹力丝,640×10,59.4%;

GB2:83dtex/36f涤纶长丝,640×10,40.6%。

3. 组织、穿经与送经量

GB1:1-0/3-4//,满穿,1870mm/腊克;

GB2:1-0/1-2//,满穿,1280mm/腊克。

4. 织物工艺参数

(1)机上工艺参数。纵密:21.0cpc;横密:12.6wpc;单位面积质量:144.6g/m²;产量:51.4m/h。

(2)成品工艺参数。纵密:22.0cpc;横密:19.0wpc;单位面积质量:228.6g/m²;产量:49.1m/h。

5. 工艺流程

海岛弹力丝、涤纶长丝→整经→织造→初定形→起毛→剪毛→开纤→染色→热定形→磨毛→定形。

(二)弹性"不倒绒"织物

该产品采用三把梳栉编织,编织后由于后梳氨纶丝的收缩,使前梳的长延展线弯曲凸起形成密集的毛圈。

1. 编织设备

机型:HKS3-1;机号:*E*32;幅宽:330cm(130英寸);梳栉数:3;机速:2400r/min。

2. 原料、整经根数与用纱比

GB1:44dtex/34f 锦纶66 半消光丝,688×6,73.2%;

GB2:22dtex/9f 锦纶6 有光三叶形丝,688×6,15.4%;

GB3:44dtex 氨纶丝,686×6,11.4%(整经牵伸比140%)。

3. 组织、穿经与送经量

GB1:1-0/5-6//,满穿,2600mm/腊克;

GB2:1-0/1-2//,满穿,1100mm/腊克;

GB3:1-2/1-0//,满穿,575mm/腊克。

4. 织物工艺参数

(1)机上工艺参数。纵密:27.7cpc;横密:12.6wpc;单位面积质量:113.5g/m²;产量:52.0m/h。

(2)成品工艺参数。纵密:34.0cpc;横密:28.7wpc;单位面积质量:232.0g/m²;产量:42.4m/h。

5. 工艺流程

锦纶丝、氨纶丝→整经→织造→松弛→剪毛→水洗→染色→烘干→定形→印花。

七、经编毛巾的形成原理

经编毛巾织物在绒圈形成和产品应用方面都与普通经编毛圈织物不同,是在专门的毛巾经编机上加工而成。通常毛巾经编机采用脱圈法形成毛圈,为获得大而均匀的毛圈,在机构上采用以下几种辅助装置,得到均匀一致的毛圈。

1. 满头针 为了使正面毛圈与反面毛圈一致,毛巾经编机一般采用满头针来形成毛圈,即用满头针与普通槽针1隔1地安装在针床上,如图11-67所示。编织时,满头针的脱圈深度比普通槽针大1.75mm,使正面毛圈会变长一些。

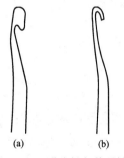

图11-67　满头针与普通针

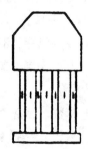

图11-68　偏置沉降片

2. 偏置沉降片 在毛巾经编机上采用偏置沉降片,即不按等针距铸针,其间隔一大一小,两个合起来为两针距,如图11-68所示。这样毛圈的高度可由沉降片均匀配置时的4mm增加到6mm。

3. 刷毛圈装置 在编织双面毛巾时,前后梳所形成的毛圈在编织时都处于织物的正面,要用刷毛机构把前梳形成的毛圈刷到反面。为了使毛巾织物的毛圈均匀,该机在牵拉辊和卷布辊之间安装两对表面包有硬质尼龙毛刷的刷毛辊,如图11-69所示,织成的毛巾织物从牵拉辊输出后,经过两个导布辊进入刷毛装置,刷毛辊分别刷坯布正面和反面的毛圈,这样就可得到两面高度一致、毛圈均匀的织物。经刷毛辊整理后的坯布卷成布卷。

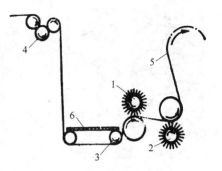

图 11-69 刷毛圈装置

1,2—刷毛辊 3—导布辊 4—牵拉辊
5—布卷 6—工作平台

八、经编毛巾产品的一般工艺

经编毛巾织物编织时地组织一般采用2把梳栉编织,再采用2把梳栉分别编织正面和反面毛圈。由于采用脱圈法形成毛圈,所以无论编织地布,还是编织毛圈都是采用一穿一空的穿纱方式,以便编织毛圈梳栉的纱线在第一横列垫在编织底布的针上,在第二横列垫在不编织的空针上,在第三横列成圈时脱落下来形成毛圈。

编织底布和毛圈的组织基本不是固定的,只是按需要毛圈的大小来改变梳栉的横移量。

1. 地组织 作为经编毛巾织物的地布采用编链和衬纬组织,为了能形成毛圈,地布必须留出空针,因而采用一穿一空的穿纱方式,如图11-70所示。

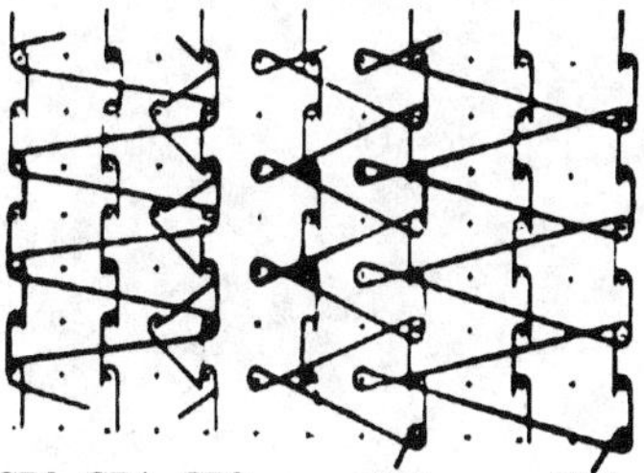

图11-70(a)中地布组织与对纱为:

GB4:0-1/1-0//,一空一穿;

GB3:5-5/0-0//,一穿一空。

毛圈梳栉GB2垫纱为:GB2:0-1/2-1//。

毛圈梳栉在偶数横列即满头针上所形成的线圈会每两横列脱圈一次,形成毛圈。

同样,如图11-70(b)中地组织为0-1/1-0//,一穿一空,毛圈梳栉GB2可以为5-6/1-0//或3-4/1-0//,同样会每两横列脱圈一次,形成毛圈。

GB3 GB4 GB2　　GB2　　GB2
(a)　　　　　(b)

图 11-70 单面毛巾组织

2. 毛圈 经编毛巾织物有单面毛巾和双面毛巾之分。单面毛巾用3把梳栉,后、中梳编织地布,前梳编织毛圈(图11-70中GB2),其组织采用横移单数针距的经平组织,如0-1/2-1//或1-0/3-4//或1-0/5-6//。这样垫在第二横列双数空针上的线圈脱下后即可形成毛圈,而垫在第一横列单数针上的线圈,则织入地布。

双面毛巾要用4把梳栉,如上述在已形成单面毛巾的基础上,增加一把后梳编织另一面的毛巾,由于后梳所垫纱线的延展线将被其他梳栉压住,因而脱圈后不能形成毛圈,故不能像前梳那样任意采用横移单数针距的经平组织。

为了形成双面毛圈,后梳通常采用将纱线垫在空针上的衬纬组织,即:2-3/0-0/3-2/5-5//。如图11-71所示的双面毛巾组织图中,GB4在单数横列上的线圈脱圈后即可形成毛圈。

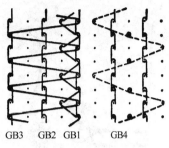

图11-71 双面毛巾组织

经编毛巾织物分为单面毛巾和双面毛巾两类,其穿纱和组织通常分别采用如下结构。

(1)单面毛巾的典型组织与穿纱。

GB2:0-1/2-1//或3-4/1-0//,一空一穿;

GB3:0-1/1-0//,一空一穿;

GB4:5-5/0-0//,一穿一空。

(2)双面毛巾的典型组织与穿纱。

GB1:0-1/2-1//或3-4/1-0//,一空一穿;

GB2:0-1/1-0//,一空一穿;

GB3:5-5/0-0//,一穿一空;

GB4:2-3/0-0/3-2/5-5//,一穿一空。

九、经编毛巾产品工艺实例

该织物可用作服装面料,采用4把梳栉,棉纱用脱圈法形成毛圈,锦纶丝采用编链衬纬形成强度较高、结构稳定的地组织。织物经水洗定型后具有良好的舒适性和服用性能,可用于制作高档睡衣、浴巾等产品。

1. 编织设备

机型:KS4FBZ;机号:E24;幅宽:345cm(136英寸);梳栉数:4;机速:600r/min。

2. 原料、整经根数与用纱比

GB1:29.4tex 棉纱,272×6,50.1%;

GB2:44dtex/10f 锦纶半消光丝,272×6,3.7%;

GB3:110dtex/30f 锦纶半消光丝,272×6,6.3%;

GB4:29.4tex 棉纱,272×6,39.9%。

3. 组织、穿经与送经量

GB1:1-0/5-6//,一穿一空,4930mm/腊克;

GB2:1-0/0-1//,一穿一空,1670mm/腊克;

GB3:5-5/0-0//,一空一穿,2470mm/腊克;

GB4:3-2/6-6//,一穿一空,3930mm/腊克。

4. 织物工艺参数

(1)机上工艺参数。纵密:12.0cpc;横密:9.4wpc;单位面积质量:345.0g/m²;产量:30m/h。

(2)成品工艺参数。纵密:14.0cpc;横密:11.0wpc;单位面积质量:420g/m²;产量:25.7m/h。

5. 工艺流程

锦纶半消光丝、棉纱→整经→织造→水洗→漂白→增白→烘干→定形。

👉 **思考题**

1. 素色满穿双梳经编组织有哪些?

2. 双梳组织的显露关系由哪些因素确定？

3. 简述经编彩色纵条纹织物的形成原理，并设计一款经编彩色纵条纹织物。

4. 试述特里科经编平纹织物的设计过程需要注意哪些问题。

5. 简述两梳空穿形成网孔的原则。

6. 简述拉舍尔网孔织物与特里科网孔织物的主要区别。

7. 试述经编网孔织物的几种形成组织和方法。

8. 利用缺垫组织的特点，试设计一款具有褶裥效果的织物。

9. 试述经编绣纹织物的形成方法。

10. 简述衬纬组织有哪几种？形成方法有哪些？

11. 简述部分衬纬形成的原则。

12. 试设计一款部分衬纬起绒花型。

13. 经编毛圈有哪几种形成方法？

14. 举例说明脱圈法形成毛圈的原理。

15. 简述经编毛巾生产中用到的辅助装置有哪些？分别有何作用？

16. 经编双面毛巾产品工艺正反面的毛圈分别是如何形成的？一般采用何种地组织？

17. 说明经编弹性织物中弹性纱线的垫纱特点和常用的组织。

18. 试设计一款具有方格形外观的织物，并写出相应的组织记录和穿纱方式。

第十二章 贾卡经编产品设计

❋ **本章知识点**

1. 贾卡提花基本原理、贾卡经编产品的分类、贾卡经编产品的应用,重点掌握贾卡经编产品设计的一般方法。

2. 衬纬型贾卡经编产品的提花原理与产品设计。

3. 成圈型贾卡经编产品的提花原理与产品设计。

4. 压纱型贾卡经编产品的提花原理与产品设计。

5. 浮纹型贾卡经编产品的提花原理与产品设计。

第一节 概述

一、贾卡提花基本原理

一般把带有3~8把梳栉和贾卡装置的拉舍尔型经编机称为贾卡经编机,其中贾卡梳栉使用1把或2把,它利用贾卡导纱针的偏移来形成花纹。贾卡经编机生产的产品主要是服饰类织物,其特点是具有大花型、网孔、凹凸等提花效应。

贾卡提花技术的发展经历了从机械式到电子式,从有绳控制到无绳控制,新一代压电贾卡提花系统(PSJ)的使用,使得贾卡经编技术更趋完善,产品更加精致和完美。贾卡导纱针比一般导纱针长,且富有弹性,能够便于横向偏移动作。每一导纱针只能偏移一个针距,与花盘控制的横移复合之后,最多能进行四针的垫纱运动。贾卡提花原理是控制每根贾卡导纱针的横向偏移。用地梳生产地组织,用贾卡梳生产覆盖这些地组织的花纹图案。以作0—0/2—2//衬纬运动的贾卡梳栉为例,每根贾卡导纱针都可完成下列三个垫纱运动中的一种,如图12-1所示。

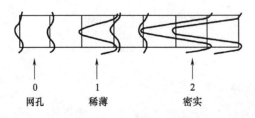

图12-1 贾卡提花基本组织

1. 区域0 贾卡导纱针在同一根织针上衬纬垫纱,形成网孔组织。

2. 区域1 贾卡导纱针作相邻两织针之间的衬纬,两横列相邻纵行间有两根贾卡纱线联结,形成稀薄组织。

3. 区域2 贾卡导纱针作三根织针之间的衬纬,两横列相邻纵行间有四根贾卡纱线联结,形成密实组织。

依靠控制各根导纱针跨越的针距数不同,利用这三种贾卡提花基本组织效应,就能在织物上形成各种花纹。

二、贾卡经编产品的分类

(一)衬纬型贾卡经编织物

衬纬型贾卡经编织物指利用衬纬提花原理生产的贾卡经编织物。通常把生产这类织物的经编机称为衬纬型贾卡经编机。浮纹型贾卡经编机中后贾卡梳栉也是采用衬纬原理垫纱。现在衬纬型贾卡提花一般用来形成多梳栉经编织物的花式地布。

(二)成圈型贾卡经编织物

成圈型贾卡经编织物指利用成圈提花原理生产的贾卡经编织物。通常把生产这类织物的经编机称为成圈型贾卡经编机,又称为拉舍尔簇尼克(Rascheltronic)经编机。成圈型经编织物广泛应用于妇女内衣、泳衣和海滩服中。

(三)压纱型贾卡经编织物

压纱型贾卡经编织物指利用压纱提花原理生产的贾卡经编织物。通常把生产这类织物的经编机称为压纱型贾卡经编机。压纱型贾卡织物的花纹具有立体效应,主要用作窗帘和台布,也有少量用于服装面料。

(四)浮纹型贾卡经编织物

浮纹型贾卡经编织物指利用浮纹提花原理生产的贾卡经编织物。机器上带有单纱选择装置,通常把生产这类织物的经编机称为浮纹型贾卡经编机,又称为克里拍簇尼克(Cliptronic)经编机。浮纹型贾卡经编机的成功开发,使得贾卡原理又有了进一步的发展,现在不但可以控制贾卡导纱针的横向偏移,而且在纵向上可以控制贾卡导纱针进入和退出工作,从而形成独立的浮纹效应。浮纹经编产品的应用不仅局限于传统的网眼窗帘、台布等,现在已成功地渗透到花边领域,而且可以用作妇女内衣、紧身衣和外衣面料。

三、贾卡经编产品的应用

(一)室内装饰织物

随着贾卡经编机的国产化,贾卡提花窗帘帷幕占据了该类织物的大部分市场。贾卡提花经编针织物的特点是易于生产宽幅或全幅的整体花型,网孔、稀薄、密实组织按花纹需要配置,具有一定层次,可制成透明、半透明或遮光窗帘帷幕等。为使贾卡经编织物更具特色,应在多方面发展其深加工,可以进行印花、机绣、阻燃整理等。一些花边或装饰制品专业厂,更可以贾卡经编织物为原料,做出拼、镶、嵌、绣等形式附加值高的窗帘、挂毡、桌布、沙发靠垫、床上用品等家用产品。

(二)贾卡时装面料

RSJ 系列贾卡经编机可以生产密实的或网眼类弹力内衣面料,目前国内已经引进不少该类经编机。RJWB 系列贾卡拉舍尔经编机可以生产具有独特花纹的时装面料,它配有单纱选择装置(EFS),从而在薄透地组织上形成三维浮雕状花纹。如果配置有一把氨纶梳栉,生产弹性面料,以适应高档女内衣、泳衣、文胸的需要。

(三)贾卡花边

RJWB 系列还有 RJWB8/2F 型,增加的梳栉可用来形成带花环的花边。这种花边可以是弹性的,也可以是非弹性的;可以带花环,也可以不带花环。花纹精致,具有立体效应,并且地布结构清晰,单位面积重量轻,成本低。这类产品在高档妇女内衣中有着广泛应用。

四、贾卡经编产品设计方法

(一)贾卡花型设计基本概念

1. 提花基本组织　提花基本组织是指基本的贾卡组织变化,即传统意义上的"密实、稀薄、网孔"三个层次的变化。贾卡导纱针在奇偶横列都不产生偏移形成"稀薄"组织;奇数横列不偏移,偶数横列偏移形成"密实"组织;奇数横列偏移,偶数横列不变化形成"网孔"组织。设计花型时,在贾卡花型意匠图上,为了区别这三个层次花色效应,通常用"红、绿、白"三种颜色的小方格来表示这三个层次贾卡提花效应。

2. 提花变化组织　提花变化组织是指在提花基本组织的基础上,利用各个基本层次花色效应进行组合,从而形成新的提花效应。这些新的提花效应经过小样测试成功之后加入到提花变化组织的组织库。在设计贾卡提花织物时,可以直接使用这些变化组织。

如图 12-2 所示为四例提花变化组织意匠图。图 12-2(a)使用绿色格(■)和白色格相间,因此,这种效应介于稀薄组织与网孔组织之间。这一变化组织的基本循环宽度为两纵行,基本循环高度为四横列。

图 12-2(b)使用了三种基本层次效应,这样的组合可以形成稀薄(绿格)组织方格效应,各个方格之间用密实(红格)组织分开,并且使用了网孔(白格)过渡。这一变化组织的基本循环为三纵行六横列。图 12-2(c)、(d)也同时使用了三种基本效应层次,但是由于组合各异,因此形成不同的效应,它们的基本循环宽度和高度相同,都是六纵行十二横列。

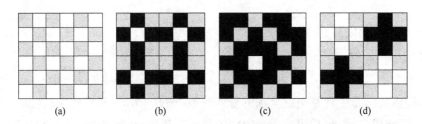

图 12-2　贾卡提花变化组织意匠图

在设计贾卡花型时,可以根据需要选用各种提花变化组织。根据花型的大小,可以在整个花纹循环内设计大小不等的各种小图案,填充各种不同的变化组织效应,从而在织物上形成从密实到稀薄和网孔之间的各种效应层次组成的花纹图案。

(二)贾卡花型设计一般方法

花型设计有来样设计和新产品设计两种。下面以来样设计为例说明贾卡花型设计的具体步骤。

1. 确定织物的基本工艺参数 基本工艺参数包括织物的循环宽度和高度即花宽和花高，织物的纵密和横密等。

一般在设计花型时，为了充分体现设计风格，设计花型大小是不应受到限制的。但是实际上所设计的花型大小通常受到花型存储器容量的限制。随着电子技术的发展，存储器的容量已经足够存储非常大的花型数据。

为了能够准确选定一个花纹循环，扫描处理或绘制的图像必须大于一个花纹循环。花纹循环确定之后，输入横密、纵密、花宽和花高参数来生成花型意匠图。因为使用基本组织或变化组织来填充花型的各个区域时，必须保证花高和花宽能够被基本组织或变化组织的高度和宽度所整除，否则花型的各个循环之间的过渡不会连续。

2. 扫描织物 利用图像处理软件对扫描后的织物图片进行效应层次分割。为使扫描图片清晰，建议使用分辨率为 300dpi，图 12-3 为扫描织物图。用不同的颜色填充各个效应层次，各个层次之间轮廓清晰。目前使用较多的是 Photoshop 图像处理软件，处理完的图片如图 12-4 所示，在图 12-4 中截取一个花纹循环作为工作花型(图 12-5)。

图 12-3　扫描织物图

图 12-4　处理后的花型图

3. 使用贾卡专业设计软件对处理后的图片进行花型设计 利用专业的贾卡花型设计软件对工作花型进行设计，输入花高、花宽、纵密、横密等参数把工作花型转换成意匠图，并对各个代表效应的颜色区域填充基本组织或变化组织，生成如图 12-6 所示的多色意匠图。图 12-7 所示为两色意匠图。

意匠图的规格是根据成品织物的横密和纵密来确定的，因此，意匠花型与最终织物的外观是保持恒定比例的。一般意匠图上的一个小方格在高度上代表两个横列，在宽度上代表一个纵行。

图 12-5　一个花纹循环

图 12-6　多色意匠图

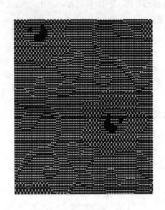

图 12-7　两色意匠图

生成多色意匠图之后,对各个颜色方格进行定义,即对红色、绿色、白色等颜色格指定实际的控制信息,一般用 H 表示贾卡导纱针不偏移,T 表示贾卡导纱针偏移。因此,红色格定义为 HT,白色格定义为 TH,绿色格定义为 HH。定义完所有的颜色格后,就可以把多色意匠图转化成可以控制机器编织的机器文件。

根据定义,生成的花型文件控制信息如图 12-8(a)所示。这种按照实际的效应层次转化的贾卡导纱针偏移控制信息称为 $RT=0$。想要生产与颜色格效应相对应的产品,必须让贾卡导纱针偏移信息 $RT=1$,如图 12-8(b)所示。这是因为织物在偶数横列偏移时,其效应总是滞后一个纵行,因此必须把偶数横列的控制信息先向右偏移一个纵行,从而使生产的织物与花型设计效应相一致。当然,对于不同类型的贾卡产品,其 RT 值的选择要根据产品的要求而定。

2	H	H	H	T	T	H	H	H
1	H	T	T	H	H	H	H	H
2	H	H	H	T	T	H	H	H
1	H	T	T	H	H	H	H	H
2	H	H	H	T	T	H	H	H
1	H	H	H	H	H	T	T	H

(a)$RT=0$

2	H	H	H	T	T	H	H
1	H	T	T	H	H	H	H
2	H	H	H	H	T	T	H
1	H	T	T	H	H	H	H
2	H	H	H	H	T	T	H
1	H	H	H	H	H	T	T	H

(b)$RT=1$

图 12-8　RT 值的选择

新产品设计步骤与来样设计很相似。设计者可以直接使用绘图软件绘制花型意匠图,并给每一个小方格填充颜色效应,然后使用贾卡专业设计软件进行设计。

在设计花纹时,花型可以自由设计和修改。值得注意的是,由于在 RSJ4/1 型贾卡经编机上一般使用 EBA 电子送经系统控制经轴供纱,不同于在 RJPC4F 型等贾卡经编机和多梳经编机上使用的纱架供纱。因此,花型的设计在一定程度上受到送经量的限制,即设计花型时要考虑到在织物编织方向,各根纱线消耗量在总量上要保持相对一致,从而保证纱线张力一致。这一点在花型设计时必须重视,可以通过以下方法来控制调整纱线张力。

(1)通过散花配置来调整纱线张力。编织方向上连续在偶数横列偏移(即密实组织效应)会增加纱线用量,导致局部纱线张力增大。而在45°方向上变换花纹可以避免这种情况,因此一般采用斜向变换花纹,即采用散花配置的方法进行设计。

(2)通过使用负花纹来调整纱线张力。花型的主体花纹较大时,应考虑主体部分选用稀薄组织或网孔组织,而衬托主体花纹的背景部分选用其他的一些效应层次,即在主体花纹之外可以选用密实组织效应,这样可以大大减少用纱量,达到控制好纱线张力的要求。

(3)通过使用不同的贾卡技术来调整纱线张力。二针技术是用纱最少的一种垫纱方式,用二针技术的同向和反向垫纱同样可以形成一些特殊的织物效应。三针技术用纱量介于二针技术和四针技术之间。因此,可以通过选择不同的贾卡技术来控制用纱量,调整纱线张力一致。

当使用纱架供纱时,各根经纱可根据需要进行更正,纱线的张力控制比较简单,因此对于这类产品的花型设计更加自由。

第二节　衬纬型贾卡经编织物设计

一、编织和提花原理

衬纬型贾卡经编织物主要在 RJ 系列经编机上生产,较常见的是在方形网孔地组织上形成贾卡花纹,如图 12-9 所示。地组织的垫纱数码为:

GB1:0—1/1—0//;

GB2:3—3/0—0/1—1/0—0/3—3/2—2//;

GB3:0—0/2—2/1—1/2—2/0—0/1—1//。

贾卡梳栉的基本垫纱采用衬纬组织 0—0/2—2//,当贾卡梳栉受到移位针控制时,即产生横向偏移,形成偏移变化组织。图 12-10 显示了贾卡组织的垫纱图及其偏移情况,图 12-10(a)为稀薄基本组织,图 12-10(b)、(c)为密实、网孔偏移变化组织。RJ4/1 型贾卡经编机,利用三针技术形成花纹,其提花效应与组织的关系见表 12-1,其中 P 表示组织编号。

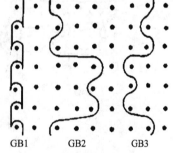

图 12-9　地组织垫纱图

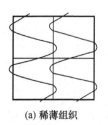
(a)稀薄组织

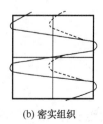
(b)密实组织

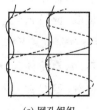
(c)网孔组织

图 12-10　衬纬贾卡组织偏移情况

表 12-1　RJ4/1 贾卡经编机提花效应与组织的关系

P	贾卡提花效应	基本组织	变化组织	贾卡元件位置	横 列 号
1	稀薄组织	0—0/2—2//	0—0/2—2//	H	第一横列
				H	第二横列
2	网孔组织		1—1/2—2//	T	第一横列
				H	第二横列
3	密实组织		0—0/3—3//	H	第一横列
				T	第二横列

　　根据偏移情况,每把贾卡梳栉可以形成三种提花效应,分别是密实组织、稀薄组织和网孔组织,如图 12-11(a)所示。如按一定的规律组合起来,就能形成花纹图案,如图 12-11(b)所示。

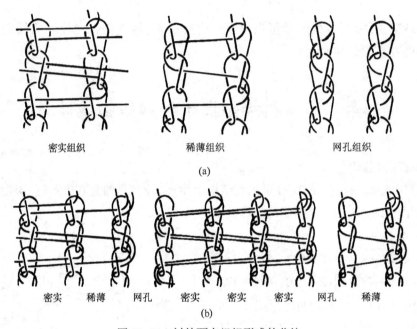

密实组织　　　　　　　稀薄组织　　　　　　　网孔组织

(a)

密实　稀薄　网孔　密实　密实　密实　网孔　稀薄

(b)

图 12-11　衬纬贾卡组织形成的花纹

二、产品实例

　　衬纬型贾卡经编弹力织物,常用作女式内衣和胸衣面料。以下为 RJE ⅝ 型高速弹力织物贾卡经编机生产的产品之一。

　　GB1:地梳栉,成圈,锦纶长丝;

　　GB2:地梳栉,成圈,锦纶长丝;

　　JB3:贾卡梳栉,衬纬,锦纶长丝;

　　GB4:地梳栉,衬纬,氨纶弹力丝;

　　GB5:地梳栉,衬纬,氨纶弹力丝。

　　地梳栉 GB1、GB2 编织地组织线圈,地梳栉 GB4、GB5 进行弹力丝衬纬编织,共同形成有弹性的地布。在地布上,由移位针控制的贾卡导纱针以衬纬的垫纱提花形式,在地布上形成衬纬型贾卡花纹。地梳栉 GB4、GB5 的送经配置积极式送经机构。

衬纬型贾卡经编结构一般多用于形成多梳栉提花经编面料的花式地布。

第三节　成圈型贾卡经编织物设计

一、编织和提花原理

以 RSJ 系列贾卡经编机为例来分析成圈型贾卡织物的编织原理。该机使用新型的匹艾州 (piezo)贾卡提花系统,有 3~5 把梳栉,前梳栉为贾卡梳栉,后面几把梳栉用于地组织的编织。与传统的贾卡经编机不同,机器上两把半机号配置的分离贾卡梳栉(JB1.1 和 JB1.2)作成圈运动,用于生产具有精致凹凸效应花纹或平坦效应花纹的织物。

成圈型经编机提花原理如图 12-12 所示。

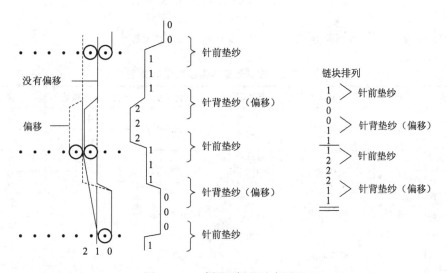

图 12-12　成圈型提花基本原理

JB1.1:1—0—0—0—1—1/1—2—2—2—1—1//;

JB1.2:1—0—0—0—1—1/1—2—2—2—1—1//。

(一)二针技术

二针技术是成圈型贾卡经编机特有的,它不是形成"密实、稀薄、网孔"效应,而是通过同向垫纱和反向垫纱,形成花纹图案。它的基本垫纱为 1—0/0—1//,变化情况如图 12-13 所示。

(二)三针技术

三针技术是应用最多的一种技术,可以形成立体花纹效应。其基本垫纱为 1—0/1—2//,变化情况如图 12-14 所示。

(三)四针技术

四针技术是应用较多的一种技术,可以形成立体花纹效应。其基本垫纱为 1—0/2—3//,变化情况如图 12-15 所示。

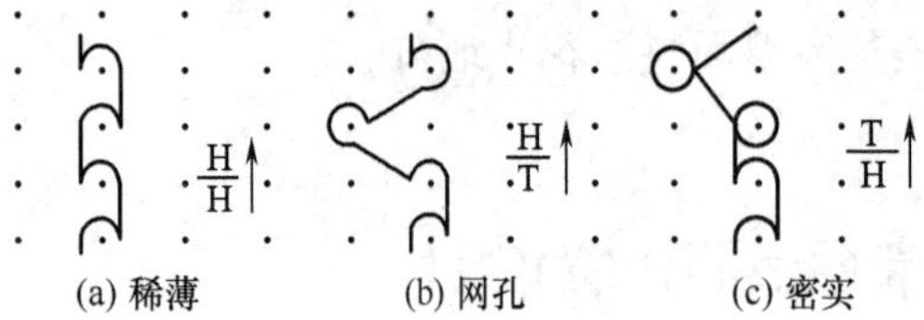

（此处为图 12-13 和图 12-14）

(a) 稀薄	(b) 网孔	(c) 密实	(a) 稀薄	(b) 网孔	(c) 密实

图 12-13　二针提花技术 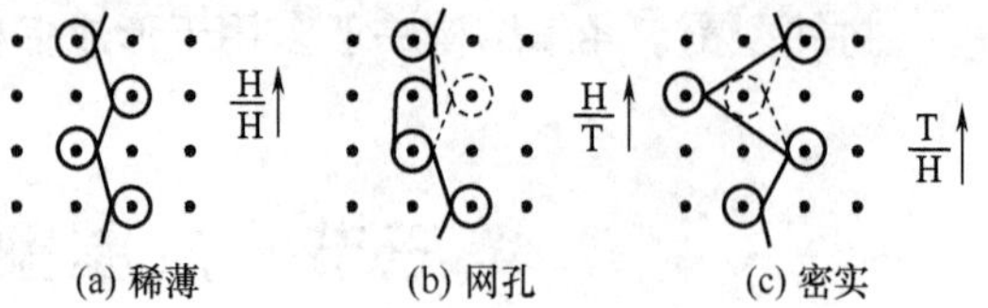　　　　　　图 12-14　三针提花技术

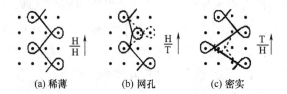

(a) 稀薄　　　　　　(b) 网孔　　　　　　(c) 密实

图 12-15　四针提花技术

提花效应与组织变化的关系见表 12-2,其中 P 表示组织编号。

表 12-2　提花效应与组织变化的关系

贾卡技术	P	贾卡提花效应	基本组织	变化组织	贾卡元件位置	横列号
二针技术	1	稀薄组织		1—0/0—1//	H	第一横列
					H	第二横列
	2	网孔组织	1—0/0—1//	2—1/0—1//	T	第一横列
					H	第二横列
	3	密实组织		1—0/1—2//	H	第一横列
					T	第二横列
三针技术	1	稀薄组织		1—0/1—2//	H	第一横列
					H	第二横列
	2	网孔组织	1—0/1—2//	2—1/1—2//	T	第一横列
					H	第二横列
	3	密实组织		1—0/2—3//	H	第一横列
					T	第二横列
四针技术	1	稀薄组织		1—0/2—3//	H	第一横列
					H	第二横列
	2	网孔组织	1—0/2—3//	2—1/2—3//	T	第一横列
					H	第二横列
	3	密实组织		1—0/3—4//	H	第一横列
					T	第二横列

二、产品设计实例

RSJ 系列贾卡经编机有 RSJ4/1 型和 RSJ5/1 型两种。使用 RSJ4/1 型就可以生产弹力贾卡织物,方法为在贾卡梳栉和一把或两把地梳栉上使用普通长丝,在一把地梳栉上使用弹性丝,使用这样的梳栉配置方法能够生产具有立体效应极具视觉冲击力的花型。RSJ4/1 型除了使用贾卡梳栉 JB1 和两把地梳栉 GB2、GB3 外,还配置有适合作衬纬的后梳栉 GB4。有了这把衬纬梳栉,不但可以在 RSJ4/1 型上生产一些网眼结构的织物,而且可以在编织贾卡花纹时使用一些特殊的原料如天然纤维等。

RSJ5/1 型则多配置了一把地梳栉,特别适用于编织网眼结构,如弹力网眼织物等。RSJ5/1 型上配置的贾卡梳栉不同于 RSJ4/1 型,它所配置的两把半机号分离贾卡梳栉可以作反向垫纱,为开发 RSJ 经编新产品提供了更大的设计空间,除了可以生产一些与 RSJ4/1 型相同的常规产品外,还可以生产一些特殊效应的产品。在形成弹力网眼结构时,它可以按照以前的常规方法,四把地梳栉形成网状地组织,而用贾卡梳栉来形成花型;也可以使用分离的,并且作反向垫纱的贾卡梳栉与衬纬地梳栉配合来形成网眼结构。

(一)常规产品

1. 经平类提花产品　各把梳栉的垫纱数码和穿经如下。

JB1:1—0/1—2//(1—0/2—3//),满穿;

GB2:1—2/1—0//,满穿;

GB3:1—0/1—2//,满穿。

这一类产品使用经平地组织,能够形成密实的地布,其垫纱图如图 12-16(a)所示,若再使用一把弹性衬纬梳栉则可以形成密实的弹力提花织物。

在图 12-16(b)所示的垫纱图中,地梳栉 GB2、GB3 采用反向垫纱,采用这种垫纱方式生产的织物组织稳定紧密。根据需要,GB3 可以使用弹性丝,也可以使用锦纶等非弹性丝。在图 12-16(c)所示的垫纱图中,地梳栉 GB2、GB3 采用同向垫纱,在 GB3 上一般使用弹性丝,生产结构致密的双向弹性织物。

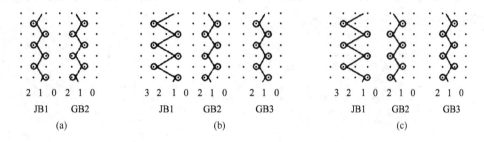

图 12-16　经平类提花产品垫纱图

2. 经缎类提花产品　GB2、GB3 常用对称的经缎垫纱,垫纱图如图 12-17 所示。图 12-17(a)未使用弹性丝,用于生成密实的非弹性织物;图 12-17(b)用 GB4 穿氨纶丝作一针衬纬,这种组织用于生产单向弹性的贾卡织物。

3. 斯利克类提花产品　各把梳栉的垫纱数码和穿经如下。

JB1:1—0/1—2//(1—0/2—3//),满穿锦纶;

GB2:1—1/2—3/2—2/1—0//,满穿锦纶;

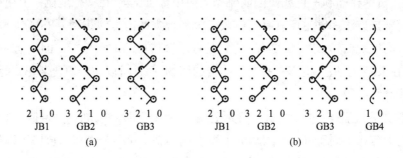

图 12-17　经缎类提花产品垫纱图

GB3：1—2/1—1/1—0/1—1//，满穿锦纶；

GB4：2—2/1—1/0—0/1—1//，满穿氨纶。

这种产品是拉舍尔机上经常采用的斯利克结构，其中 GB4 使用氨纶弹性丝。

4. 两列网眼提花产品　可以在 GB2 上用 2—1/1—2/1—0/0—1// 进行成圈编织，而其余梳栉衬纬，可以使用如下的垫纱数码和穿经。

JB1：1—0/1—2//(1—0/2—3//)，满穿；

GB2：2—1/1—2/1—0/0—1//，满穿；

GB3：2—2/0—0/1—1/0—0//，满穿。

其垫纱图如图 12-18(a)所示。GB3 衬纬纱与 GB2 成圈纱采用反向垫纱，织物结构紧密，纹路清晰，也可以在 GB3 上使用不同的衬纬方法 0—0/2—2/0—0/1—1//，这样衬纬梳栉与成圈地梳栉形成同向垫纱。

图 12-18(b)所示的垫纱使用两把地梳栉作衬纬，在这两把地梳栉上都使用弹性丝，这种弹性织物致密稳定。如果 GB4 上使用特殊的原料，如天然纤维棉，使用特殊的衬纬 0—0/1—1/1—1/0—0//，织物在弹性收缩之后，在织物工艺正面会有强烈的棉型感。这是因为织物收缩后，衬纬的棉纱弯曲呈现在织物表面。

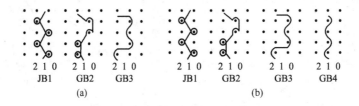

图 12-18　两列网眼提花产品垫纱图

除了常规的两列网眼组织之外，在 RSJ 系列贾卡经编机上还可以利用特殊的穿经形成两列网眼结构。例如：

JB1：1—2/1—0//(2—3/1—0//)，满穿；

GB2：2—3/2—3/1—0/1—0//，一穿一空；

GB3：1—0/1—0/2—3/2—3//，一穿一空。

这种特殊组织结构只采用2把成圈梳栉,穿经方式为一穿一空,它能够形成网孔效应。由于两梳栉都使用普通地纱成圈,因此这类织物为非弹性织物。

5. 三列网眼提花产品 这种产品的垫纱数码和穿经如下。

JB1:1—0/1—2//(1—0/2—3//),满穿;

GB2:2—1/1—2/1—0/1—2/2—1/2—3//,满穿;

GB3:1—1/0—0//,满穿;

GB4:1—1/0—0/3—3/2—2/3—3/0—0//,满穿。

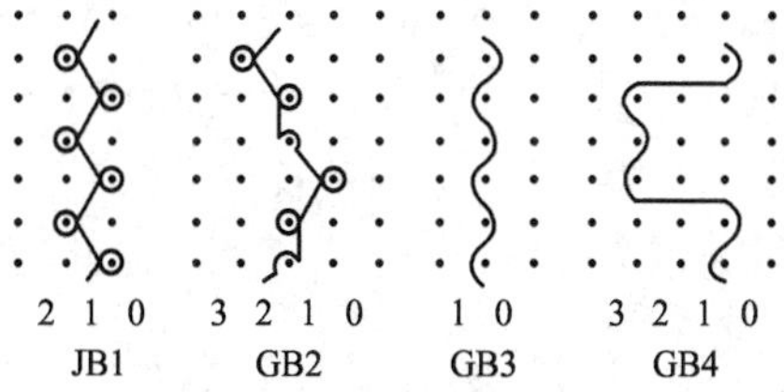

其垫纱图见图12-19。其中GB3、GB4采用氨纶丝,其衬纬方法可以略作改变,各种变化如图12-20所示。图12-20(a)仅使用了两把地梳栉,一把成圈一把衬纬,这把衬纬梳栉的垫纱轨迹同样还可以变化,如在两根织针上进行变化两针衬纬等,图12-20(b)两把衬纬梳栉采用了常规的衬纬方式,织物结构比较紧密;图12-20(c)则在GB3上采用衬纬与开口成圈交替编织的方法,也可以使用衬纬与闭口线圈交替使用的方法进行编织。

图 12-19 三列网眼提花产品垫纱图

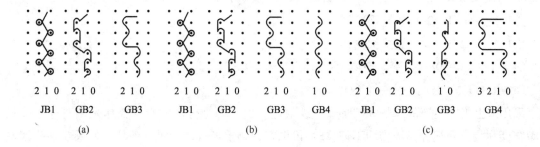

图 12-20 变化的三列网眼提花产品垫纱图

(二)特殊产品

1. 弹力网眼(Powernet)提花产品 各把梳栉的垫纱数码和穿经如下。

JB1:1—0/1—2//(1—0/2—3//)(贾卡梳栉反向垫纱时,JB1.1:1—0/1—2//;JB1.2:1—2/1—0//);一穿一空;

GB2:1—2/1—0/1—2/2—1/2—3/2—1//,一穿一空锦纶;

GB3:2—1/2—3/2—1/1—2/1—0/1—2//,一穿一空锦纶;

GB4:1—1/0—0//,一空一穿氨纶;

GB5:0—0/1—1//,一空一穿氨纶。

这类产品的地组织采用常见的弹性网眼结构,垫纱运动如图12-21(a)所示,形成的织物效应如图12-21(b)所示。目前,在RSJ5/1型贾卡经编机上,大量的产品都采用这种弹性网眼作地组织。

2. 工艺正面具有棉型手感的提花产品 各把梳栉的垫纱数码与穿经如下。

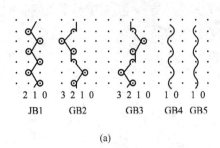 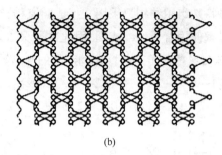

(a)   (b)

图 12-21　弹力网眼提花产品

JB1:1—0/1—2//,满穿锦纶;

GB2:1—0/0—1/1—0/1—2/2—1/1—2//,满穿锦纶;

GB3:1—0/2—2/1—1/2—3/1—1/2—2//,满穿细氨纶丝;

GB4:0—0/2—2/1—1/3—3/1—1/2—2//,满穿粗氨纶丝;

GB5:0—0/1—1/1—1/1—1/0—0/0—0//,满穿棉。

这类产品在 GB5 上使用棉纱进行衬纬,由于 GB3、GB4 上使用的是氨纶丝,因此,在氨纶收缩后,棉纱将会显露在织物表面,使织物工艺正面具有棉型手感。

3. 点纹效应提花产品　各把梳栉的垫纱数码与穿经如下。

JB1.1:1—0/1—2//,满穿锦纶;

JB1.2:1—2/1—0//,满穿锦纶;

GB4:1—1/0—0//,一穿一空氨纶;

GB5:0—0/1—1//,一穿一空氨纶。

采用以上工艺生产的织物能够形成点纹效应。由于两把分离的贾卡梳栉采用对称垫纱且均满穿,因此,当两把分离梳栉均不偏移时,可以在织物上形成两个纵行条柱。如果在某些区域使分离贾卡梳栉轮流偏移形成密实组织,则可以形成点纹效应。

4. 使用一把地梳栉作窄幅织物边缘花环的提花产品　各把梳栉的垫纱数码与穿经如下。

JB1:1—0/1—2//,满穿锦纶;

GB2:1—0/0—1/1—0/1—2/2—1/1—2//,满穿锦纶;

GB3:2—2/1—1/2—2/0—0/1—1/0—0//,满穿锦纶;

GB4:4—4/2—2/4—4/2—2/0—0/4—4//,作花环;

GB5:1—1/0—0//,满穿氨纶丝。

随着对高档成形产品的需求增大,RSJ5/1 型贾卡已经开始大量用于生产妇女内衣面料的成型衣片。为了能够使各个衣片边缘不脱散并且美观,常使用一把地梳来作布边花环。

(三)产品工艺实例

1. 密实的弹力提花面料　这种密实弹力提花织物是在 RSJ4/1 型经编机上生产的常规产品,它使用两把地梳栉形成密实的地布,用贾卡梳栉来形成花纹,可以用作妇女内衣面料、高档泳衣面料等。以图 12-22 所示的密实面料样品为例,该织物生产的具体工艺参数如下。

（1）原料和用纱比。

A：44dtex/12f 涤纶长丝,有光,三叶形截面,51.1%；

B：44dtex/10f 锦纶 6 长丝,半消光,33.7%；

C：44dtex 氨纶（Lycra259B）,40%,15.2%。

（2）组织、穿经和送经量。

JB1：1—0/2—3//,满穿 A,1630mm/腊克；

GB2：1—2/1—0//,满穿 B,1430mm/腊克；

GB3：1—0/1—2//,满穿 C,610mm/腊克。

（3）织物工艺参数。纵密40.2横列/cm(机上:18.3横列/cm),单位面积质量274 g/m²,横向缩率44%。

图 12-22 密实面料

图 12-23 点纹面料

2. 新颖的点纹效应面料 如图 12-23 所示,这种织物的"点纹"设计非常新颖,它体现了在传统机器上开发新产品的新思路,是在 RSJ5/1 型贾卡经编机上生产的。在该织物中,已经不再具有明显的花纹组织和地组织之分,"地"和"花"两部分都使用分离的贾卡梳栉形成。地梳栉使用的弹力衬纬纱仅是为了给予织物功能性。这种设计方法可以减少地梳栉的数量,减轻织物的重量并且简化机器的工作。生产出的织物非常轻,非常透明,同时具有优异的弹性和引人注目的花纹效应。这种质轻的带点织物在妇女内衣和外衣领域有很好的应用。

（1）原料和用纱比。

JB1.1：锦纶 6.6,33dtex/10f,长丝,半消光,37.8%；

JB1.2：锦纶 6.6,33dtex/10f,长丝,半消光,37.8%；

GB4：弹力丝（莱卡 136C,伸长率 65%）,156dtex,12.2 %；

GB5：弹力丝（莱卡 136C,伸长率 65%）,156dtex,12.2 %。

（2）组织、穿经和送经量。

JB1.1：1—0/1—2//,满穿,1040 mm/腊克；

JB1.2:1—2/1—0//,满穿,890 mm/腊克;

GB4:1—1/0—0//,一穿,一空,110 mm/腊克;

GB5:0—0/1—1//,一穿,一空,110 mm/腊克。

(3)织物工艺参数。纵密65横列/cm(机上35.3横列/cm),单位面积质量100g/m²,横向缩率76%。

第四节 压纱型贾卡经编织物设计

一、压纱型与衬纬型贾卡经编织物的区别

带有压纱板的贾卡经编机,其贾卡导纱针配置在最前面,在针前垫纱后,由压纱板把提花纱压到舌针下面不使其成圈。在编织密实组织时,除纱线两端转向处外,提花纱可以显露在经纱纵行编链柱的上面,使织物具有较强的立体感。

压纱组织与衬纬组织都有一根贯穿三个纵行的纱线,所不同的是衬纬组织中这根纱线被中间纵行的延展线压住;压纱组织中这根纱线却浮在中间纵行的延展线上面,能显示出浮线的花纹效应,与稀薄组织呈现出明显的差异。

衬纬型贾卡经编机在成圈过程中,在地梳栉作针前垫纱之后,舌针尚未闭口之前,提花纱线作针背垫纱,待到舌针继续下降闭口之后,提花纱线随地梳栉成圈时,在相邻纵行间形成衬纬组织。

压纱型贾卡经编机在针前垫纱之后,舌针尚未闭口之前,主轴180°时,也就是在带纱位置之前,压纱板下压,待到260°时压到最低位置,把提花纱线压到针舌以下的针杆上,使提花纱线不成圈,而紧密地缠绕在地组织线圈的沉降弧上,浮在中间纵行的延展线上而不被这根延展线压住,从而形成压纱组织。

两种类型织物的成圈过程中成圈机件的状态和相应的线圈结构如图12-24和图12-25所示。

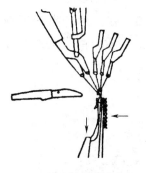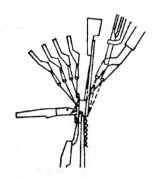

(a)衬纬成圈机件的状态　　　　　(b)压纱成圈机件的状态

图12-24　衬纬和压纱成圈机件的状态

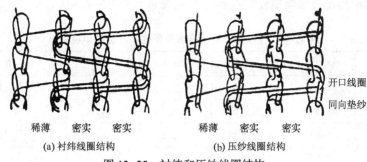

稀薄　密实　密实　　　　　稀薄　密实　密实

(a) 衬纬线圈结构　　　　　　　　(b) 压纱线圈结构

图 12-25　衬纬和压纱线圈结构

二、编织和提花原理

以 RJPC4F 型贾卡经编机为例来介绍压纱型贾卡经编机的编织和提花原理。该机器采用复合针,单针插放,针芯采用 12.7mm(半英寸)宽的针块;采用组合式贾卡梳栉,即由两个分离的贾卡梳栉 JB1.1 和 JB1.2 组合而成;机器配置一块压纱板和脱圈板,最高机号 $E24$。地梳纱线由 EBA 控制,贾卡梳栉的纱线由纱架供给。

该机器的横移机构有 NE 型和 NN 型两种类型,新生产的机器都配置 NN 型横移机构。NN型横移机构采用 12 行程,NE 型横移机构采用 2 行程。在 RJPC4F 型贾卡经编机上,采用了组合式的花盘如图 12-26 所示,更换花型时不需要重新定做贾卡梳栉的花盘,只要贾卡梳栉控制杆侧向移动即可。

(a) 四针技术配置　　　　　　(b) 三针技术半机号配置　　　　　　(c) 三针和四针技术配置

图 12-26　RJPC4F 组合式花盘

RJPC4F 型贾卡经编机的组合式花盘中,各个花盘的垫纱数码见表 12-3。

表 12-3　花盘的垫纱数码

花盘号	组　织	垫纱数码
花盘 1	JFE112	0—1—1—1—4—4/4—2—2—2—0—0//
花盘 2	JFE113	0—1—1—1—3—3/3—2—2—2—0—0//
花盘 3	JFE113	0—1—1—1—2—2/2—1—1—1—0—0//
花盘 4	JFE112	0—1—1—1—4—4/4—2—2—2—0—0//
花盘 5	JFE112	0—0—1—1—1—1/1—1—0—0—0—0//

采用各种贾卡提花技术与所使用花盘的对应关系见表12-4。

表12-4 各种贾卡提花技术与所使用花盘的对应关系

贾卡技术	机　号	JB1.1	JB1.2	RT	备　　注
三针技术	满机号	花盘3	花盘3	1	形成"密实、稀薄、网孔"三个层次
四针技术	满机号	花盘2	花盘2	1	
三和四针技术	半机号	花盘2	花盘3	0	形成毛圈
三针技术	半机号	花盘1	花盘4	2	

由于RJPC4F型贾卡经编机的花盘配置具有灵活多变的特点,贾卡梳栉设计成分离式(半机号),两把互相组合可以变成一把满机号的贾卡梳栉,同时也可以使用半机号配置两把分离的贾卡梳栉。两个分离的贾卡梳栉分别由两个花盘控制,可以有不同的横移组合,扩大了生产可能性,花型变换的速度快。

(一)传统贾卡提花原理

传统的贾卡工艺是指贾卡梳栉仅在针背横移时偏移。根据贾卡导纱针作用织针范围的不同可以分为三针技术和四针技术。

1. 三针技术(满机号) 贾卡导纱针被分成两条横移线,两个分离的贾卡梳栉互补成为满机号。织针和针芯配置成满机号,地梳栉导纱针满穿。由第3个花盘控制两个分离的贾卡梳栉横移,垫纱数码如下:

JB1.1:0—1—1—1—2—2/2—1—1—1—0—0//;

JB1.2:0—1—1—1—2—2/2—1—1—1—0—0//。

三针贾卡提花技术在花型意匠图绿色、白色、红色三种颜色状态下,贾卡导纱针相应偏移形成的垫纱变化的基本原理如图12-27所示。

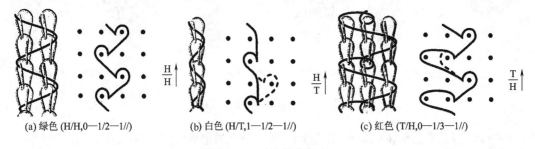

(a) 绿色 (H/H,0—1/2—1//)　　　　(b) 白色 (H/T,1—1/2—1//)　　　　(c) 红色 (T/H,0—1/3—1//)

图12-27 三针提花技术

2. 四针技术(满机号) 贾卡导纱针被分成两条横移线,两个分离的贾卡梳栉互补成为满机号。织针和针芯配置成满机号,地梳栉导纱针满穿。由第2个花盘控制两个分离的贾卡梳栉横移,垫纱数码如下:

JB1.1:0—1—1—1—3—3/3—2—2—2—0—0//;

JB1.2:0—1—1—1—3—3/3—2—2—2—0—0//。

　　四针贾卡提花技术在花型意匠图绿色、白色、红色、黄色、蓝色五种颜色状态下,贾卡导纱针相应偏移形成的垫纱变化的基本原理如图 12-28 所示。

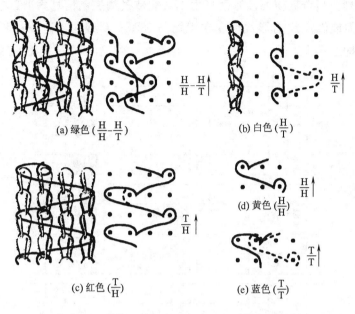

图 12-28　RJPC4F 四针提花技术

　　3. 三针和四针技术　两个分离的贾卡梳栉横移分别由第 2 个花盘和第 3 个花盘控制,地梳栉一穿一空,织针和针芯都是满置,垫纱数码如下:

　　JB1.1:0—1—1—1—3—3/3—2—2—2—0—0//;

　　JB1.2:0—1—1—1—2—2/2—1—1—1—0—0//。

　　三针和四针技术可以形成毛圈效应。

　　4. 三针技术半机号　贾卡导纱针一个排在另一个的后面,相当于两把贾卡梳栉,从而获得半机号。地梳一穿一空,织针和针芯半机号配置。这种贾卡技术用于两种不同原料的场合。

　　(二) 新型贾卡提花原理

　　以前,贾卡经编机只能生产不同原料、不同颜色、不同结构及不同光泽的花型。现在使用新型的皮艾州贾卡技术可以扩大贾卡花型的范围,贾卡导纱针不但在针背横移时偏移,还可以在针前横移时偏移。这种新工艺按照垫纱的作用范围来分仍然属于四针技术,其基本组织是 0—1/3—2//。采用新的工艺可以形成斜纱和局部的零度衬纬(衬经)或者螺旋效果,这些新的效应给粗犷结构的网眼窗帘市场增加了新的活力。在窗帘设计中,把这些新效应作为花纹的基本组织使用,有着较好的效果。

　　1. 新型贾卡工艺基本原理　新型的贾卡工艺使用四个信号来控制贾卡导纱针的偏移,也就是说 Piezo 贾卡系统机器主轴一转需要四个控制信息,两个控制针前垫纱,两个控制针背垫纱。因此,新的贾卡工艺中一个颜色点需要四个控制信息。

　　由于每个控制信息都有贾卡导纱针偏移和不偏移两种状态,因此,从理论上讲,不同颜色点的总数应该有 16 种。图 12-29 列举了四针技术新工艺的 11 种基本垫纱组合,图中红色(H)代表贾卡导纱针不产生偏移,白色(T)代表贾卡导纱针产生偏移。RJPC4F 是压纱型的贾卡经编机,因此,当奇数横列控制信息为 TH,偶数横列控制信息为 HT 时,压纱纱线不能被地梳栉压住而只能以浮线的形式呈现在织物的表面。新型的工艺正是利用了这个特点,使织物能形成结构效果。

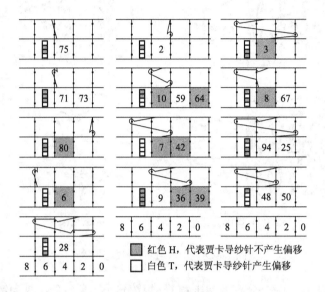

图 12-29　四针技术新工艺

2. 网孔变化组织的设计　网孔变化组织在传统的贾卡工艺中也能够实现,使用新工艺的网孔组织由于能够连续多个横列在针前和针背都不横移,因此能够形成一种缺垫效应,使网孔更加清晰。

图 12-30 中,变化组织 1 使用 9、71、75 三种颜色,生产出的织物结构效果如织物样品 1。变化组织 2 使用 9、71 两种颜色,生产出的结构效果如织物样品 2。

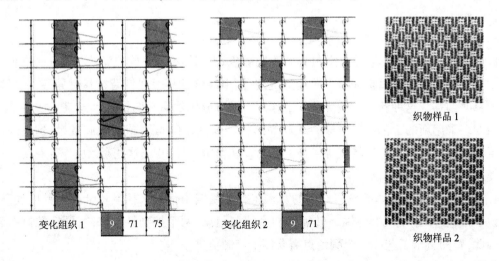

图 12-30　网孔变化组织

3. 新型网孔变化组织的设计 新型网孔变化组织只能在新工艺中才能实现。由于新工艺能够取消针前垫纱,在奇数横列中用 TH 控制信息,偶数横列中用 HT 控制信息,因此可以形成连续的跨越多个横列的浮线。这种结构使织物表面具有明显的结构层次感,视觉冲击力强。

图 12-31 中,变化组织 3 使用 3、6、71、80 四种颜色,生产出的织物结构效果如织物样品 3。变化组织 4 使用 3、6、75、80 四种颜色,生产出的结构效果如织物样品 4。

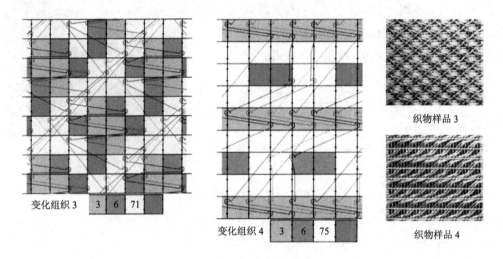

图 12-31 新型网孔变化组织

4. 密实变化组织的设计 与网孔变化组织一样,密实变化组织在传统的贾卡工艺中也能够实现,但是使用新工艺能够产生的结构效应更丰富。图 12-32 中,变化组织 5 使用 9、71、75 三种颜色,生产出的织物结构效果如织物样品 5。变化组织 6 使用 9、10 两种颜色,生产出的结构效果如织物样品 6。

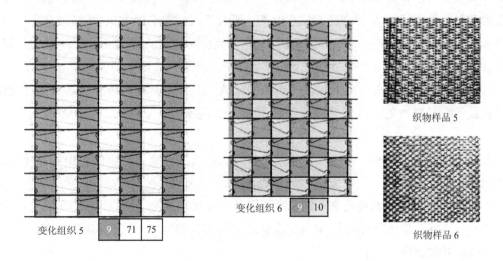

图 12-32 密实变化组织

三、产品设计实例

如图 12-33 所示的网眼窗帘织物设计方法如下。

1. 原料

A：涤纶变形丝,150dtex/48f×2, 消光;

B：涤纶长丝,76dtex/24f,消光;

C：涤纶长丝,50dtex/18f,消光。

2. 织物工艺参数 纵密(成品):15.5 横列/cm(机上 15.6 横列/cm);横密:5.7 纵行/cm;单位面积质量 72 g/m²;横向缩率 97%;产量 25.2m/h。

3. 组织与穿经

JB1.1：0—1—1—1—2—2/2—1—1—1—0—0//,满穿 A;

JB1.2：0—1—1—1—2—2/2—1—1—1—0—0//,满穿 A;

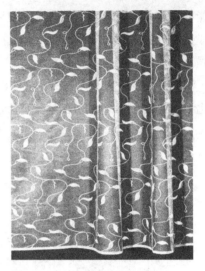

图 12-33 网眼窗帘

GB2:0—0—1—1—1—1/1—1—0—0—0—0//,满穿 B;

GB3:0—0/2—2/1—1/2—2/0—0/1—1//,满穿 C;

GB4:3—3/0—0/1—1/0—0/3—3/2—2//,满穿 C。

JB1.1、JB1.2 采用三针技术,满机号形成花纹,GB2、GB3、GB4 形成方格地布。

第五节　浮纹型贾卡经编织物设计

一、浮纹型贾卡经编织物的特点

浮纹型贾卡经编织物是在纯洁半透明的地组织上形成的三维独立花纹图案,主要产品为网眼窗帘和台布等,在浮纹型贾卡经编机上生产。所谓浮纹型贾卡经编机,是指带有皮艾州贾卡梳栉和单纱选择装置(EFS)的贾卡经编机,又称为克里拍簌尼克经编机。浮纹织物具有以下特点。

1. 地组织与花纹分开形成 在很透明的网眼织物上加上具有三维立体效应的花纹图案,并且花纹图案是独立的。贾卡花纹需要地纱量大大地减少,从而可以既有效又经济地组织生产。

2. 花纹循环没有限制 花纹图案的大小和形状以及各种地组织都能自由地设计,花纹循环没有限制。

3. 具有独立的立体花纹效应 贾卡系统同单纱选择装置配合,从而能实现贾卡导纱梳栉上的纱线有选择地形成花纹图案,并且花纹纱线可以有选择地参加或退出编织,因此能够形成这种特殊的花纹效应。

4. 织物地布具有很高的透明度 形成花纹的纱线只用于生产花纹部分,在花纹与花纹之间,这些纱线不用,这样地组织就可以做得很精致,透明度大,并且织物单位面积质量很轻。如果在此织物上再进行转移印花,以得到特有的蜡笔画的效果和白色花纹图形。

二、编织和提花原理

以 RJWB3/2F 型贾卡经编机为例,皮艾州贾卡梳栉(第 3 把梳栉)是满机号来设计的,它以衬纬的形式工作,基本垫纱为二针衬纬(0—0/2—2//)。分离的第 1 把贾卡梳栉和单选针机构(EFS)互相并列,半机号配置,以压纱形式来工作,基本垫纱为 0—1/3—2//。浮纹效应花纹主要由分离的第 1 把贾卡梳栉形成。如果使用单纱选择装置(EFS)取出形成花纹的纱线,它们将由剪割梳自动剪断,且断纱头由吸风装置吸走。

两把贾卡梳栉和一个单纱选择装置都是由皮艾州元件作用。单个贾卡导纱针在成圈过程针背垫纱和针前垫纱中都可以控制导纱针的偏移。单纱选择装置对钩针进行选择。该机采用了 NN 花纹横移装置,采用花盘凸轮控制梳栉横移,采用 8 行程方式工作,花盘转一转,编织 6 个横列。RJWB 3/2F 型贾卡经编机各把梳栉的垫纱穿纱规律见表 12-5。

表 12-5 RJWB 3/2F 型贾卡经编机各把梳栉的垫纱穿纱规律

梳 栉	组 织	穿 经	说 明
JB1.1	0—1/3—2//	满穿(半机号)	形成浮纹
GB2	1—0/0—1//	满穿(满机号)	编织编链
JB3.1	0—0/2—2//	满穿(半机号)	形成花式底布
JB3.2	0—0/2—2//	满穿(半机号)	

该机地梳栉采用经轴供纱,贾卡梳栉采用纱架供纱,第 2 把贾卡梳栉用来形成花式地布。贾卡导纱针的送经量变化不大,所以也可采用经轴供纱。在改变花型时,要注意第 2 把贾卡梳栉送经量的调节。第 2、第 3 把梳栉均采用电子送经控制,送纱精确可靠,调节方便。

三、产品实例

浮纹型贾卡经编产品花纹效应突出,具有绣花效果,可用于女性内衣、外衣面料以及台布、花边等。在 RJWB½F 贾卡经编机上生产的某面料如下。

1. 原料

JB1.1、JB1.2:110dtex/51f×2 锦纶 DTY 长丝,有光;

GB2:44dtex/13f 锦纶 66 长丝,半消光;

JB3.1、JB3.2:44dtex/49f 锦纶 DTY 长丝,半消光;

GB4:156dtex 氨纶弹力丝。

2. 组织与穿经

JB1.1、JB1.2:0-1/3-2//,半穿;

GB2:1-0/0-1//,满穿;

JB3.1、JB3.2:0-0/2-2//,RT=1,满穿;

GB4：0-0/1-1//，满穿。

前贾卡梳与地梳反向垫纱，都形成开口线圈，贾卡梳的线圈延展线浮在地梳线圈的延展线上面，绣纹效果明显。

3. 送经量

JB1.1、JB1.2：360mm/腊克；

GB2：1200mm/腊克；

JB3.1、JB3.2：420mm/腊克；

GB4：180mm/腊克，氨纶弹力丝的牵伸率为40%。

🖝 思考题

1. 简要叙述贾卡提花基本原理。

2. 简述贾卡经编产品的分类。

3. 叙述贾卡经编产品的一般设计方法。

4. 简述贾卡提花基本组织和变化组织。

5. 简述贾卡花型设计的注意事项。

6. 简述衬纬型贾卡经编产品的编织和提花原理。

7. 简述成圈型贾卡经编产品的提花技术。

8. 简述压纱型与衬纬型贾卡经编织物的区别。

9. 简述浮纹型贾卡经编织物的特点。

第十三章　多梳栉经编花边产品设计

❀ **本章知识点**

1. 多梳栉经编花边产品的形成原理。

2. 多梳栉经编产品的分类。

3. 多梳栉经编花边产品的设计方法。

4. 多梳栉花边产品花型图案设计。

5. 多梳栉花边饰带分离方法。

多梳栉拉舍尔经编产品主要是各类网眼提花织物,如网眼窗帘、网眼台布、弹性和非弹性的网眼服装以及花边织物等。其中,多梳栉与压纱板、多梳与贾卡经编技术的复合代表多梳栉拉舍尔经编机发展上的一个巨大进步。而新一代电子梳栉横移机构与 Piezo 贾卡提花系统的使用,使得多梳栉经编技术更趋完善,其产品更加精致和完美。

第一节　概述

一、多梳栉拉舍尔花边的形成原理

多梳栉拉舍尔花边组织有地组织与花纹组织之分,因此在织物的组织、质地上有明显的"花""地"效应区别。多梳栉拉舍尔花边地组织是完全组织循环较小的、垫纱情况较简单的组织,通常由 2~4 把梳栉编织而成,采用比较细的纱线或者弹性纱线进行编织,如方格、六角网眼、技术网眼、弹力网眼等组织。

一般情况下,花梳栉配置在地梳栉的后面,但弹力梳栉一般放在最后。也有一些多梳栉经编机根据花纹的需要将地梳栉配置在花梳栉的中间,如带压纱板的经编机将压纱梳栉放在地梳栉的前面以形成立体花纹效应。总之,某一多梳栉经编机的梳栉数越多就表示该机型的起花能力越强,可编织花型的复杂程度越高。

花纹组织是利用花梳栉作复杂垫纱运动而形成的。利用衬纬花梳栉作局部衬纬形成花纹,衬纬纱被衬在地组织之间,花纹效应比较平坦;利用成圈花梳栉做长延展线形成花纹,花纹效应立体感强;利用压纱板前的压纱花梳栉形成立体花纹,压纱板后的衬纬花梳栉形成平坦花纹,花纹效应层次感强;利用贾卡梳栉形成花式地布,贾卡梳栉前或后的衬纬花梳栉形成凸纹效应花纹或平坦效应花纹,利用贾卡梳栉形成丰富的地组织效应。图 13-1 为带有贾卡和压纱板的多梳栉花边织物。配置方式不同,生产出的花边效应也不同,一种是贾卡梳栉

图 13-1 多梳栉拉舍尔花边的结构

放在衬纬花梳栉前,形成的贾卡花纹效应相对比较平坦;另一种是贾卡梳栉放在衬纬花梳栉后,形成的贾卡花纹效应更具立体感。

(一)衬纬形成花纹

多梳栉经编织物花型主要通过局部衬纬来形成。衬纬纱被地组织的圈干和延展线夹持而不成圈,如图 13-2 所示。

拉舍尔型经编机特别适合于衬纬。由于用于衬纬组织的纱线大都较细,因此,衬纬组织比较轻薄,外观比较平整,立体感较弱,在多梳栉花边中一般形成主体花纹和阴影花纹。

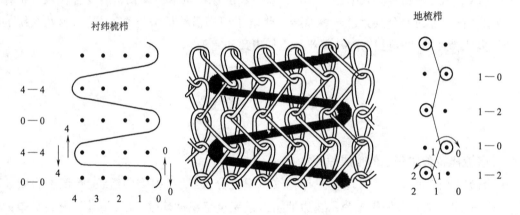

图 13-2 多梳栉拉舍尔花边衬纬组织结构

(二)压纱形成花纹

多梳栉压纱经编机的花梳栉配置在最前面,它之所以能形成压纱花型是因为采用了压纱板装置。压纱板处于上升位置时,压纱板能与梳栉一起前后摆动和上下垂直运动。地梳栉成圈时,压纱纱线与地梳栉纱线均作针前横移,导纱针摆回机前,压纱板下落,压纱板前的所有纱线被压到针舌下方,从而与旧线圈叠合在一起。因此,织针脱圈时压纱纱线附在旧线圈上与地组织线圈一起脱圈,从而使得压纱纱线仅被缠绕于这些地组织线圈的延展线的下方。对于多梳栉压纱经编织物而言,衬纬纱与它横越过相交的每一地组织延展线相连,而压纱纱线仅在其延展线的两端处与地组织相连,如图 13-3 所示。线圈的延展线处于工艺反面的上方,由于多梳栉经编织物花型主要由延展线形成,因此从服用观点来看,工艺反面即服用正面。

由于压纱纱线不被针钩编织,可以使用花色纱或粗纱线,可以满穿或不满穿,可以使用开口或闭口垫纱运动,产生多种花纹,而且具有强烈的立体感,与其他组织形成了鲜明的对比。

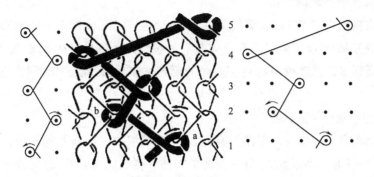

图 13-3 多梳栉拉舍尔花边压纱组织结构

(三)成圈形成花纹

在多梳栉经编机上,花梳栉放在地梳栉的前面,并作成圈编织,利用长延展线形成具有立体效应的织物,如图 13-4 所示。由于成圈花梳栉作成圈运动,因此,所使用的纱线受到限制,使用纱线范围也没有衬纬花梳栉和压纱花梳栉那么广泛,该类织物类似绣花。机器的机号高达 E28,产品较为精致。

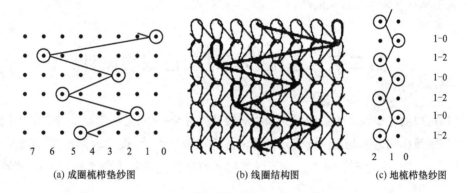

(a) 成圈梳栉垫纱图　　　(b) 线圈结构图　　　(c) 地梳栉垫纱图

图 13-4 具有立体效应的织物

二、多梳栉经编产品的分类

现代多梳栉经编机在使用原料、起花原理、花型设计方面都发生了很大的变化,目前已成为生产花边、妇女内衣和外衣的主要机种。多梳栉经编织物按其性能来分主要有两类织物,即弹性或非弹性的满花织物或条形花边。满花织物主要用于妇女内衣、文胸面料、紧身衣、妇女外衣以及窗帘、台布等;条形花边主要作为服装辅料使用。多梳栉经编织物按其结构特征和附加装置可分为以下几类。

(一)衬纬型多梳栉经编织物

这一类织物在衬纬型多梳栉经编机上生产,主要生产各种条形花边、满花网眼织物和网眼窗帘等。衬纬型机器一般用前面 2~3 把梳栉形成网眼地布,后面的衬纬花梳栉一般采用 2 把、4 把或 6 把集聚成一条横移线。花纹主要靠作衬纬的花梳栉形成,织物花纹效应比较平坦。

(二)成圈型多梳栉经编织物

这一类织物在成圈型多梳栉经编机上生产,由于生产时花梳栉放在地梳的前面,并作成圈编织,因此可以利用长延展线形成具有立体效应的织物。其机号可达 E28,用于生产精致的多梳栉织物。成圈型多梳栉经编织物对于纱线的要求比较严格,花梳栉纱线的使用受到一定的限制。

(三)压纱型多梳栉经编织物

这一类织物在有压纱板的多梳栉经编机上生产,其织物一般有两种效应,一种是花梳栉放在压纱板前面,可以形成立体效应;另一种是花梳栉放在地梳栉后面,作衬纬运动,主要形成平坦的花纹,来衬托主体花型。

(四)贾卡簇尼克多梳栉经编织物(Jacquardtronic)

这一类织物在贾卡簇尼克经编机上生产,主要产品有弹性或非弹性的花边织物。所谓贾卡簇尼克经编机,即是在多梳栉经编机上配置贾卡系统,用于生产具有贾卡提花效应的花边。

(五)特克斯簇尼克多梳栉经编织物(Textronic)

这一类织物在特克斯簇尼克多梳栉经编机上生产,专门用来生产高质量的精美花边织物,很像传统的列韦斯花边。所谓特克斯簇尼克多梳栉经编机,是一种带有贾卡和压纱板的多梳栉经编机,属于具有立体浮纹效果的高档的花边生产机器。

第二节 多梳栉经编花边织物设计

多梳栉花边的花型设计较普通经编织物的设计要复杂一些,且随着机器种类的不同而有所区别。目前多梳栉花边的花型设计普遍借助于计算机辅助设计,设计效率提高,花型设计周期较短,有助于提高企业的竞争能力。本节以来样多梳栉花边织物为例来说明多梳栉经编织物设计。

一、基本工艺参数的确定

多梳栉花型织物基本的工艺参数包括花高、花宽、横密和纵密等。

(一)织物的花高、花宽的确定

选定一个完全组织,然后沿织物的一个纵行数出线圈的个数,即为花高;沿织物横向数出地组织的纵行数,即为花宽。

织物花高以织物工艺正面为基准进行分析,对于较紧密的织物可借助于显微镜;对于大针距的衬纬织物,可以从工艺反面进行分析,以衬纬一侧的横移次数的两倍作为花高(注意花型连接处可能出现的单针衬纬情况,保证所数横列的准确性)。

(二)织物的密度

织物密度包括机上密度和成品密度,两者之间具有一定的缩率。对于来样分析,可以根据成品密度以及缩率推算出机上密度。缩率一般由经验值确定。

通过数样布中单位长度(一般为1cm)内的线圈横列数可得到成品纵密,数出单位长度(一般为1cm)内的线圈纵行数可得到成品横密。

织物的机上密度由以下公式算得:

$$机上纵密 = 成品纵密 \times 纵向缩率$$
$$机上横密 = 成品横密 \times 横向缩率$$

二、机型的确定

对来样进行分析,首先从总体上对其进行观察,判断出此织物的类型。

对于衬纬型多梳栉花边来说,要确定其生产机型,需根据织物所使用的衬纬梳栉总数和是否有弹性来确定。

数出织物一个完全花型循环内所有衬纬梳栉的数目,以确定采用机型的总梳栉数。然后轻拉织物,判断其是否有弹性,若有弹性,要选用机型中有弹力纱编织机构的机器,否则,选用不带这种机构的机器。如一块样布上衬纬梳栉的数目为32把,且有弹性,可选用33把梳栉的机器进行编织。若采用43把梳栉的机器,则梳栉不能被充分使用,是一种浪费。

用于生产特克斯簇尼克花边织物的机器带有贾卡装置和压纱板装置,因此,该类织物不仅具有变化的地组织,而且具有立体浮纹效果。

对于特克斯簇尼克花边,首先要观察织物的工艺反面,如果最外层纱线有较长的延展线,且仅在两端处与地组织不通过成圈相连接,使织物呈现凹凸效应,则说明生产该织物的机型带有压纱板;若该织物的地组织是变化的,有大小、厚薄不同的网眼结构,则说明生产该织物的机器带有贾卡梳栉。

通过以上分析可确定样布是在特克斯簇尼克花边机上生产的,接着确定具体机型。拿一把尺子沿织物纬向水平放置,数出一个花型循环内有多少根花梳栉纱线,一般先数最外层的压纱纱线根数,再数衬纬纱线根数,根据花梳栉纱线数确定采用何种机器编织。例如:数出一块织物的压纱纱线为22根,衬纬纱线为24根,一般地组织用2~3把梳栉编织,再加1把贾卡梳栉,共50把梳栉,可用MRPJF54/1/24型或MRSEJF53/1/24型经编机编织,具体根据企业机器配备情况确定。

三、地组织的确定

多梳栉经编织物一般在地组织上进行提花,其地组织可以使用1~4把梳栉来生产,其中两梳栉地组织较多。

地组织由于组织结构不同,各地梳栉纱线作用力也不同,因而组成各自的形状和风格。常见的衬纬多梳栉地组织有六角网眼、方格网眼、弹力网眼等。

1. 六角网眼地组织　如图13-5所示为六角网眼地组织,由于编织后纱线互相牵拉,成为六角形网眼状而得名。该地组织用双梳栉编织,纱线满穿,其组织的垫纱数码如下。

GB1:1—0/0—1/1—0/1—2/2—1/1—2//;

GB2:0—0/1—1/0—0/2—2/1—1/2—2//。

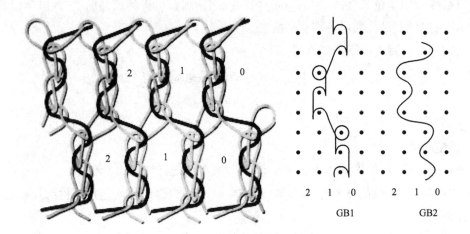

图 13-5　六角网眼地组织

这种地组织用纱省,组织稳定,花型美观,设计方便,特别是花边使用较多。

六角网眼地组织本身有很多种规格,如方形六角网眼、长方形六角网眼、扁方形六角网眼等。图 13-5 为三横列六角网眼地组织,它是由 3 个横列组成一六角形网孔,如在机号为 14 的经编机上生产,纵密为 16.5 横列/cm 时,基本为方形六角网眼。按同样的方法加多横列数,可组成长方形六角网眼,如五横列、七横列六角网眼地组织等。横列越多,网孔越长,地组织稳定性将逐渐变小。

有些较扁的六角网眼地组织可通过加大纵向密度来实现,也可采用粗机号生产,或使用一穿一空的方法来实现,这时衬纬梳栉横移链块的长度和宽度都要加倍。

还有一种特殊的双经六角网眼地组织,前梳栉满穿,仍然采用编链经平组织,后梳栉一穿一空,仍然采用衬纬组织。如三横列双经六角网眼地组织的垫纱数码为:

GB1:1—0/0—1/1—0/1—2/2—1/1—2//;

GB2:0—0/2—2/0—0/3—3/1—1/3—3//。

六角网眼地组织也有前梳栉采用开口编链经平组织,后梳栉采用松绕衬纬组织的,由于组织松散,稳定性较差,但有其不同的风格。其垫纱数码是:

GB1:0—1/1—0/0—1/2—1/1—2/2—1//;

GB2:1—1/0—0/1—1/1—1/2—2/1—1//。

2. 方格网眼地组织　应用编链地组织织物纵向延伸性小、衬纬横向延伸小的原理,使编链和衬纬作不同的联结,彼此互相牵拉成为不同的方格网眼地组织。这种地组织一般都满穿纱线,三梳六横列方格网眼地组织的垫纱数码如下。

GB1:1—0/0—1//;

GB2:0—0/3—3/2—2/3—3/0—0/1—1//;

GB3:2—2/0—0/1—1/0—0/2—2/1—1/。

其垫纱运动如图 13-6 所示,衬纬组织横移三针,与相邻的衬纬纱互相交错牵拉,较为稳定,但用纱较多,线圈结构如图 13-7 所示。工厂里常采用前面两把地梳栉编织成六横列方格网眼,其垫纱数码如下。

GB1:1—0/0—1/1—0/0—1/1—0/0—1//;

GB2:0—0/3—3/2—2/3—3/0—0/1—1//。

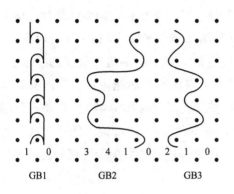

图 13-6　方格网眼地组织垫纱图　　　　　　图 13-7　方格网眼地组织线圈图

方格网眼地组织也有各种规格,垫纱的对称与否,横移的不同针数,可以形成各种不同规格的方格网眼地组织。

3. 弹力网眼地组织　弹力网眼地组织的垫纱数码为:

GB1:1—0/1—2/2—1/2—3/2—1/1—2//;

GB2:2—3/2—1/1—2/1—0/1—2/2—1//;

GB3:1—1/0—0/1—1/0—0/1—1/0—0//;

GB4:0—0/1—1/0—0/1—1/0—0/1—1//。

四把地梳栉都采用一穿一空的穿纱方式,其中,第1、第2把地梳栉编织"渔网地组织",作对称垫纱,第3、第4把地梳栉穿入弹力纱,也作对称垫纱,并分别环绕在前两把地梳栉编织的编链上,第3把地梳栉上的弹力纱衬入第1把地梳栉编织的编链柱中,第4把地梳栉上的弹力纱衬入第2把地梳栉编织的编链柱中。其垫纱运动如图13-8所示,线圈结构如图13-9所示。

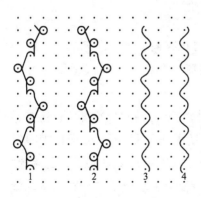

图 13-8　弹力网眼地组织垫纱运动图　　　　图 13-9　弹力网眼组织线圈结构图

窗帘织物采用较多的是方格网眼地布,花边使用六角网眼或编链+衬纬作地布,而弹性织物常用弹力网眼地组织。根据织物地梳垫纱轨迹来确定采用的是何种地组织。

四、梳栉分配

根据所采用的机型的梳栉配置来进行梳栉集聚分配。每一条横移线的导纱梳栉一般分配在花纹循环的整个宽度,花梳栉呈交错配置。MRES33 花梳栉分配如图 13-10 所示,这样可以避免与另外一个导纱针相撞。另外,花型设计人员应该了解不同多梳栉机器的技术特性,如纱线的走向、机器梳栉的配置、生产设计花型时机器上需要配有的花梳数目和所有导纱梳栉允许横移的范围。例如,SU 控制的机器,每一把梳栉最大累积横移为 47 针,链块控制的机器,梳栉最大累积横移为 50 针。全部用 SU 控制的多梳栉经编机,导纱梳栉的一次性最大横移理论上为 16 针,然而实际上并不用满。最大和最小针背垫纱横移取决于所用的机器类型和机号。

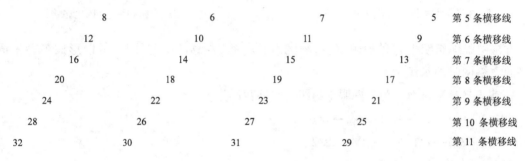

图 13-10 MRES33 花梳栉集聚配置图

一般衬纬型多梳栉经编机的梳栉可以分别用于编织地组织、轮廓花纹及普通花纹。一般轮廓花纹梳栉作较小的针背横移,这些梳栉配置在前面的花纹梳栉上,形成花纹最上面的部分,以使花纹清晰、图案突出,花边外观更吸引人。普通花纹梳栉采用较粗的纱线作较大的针背横移,这些梳栉配置在地梳栉的后面,花梳栉的中间。花梳栉中,不同类型的纱线最好不要放在同一横移线上。

五、穿经图的确定

穿经图表示各梳栉上导纱针的相对配合位置,它由花纹垫纱运动图来决定。此图表示的是某一给定横列上各把梳栉导纱针的相对位置,以供穿纱和核对。一般常用的有以下两种方法。

1. 起始横列法 花型完全组织循环内的所有花梳栉导纱针横向位置都依据垫纱运动图上的第一个编织横列来定位。一般将其直接画在垫纱运动图的下面,标出各把梳栉中经纱的位置。在穿经图的右侧应标出各梳栉相应所采用的纱线种类和规格。在机械控制的多梳栉机中,一般使用起始横列法。必须注意,在梳栉穿纱上机后,应使第一块链块与推杆的从动滚子相接触时,各梳栉中的纱线位置按穿经图所示的位置排列。目前,这种方法在我国经编企业中使用较多,它的优点是花型设计所受限制少,缺点是需保证当起始链块与推杆滚子相接触时,才能按照穿经图上所示位置对各梳栉进行定位,而且一般不同穿纱需要重新进行定位,花型变换上机时间长。

2. 零位法 各花梳栉依据垫纱运动图上的"零位"来确定,即在垫纱运动图上标明梳栉横移运动的最右端位置。采用零位法,花纹链条无论哪个链块与推杆从动滚子相接触,各梳栉的穿纱排列位置都可予以检查纠正。这种方法已在国外花边业中应用了许多年,其相关原理有如下几点。

(1)所有机器的全部梳栉必须调节到当0号链块与推杆滚子相接触时,各梳栉的边缘导纱针应处于机器边缘的织针针隙处。

(2)一旦调整到上述状态,各梳栉的侧向位置再也不予变动,否则穿经位置就会错乱。在任何一把梳栉上随后所能做的变动,仅是微量的侧向调整,以补偿由温度所引起的变化。

(3)在花纹意匠图上找到每一把梳栉离花纹滚筒的最远位置,这样就确定了它的穿经点,在穿经图上标出此点位置,每把梳栉中纱线的线密度和类型表示在穿经图的左侧,但不必标记出推杆滚子所接触的链块号数,因为以这种方式确定的穿纱位置在任何一个横列上,均能校核滚子所接触的链块号数。

经实践证明,零位穿经是一个好方法,在变换花纹时仅需调换花纹链条,而无需对导纱针重新穿纱。如果是电脑控制的多梳栉经编机,只要几分钟就可以完成花型的变换。

如图13-11所示,使用相同的花纹宽度,如果所有导纱梳栉根据相同的横移线来划分,机器

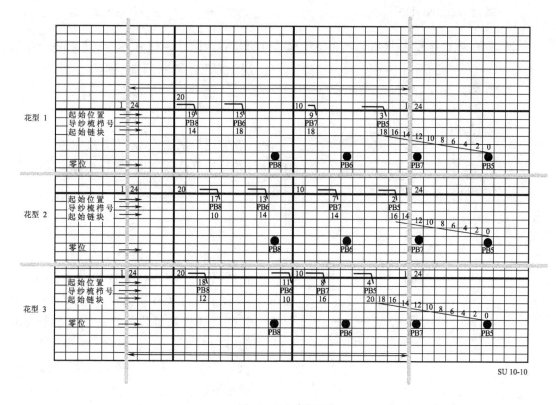

图13-11 穿经图

在花型改变的时候就不需要重新设置或重新穿纱。在系列花型中,每把梳栉从零位开始最大横移一般为 36 针,为通常 47 针横移的三分之二。在不改变零位的情况下,当然也可以把横移运动扩大到 47 针。

如图 13-12 所示,在 MRSS42SU 机器上,编织 180 针的花纹循环。40 把衬纬梳栉可以生产不同宽度的花边。

3个60针的花边,40把导纱梳栉

12把导纱梳栉	16把导纱梳栉	12把导纱梳栉
60针	60针	60针

180针

2个90针的花边,40把导纱梳栉

20把导纱梳栉	20把导纱梳栉
90针	90针

180针

1个180针的花边,40把导纱梳栉

40把导纱梳栉

180针

图 13-12　180 针的花纹循环

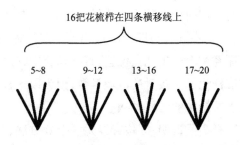

16把花梳栉在四条横移线上

5~8　9~12　13~16　17~20

图 13-13　花梳栉的集聚分配

下面以 MRSS42SU 多梳栉机为例介绍计算零位的方法,如图 13-13 所示为花梳栉的分配情况。假设花宽为 24 针,则:

$$加数 = \frac{花纹宽度}{花梳栉数目} = \frac{24}{16} = 1.5$$

$$\begin{array}{c}花宽内每把花\\梳栉横移范围\end{array} = \frac{花纹宽度}{每条横移线花梳栉数目}$$

$$= \frac{24}{4}$$

$$= 6(针)$$

在本例中,结果在 1~2 之间。在这种情况下,1 和 2 将交替被增加。图 13-14 显示的是所有花梳栉根据上面两个计算值怎样得到零位。第一把花梳栉 PB5 的零位根据经验来确定,本例中 PB5 = -6。表 13-1 表示了不同花纹宽度如何确定零位。

图 13-14　花梳栉零位的确定

+1

PB5　-6
PB6　6　+6
PB7　0　+6　+6
PB8　12

+2

PB9　-5*　-4
PB10　7*+6　8
PB11　1*　+6　+6　2
PB12　13*　14

+1

PB13　-2
PB14　10　+6
PB15　4　+6　+6
PB16　16

PB17　-1*　0
PB18　11*+6　12
PB19　5*　+6　+6　6
PB20　17*　18

表 13-1　不同花纹宽度下梳栉零位的确定

花纹宽度	因　素	零　位
36 针	36 : 4 = 9	PB5 = -4;PB6 = 14;PB7 = 6*;PB8 = 24*
48 针	48 : 4 = 12	PB5 = -6;PB6 = 18;PB7 = 6;PB8 = 30
72 针	72 : 4 = 18	PB5 = -6;PB6 = 30;PB7 = 12;PB8 = 48
108 针	108 : 4 = 27	PB5 = -8;PB6 = 46;PB7 = 20*;PB8 = 74*
128 针	128 : 4 = 32	PB5 = -10;PB6 = 54;PB7 = 22;PB8 = 86
144 针	144 : 4 = 36	PB5 = -10;PB6 = 62;PB7 = 26;PB8 = 98
158 针	158 : 4 = 39.5(40)	PB5 = -10;PB6 = 70;PB7 = 30;PB8 = 110
172 针	172 : 4 = 43	PB5 = -10;PB6 = 76;PB7 = 34*;PB8 = 120*

注　1. * 表示数字是经过+1 调整的。
　　2. 梳栉零位与起始位置之间的关系可以按下列公式换算:起始位置=零位+起始链块号/2。

六、各梳栉垫纱运动的描绘

借助于计算机辅助设计软件描绘每把梳栉的实际垫纱运动,它将决定花纹的最后外观,可能要对图形做些纠正和修改,而且必须十分细致。通常集聚在一条横移工作线中的各把梳栉用同一种颜色描绘垫纱运动图,以便看清哪些梳栉是工作在同一横移线上的。

在描绘垫纱运动时要考虑以下事项:在编织一个横列时,装置在一条集聚横移线上的各把梳栉上的导纱针在任何时候都不允许横移到同一织针针隙处。从理论上讲,它们可以进入相邻的织针针隙中,但花纹链块的磨削必须很精确,否则导纱针可能在摆动通过针隙时相碰。另外,梳栉数增多后,花梳导纱针变大,同一条横移线上不相邻的两把花梳栉的导纱针横移最小距离为 2 针距,相邻两把花梳栉的导纱针横移的最小距离根据机型和梳栉的集聚情况为 2 针距、4 针距和 9 针距。

(一)衬纬花梳栉垫纱运动的设计

在衬纬时,通常在同一横列中以相同的方向推动各把同一横移线中的梳栉,除非需要获得特殊的效应才作反向运动,这样做可减少由于集聚所产生的各种问题。在用两把梳栉编织花纹图案时,如果它们需要反向横移,应将它们配置在不同的横移集聚线上;而如果它们同向横移,则可以将它们配置在同一集聚线上,因此,这两把梳栉就不会在同一横列中横移到同一织针针隙间。如果某把梳栉作一个很小的横移运动,如编织花梗叶柄等,在投影放大的意匠图中可能只有一个针距,但在成品织物中,这样一个由两针距衬纬编织出来的花梗叶柄(效应)可能太细窄了。因为衬入花纱的这两个相邻纵行可能因衬入纬纱的张力而被扭曲,并被拉到很靠近的位置上。因而,通常较好的做法是按实际需要的花纹尺寸,在这些地方衬纬的横移量扩到 3 个或 4 个纵行。

反之亦然,在两把花梳栉导纱针相互接近处,各自花纱的反向力使表示在意匠图上的孔眼拉得比图中的更大,这里的孔眼有可能加宽了一倍。因此,在设计意匠图时最好预先估量到这些变化,使纵行的扭曲形成需要的效应。但这几点在编织格子网眼时并不是十分紧要的,因为在这种网眼结构中,上述原因引起的扭曲变形是不大的。另一需要注意的是:在花纹的某一个地方,不要用太多的梳栉来编织。当从一个花纹图案移动到下一个图案时,各梳栉的引纱路线必须分散。因此,为了使小样适用于拉舍尔型经编机编织,各把梳栉的行纱路线必须仔细考虑。

(二)压纱花梳栉垫纱运动的设计

1. 梳栉分配 相邻导纱梳栉之间最少有 2 针距的距离,同一条横移线内梳栉可以肩并肩地排列,根据同一原则来分配。某梳栉集聚配置见表 13-2。采用这种奇数或者偶数梳栉在机器同一侧的分配方法,梳栉在机器上的安排更加清楚。在使用压纱板的经编机上,梳栉横移较小的梳栉一般放置在前面或者后面,因为在花梳栉之间放置地梳栉。图 13-15 为花梳栉分配示例。

表 13-2 梳栉集聚配置

压 纱 花 梳 栉				
4_{13}	2_9	3_5	1_1	第 1 横移线
8_{14}	6_{10}	7_6	5_2	第 2 横移线
12_{15}	10_{11}	11_7	9_3	第 3 横移线
16_{16}	14_{12}	15_8	13_4	第 4 横移线

衬 纬 花 梳 栉						
25_{11}	23_9	21_7	24_5	22_3	20_1	第 1 横移线
31_{12}	29_{10}	27_8	30_6	28_4	26_2	第 2 横移线

注 表中下标数字表示花梳栉垫纱范围从左到右的顺序号。

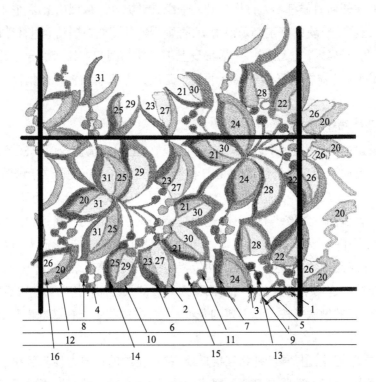

图 13-15 花梳栉分配示例

2. 压纱花梳栉的垫纱方式 如图 13-16 所示,压纱花梳栉的垫纱有两种方式:针前垫纱作

0—1/1—0,这种称为 A 方式;针前垫纱作 1—0/0—1,这种称为 B 方式。两种针前垫纱都是由 SU 装置中第 7 个连接杆控制。采用 A 方式垫纱的花纹效应不如 B 方式的好,另外采用 B 方式,原料消耗少,立体效果好,所以一般都采用 B 方式。

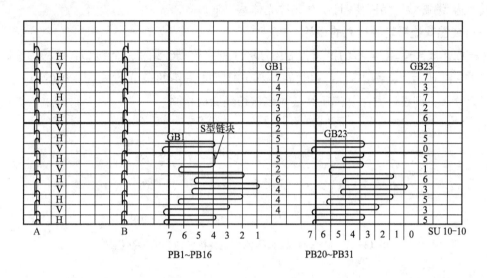

图 13-16　压纱花型设计示意图

3. 压纱梳栉垫纱图的描绘　为了设计方便,通常把压纱花梳栉简化成衬纬的形式来描绘。为了在方格纸上更容易设计和阅读链块号,一般按织针进行编号,在机器上这个点由针间向左移半个针距。数字显示在点下面,后面衬纬花梳栉还是按原来的针间编号阅读垫纱数码。

4. 同一针上不要垫纱过多　设计时要注意,在同一个针上不要垫纱太多,由于编链纱线较细,可能造成断纱,应该避免在同一个针上两个压纱梳栉垫纱或者一个压纱梳栉垫纱和一个衬纬梳栉垫纱。

5. 花纹与花纹之间的连接　如果压纱花梳栉不与地布交织,针前不垫纱即作缺垫组织。这种缺垫一般用于花纹与花纹之间的连接处,并且可以是直线或者斜线过渡。

6. 各把梳栉的功能　设计时,注意每一把梳栉的作用,是否能成圈、允许横移的针数等。

7. 地组织　MRGSF31/16SU 型多梳栉经编机一般用于生产网眼窗帘织物,因此一般采用方格网眼地布。但它与普通的方格网眼稍有不同,其垫纱数码如下。

GB17:0—1/1—0//;

GB18:3—3/2—2/3—3/0—0/1—1/0—0//;

GB19:0—0/1—1/0—0/2—2/1—1/2—2//。

这三把地梳栉可以用机器左侧 NE 型横移机构控制。地梳栉 GB18 和 GB19 也可以采用 SU 装置控制,但注意它的杠杆比不是 1:1,而是 2:1。因为地梳栉一般都是满穿,纱线根数多,推动力要大,所以对应地梳栉的 SU 上的杠杆与其他花梳栉的不同,采用 2:1 杠杆比。另外,地梳栉 GB18 和 GB19 作单行程,输入到计算机中的数据如下。

GB18:12/8/12/0/4/0//;

GB19：0/4/0/8/4/8//。

有时为了降低单位面积质量,采用两把梳栉形成方格,这时用 GB17 和 GB19,而用 GB18 作衬纬形成布边,一般为 20/0//(计算机中的数字),垫纱方向必须与编链针前垫纱方向相同,否则形成毛边,编链纱容易断头,且压纱花纹立体感不强。

(三)成圈花梳栉垫纱运动的设计

花梳栉作成圈运动,典型的机型为 MRE29/24 型多梳栉经编机。此机型各梳栉的垫纱运动图如图 13-17 所示。由图中可以看出,花梳栉 PB1～24 采用的是 B 方式(1—0/0—1),一般采用左起设计。花型设计方法与带压纱板的多梳栉经编机相同。

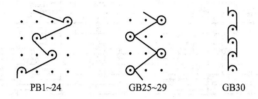

PB1~24　　　　GB25~29　　　　GB30

图 13-17　MRE29/24 型多梳栉经编机各梳栉的垫纱规律

七、贾卡花型的设计

1. 贾卡基本组织　根据贾卡导纱针作用的织针范围,可将贾卡技术分为二针技术、三针技术和四针技术等,一般使用较多的是三针技术。现以三针技术为例对贾卡基本组织进行说明。

贾卡梳栉的基本垫纱运动为 0—0/2—2//,其贾卡导纱针偏移变化情况如图 13-18 所示。

	横　列		贾卡导纱针偏移信息		贾卡导纱针偏移信息
垫纱规律	2 1	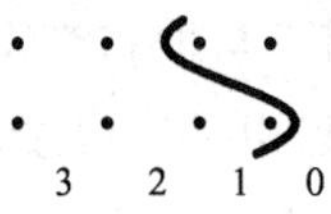 3　2　1　0	H H	 3　2　1　0	T T
花型意匠图方格颜色		绿色		蓝色	
垫纱规律	2 1	 3　2　1　0	T H	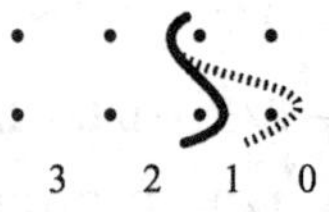 3　2　1　0	H T
花型意匠图方格颜色		红色		白色	

图 13-18　贾卡导纱针垫纱运动图

在织物上形成的效应分别为:红色形成"密实"组织,蓝色和绿色形成"稀薄"组织,白色形成"网孔"组织。贾卡导纱针的偏移由"H"和"T"表示。其中"H"表示不发生偏移,"T"表示有偏移。

2. 贾卡组织分析步骤　多梳栉组织分析完成后,在多梳栉意匠图的基础上绘制贾卡意匠图。

(1)用色彩区分贾卡区域。贾卡效应的红、白、蓝、绿四色基本组织通过不同形式的组合,可形成各种各样的花色效应,再经过多梳栉组织的分割,会在不同的区域显示不同的地组织网眼效应。在多梳栉绘制完成后,用不同的颜色填充各个区域(避开使用红、白、蓝、绿四色),其中具有相同地组织网眼的区域用相同的颜色填充。

(2)分析贾卡组织。分析每个区域的贾卡组织,一般只需分析出一个完全循环即可,借助于花边设计系统中的组织覆盖功能,便会很方便地将某一区域用一种贾卡组织覆盖掉。

(3)组织覆盖。用以上所分析出的各区域的基本组织将各区域进行贾卡组织覆盖,最终效果如图 13-19 所示。

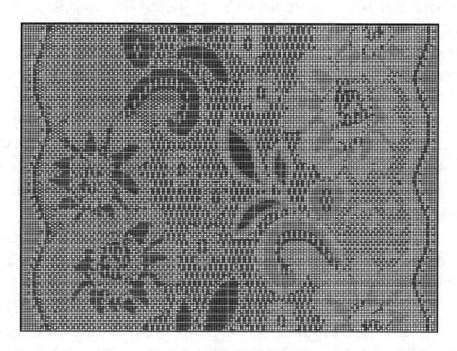

图 13-19　贾卡组织覆盖效果图

(4)织物仿真。在进行织物仿真之前,要设定仿真参数,即各把梳栉所穿纱线的粗细和张力外;还要设定基本组织。

八、原料的选择与分析

1. 原料选择对工艺编织的影响　在多梳栉花边设计时,利用各种粗细的纱线和垫纱运动,能产生各种层次的花纹,并可使用更多梳栉勾画花纹轮廓线。在进行原料选择时注意以下几个方面。

(1)地梳栉一般采用较细的原料,使得地组织网眼更薄,透明度更高。

(2)地梳栉一般采用强度较高的原料,因为其他花梳栉的纱线衬在其中或缠绕在上面,强度低了会断裂。

(3)轮廓花纹梳栉作较小的针背横移,形成花纹最上面的部分,以使花纹清晰、图案突出,花边外观更吸引人,一般采用较粗的股线。

(4)普通花纹梳栉采用较粗的纱线作较大的针背横移,这些梳栉配置在花梳栉的中间。

(5)阴影花纹梳栉采用较细的纱线也作较小的针背垫纱,配置在花梳栉的后部。

2. 原料的选择对拉舍尔花边服用性能的影响 选择合适的生产原料,使拉舍尔花边的服用性能达到最佳。棉纱、黏胶纤维、氨纶、锦纶、涤纶等原料在拉舍尔花边生产中的应用都很广泛。

生产花边时对纱线的拉伸力和强度等方面的要求比较高,故具有高强度、耐磨性好及较高弹性等优点的锦纶常被用作拉舍尔花边的花梳栉组织原料,如衬纬组织、花边的地组织,常用的有44dtex/13f锦纶长丝和33dtex/10f锦纶长丝。44dtex/13f锦纶长丝形成的地组织要厚重一些,悬垂性较好;33dtex/10f锦纶长丝形成的地组织略为轻薄一些,透气性较好。

氨纶弹性回复能力好。氨纶纱常用裸丝、包芯纱和包缠纱等形式参加编织。氨纶容易上色,轻巧柔软,穿着起来既柔软舒适又合身贴体,使穿着者伸展自如。应用氨纶纱能有效增加花边的弹性,还能改善悬垂性、尺寸稳定性及穿着舒适性,使得花边更加贴身,不易变形,因此,氨纶弹性纱成为花边地组织的主要原料。如在弹力花边中最后一把梳栉往往使用156dtex的氨纶弹性纱,这种弹性纱线较细,适合形成各种网孔,能够很好地贴附人体。

涤纶的染色性能较差,初始模量较高,延伸性、回弹性较差,穿着过程中产生的折痕难以消除。因此,在高档妇女内衣花边中大都作为包边线使用,作为包边线,比较常用的有1400dtex的涤纶丝。由于涤纶的舒适性较差,不适合使用在贴身穿着的花边上,但是可使用在一些装饰服装的外用花边上。以涤纶为主的原料生产的花边比较挺括,成本较低,因此适合用在外穿的服装上,起到点缀的作用。

黏胶丝的吸湿性和透气性很好,手感光滑柔软,但是弹性回复性差,容易起皱,因此黏胶丝常用于衬纬组织。如167dtex/42f的黏胶丝,纱线细软,生成的衬纬组织轻薄透气,手感细腻,不会给人带来扎痒等不舒适感。

棉纤维具有吸湿、透气、柔软、舒适的特性,是理想的花边原料。棉纤维经过后整理,增强其张力和强度,可用于拉舍尔花边的多种花式组织。例如,4.3×2tex棉线常用于包边线。这种棉线粗细适中,易于染色,大面积的棉线压纱组织与弹性地组织有机结合,生产出的拉舍尔花边手感柔软轻盈,吸湿透气性优良,并且贴身舒适。目前,大多数高档拉舍尔花边是具有弹性的,所以棉纱线在地组织上的应用并不多。

在拉舍尔花边生产过程中还广泛使用一些新型的化学纤维,如截面为四沟槽状的Tactel纤维。这种纤维的透气性和导湿性极佳,适合贴身穿着,极大提高了花边的舒适性和健康性。

3. 原料的选择对拉舍尔花边外观效应的影响 花边的视觉效果包括颜色、花型、光泽、风格等;触觉感受如柔软、丰满、细致、滑爽等,就是花边的外观效应。花边所形成的外观效应与生产时选择的原料有着密不可分的关系。

(1)原料选择影响花边的视觉效应。原料的外观及其特性直接影响着花边的外观效应和风格。比如锦纶纤维,染色色彩饱满鲜明;双色染色使花边呈现出不同的色彩层次,过渡自然,浑然天成;有光泽的纤维给人鲜明、华丽的感觉;半消光的纤维使人感到清爽、明快;没有光泽的纤维体现了自然、雅致的个性。不同线密度纱线可以在视觉效应上产生立体效果等。在选择原料时要注意原料的外观产生的视觉效果是否与花边的整体风格相配。

(2)原料选择影响花边的触觉效应。原料的软、硬、厚、薄、挺、重决定着花边的触觉效应。

(3)不同原料搭配影响花边的外观效应。将不同原料形成的特殊视觉效应和触觉效应巧妙搭配,可使花边形成变幻莫测的外观效应。如衬纬组织运用 7.3×2tex 棉线,花边表面纱线走向清晰可见,给人以粗犷、洒脱的感受。各种原料综合搭配使得花边的外观效应风格各异,富于美感。如运用自然肌理的棉线和材质细柔的氨纶搭配,以细密的氨纶来强调棉线质朴自然,形成田园风格;运用双色黏胶丝和有光的锦纶搭配,使得花边在产生有趣色彩渐变效果的同时,借着锦纶的光泽营造出彩虹一样的斑斓,追求抽象的视觉美感。

总之,光亮与蓬松,细柔与粗糙,轻盈与厚重,质朴与华丽等多样搭配,丰富了花边的外在表情,使花边成为一种"软雕塑",是编与织,绣与塑的张力表现。合理使用原料,进行多样的配置,促使花边的外观形成独特的肌理效果,给人强烈的视觉吸引力和艺术上的感染力。

九、织物仿真

以上设计完成之后,可通过多梳花边设计软件查看织物的仿真效果,并与织物实物相对照,看其分析设计是否准确。在描绘完多梳的垫纱轨迹并分析出原料后,通过设置仿真参数,即纱线粗细和纱线张力,来调整织物的仿真效果图,以使织物达到最真实的仿真效果。最终的仿真效果如图 13-20 所示。

图 13-20　织物仿真图

十、数据输出

所有工艺设计完成后,需将工艺单打印输出,以备生产使用。其中工艺单主要包括链块表、穿经图和链块统计表等数据。

花边设计系统具有自动形成各种工艺单的功能,只要描绘出多梳的垫纱轨迹,系统将自动生成各类数据。只需点击菜单下相应的工艺单,便会输出相关数据,如图13-21所示。由链块表中可以清楚看到这块织物所使用的机型、机号、花宽、花高等工艺参数以及第5把花梳整个花型所需的链块号。

花型的部分穿经图如图13-22所示,穿经图中显示了每把花梳的穿经位置、起始链块号和穿纱根数,方便了工人在穿经时的操作。图13-21所示链块统计表显示了该花型设计所使用的部分链块统计,其中包括每种链块的总数和各个型号的链块数,而且表的最下端统计出了整个花型所需的链块总数。

花边设计系统还可生成控制数据,用于控制电脑花边机。

花 型 号:7-TL31　　　机 号:E25　　　花 高:360mm　　　花 宽:158mm

机 型:MRSJF31/1/24　　机上纵密:38.0 横列/cm　　成品花高:0.0cm　　成品花宽:0.0cm

PB1:	1	2	3	4	5	6	7	8	9	10	11	12	13	14	15	16	17	18	19	20
0	10	0	10	0	10	0	10	0	10	0	10	2	12	2	12	4	12	8	12	6
20	12	4	14	4	14	4	16	4	16	4	16	4	16	4	16	4	16	6	16	6
40	20	4	22	8	20	4	18	12	16	14	14	14H	14V	14	14V	14H	14	14H	14V	14
60	14	14H	14	14	16	12	18	10	20	10	20	8	22	8	22	8	22	8	20	8
80	20	10	18	12	18	6	16	4	16	2	16	2	14	2	14	2	14	2	14	2
100	12	4	12	6	12	8	12	4	12	2	10	0	10	0	10	0	10	0		
120	10	0	10	0	10	2	10	4	10	8	10	6	10	4	12	2	12	2	12	2
140	12	2	12	4	12	6	12	4	16	2	16	2	16	2	12	8	18	10	18	10
160	20	10	20	10	22	10	22	10	22	10	22	12	20	14	18	16	20	20	22	18
180	22	16	22	14	20	12	20	12	18	10	18	10	16	8	16	8	16	8	14	6
200	14	6	14	6	12	4	12	4	12	4	12	4	12	2	10	2	10	2	10	2
220	10	2	10	0	8	0	8	0	8	0	8	0	8	0	8	0	8	0	8	0
240	8	0	8	0	8	0	8	0	8	0	8	0	8	0	8	0	8	0	10	2
260	2	2	10	2	10	4	12	2	12	4	12	4	14	2	14	6	14	6	14	6
280	16	8	16	8	16	8	18	10	18	10	18	12	20	12	20	14	22	14	22	16
300	22	16	18	18H	18U	18	24	16	26	14	26	12	26	12	26	12	26	12	26	12
320	26	12	26	14	26	20	16	6	16	6	16	6	16	4	16	4	16	4	14	4
340	14	4	14	4	14	6	14	8	14	6	12	4	12	2	12	0	10	0	8	0

图13-21　链块表

梳栉	左边	穿经循环	右边	起始	根数
1	......	...-146/11...	......	12	3
2		73/84		22	3
3		...-125/32...		12	3
4		48/109		14	3
5		98/59		28	3
6		-26/131		22	3
7		145/12		8	3
8		61/96		16	3
9		125/32		4	3
10		34/123		24	3
11		85/72		32	3
12		19/138		10	3
13		135/22		14	3
14		65/92		28	3
15		109/48		24	3
16		40/117		20	3
17		91/66		24	3
18		19/138		20	3
19		129/28		12	3
20		54/103		12	3
21		122/35		2	3
22		29/128		18	3
23		78/79		32	3
24		12/145		12	3
25					
26					
27					
28					
29		154/3		0	3
30		8/149		0	3
31					

158×3

图 13-22　穿经图

第三节　多梳栉花边饰带分离

一、多梳栉花边饰带分类

装饰花边有两种生产方式：全幅花边织物，通过成衣业进行裁缝；条形花边，用于装饰其他织物。图 13-23 为一组典型的条形花边。对于条形花边饰带，根据其形状和用途，又可分为下

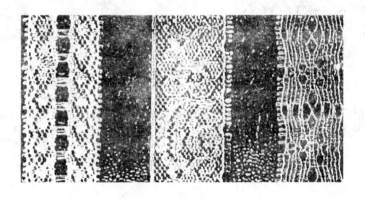

图 13-23　典型的条带花边

述的基本形式。

1. 镶边花边 条形花边将缝制在其他织物的布边或镶饰在衣服的某一部位。一般花边的一边为平直边,另一边为起伏状边或齿形边。

2. 嵌条花边 条形花边的两边皆镶嵌入衣服的某些部位中,它一般两边为平直边。

3. 波状花边 条形花边的两边皆为波状月牙边。

4. 剪裁花边 这种花边的整个图案是从花边织物中直接剪裁出来的。

二、多梳栉花边饰带分离

为利于编织,条形花边总是先织成整幅织物,然后在织物后整理工序中将其分离。根据经编技术和花边边缘形状,可用不同的方式进行织物分离,具体分离方法有以下几种。

1. 扯裂法 采用很细的衬纬纱线联结相邻的条形花边,然后在后整理工序中将相邻花边扯开。为便于扯裂,此种方式要求六角网眼地组织中的衬纬纱采用15~30dtex较细的纱线。扯裂纱比其他分离花边带的老方法没有显示出多大优点,主要是因为要扯裂而又不使花边变形,扯裂纱必须很细,这表明在拉幅时有断裂的危险,而这会损失大量的织物。

2. 脱散分离法 采用分离编链(T)对条形花边进行脱散,如图13-24所示,采用此种方法可形成平直的带边,也可形成平直或波形的齿形。该分离编链必须与六角网眼地组织中的编链同向针前垫纱,并且在将分离编链绘入六角网眼地组织时,应去掉两根六角网眼编链纱,而在对应的位置上穿上三根分离纱,这样分离编链才能逆编织方向脱散。另外,也可以采用两根分离编链对花边边缘进行脱散形成的齿形状边,形成的齿形状边的特点是采用横移长度的不同将织物边缘锁住。如要增加齿形边的长度,只要改变其横移长度并增加分离编链的根数即可。

3. 纱线拉脱法 拉脱纱是一根衬纬纱,它以用衬纬连接两片经编织物的方式将两块条带花边连接在一起。当需要两条平整光边或带有曲折形光边的花边时,可用拉脱纱。

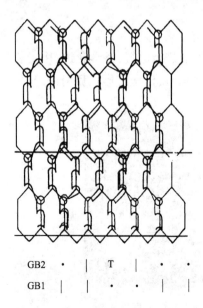

GB2	·		T		· ·
GB1			· ·	·	

图13-24 脱散分离编链组织

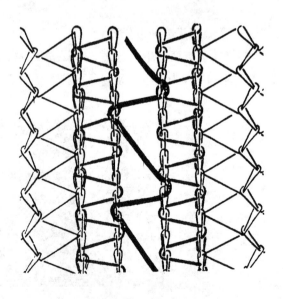

图13-25 拉脱法分离花边示意图

图 13-25 表示用典型的拉脱纱连接的线圈结构图。用此连接方法,在每一花边的边缘需要用编链纱,以便使经平或六角网眼地组织中在各根织针上均能垫到成圈纱线。这根编链纱也很细,且织得松,以便织出扭曲的荷叶边。

在描绘拉脱纱的垫纱运动时,为了连接和易于拉脱,要使其间隙地在两个花边之间横越连接。

4. 剪割法　即采用带有固定或旋转刀的不同剪切机或用人工方法对花边边缘进行剪切,采用此种方法主要是为了获得起伏式波状边。但是机械式剪割法与脱散分离法相比,其形成的波状边缘较粗糙,在剪切时需注意刀头切进深度与邻近的包边纱至少要空开两个六角网眼。

5. 熔断法　即采用电热钢丝对花边边缘进行熔断分离。既可采用直接装在经编机上的热熔机械自动式分离器,也可采用手持式热熔分离机来进行花边分离。此种方法可制得平直或波状边缘,必须注意的是:在熔断成波状花边边缘时,电热钢丝不能切得太深,另外由于涤纶等合纤丝熔点过高,因此,此种方法一般适用于锦纶丝和人造丝交织的花边。

6. 溶解法　条带花边之间也可用溶解物质予以分离。这种方法用于天使花边的生产是十分有利的,因为这种花边是在相当细的钩针经编机($E$28)上生产,要用更细的纱线编织,并在后整理中使用少量树脂。

用于编织花边饰带的基本设计技术,除必须将条带花边分开以外,与全幅花边的设计差异甚少,所用的编织设备也相同,只是需要用三根满置的经轴,其花纹变化广泛。从由 36~56 把梳栉机器编织的较复杂的类型到仅由 6 把梳栉编织的简单的花边带。为了经济生产,最好尽可能标准化。确定采用标准的门幅,如 9 针、14 针、18 针、24 针、27 针、36 针、48 针、60 针、72 针等。为了简化整经,对各种宽度的花边带都采用满置地梳栉经轴。

☞ 思考题

1. 简述多梳栉拉舍尔花边的形成原理。
2. 简述多梳栉经编产品的分类。
3. 叙述多梳栉花边的分析步骤。
4. 简述花边常用的地组织。
5. 简述零位法和起始横列法。
6. 简述压纱花型设计的一般步骤及其注意事项。
7. 简述贾卡花型设计时需要注意的问题。
8. 简述原料选择对工艺编织和拉舍尔花边服用性能的影响。
9. 简述多梳栉花边饰带的分类。
10. 叙述多梳栉花边饰带分离的方法。

第十四章　双针床经编产品设计

❈ **本章知识点**

1. 双针床普通织物的设计方法。
2. 辛普勒克斯织物的特点。
3. 双针床毛绒织物的设计方法。
4. 双针床间隔织物的设计方法。
5. 双针床筒形织物的设计方法。

利用双针床经编机进行编织不仅可以增加经编组织的变化,而且可使产品从"二维平面"拓展到"三维立体"织物结构,大大拓宽了经编产品的适用范围和使用领域。如双针床短毛绒织物可用作轿车内装饰用坐垫,双针床网孔织物可作为蔬菜、水果的包装袋使用,双针床圆筒状织物可用于生产医疗用的弹性绷带,双针床间隔织物可作为制鞋材料等。

第一节　双针床普通织物设计

一、双针床经编围巾

(一)织物特点

经编围巾是一种窄幅经编织物。如图 14-1 所示的围巾是用双针床拉舍尔型经编机生产的,采用纵向编织,先织缨穗,再织巾身,然后又织缨穗,如此连续编织,下机再在缨穗处剪断成单条围巾。围巾是双面织物,前后针床都参加编织,并相互连接起来,缨穗一般为编链组织。

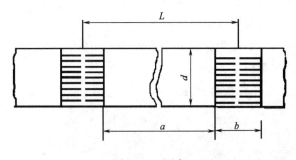

图 14-1　围巾

L—围巾长度　*a*—巾身　*b*—缨穗　*d*—围巾宽度

(二) 应用举例

如图 14-2 所示为彩条格围巾排针图。围巾宽度共 38 针,使用三把梳栉编织,纱线排列和穿纱方式如下:

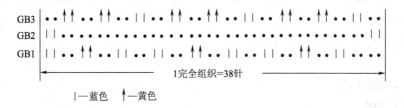

图 14-2　彩条格围巾排针图

GB1:2 蓝,2 空,2 黄,2 空,2 蓝、2 空;

GB2:两边各穿 2 根蓝色纱线;

GB3:2 空,2 黄,2 空,2 黄,2 空、2 蓝。

GB1、GB3 分别在前后针床每编织一横列,停编一横列,因而出现横条格。GB2 对前后针床都垫纱成圈,编织围巾边。表 14-1 为彩条格围巾的垫纱记录。

表 14-1　彩条格围巾的垫纱纪录

上花纹滚筒			下花纹滚筒			花纹滚筒控制链条	
GB1	GB2	GB3	GB1	GB2	GB3	上	下
0	0	0	0	0	0	0	22
4/6	2	4/4	1/6	2	4/1	0	22
2	2	2	6	2	1	0 ⎫×24	22 ⎫×24
0	0	2	6	0	6	0	22
2	0	2	6	0	6	0	22
2	2	0	4	2	6	0	22
4	2	4	4	2	6	0	22
4	0	6	4	0	4	0	22
4	0	4	4	0	4	22	0
6	2	4	6	2	4	22 ⎫×3	0 ⎫×3
2	2	2	6	2	4	22	0
0	0	2	6	0	6	22	0
2	0	2	6	0	2	22	0
2	2	0	4	2	0	22	0
4/4	2	4/6	4/4	2	6/4	22	0
0	0	0	0	0	0	22	0

从表 14-1 中可以看出,下花纹滚筒用来控制缨穗的垫纱成圈,上花纹滚筒用来控制巾身的

垫纱成圈。由于缨穗的编链是在前后针床分别编织的,因此,它们互不联结,且条数增加一倍,整个织物显得比较丰满。

1. 主要生产工艺参数 机器型号 HDR4EEW;机号 $E3$;机宽 190.5cm(75 英寸);机速 250r/min;纵密 12 横列/10cm;围巾总长 230cm(含缨穗);重量 139g/条;原料 110dtex×3 腈纶膨体纱。

2. 后整理 水洗→烘燥→整理。

二、辛普勒克斯织物

(一)织物特点

辛普勒克斯织物与纬编双面织物类似,正反面无差别,风格独特、织物紧密、手感丰满、单位面积质量轻、表面柔软滑爽,而且柔软性、透气性、合体性等都较好;以前在双针床特里科型经编机上生产,现改用2~4 梳的双针床拉舍尔型经编机生产。以往辛普勒克斯经编织物用作手套,或由棉纤维制成仿麂皮织物,现在已广泛用于印花内衣、泳衣、胸衣、时装等。

一般可采用经绒编链组织或超经斜编链组织进行编织,以获得较好的弹性。

GB1:1—0—1—2/2—3—2—1//;

或 GB1:3—2—1—0/2—3—4—5//;

GB2:1—2—3—4/3—2—1—0//。

也可采用经绒超经斜组织来获得较薄的织物。

GB1:1—2—4—5/4—3—1—0//;

GB2:4—3—1—0/1—2—4—5//。

辛普勒克斯经编机是为了某一专门用途而设计的,它追求高效、无疵地生产结构紧密、风格滑爽的经编双面织物。因此,它的工艺相对比较简单,花色编织可能性也相应较小。

(二)女式内衣产品实例

1. 机器 机型 RD2N;机号 $E30$;梳栉数 2;间隔距离 1mm。

2. 原料 100%,44dtex/12f 锦纶 6。

3. 组织与穿经

GB1: 5—6—4—3/4—5—3—2/3—4—2—1/2—3—1—0/1—2—1—0/1—2—1—0/1—2—1—0/2—3—2—1/3—4—3—2/4—5—4—3/5—6—5—4/5—6—5—4/4—6—5—4//,三空一穿;

GB2: 1—0—2—3/2—1—3—4/3—2—4—5/4—3—5—6/5—4—6/5—4—6/5—4—6/4—3—4—5/3—2—3—4/2—1—2—3/1—0—1—2/1—0—1—2/1—0—1—2//,三空一穿。

4. 后整理 水洗→预定形→染色→烘干→柔软处理。

第二节 双针床毛绒织物设计

一、双针床经编短绒织物

双针床短绒织物也叫拉舍尔丝绒或割绒。与长毛绒织物相比,毛绒高度较短,不倒伏,抗压性强,直立效果较好,所以它有时也被称为经编立绒织物。由于毛绒织物具有手感丰满、绒面弹性感强、不倒伏、抗皱能力强等特殊的风格,产品适用于沙发面料、汽车坐垫、宾馆窗帘、家庭装饰及妇女服用面料等。

(一)双针床短绒织物的编织原理

生产拉舍尔短绒产品时,要先整块编织出双层织物。地梳栉分别在前后针床上编织织物的地组织,毛绒纱梳栉将毛绒纱绕垫到两个针床的织针上,从而将两层织物的地组织联结在一起。在两织物层之间的毛绒纱是不受约束的,仅各以一个线圈与各自的织物地组织结合。然后在毛绒剖幅机上将两层剖开。毛绒纱的根部就缠结固定在单层织物的地组织中。

常用的拉舍尔型经编机的机号在 $E16 \sim E28$ 范围内。其中最常用的机号是 $E16$ 和 $E22$。生产汽车用产品时,一般只使用 $E22$,而在家用装饰业中,这两种机号都采用。除了受所用纱线的线密度影响外,机号越高,组织密度也越高。因此,为获得更高的线圈密度,目前趋向于采用更高的机号。

在双针床经编机上,一般用 4 把梳栉编织织物地组织,并用 $1 \sim 3$ 把中间梳栉产生毛绒表面。如在某双针床丝绒拉舍尔型经编机上,编织机件作如下配置:

GB1,GB2:编织前针床的织物地组织;

GB6,GB7:编织后针床的织物地组织;

GB3,GB4,GB5:在前后针床上都编织,形成毛绒表面。

织物的毛绒高度取决于两针床脱围板的间距,此距离的调节范围一般为 $3 \sim 12mm$,与未剖切的双层织物的毛绒高度相当。在剖切后,毛绒高度为 $1.5 \sim 6mm$。

为获得较好的织物尺寸稳定性,常用的地梳组织是编链和衬纬,这样可使织物在纵横两个方向上都比较稳定。通常衬纬纱仅作 5 针距衬纬,更长针距的衬纬会增加织物的重量,降低横向弹性。如果在后序加工中需要良好的延伸性,织物地组织应采用具有较大弹性的结构,如双经平或经平、经绒组织作为地组织。

在确定毛绒梳栉的垫纱位置时,必须注意使毛绒纱梳栉的运动方向与编链组织的垫纱方向相同。这样可增加毛绒的强度,免除在织物背面的上胶工序。但应注意,在各梳栉共同运行时,应使每枚织针在每个横列中垫到相同根数的毛绒纱(通常是 1 根毛绒纱)。为了避免织物表面外观的不均匀,梳栉的穿经安排和运动轨迹必须适当配置并相互协调。

(二)双针床短绒织物使用的原料

大多数的双针床短绒织物采用六把梳栉编织。前面两把梳栉在前针床上编织衬纬、编链,后面两把梳栉在后针床上编织同样的组织,中间两把梳栉在前后针床上都成圈编织,将两片地组织联结起来。然后经剖绒加工,形成割绒织物。通常,GB1 和 GB6 为衬纬纱梳栉,GB2 和 GB5 为编链纱梳栉,GB3 和 GB4 为毛绒纱梳栉。下面分别介绍编链纱、衬纬纱及毛绒纱的用纱要求。

1. 编链纱 编链纱要参加成圈,在纵向捆绑束缚住衬纬纱,纱线应柔软且具有较高的强度和较好的延伸性。编链纱一般选用锦纶丝或涤纶丝,其线密度要与经编机的机号和织物的要求相配合,可选用编链纱的线密度为44 ~ 56dtex($E28$)、56 ~ 84dtex($E22$)、76 ~ 110dtex($E16$)。

2. 衬纬纱 在编织过程中,衬纬纱不参加成圈,因此要求比较低,可供选择的范围很大,一般选用合纤长丝的线密度为 50~167dtex。

3. 毛绒纱 毛绒纱是双针床短绒织物的重要组成部分。织物的性能和风格不仅取决于毛绒长度、毛绒梳栉的垫纱运动、穿经方式等因素,也同时受到毛绒纱的色泽、品种和规格等方面的影响。毛绒纱通常使用的线密度为 44~56dtex($E28$)、76~167dtex($E22$)、300dtex($E16$)等。一般来说,机号低、线密度小的织物手感柔软、绒面细腻;而机号高、线密度大的织物则手感发硬,绒面也略显粗糙。

(三)常用的双针床短绒织物生产工艺流程

1. 素色织物的生产工艺流程

A:原料准备→整经→织造→剖幅→染色→柔软处理→烘干→梳毛→烫光→剪毛→定形→悬挂→检验→打卷→包装→入库。

B:原料准备→整经→织造→剖幅→梳毛→剪毛→定形→悬挂→打卷→染色→柔软处理→烘干→梳毛→烫光→剪毛→定形→悬挂→检验→打卷→包装→入库。

使用工艺流程 A 时,织物剖幅后先染色再整理,流程较短,但染色后布面绒毛较乱,后整理较难,易产生表面光泽不一致的色花现象。

使用工艺流程 B 时,织物剖幅后先整理,经过定型,绒面基本稳定,经染色后再整理,绒面较好。故生产中常采用此工艺流程。

2. 色织织物的生产工艺流程 原料准备→整经→织造→剖幅→梳毛→烫光→剪毛→定形悬挂→检验→打卷→包装→入库。

(四)双针床短绒织物的设计

1. 设计原则

(1)地组织结构及其设计原则。短绒织物的地组织常采用衬纬加编链。织物在纬向的延伸性不仅与所使用衬纬纱的弹性有关,而且还受到衬纬针距的影响。要根据织物的风格和用途来选择衬纬纱和衬纬针距,常用的衬纬针距介于三针与五针之间,随着针距的增加,织物横向稳定性增强。要得到较厚实的地组织,须使用较粗的衬纬纱线。在地组织中使用编链线圈可改善织物的纵向延伸性和毛绒固着牢度。编链线圈既可捆绑住衬纬纱,形成地组织,又可夹持住毛绒纱线而不使其落毛。因此,编链纱的强力与线圈结构非常重要。设计短毛绒织物时一般采用开口编链,衬纬纱的垫纱方向与编链的垫纱方向是相同的,故在设计地组织时常遵循如下原则。

①衬纬梳栉的一次最大针背横移量不得超过五针。

②短毛绒织物的编链要采用开口线圈。

③开口编链线圈必须与衬纬同向。

④为使织物富有良好的弹性,组织可采用经平或经绒。

(2)毛绒组织结构及其设计原则。在双针床经编机上一般使用两把毛绒梳栉来编织毛绒线圈,且采用一穿一空的穿经方式。因为毛绒梳栉使用的纱线较粗,送经量大,所以采用这种形式一方面可以使整经盘头在容纱量不变的情况下增加使用时间,减少换经轴的次数,提高运转率;另一方面增加了花型变化的潜力。毛绒梳垫纱的原则是每枚织针上垫到一根纱线,织物将有较好的绒毛覆盖性而不会露底。第二种形式是毛绒梳栉满穿,它有两个作用:一是在细机号的机器上用较细的化纤丝满穿做类似丝绒的较细腻的织物;二是采用满穿做缺垫组织,两把梳栉交替成圈与缺垫,形成独特的跳花效应。第三种形式是采用三把满穿的毛绒梳栉做缺垫组织,一般机器采用七把梳栉工作,得到的织物花色品种比两把梳栉缺垫更加丰富。在实际生产中可使用双速送经或 EBC 电子送经来满足一些对送经有特殊要求组织的编织。

2. 设计举例　现以一个简单的对称花型为例,说明双针床短绒织物的设计步骤。

(1)花型草图如图 14-3(a)所示。

(2)画单针床走针图,并安排梳栉,如图 14-3(b)所示。

(3)画出双针床垫纱运动图[图 14-3(c)]。

(4)写出垫纱数码。

GB1:5—5—5—0/0—0—0—5//;

GB2:0—1—1—1/1—0—0—0//;

GB3: 6—7—6—7/7—6—7—6/6—7—6—7/7—6—7—6/6—7—6—7/5—4—5—4/3—4—3—4/4—3—4—3/2—3—2—3/1—0—1—0/0—1—0—1/1—0—1—0/0—1—0—1/1—0—1—0/2—3—2—3/4—3—4—3/3—4—3—4/5—4—5—4//;

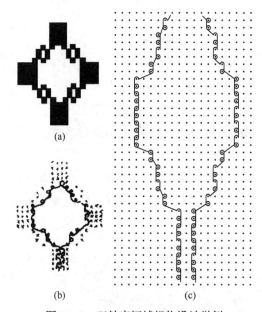

图 14-3　双针床短绒织物设计举例

GB4: 0—1—0—1/1—0—1—0/0—1—0—1/1—1—0—0/0—1—0—1/3—2—3—2/3—4—3—4/4—3—4—3/4—5—4—5/7—6—7—6/6—7—6—7/7—6—7—6/6—7—6—7/7—6—7—6/4—5—4—5/4—3—4—3/3—4—3—4/3—2—3—2//;

GB5:0—0—0—1/1—1—1—0//;

GB6:0—5—5—5/5—0—0—0//。

(5)穿经安排。

GB1、GB2:满穿;

GB3:(1 黄 1 空)×5,(1 黑 1 空)×5;

GB4:(1 空 1 黄)×5,(1 空 1 黑)×5;

GB5、GB6:满穿。

(6)使用原料。

GB1、GB6:76dtex 涤纶;

GB2、GB5:167dtex 涤纶;

GB3、GB4:312dtex 腈纶。

(五)双针床短绒织物的应用

双针床经编短绒织物可以用于汽车内饰,如车内的座位、车门的内面、车顶衬布和包裹架等。在家用装饰方面,可用于椅子、沙发、睡椅和带轮躺椅等各种家具的不同部位的面布和包覆布。织物要求毛绒高度最大不应超过3mm,并一般要求具有较高的延伸性和较好的耐磨性。

下面是一个双针床短绒织物的编织工艺实例。

1. 用途 汽车坐垫包覆织物。

2. 编织设备 机型RD6DPLM;梳栉数6把;机号E28;脱圈针槽板的间距5mm。

3. 原料

A:76dtex/22f 涤纶色丝;

B:76dtex/24f 非染色半无光涤丝;

C:220dtex/48f,z 空气变形染色涤丝;

D:220dtex/48f,z 空气变形染色涤丝;

E:220dtex/48f,z 空气变形染色涤丝。

4. 组织与穿经

GB1:5—5—5—0/0—0—0—5//,满穿A;

GB2:0—1—1—1/1—0—0—0//,满穿B;

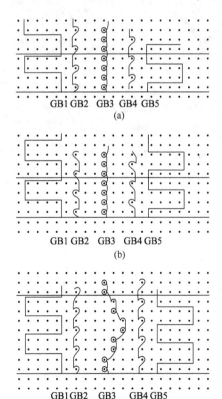

图14-4 双针床长绒织物

GB3: 0—1—0—1/1—0—1—0/0—1—0—1/1—0—1—0/0—0—0—0/0—0—0—0//,1D,3C,8×(1D,2E);

GB4:0—0—0—0/0—0—0—0/0—0—0—0/0—0—0—0/0—1—0—1/1—0—1—0//,1D,3C,24D;

GB5:0—0—0—1/1—0—0—0//,满穿B;

GB6:0—5—5—5/5—0—0—0//,满穿A。

二、双针床经编长绒织物

(一)双针床长绒织物的编织原理

长绒织物与短绒织物在组织结构上是相似的。织物地组织采用衬纬和编链组织,由前面两把梳栉和后面两把梳栉在各自的针床上分别编织而成。毛绒组织由中间的毛绒纱梳栉在前后针床上轮流成圈形成。

图14-4所示为三种简单且常用的5梳栉长毛绒组织。GB1和GB5为地组织中的衬纬梳栉,GB2和GB4为地组织中的编链梳栉,GB3为毛绒梳栉。长绒与短绒织物在编织时的一个

主要区别是 GB3 只能按一个方向进行针前横移,此横移方向与穿经方向有关。原因是长绒型双针床经编机上,两栅状脱圈板之间的距离很大,当毛绒梳栉摆到针前垫纱位置时,导纱针倾斜较严重。如果导纱针顺穿经方向横移会因为毛绒纱容易缠绕在导纱针针头上而影响编织。

由于图 14-4 组织中 GB3 的针前垫纱方向只能是一个, GB2 和 GB4 的针前垫纱方向需与毛绒组织相对应。如仍像编织短毛绒织物那样,编链线圈针前垫纱方向交替改变,长毛绒织物地布表面(使用反面)不易达到平整密实的要求。实际生产中,GB2、GB4 只朝一个方向进行针前横移,如图 14-4(a)中与 GB3 同向,或者如图 14-4(b)中的与 GB3 异向。这时 GB2 和 GB4 每编织一个线圈横列均要作一个针距的针背横移。当 GB1 和 GB5 针背垫纱长度较长时,GB2、GB4 的针前横移方向最好与 GB3 相同,以减少漏针。衬纬横移的距离视织物稳定性、弹性、单位面积质量等要求而定。

图 14-4(c)所示的 5 梳长毛绒织物具有编织简单和坯布质量轻的特点,其 GB3 垫纱于前面两种相比有所变化,但由于编织毛绒纱的梳栉只有一把,故形成的花纹比较简单。因而在长毛绒毛毯生产中,常常先编织本白色坯布,然后通过印花和染色加工,在毛毯表面形成复杂的彩色图案。

(二)双针床长毛绒织物的应用

双针床长毛绒织物的应用相当广泛,其产品包括各种毛毯、各类服装及衬里、人造毛皮、床上用品和玩具等。长毛绒织物所用的原料也比较多,主要有腈纶、锦纶、涤纶、黏胶丝、棉纱和毛纱等。不同毛绒纱编织的长毛绒织物具有不同的风格和不同的用途。如使用腈纶短纤纱作为毛绒纱可获得质地柔和、保暖性好和毛感强的绒面,适用于制作毛毯、大衣、外套、服装衬里以及床罩。人造毛皮的毛绒纱需用特殊的腈纶,这种腈纶纱是由两种或几种不同线密度、不同长短和不同收缩率的腈纶纤维混纺而成的。利用纤维的不同收缩率,织物绒面经后整理后便能形成具有不同毛质感的仿兽皮效果。黏胶丝编织的长毛绒织物常用于服装和制作玩具,有时也用作服装和鞋子的衬里。涤纶绒面的长毛绒织物多用于制造玩具。

1. 拉舍尔经编腈纶毛毯 拉舍尔经编腈纶毛毯是以腈纶为主要原料,在双针床舌针拉舍尔经编机上编织的。这种毛毯具有色泽鲜艳、花型立体感强、手感舒适、重量轻、保暖性好、不霉不蛀等特点,并且工艺简单,产量高。

在实际生产过程中,双层的单面绒毛毯的工艺流程为:原料→整经(络筒)→编织→剖绒→毛坯的检验、修补→浸染、印花→柔软处理→脱水干燥→刷毛、剪毛、烫光→裁剪→两条重叠缝合→包边缝制→成品检验。

单层的双面绒毛毯的工艺流程为:原料→整经(络筒)→编织→剖绒→毛坯的检验、修补→印花→柔软处理→脱水干燥→对织物的剖绒一面刷毛、剪毛、烫光,对织物的另一面起毛、刷毛、剪毛、烫光→裁剪→包边缝制→成品检验。

双层单面绒毛毯的垫纱运动如图 14-5(a)所示,常用的组织如下。

GB1:4—4—0—0/0—0—4—4//,前针床衬纬纱,满穿;

GB2:0—1—1—0/0—1—1—0//,前针床编链纱,满穿;

GB3、GB4:0—1—0—1/1—2—1—2//,毛绒纱,一穿一空;

GB5:1—0—0—1/1—0—0—1//,后针床编链纱,满穿;

GB6:4—4—4—4/0—0—0—0//,后针床衬纬纱,满穿。

单层双面绒毛毯的垫纱运动如图14-5(b)所示,常用组织如下。

GB1:4—4—0—0/0—0—4—4//,前针床衬纬纱,满穿;

GB2:1—0—0—1/1—0—0—1//,前针床编链纱,满穿;

GB3、GB4:0—1—0—1/1—2—1—2//,毛绒纱,一穿一空;

GB5:0—1—1—0/0—1—1—0//,后针床编链纱,满穿;

GB6:4—4—4—4/0—0—0—0//,后针床衬纬纱,满穿。

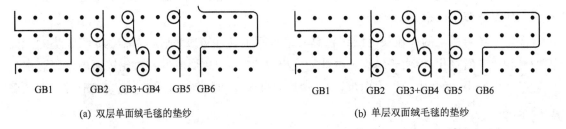

(a) 双层单面绒毛毯的垫纱　　　　　　　　(b) 单层双面绒毛毯的垫纱

图 14-5　经编毛毯垫纱运动图

2. 单层拉舍尔毛毯　　单层拉舍尔毛毯是在毛毯的正面印花,用起毛机将一部分正面的毛抓到其背面,形成双面印花绒面毛毯。其典型组织结构如下。

GB1:4—4—4—0/0—0—0—4//;

GB2:1—0—0—1/1—0—0—1//;

GB3:0—1—0—1/1—2—1—2//;

GB5:0—1—1—0/0—1—1—0//;

GB6:0—4—4—4/4—0—0—4//。

与双层毛毯不同,在同一针床上编织的编链纱与毛绒纱的垫纱方向相反,这样生产出的坯布的工艺正面的绒毛较多,有利于单层毛毯的背面起毛。但是这种垫纱方向由于成圈的两把梳栉在针前的横移方向相反,增加了垫纱的困难程度,为了保证垫纱的顺利进行,生产单层毛毯时应适当降低车速。

第三节　双针床间隔织物设计

间隔经编织物又称三明治织物,属于三维立体结构。编织时,前后针床各自编织织物,中间由能确保稳定性的间隔纱线进行连接。间隔距离由两针床脱周板之间的距离决定。间隔织物最主要的功能是抗压,间隔纱线的粗细和性能、线圈的密度和经编机的机号影响织物抗压性能。双针床间隔织物质轻、弹性好,经树脂、涂层、层合等处理后,可用于保暖、隔音、隔离、加固、过滤、防震等用途。

一、编织原理和组织设计

(一) 两个分离面的编织

在双针床经编机上,用机前和机后的1~2把梳栉分别在前后两个针床上编织分离的单面织物。织物组织结构可根据间隔织物的表面结构而定。若要求表面为平素密实结构,可用2把满穿梳栉编织编链衬纬组织或双经平、经平绒等组织,也可用1把满穿梳栉编织经绒或经斜组织,还可利用空穿来得到表面为网孔的结构。如果表面要产生花纹效应,则用1把满穿梳栉编织地组织,另一把带空穿的梳栉作复杂的垫纱运动以形成花纹。

(二) 间隔层的编织

在双针床机上用中间的1~2把梳栉在前后两个针床上轮流成圈,把上述编织的前后两片单面织物联结起来。两个面的间距可通过调节前后针床脱圈板之间的距离来确定。

如果间隔层中要夹入衬经纱和衬纬纱,那么需各增加1~2把衬经梳栉和衬纬梳栉。衬经梳栉和衬纬梳栉应配置在梳栉吊闸架的中间部位。

二、双针床间隔织物的应用

(一) 胸衣罩杯和垫肩用双针床经编间隔织物

弹力经编间隔织物可以用作胸衣的罩杯材料以替代海绵,该织物的厚度可设计在3~6mm。它不仅合体贴身,具备较佳的热湿服用性能,而且还可直接在该织物的表面进行各种提花和做成丝绒的效果,并可以进行模压成型加工。

1. 编织设备　机型RD4N;机号$E32$;梳栉数4;间隔距离3.5mm。

2. 原料、用纱比

A:44dtex/12f 锦纶6,FOY,65.6%;

B:22dtex/1f 锦纶6,FOY,34.4%。

3. 组织、穿经

GB1:1—0—0—0/1—2—2—2//,满穿A;

GB2:2—3—3—3/1—0—0—0//,满穿A;

GB3:1—2—2—2/2—1—1—0//,满穿B;

GB4:0—0—1—3/3—3—2—0//,满穿A。

4. 后整理　松弛→水洗→预定形→漂白→荧光增白→拉幅定形。

生产出的间隔织物具有很好的表面,最大特点是具有很好的吸湿性、很好的耐洗性和快干等性能。

(二) 防护服

经编间隔织物还可用于特殊防护用途。当用作消防服时,为使消防队员在极高的温度下能正常工作,要求这种经编间隔织物必须能够承受极端高温。原料通常选用含有聚酯、黏胶及阻燃的Nomex纤维混纺纱和100%芳纶加捻纱的混纺纤维。在织物结构上通过原料的选择和间隔层的设计来保证良好的隔热效果和穿着舒适性。生产中将两个表面结构设计得较为紧密,以此得到良好的隔热效果,并且通过使用加捻的芳纶纱作为间隔纱,以保持间隔层的厚度。

(三)鞋类织物

运动鞋是经编间隔织物在休闲体育领域的一个主要应用。按实际需要,织物的两个表面既可以编织成双面密实的,也可以一面密实,另一面半网孔。织物主要用于鞋帮、鞋舌和脚踝部位。当用作鞋内底时,需要根据脚形模压成形。原料主要采用涤纶和锦纶,为了获得更好的弹性,可在两表层织入弹性纱线。这种三维的经编结构能确保空气流通,有助汗味和汗水的迅速转移,创造一个空气清新、无汗的鞋内微环境。当用作鞋垫时,这种织物除了具有良好的透气性、导湿性和弹性,能够减少行走和运动过程中的疲劳和损伤外,还可解决发泡材料因为剧烈的运动而产生变形分层的问题。

经编间隔织物也可用来生产凉鞋,特别是儿童穿的凉鞋。鞋的内鞋底可由网眼经编间隔织物制成。

经编间隔织物还可用来制作浴室用鞋。它不仅重量很轻,而且能够很快干燥并且干得很透,从而防止霉菌和细菌的生长。

(四)游泳衣、潜水衣

当用作游泳衣、潜水衣衬里时,经编间隔织物与传统的橡胶泡沫材料相比,不仅重量轻、弹性好,使得潜水运动员的活动更为自由,而且其间隔层中含有大量空气,更便于控制体表的微环境气候。这种结构减少了出汗量,防止人体过度冷却,避免潜水员尤其是腿脚部位的不适感。身着间隔织物制成的潜水衣可以提高在深海中运动和作业的潜水人员的温暖感和舒适感。

(五)运动保护服

经编间隔织物具有良好的保暖性、吸湿性和快干性,提高了穿着的舒适性。该织物用作服装面料可抵御酷热和严寒,如用作保暖田径运动服,可让使用者迅速进入最佳竞技状态,并且该织物的隔热作用,使运动员迅速达到人体所需温度,并维持不变。经编间隔织物用作运动用纺织品,还能提高对身体的保护。它还可以用来做自行车运动短裤的臀垫和运动服的护垫,这主要是因为它透气、轻柔,用来做衬里使穿着者伸缩自如。

(六)其他应用

间隔织物还可用于高尔夫球练习场,如发球位置上铺设的双层发球垫的下层就是经编双面网眼间隔织物。在背包与身体接触的地方以及肩带部分使用弹性网眼经编间隔织物能使人背上去更加舒服。

此外,经编间隔织物已经成为家用纺织品中的一个重要组成部分,它不仅可用于装饰用途,而且还可用于制作各种毯垫、床上用品、包裹织物、篷布材料、窗户遮挡物等。

第四节　双针床筒形织物设计

使用双针床经编机可以容易地生产出多种筒状织物。筒状织物有很广泛的用途,例如包装袋、弹性绷带、连裤袜、土工布等,具有很大的市场潜力。在技术上,此类产品具有不易脱散、生产效率高等特点。双针床经编机可以生产独立的和彼此连接的筒状织物,还可以在同一台机器上生产粗细不同的分叉筒状织物,如人造血管类产品。

一、普通圆筒织物

(一) 最简单的圆筒织物

最简单的圆筒织物由 4 把梳栉编织:

GB1:1—0—1—1/1—2—1—1//;在一定范围满穿;

GB2:1—0—1—0/1—1—1—1//;只穿左侧一根纱;

GB3:0—0—0—0/0—1—0—1//;只穿右侧一根纱;

GB4:1—1—1—0/1—1—1—2//;在一定范围满穿。

其垫纱运动图如图 14-6 所示,为清晰起见,各梳栉均只画了一根纱的垫纱路线。

从垫纱运动图中可以看出:GB1 只在前针床上编织筒状布的前片,GB4 只在后针床上与前针床垫纱相对应的针上垫纱成圈,编织筒状布的后片,GB2、GB3 在两个针床上均垫纱成圈,它们起到连接前片和后片的作用。因此,最简单的筒状织物,至少要用 4 把梳栉才能完成。当然,用于"连接"的 GB2 、GB3,也可以采用同一把梳栉,使参与工作的梳栉数减少为 3 把。

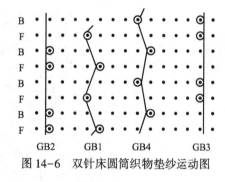

图 14-6　双针床圆筒织物垫纱运动图

(二) 多把梳栉编织的圆筒织物

圆筒织物可由 4 把梳栉编织,但为增加织物的稳定性,通常使用的梳栉数要多于 4 把。如常使用 6 把梳栉来生产医用弹性绷带。编织时用 GB1、GB2 在前针床上编织前片,GB5、GB6 在后针床上编织后片,用 GB3、GB4 编织左、右两侧缝合部分。GB1、GB6 使用棉纱,其余梳采用氨纶弹力丝,其组织记录如下。

GB1:(1—0—0—0/0—1—1—1//)×3;

GB2:1—0—0—0/0—1—1—1/1—1—1—1/1—2—2—2/2—1—1—1/1—1—1—1//;

GB3:2—1—1—1/1—2—2—2/2—2—2—2/2—2—1—1/1—1—2—2/2—2—2—2//;

GB4:0—0—0—1/1—1—0—0/0—0—0—0/0—1—1—1/1—0—0—0/0—0—0—0//;

GB5:1—1—1—2/2—2—1—1/1—1—1—1/1—0—0—0/0—1—1—1/1—1—1—1//;

GB6:(0—0—0—1/1—1—1—0//)×3。

6 把梳栉穿经如图 14-7 所示。

根据各梳栉的组织记录,可以画出垫纱运动图。为增加织物透气性,通常在前后针床上编织具有孔眼效果的衬纬编链组织。衬纬纱和连接前后两片的"连接"纱均采用了高弹氨纶纱,由于织物的弹性极强,能满足使用上的需要。圆筒布直径的大小由前后针床上参加编织的针数决定。因而,可在同一台双针床经编机上同时编织出圆筒直径相同或不同的筒状医

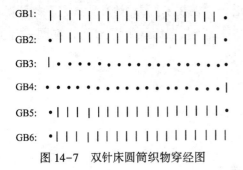

图 14-7　双针床圆筒织物穿经图

用弹性绷带,以满足患者身体不同部位的需要。

二、筒形包装袋织物
(一) 筒形包装网眼织物的结构

筒形网眼织物的基本结构通常是一个具有菱形网孔的"渔网"结构。图 14-8 表示了由聚乙烯扁丝所织的网眼织物的一部分。图中给出了 8 把梳栉的垫纱运动和穿经图。

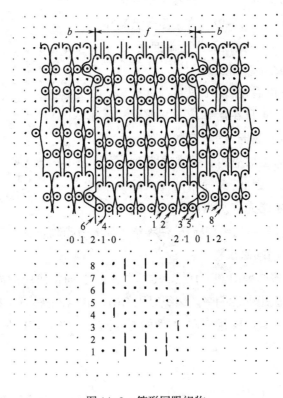

图 14-8　筒形网眼织物

1. GB1 和 GB2　按一穿一空的穿经(像渔网结构那样),并对前针床进行针前垫纱,编织出前片织物。其组织记录如下。

GB1:1—0—1—1/1—2—2—2/2—1—2—2/2—3—2—2/2—1—1—1/1—2—1—1//;

GB2:2—3—2—2/2—1—1—1/1—2—1—1/1—0—1—1/1—2—2—2/2—1—2—2//。

2. GB7 和 GB8　也是一穿一空穿经,并在后针床进行针前垫纱编织后片织物。它们的组织记录如下。

GB7:2—2—2—3/2—2—2—1/1—1—1—2/1—1—1—0/1—1—1—2/2—2—2—1//;

GB8:1—1—1—0/1—1—1—2/2—2—2—1/2—2—2—3/2—2—2—1/1—1—1—2//。

3. GB3　纱线穿入位于筒形织物右侧的指形导纱针,形成该侧连线中的一根。指形导纱针进行适当的针前横移运动,以连接前后两片织物。其组织记录如下。

1—1—0—1/0—1—1—1/1—0—1—1/1—2—1—1/1—0—0—0/0—1—0—0//。

注意:此梳栉主要在前针床上作针前垫纱,在每个结构循环中,仅一次摆到后针床垫纱。

4. GB5　穿经也穿在位于筒形织物右侧的一根指形导纱针中,并形成同一边上的另一根连线。其组织记录如下。

0—1—1—1/0—0—0—1/1—1—1—0/1—1—1—2/1—1—1—0/0—0—0—1//。

作为 GB3 的相反垫纱运动,此梳栉主要在后针床作针前横移。在每个循环过程中,仅一次到前针床垫纱。为了防止在前后针床垫纱之间各针背垫纱相互缠结,产生连线的两把梳栉在横移时要避免相互间的交叉运动。

5. GB4 和 GB6　用来构成筒形织物的左侧连线,在每一筒形织物中,两梳中的每一把各对一根指形导纱针穿经,按下列的垫纱组织进行横移:

GB4:1—1—2—1/2—1—1—1/1—2—1—1/1—0—1—1/1—2—2—2/2—1—2—2//;

GB6:2—1—1—1/2—2—2—1/1—1—1—2/1—1—1—0/1—1—1—2/2—2—2—1//。

同样的,这两把梳栉为防止针背垫纱的相互缠结,也要在横移时避免相互间的交叉运动。

(二)应用实例

1. 编织设备　HDR10EHW 型双针床经编机;机号 $E6$。

2. 原料　聚乙烯扁丝,25μm×1.5mm,325dtex(320 旦)。

3. 穿经

GB1:5 空,(1 穿 2 空)×13,4 空;

GB2:2 空,1 穿,45 空;

GB3:44 空,1 穿,3 空;

GB4:5 空,1 穿,42 空;

GB5:47 空,1 穿;

GB6:8 空,(1 穿 2 空)×13,1 空。

4. 组织

GB1:3—0—3—3/3—6—3—3/3—6—6—6/6—9—6—6/6—3—6—6/6—3—6—6//;

GB2:0—0—0—3/0—3—0—0/0—3—3—3/3—6—3—3/3—0—3—3/3—0—0—0//;

GB3:3—0—3—3/3—6—3—3/3—6—6—6/6—3—6—6/6—3—6—6/6—3—3—3//;

GB4:3—6—3—3/3—0—3—3/3—0—0—0/0—3—0—0/0—6—0—0/0—3—0—0//;

GB5:6—3—6—6/6—3—6—6/6—6—6—3/6—6—3—3/3—0—3—3/3—6—3—3/3—3—6—6/6—9//;

GB6:6—6—6—9/6—6—6—3/6—6—6—3/3—3—6—3—3—0/3—3—3—6/3—3—3—6//。

👉**思考题**

1. 简述双针床围巾和辛普勒克斯织物的特点。

2. 简述双针床短绒织物的编织原理和所使用的原料。

3. 简述双针床短绒织物的设计原则和设计步骤。

4. 简述双针床经编长绒织物的编织原理。

5. 分别叙述双针床长绒织物和短绒织物的应用。

6. 简述间隔织物的编织原理及其应用。

7. 简述双针床筒形织物的分类。

第十五章　取向经编产品设计

✿ **本章知识点**

1. 单轴向和双轴向经编针织物的设计方法。

2. 单轴向和双轴向经编针织物的结构和性能特点。

3. 多轴向经编针织物的结构和性能特点。

除去前面介绍的经编组织和织物外,还可通过采用高强度、高性能的原料和使用专门设计的机构来生产在一个方向、两个方向甚至多个方向上具有特定性能的经编织物,以满足工业、农业、渔业、建筑、军事等很多领域的应用要求。

在实际生产中,可以将玻璃纤维、碳纤维、芳纶纤维等高性能纤维添加到织物中,以满足衬入方向上对性能(如力学性能)的要求。按衬入方向的不同可将此类织物分为单轴向经编织物、双轴向经编织物及多轴向经编织物。

第一节　单轴向经编织物设计

一、织物结构与性能特点

单轴向经编织物是在织物的横向或纵向衬入纱线以使该方向具有特定力学性能的经编织物,按衬入方向的不同分为单向衬经和单向衬纬两种。图 15-1 为单向衬纬经编织物的结构示意图,图 15-2 为单向衬纬经编织物的实物照片,该织物地组织为编链组织。与单向衬纬经编织物不同,单向衬经经编织物的地组织由于编链组织纵行间没有联系,要求使用能将织物纵行连接起来的组织结构(如经平组织)。

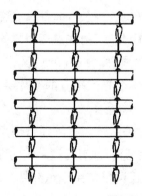

图 15-1　单向衬纬经编织物的结构示意图

图 15-2　单向衬纬经编织物

单轴向经编织物具有高度的纤维连续性和线性,是一种典型的各向异性材料。由于单轴向经编织物的衬垫纱不参加编织,而是平直地沿一个方向衬入到地组织中,因此可改善织物在该方向上的力学性能。单轴向经编织物通常具有较多的孔隙,这种多孔结构不仅可减少纱线使用量,减轻织物重量,而且还非常有利于水汽的排除和热量的释放。另外,还可进行各种后处理加工以满足不同的应用要求,如可在织物表面喷涂上一层金属以反射阳光。

二、生产设备和工艺

单轴向经编织物可使用卡尔迈耶公司生产的 RS2(3)MSUS 型经编机进行生产。编织时,衬垫纱的线密度可以在很大范围内变化。地组织通常采用经平组织或编链组织。编织单向衬经经编织物时,使用的纱线通常比地组织使用的纱线粗很多。

三、产品应用介绍

(一)单向衬纬经编织物

地组织采用编链组织,在纬向衬入直径为 0.22mm 的聚酯纤维,织成后进行涂层处理,成品织物的孔眼宽度仅为 0.25mm,可用于花棚或温室,可防止小害虫进入。此外,如果对织物涂层进行染色,可用作玻璃窗的遮阳帘;如再涂上一层铝箔还可用于花圃和农作物的遮阴防晒、保暖防寒,并可减少水汽的蒸发。

(二)单向衬经经编织物

地组织采用经平组织,经向衬入碳纤维纱或芳纶纱的单向衬经织物可用于建筑或工程等领域,如对柱、桥工程等的修复加固和对烟囱的加固等。

第二节　双轴向经编织物设计

一、织物结构与性能特点

(一)结构

双轴向经编织物是指在织物的经向和纬向都衬入纱线以使这两个方向都具有特定力学性能的经编织物。通常在两个方向上使用的纱线相同或相近,因此,织物在这两个方向上具有相同或相似的力学性能。双轴向经编织物由三个系统的纱线构成,即衬经(0°)、衬纬(90°)和编织纱。衬经纱和衬纬纱之间没有交织,而是平行伸直地形成两个相互垂直的纱片层,再由编织纱绑缚在一起,形成一个稳定的织物整体,如图15-3和图15-4所示。

由图15-3和图15-4可以看出,衬纱的直径要远远超过编织纱。衬纱通常使用高性能的无捻纱线用来增强织物。织物可以设计成密实结构或半网眼结构,或者通过一定的穿纱规律来形成具有一定大小孔眼和一定宽度条格的格栅结构。此外,还可以使用编织纱将非织造布、纤维网、泡沫、胶片或其他材料编织成一块复合织物,满足某些特定要求。

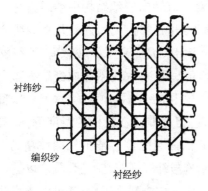

图 15-3　双轴向经编织物的结构示意图

衬纬纱

编织纱

衬经纱

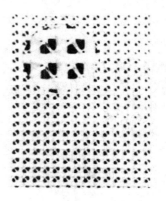

图 15-4　双轴向经编织物

(二)性能

与机织物不同,取向经编结构中的衬纱沿一定方向平行伸直,织物中的纤维处于无卷曲状态,因此该类织物有时也被称作无卷曲织物,简称 NCF 织物。衬纱的这种平行伸直排列赋予了取向织物许多优良的力学性能。

1. 拉伸性能　虽然机织物在经纬两个方向上较为稳定,但是由于经纬纱线的相互交织,纱线在织物中呈波浪形屈曲,使得织物在受到拉伸时,织物中的纱线或纤维先伸直再伸长,造成大量不必要的伸长。另外,当机织物受到拉伸时,加大了交织点上经纬纱线之间的相互挤压,使得纱线的部分能量浪费在与织物垂直的方向上。如图 15-5(a)所示,$\cos\alpha<1$,因此 $f<p$(p 为纱线的强力,f 为沿拉伸方向的分力)。

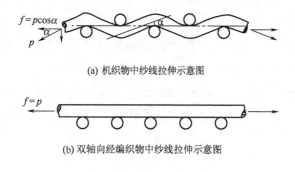

(a) 机织物中纱线拉伸示意图

(b) 双轴向经编织物中纱线拉伸示意图

图 15-5　机织物与双轴向经编织物的比较分析

当采用双轴向经编结构时,衬经和衬纬平行伸直铺成纱片层,每根衬纱都呈伸直状态,只有捆绑处的纤维存在微量屈曲。织物在受到外力拉伸时,平行伸直的衬入纱线同时承受载荷,如图 15-5(b)所示。因为纱线无屈曲,即 $f=p$,也就是几乎能够完全利用纤维长度方向上的拉伸力。因此,双轴向取向经编结构的纤维潜能利用率接近 100%,充分利用了纱线的拉伸力,减少了实际使用的纱线根数。这样既可以减轻织物的重量,又能够最大限度地利用所有纱线的强力并降低使用材料的成本。另外,因为衬入纱只是衬在地组织中而不参与编织,因此可以衬入一些对弯曲应力极为敏感的纤维(如玻璃纤维或碳纤维等),扩大了原料的使用范围。

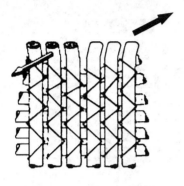

图 15-6　双轴向经编织物
受撕裂示意图

2. 撕裂性能　双轴向经编结构中纱线具有一定的自由度,当织物受到撕裂时,受力处的几根纱线会移动并聚集在一起,从而大大提高了撕裂载荷,使织物具有良好的抗撕裂性能。图 15-6为双轴向经编织物受撕裂时的示意图。纱层中的纱线是伸直的,这就意味着聚合物大分子的伸直,因此即使在极低的温度下,取向经编结构也具有很好的撕裂强度并能抑制裂纹蔓延。如果将双轴向经编结构与纤维网织在一起,既可以进一步提高织物的撕裂强度和抗撕裂蔓延性,又可以防止纱线滑移,提高织物的尺寸稳定性。由于纤维网价格低廉,因此不会太多地增加织物的成本。

由于双轴向经编织物具有良好的力学性能、较低的生产成本和较高的生产效率,在用作涂层织物的底布、纺织复合材料的骨架时也具有许多优点,因此它在一些领域有着广阔的应用前景。

二、生产设备和工艺

(一)生产设备

生产双轴向经编织物可以选用具有多头衬纬功能的经编机,如卡尔迈耶公司的 RS2(3) MSU 型、RS2(3)MSUS 型、RS2(3)MSUS—V 型、RS 2(3)EMS 型经编机。

RS2(3)MSUS—V 型是采用了 MSUS 衬纬方式的多头衬纬拉舍尔经编机,带有 2(或 3)把梳栉,V 表示可以衬入非织造布或纤维网,最后面的 S 表示带有伺服电动机。它是一种生产单轴向和双轴向织物的拉舍尔经编机,衬纬装置由伺服电动机控制,与过去的 MSU 型经编机相比,它能够在高机速下保证衬纬装置的最佳传动速度和运动序列(连续不断的送出纬纱),保证玻璃纤维衬入时几乎不受损伤。RS 2(3)EMS 型为以 EMS 方式衬纬的多头衬纬拉舍尔经编机,带有 2(或 3)把梳栉。用这几种高性能拉舍尔型经编机生产单/双轴向经编织物较为普遍。

(二)生产工艺

1. 原料

(1)在 MSUS 衬纬方式下,原料可使用涤纶(PET)、锦纶(PA)、丙纶(PP)、高强乙纶(HD—PE)、高韧性锦纶、玻璃纤维(GF)、碳纤维(CF)、凯夫拉纤维(Kevlar)等。全幅衬纬时纱线线密度为 20~2200dtex,生产格栅结构时最大可达 25000dtex。

(2)在 EMS 衬纬方式下,可使用涤纶(PET)、锦纶(PA)、丙纶(PP)、乙纶(PE)复丝等为原料。纱线线密度为 80~2200dtex。

2. 编织特点

(1)使用落地式经轴支架。编织纱使用 EBA 电子送经系统,以保证经轴上的经纱可以准确地喂入到成圈机件上,衬经纱使用落地式经轴架或直接从筒子架喂入。

(2)纬纱衬入方式。双轴向经编机带有一个衬纬纱衬入系统。在机器的侧面带有一个独立的衬纬纱架,衬纬纱由这个纱架上的筒子直接供给。衬纬纱由铺纬器连续从衬纬纱架上引出。铺纬器由伺服电动机控制,一般能同时携带 24 根衬纬纱,编织时主轴转一转,衬纬纱走动一根纱线的位置,衬入一根纬纱,可以安排多种穿纱方式。衬纬方式有 MSUS 衬纬和 EMS 衬纬两种,分别如图 15-7 和图 15-8 所示。

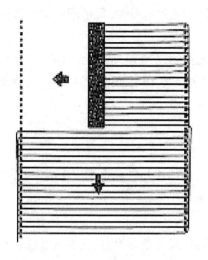

图 15-7　MSUS 衬纬方式

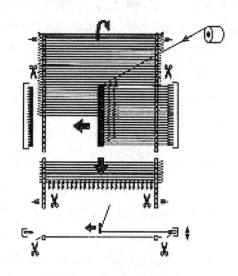

图 15-8　EMS 衬纬方式

　　机器的两边各有一条上面安装有挂钩的传送链。24 根衬纬纱由铺纬器同时从衬纬纱架上平行伸直地牵出,并钩挂在传送链条上的挂钩上。钩挂住的纱线随传动链条一起向编织区运动,同时铺纬器往回运动,再将纱线钩挂到另一侧的挂钩上,如图 15-7 所示。MSUS 衬纬方式可使用不同的原料和纱线线密度。

　　衬纬纱从衬纬纱架上引出后被传送链条上的夹子夹住,然后从铺纬器上剪下,再由传送链条输送到编织区,如图 15-8 所示。衬纬纱输送到编织区后,由编织纱连接成整块织物。编织完成后再由剪刀将其从传送链条上剪下,卷绕在卷布辊上。

　　MSUS 与 EMS 工作原理的不同之处在于:MSUS 在衬入衬纬时,后一片衬纬与前一片衬纬之间是连续的;而 EMS 在衬纬被传送链条上的夹子夹住后,便从铺纬器上剪下,这样比 MSUS 方式节省衬纬纱。

　　(3)非织造布或纤维网的织入。在 RS2 (3)MSUS—V 型拉舍尔经编机上还可以同时织入非织造布或纤维网。非织造布或纤维网分两道喂入,采用电子布边控制,也可以使用一道连续地织入非织造布或纤维网,如图 15-9 所示。

　　(4)监控系统。衬纬纱和编织纱的监控

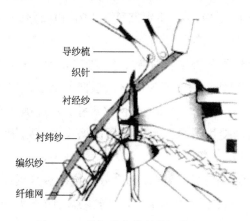

导纱梳 ——
织针 ——
衬经纱 ——
衬纬纱 ——
编织纱 ——
纤维网 ——

图 15-9　非织造布或纤维网的织入

是通过一个激光监控系统实现的。纤维网从机器后部的一个卷取装置上被传送出来。自动布边控制系统保证了纤维网的准确传送。

3. 后整理 双轴向经编织物通常被用作涂层织物的地布,常用的涂层剂有 PVC、酚醛树脂和改性沥青等。为得到特定的涂层表面,可选择织物某一面(衬经面或衬纬面)进行涂层处理。纱线的平行伸直铺设和无捻纱线的应用使涂层织物表面平整,从而增加了卷取长度并提高了涂层效率。在涂层过程中,经编取向结构的横向缩率为 1.5%~2%。这样低的缩率既能提高织物的使用效率,又可较容易地控制织物的单位面积质量。

双轴向经编结构具有良好的防滑功能,一般不需要进行防滑整理,尤其是网眼格栅结构。这可以尽可能少地使用化学黏合剂,避免因为使用防滑剂和黏合剂而造成的污染,同时又可以节约成本。

三、产品应用

双轴向经编织物因其优良的机械性能已开始在产业用纺织品领域得到广泛应用,现在已大量应用于土工格栅、复合土工织物、灯箱布和大型招贴画等。

(一)经编土工格栅

经编土工格栅是一种土工建筑材料,具有拉伸强度高、尺寸稳定性好、耐腐蚀、抗老化、使用温度高等特性,已被广泛用于险坡防护、松软地基处理、加筋土挡墙工程以及一些高承载力的结构中。如经编土工格栅用于铁路路基加固防护时,和路面材料融合在一起,可有效地分配荷载,防止道碴流失和路基变形,提高路基的稳定性。

经编土工格栅通常可由 RS3MSUS 型或 RS3MSU—(V)—N 型经编机生产,机号一般为 $E6~E12$,衬经纱和衬纬纱由编织纱绑缚固结,再经 PVC 或改性沥青浸轧处理,制成一定规格的格栅制品。编织纱通常使用普通涤纶或高强涤纶,线密度与常规纱线相近。衬入纱通常用高强涤纶、高强丙纶或玻璃纤维,其线密度非常大,通常为 1100dtex(以上)。这种以玻璃纤维粗纱为原料编织而成的格栅具有耐高温、抗拉强度和弹性模量高、抗腐蚀性能好、横向收缩率较低等特性,能防止基层裂缝引起的沥青路面反射裂缝的发生,延长道路使用寿命;增强沥青路面,减轻车辙的压痕,阻止反射裂缝的扩展;在路面结构质量保证的前提下可以减薄路面结构厚度,降低建设成本,目前已广泛应用于沥青路面的加强和旧路裂缝的修复。

经编土工格栅的基本织物规格参数主要为单位面积质量和网格尺寸,以 25mm×25mm 网孔尺寸的经编土工格栅为例,650g/m² 织物的抗拉强度纵向不小于 80kN/m,横向不小于 55kN/m。250g/m² 织物的抗拉强度纵向不小于 30kN/m,横向不小于 20kN/m。网格尺寸大小的确定原则是能卡固住土体中的石料,故设计时要考虑格栅的使用场合。目前常用网格尺寸(纵×横)为 20mm×20mm、25mm×25mm、50mm×50mm、15mm×17mm 等。

经编土工格栅强度高、模量高、延伸率低,且具有高的撕裂强度和良好的抗撕裂蔓延性,与土或碎石咬合力强,耐老化、柔性,质轻易施工,在土木工程中能起到加筋、隔离、防护等功能。其具体应用主要包括以下几个方面。

（1）加固桥台,提高桥台的综合性和强度,防止桥头跳车。

（2）路堤边坡加固,提高斜坡稳定性。

（3）软土上地基、堤坝等加固,均化应力,提高基底稳定性,调整沉降,提高承载力。

（4）防止沥青路面反射裂缝的发生,增强路基层的强度。

（二）灯箱布

灯箱布是一种灯箱包覆织物,其地布为经编双轴向织物,它应满足以下要求。

（1）具有良好的撕裂强度,以防止某些原因造成孔洞向四周扩展。

（2）具有良好的剥离强度,这里指涂层与基布的黏着力,由于各种破坏因素的作用,涂层与基布之间会产生局部分离现象,并在以后逐步扩展,从而影响其使用性能。

（3）具有一定的抗蠕变性,抗重复疲劳性,耐磨损性和耐弯曲挠折性等。

（4）具有良好的耐气候性(日晒、风吹、雨打等),并适应剧烈的气候变化。

（5）具有良好的防水、阻燃、防霉、易清洁性能,既不透水又不沾污沾灰。

（6）拥有较高的透光率,且有良好的透光均匀性。

灯箱布地布在编织时以高强涤纶长丝为衬经衬纬纱。织物表面呈方形网孔,由 PVC 涂层。这种灯箱布耐久性好,光亮显目,应用较为广泛。

（三）其他用途

（1）大型广告牌、招贴画。

（2）灰泥用玻璃格栅。

（3）混凝土用增强格栅。

（4）复合织物用作涂层基布。

（5）双轴向经编织物用作防弹织物。

（6）隔热防辐射涂铝经编织物。

（7）涂层防水经编织物。

（8）轻质涂层传送带。

（9）新型屋顶材料。

第三节　多轴向经编织物设计

一、结构与性能

多轴向经编技术本质上是一种多向衬纬编织技术。编织时,多组纱线分别沿不同方向平行伸直,无卷曲地衬入到织物中,并由编织纱绑缚起来形成整块织物。衬入纱的方向可以按需要的角度调整,以实现织物结构的定向增强。多轴向经编织物具有极大的设计灵活性、各向同性的适应力与应变能力以及较高的抗撕裂传递性和良好的适形性。因此,多轴向经编织物在柔性复合材料领域中具有独特的优势。应用多轴向衬纬经编织物可降低复合材料产品的成本。

多轴向经编织物具有许多优点,如织物抗拉强力较高、弹性模量高、悬垂性较好、剪切性能

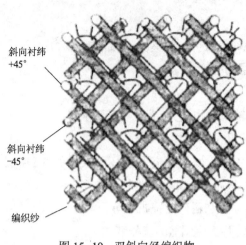

图 15-10　双斜向经编织物

较好,且采用该织物形成复合材料的纤维含量较高、抗层间脱离性能好、抗冲击性能好及准各向同性。因而,目前多轴向经编织物在很多领域可以替代机织结构的增强材料。

(一)结构

多轴向衬纱织物是一种由针织系统或化学黏合剂固定在一起的基布,由一层或多层平行伸直的纱线层组成,每层纱线可以排列在不同的方向。每层纱线的密度可以不同,并可以与纤维网、胶片、发泡材料或其他材料结合在一起。

在多轴向经编织物的结构中一般包含四个衬纱系统(分别为衬经纱、衬纬纱和两组斜向衬纱)和一个绑缚系统。四组衬纱平行伸直排列形成四个纱线层,由编织线圈绑缚在一起,图 15-10 中地纱组织为编链组织。

根据相关标准,各个纱层的取向方向由产品的方向决定,纱层的方向定义如下:介于 0° 和 90° 之间的纱层用该纱层的方向与 0° 之间的夹角并加上"+"或"−"来表示。如果纱层排列在系统坐标轴的正象限,则用"+"表示;如果纱层排列在系统坐标轴的负象限,则用"−"表示,如图 15-11 所示。

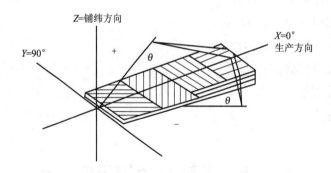

图 15-11　多轴向经编织物结构示意图

(二)性能

1. 拉伸性能　多轴向经编织物具有整体性能好、设计灵活、拉伸性能和抗撕裂性能好等特点。它通过对厚度方向纱线的增强,大大提高了层间性能,克服了传统层合材料层间性能差的弱点。织物面内任意方向上的拉伸强度和拉伸模量可以通过衬纱的强度和衬入方向进行设计计算。织物可以按需要设计成面内拉伸各向同性或各向异性。当 $\theta = \pm 45°$ 时,织物可以近似认为面内拉伸各向同性。

2. 双斜向织物的成型性能　对于图 15-10 中的经编双斜向织物(±45°)来说,当 +45° 的衬纱顺时针旋转,而同时-45°的衬纱逆时针旋转时,经平绑缚组织沿纬向将受拉伸长,沿经向将缩短。这种双斜向织物在成型过程中衬纱沿纬向产生集束现象,这是该织物变形的一个重要方面。反之,当+45°衬纱逆时针旋转,而同时 - 45°衬纱顺时针旋转时,经平绑缚组织沿经向将受拉伸长,而沿纬向将缩短。但经平绑缚组织沿经向的延展性很小,使这种双斜向织物(±45°)在成型过程中沿纬向集束。对这种织物进行半球冲压后,织物无起拱现象产生,具有较好的成型性能。

3. 剪切性能 双轴向经编织物在斜向外力(与织物经向呈 45°)或平行剪切力的作用下是不稳定的。而在多轴向经编织物中由于引入了两组沿对角线排列的纱线,这样织物的剪切变形可以受到抑制,因此多轴向经编织物具有良好的剪切性能。

二、生产工艺

(一)原料

衬纱一般选用力学性能较好的高性能纤维,如涤纶(PET)、锦纶(PA)、丙纶(PP)、高压聚乙烯纤维(HD—PE)、高强锦纶、玻璃纤维(GF)、碳纤维(CF)和凯夫拉(Kevlar)纤维等。它们可以是低捻度的柔性短纤纱,也可以是无捻的高性能长丝。当用作增强纱线时,一般采用高性能无捻长丝,有时为了便于编织加工,纱线可以加少量捻。衬纱一般较粗,线密度最大约为2500dtex。

编织纱通常采用普通纤维,线密度一般为 160dtex 左右。对于厚度方向性能要求较高的织物,一般使用便于成圈的高性能纤维,如高强涤纶等。单根纱线的线密度以及它们的取向角可以随载荷的类型而变化。

(二)组织

通常使用的衬纱角度为-45°、90°、+45°及 0°,可以按织物的用途任意变化。如衬纱角度为-45°、0°和+45°、0°或-45°、90°和+45°,则可以形成三轴向经编织物;如果只在-45°和+45°方向上衬入纱线,则可形成双斜向经编织物。这就使得织物具有一定的各向异性,使材料只在受力点和受力方向上得到增强。编织纱通常采用经平组织或编链组织。编织纱的绑缚作用提高了层间的剪切强度和各个方向上的尺寸稳定性,降低了分层的可能性,使厚度方向得到了增强。

(三)多轴向经编织物工艺举例

1. 编织设备 多轴向经编机;机号 $E5$;带有纬纱衬入系统和纤维网衬入装置。

2. 原料

斜向衬纱+45°:6000dtex 玻璃纤维粗纱;

衬纬纱 90°:6000dtex 玻璃纤维粗纱;

斜向衬纱-45°:6000dtex 玻璃纤维粗纱;

编织纱:140dtex 涤纶 710。

3. 组织 地组织:编链;织入顺序:纤维网/+45°/90°/-45°。

三、产品应用

多轴向经编织物由于具有较高的生产效率、结构整体性、设计灵活性,抗撕裂性能好,层间剪切力强等优点,且生产成本较低,而越来越受到人们的重视。利用高性能纤维,如碳纤维、芳纶纤维、玻璃纤维及高强涤纶等,制成多轴向衬纱经编织物,然后将该织物作为骨架材料与树脂复合后制成的纤维增强复合材料可用于飞机、航天器、汽车、舰艇、装甲车等方面。如使用这种多轴向经编织物来增强混凝土,还可用于旧建筑物的加固和修复。

(一)航空航天

航空航天工业是多轴向经编织物的一个重要应用领域。纤维增强复合材料因为具有很高的强质比,因此在航空航天工业中应用具有很大的优势。

在飞机上使用以多轴向经编织物为骨架的复合材料,可以大大减轻机身的重量,增加飞机的使用寿命,而且还能够防火、耐腐蚀以及抗化学药品。最重要的是,构件的强度可以根据要求进行精确的设计。使用碳纤维增强的复合材料已经用于飞机和其他航空器材上。与以前使用的金属材料相比较,使用这种纤维复合材料能使机身重量减轻约20%。另外,使用这种纤维复合材料还可以将具有不同形状的构件组合在一起,预制成有限的几个外形复杂的组合构件,而不需要先加工出许多单个构件,然后再进行大量的组装。

(二)车船制造

该织物也广泛用于游艇、舰艇的建造。用于游艇建造的经编织物以玻璃纤维、芳纶纤维、碳纤维、高强聚酯纤维或它们的混纺纤维为原料。在织物生产过程中可同时织入非织造织物或玻璃纤维絮片。用强度相同的经编织物替代机织物生产游艇,可节省约30%的玻璃纤维。目前在高速赛艇中,增强经编织物已完全取代了传统的机织物。游艇对抗剥离性能要求很高,用拉舍尔增强织物替代机织物可以大幅度提高抗剥离性能,并同时可使重量减少15%~25%,这是由于这种玻璃纤维增强结构可以精确设计的结果。除了可减少纱线的使用量和减轻游艇重量外,使用增强经编织物还能够减少合成树脂的用量,缩短浸渍时间。

(三)风力发电

近年来,多轴向经编织物的发展也得益于风力发电机的发展。特别是在过去的几年内,风力发电站的建设迅速发展,全球已经投入使用的风力发电站的数目直线上升。多轴向经编织物因为具有优良的机械性能和很轻的重量而非常适用于制造风力发电机的叶片和机箱外壳。

(四)建筑工程

现在多轴向织物正在越来越多地用来增强混凝土,用于重建和修复建筑物。例如由于气候原因,很多钢筋混凝土构件(如立柱)在使用一定年限后便出现了损坏的迹象。通过在混凝土立柱的整个长度方向上包覆上一层多轴向增强结构来增强混凝土,可以恢复其稳定性,还能够抗扭转应力和弯曲应力。这样适当的修复和加固可以恢复甚至还能够提高其初始承载能力,从而能使混凝土立柱的使用寿命延长。

图15-12所示为一种多轴向经编织物,它在纵向、横向和斜向(+45°和-45°)都有增强纱线。使用这种织物,可以增强圆形截面混凝土立柱各个方向上的拉

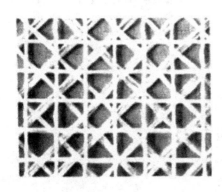

图15-12 一种多轴向经编织物

伸力。沿长度方向的增强纱线可以吸收由于弯曲而在立柱表面产生的拉伸应力。该织物中横向的纱线可以吸收立柱受力区域的横向应力,并避免长度方向上的增强纤维在横截面上的受压区域受压弯曲。当圆形横截面上出现扭转应力时,压应力和张应力与长度方向呈+45°或﹣45°处于结构的表面。该织物可以直接吸收拉伸应力而不偏离受力方向。

施工时常采用湿法,使用几层这样的纺织增强结构即可喷洒砂浆,其最大颗粒直径为1mm。这种增强结构成本低,能长期保护已建的建筑,并可以应用于承受多向载荷的曲面建筑和直构件。

(五)其他应用

(1)防弹衣、头盔。

(2)大型储气膜。

(3)体育用品。

(4)网孔救援管道。

☞思考题

1. 简述单轴向经编针织物结构与性能特点。

2. 简述双轴向经编针织物结构与性能特点。

3. 简述双轴向经编针织物的应用。

4. 叙述多轴向经编针织物的优点。

5. 简述多轴向经编针织物的性能特点和应用。

第十六章　经编针织物分析与工艺计算

✿ **本章知识点**

1. 经编针织物的分析方法。
2. 经编针织物分析取样需要注意的事项。
3. 经编针织物分析的具体内容。
4. 经编工艺的计算方法。

第一节　经编织物分析

当经编生产过程中遇到的来样加工、热销产品快速开发以及新产品研发等情况时,需要进一步了解经编织物的性能和掌握已有经编样品的设计资料,对经编织物进行分析。经编针织物在所有织物当中是组织结构最复杂、变化最多的织物之一,这是由它的编织原理、设备以及工艺条件所决定的。由于织物所采用的原料的种类、颜色和粗细、线圈结构、纵横向密度及后整理等各不相同,因此形成的织物外观也各不相同。为了缩短设计、研发周期,确保生产工艺的准确无误,必须熟练掌握织物线圈结构和织物的上机条件等资料,为此要对织物进行周到和细致的分析,以便获得正确的分析结果,提供准确的生产工艺和流程。

为了能获得比较正确的分析结果,必须借助一定的分析手段和方法。在分析前要计划分析的项目和它们的先后顺序。操作过程中要细致,并且要在满足分析的条件下尽量节省布样。

一、经编针织物分析工具

(一)观察用具

简单的折叠式放大镜(照布镜)具有适当的放大倍数,用来观察织物密度,分析垫纱轨迹。在分析多梳拉舍尔织物的花梳垫纱时,用放大倍数为 2~3 倍的放大镜;在分析一般织物组织时,用放大倍数为 7~8 倍的放大镜。

对织物、纱线、纤维的观察可按情况使用体视显微镜、生物显微镜、双折射偏振光显微镜或位相差显微镜。观察织物结构和纱线侧面时,可用 30~150 倍放大倍数,对纱线截面使用 80~200 倍放大倍数,观察单纤维侧面用 200~400 放大倍数,对单纤维截面用 300~400 放大倍数。

(二)分解用具

为了便于观察和对织物进行脱散、拆散或剪割纱线,分析人员往往备有下列分解用具:细长的挑针、剪刀、刀片、镊子、几种颜色的硬纸板(或塑料板)、玻璃胶纸、握持布样的钉板及给选择纱线上色的细墨水笔等。挑针用于挑开组织中重叠的、不易分清的纱线,以便于观察。对于弹性经编织物的分析,必须在绷开的情况下才能清楚观察组织结构。根据织物的颜色不同,选择作为底衬的物体的颜色,可使织物线圈结构在对比下更易于观察。另外,对较复杂的组织用细墨水笔将有颜色的墨水注入其纱线中,来观察因毛细现象而产生的颜色墨水的运行走向。

(三)测定用具

测定被检织物和所用纱线的器具往往有化学天平、扭力天平、捻度计、密度计以及用于已知张力情况下测定拆散纱线长度的卷曲测长仪等。用以取样、测量线圈长度、织物密度及织物单位面积质量等,并在必要时对双层织物进行分解等。

二、经编针织物分析的内容

(一)原料分析

根据经验,观察样布的外观和用手感测样布的风格可以获得对织物的初步印象,并对使用的原料进行初步的推测。

具体原料种类根据手感目测法、燃烧法、显微镜观测法、药品着色法、溶解法等来确定,原料规格可根据试验和比较得到。如要分析经编样品中是否含有氨纶和氨纶采用的组织,可纵横向牵拉织物,看织物的弹性是否较大。由于在经编织物中,氨纶多以裸丝的形式进行交织,所以还可以在显微镜下观察布面是否有单根较粗且透明的弹性丝参加编织。

(二)经编针织物组织结构分析

分析经编织物的一个重要方面是分析其组织结构。这时首先要研究构成一完全组织的横列数、纵行数、穿纱情况。在表示经编组织时,首先要画出垫纱运动图,由其表示多把梳栉垫纱运动的一完全组织,再由此得到组织记录。其次画出穿经图。这时要写下起始横列中全部梳栉穿经位置的相对关系,并在此情况下,标明起始横列。最后作穿经图,用符号和数字标明各梳栉的纱线排列顺序、排列的纱线种类、空纱处的位置等。

(三)测量纵密、横密

根据织物纵横密的定义,在放大镜或标准的照布镜下数出单位长度中的线圈纵行数和横列数,通过一定的单位转换,即可得出织物的线圈密度。

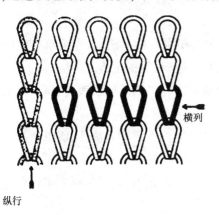

图 16-1 线圈纵行与横列

如图 16-1 所示,在织物的工艺正面可计数每英寸或每厘米内的横列数和纵行数。应选择样布中的几处位置,反复多次计数才能获得较精确的数值。在知道样布缩率的情况下,根据样布每英寸内的纵行数,就可确定编织此样布的机器机号。

机号=每英寸内的纵行数×(100-缩率百分比)/100

假定样布的缩率为30%,每英寸纵行数为40,则:
编织样布机器的机号=40×(100-30)÷100
=28(针/英寸)。

织物质量是指织物每平方米的织物干燥质量,它是织物的重要经济指标,也是进行工艺设计的依据。织物质量一般可用称量法来测定。用圆盘取样器剪取一块面积为$100cm^2$的圆形布样或是剪取一块方形布样,量出其长度$L(cm)$和宽度$B(cm)$,使用分析天平等工具称量。对于吸湿回潮率较大的纤维产品,还应在烘箱中将织物烘干,待质量稳定后称其干燥质量。

对于面积为$100cm^2$的布样: $G=g×100$

对于方形布样: $G=g×10000/(L×B)$

式中:G——样品每平方米质量,g/m^2;

   g——样品质量,g。

每横列或每480横列(1腊克)的平均送经量是确定经编工艺的重要参数,对坯布质量和风格有重大影响,也是分析经编织物时必须掌握的。在确定经编织物的送经量时,可将针织物的纵行切断成一定长度,将各梳栉纱线分别拉出,再测定计算纱线长度。这时要准确估计被脱散的纱线曾受到何种程度的拉伸,纱线在染整时的收缩率等。

(四)生产设备分析

经编机种类繁多,而且仍处在不断发展之中。各种经编机所生产的产品都有其相应的特点和微观特征,如不掌握这方面知识,就无法根据织物结构确定机种,甚至对某些织物的织造过程也无法理解。

(五)后整理分析

根据目测可判断样布是否经过染色、印花、烂花及起绒等整理工艺,根据手感可判断是否经过树脂整理等。

三、经编针织物组织的分析方法

(一)简单织物组织的分析方法

确定经编针织物组织的分析步骤如下。

1. 确定织物的工艺正面、工艺反面及编织方向 对样布进行分析时,首先应确定织物的工艺正面和工艺反面,并将工艺反面作为组织结构分析的主要面。判断方法为:对于单针床经编织物,有线圈圈柱的一面是工艺正面,而有延展线的一面则是工艺反面。如织物两面皆为线圈圈柱,则为双针床经编样布。

判断织物的编织方向,即织物横列编织的先后。一般编织方向由下至上,在观察中应使线圈方向与机上观察到的织物和意匠图的表达方向一致,圈弧位于线圈的上方。

2. 前梳延展线分析 如上所述,通常前梳延展线浮现在织物工艺反面的表面,所以可借助照布镜来确定前梳纱线的行走轨迹,每横列横移针距数。

简单的双梳经编织物中,在两相邻横列上,前梳作一定针距的往复针背垫纱,所以两横列延展线呈反向倾斜,长度相同。

确定前梳延展线的另一种方法是用挑针将延展线挑高于样布表面,然后用照布镜观察延展线所跨越的纵行数(即针距数)。

确定了前梳延展线跨越的纵行数(即针背横移针距数)以及相邻横列内延展线的方向后,将其按织物工艺反面所显现的那样描绘到意匠纸上[图16-2(a)]。

3. 确定线圈的类型 判断线圈为开口线圈还是闭口线圈,从工艺反面观察,若线圈基部的两延展线产生交叉,则为闭口线圈;若无交叉,则为开口线圈。必要时可用挑针将延展线挑起,以便观察得更清楚。也可将织物横向张紧,若线圈基部的两延展线趋向分开的为开口线圈,而保持交叉在一点的,则为闭口线圈。

4. 确定前梳的整个垫纱运动 确定线圈的类型,就可将图16-2(a)上已画出的延展线连接起来,就能画出整个前梳的垫纱运动图[图16-2(b)]。

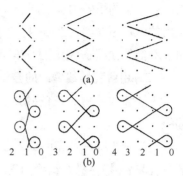

图16-2 垫纱图的绘制

5. 后梳延展线的分析 从织物工艺反面观察后梳延展线是较困难的,特别是在紧密织物中,前梳延展线完全将后梳延展线遮盖了。因此,常从织物工艺正面纵行之间直接观察分析后梳延展线。

如任何横列中的任何两纵行之间,仅见一根后梳纱[图16-3(a)]则后梳延展线仅从一个纵行延伸到相邻的下一个纵行,其垫纱运动为1-0/1-2//;如两纵行之间为两根平行的后梳纱[图16-3(c)],则后梳延展线从第一个纵行延伸到第三个纵行,其垫纱运动为1-0/2-3//。如有三根平行后梳纱[图16-3(b)],则垫纱运动为1-0/3-4//。同理,若有四根平行后梳纱[图16-3(d)],则垫纱运动为1-0/4-5//。

因此,只要数出纵行间平行的后梳纱的根数,即可确定延展线的横移针距数。

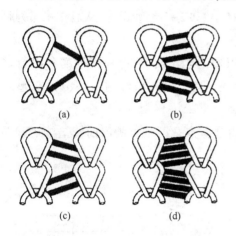

图16-3 延展线的分析

6. 两梳延展线的相互关系 编织双梳织物时,一般两把梳栉在每一横列中,在针钩侧作反向针前垫纱,两者的延展线也按反向形成。若在各横列中,两梳作同向针前垫纱,则在织物工艺正面上的线圈圈干不直立而左右歪斜。纵行也就不直[图16-4(a)];当两梳在各横列中作反向针前垫纱时,一个

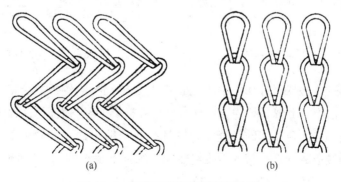

图16-4 两梳针织物延展线的关系

线圈内产生的歪斜力被在同一枚织针上成圈的另一把梳栉的纱线线圈产生的歪斜力所抵消,所织出的纵行不歪斜[图16-4(b)]。因此在双梳织物分析时,必须确定针前垫纱和延展线的方向。对低特纱织物,延展线方向可从织物工艺反面看清。

(二) 由各种纱线编织的经编织物组织分析

为了增加织物的花色效果,可在一把或两把梳栉中穿入不同细度、光泽、色彩的经纱来编织。

在一把或两把梳栉中穿入细度不同的纱线编织单色匹染织物时,织物纵向就出现阴影条纹效应,而当一把梳栉在织物的某一个或几个横列上作多针距、大针背横移时,此处织物表面就会呈现横向阴影条纹。

如用照布镜仔细观察,就可看清各条纹的宽度及其之间的距离,将每一完全花纹中的这些条纹的分布排列情况分析清楚。先用照布镜观察织物工艺反面的延展线,采用较细经纱时,其纵行的延展线纱段细、纵行显得单薄。再观察织物工艺正面,如看到图16-5所示的情形:织物中较浓密的横条阴影区域的纵行之间,每横列有三根平行的后梳延展线,而在其他区域只有两根平行的后梳延展线。这样就可发现:在较浓密的区域,后梳作1-0/3-4垫纱运动,从而在每横列每两纵行间形成三根平行的延展线;而在其他区域作1-0/2-3垫纱运动,从而在每横列每两纵行间形成两根平行的延展线。

前梳穿入色纱编织的织物,用照布镜可看到:在织物工艺正面上,每一横列的各纵行之间有一根后梳延展线,且都为白色。因此,后梳为满穿配置,穿入白纱,按1-0/1-2垫纱编织。

前梳织成的色纱线圈的排列画在方格纸内,然后再在黑点意匠纸上画出前梳垫纱运动图(图16-6)。

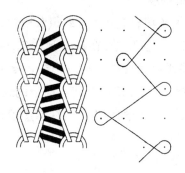

图16-5　条纹样布垫纱图

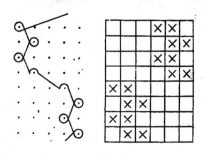

图16-6　前梳带色纱织物垫纱图

两把梳栉都穿色纱编织时,在织物工艺正面上会出现不同颜色复合的线圈。为了分析织物,应将在织物工艺正面上观察到的花纹分布涂在方格纸上。从而标明织物何处的线圈为单色(这是穿入两把梳栉的颜色相同的纱线在相同针织机上编织的),织物何处的纱线为两色纱的复合(此处为不同颜色的两把梳栉的纱线垫在同一织针上编织的)。从而确定编织此织物的相应垫纱运动和色纱穿经配置情况(图16-7)。

（三）线圈歪斜的经编织物组织分析

较紧密的经编织物，其纵行线圈发生歪斜可能由下述两种组织结构形成。

（1）编织每一横列时，均满穿配置的前后梳栉按同一方向作针前垫纱。图16-8的为该织物结构，由于线圈相间左右歪斜，纵行呈Z形的针状条纹。如对织物的工艺正面仔细观察，可看出每条条纹的宽度仅一个纵行，表面的编链组织由前梳编织而成。从织物工艺正面的纵行之间，对后梳延展线进行观察，可看到这些延展线的分布状况如图16-9所示。其间，每横列内有两根平行线，它与布边构成的倾角连续在三个横列内保持相同，从第四横列才开始相反，因此，垫纱运动如图16-10所示，两梳栉在每三个横列中作同向针前垫纱，从而造成线圈歪斜。

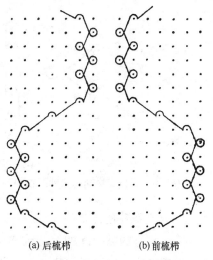

(a) 后梳栉　　　　(b) 前梳栉

图16-7 双梳均带色纱织物垫纱图

图16-8 双梳穿同向垫纱织物

图16-9 同向垫纱织物的线圈结构

（2）所用的两把梳栉中，一把满穿，另一把只是部分穿经。假如一把1隔1穿经的梳栉与一把满穿梳栉编织时，每一横列中的相间线圈是由两根纱线组成（各来自一把梳栉），而其余的相间线圈仅由一根纱线构成，此处一把满穿梳栉中的穿纱导纱针正好与另一把间隔穿经梳栉中的空穿导纱针相对，因而这些线圈会发生歪斜。

织物如图16-11所示，相间纵行含有歪斜线圈，而其他纵行内，线圈呈直立状。前梳编织编链，但仅织在相间纵行内，所以该梳为间隔穿经。后梳满穿，按3-4/1-0垫纱编织，这些线圈直立的相间纵行是由两把梳栉同时垫纱编织形成的。而另一些相间纵行的歪斜线圈，则由后梳单独编织。这一织物组织结构的特征有如下两点。

①织物工艺反面上横向每单位长度的编链组织的延展线纵行数等于织物工艺正面上同一宽度内的1/2纵行数，从而证明前梳为间隔穿经。

②每对纵行之间出现三根后梳延展线，这表明后梳是满穿的并按3-4/1-0垫纱编织。

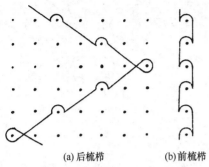

(a) 后梳栉　　　　(b) 前梳栉

图 16-10　双梳满穿同向垫纱织物垫纱图

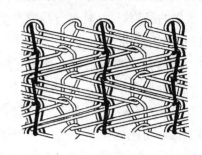

图 16-11　双梳空穿织物的线圈结构

(四) 网孔织物的分析

凡两个相邻的纵行间的一个或多个横列无延展线连接时,织物上便形成网(孔)眼效应。简单的网眼结构由两把局部穿经的梳栉编织而成。穿经的形式可以是一穿一空(编织微小的网孔),二穿二空或三穿三空(编织粗网孔)。图 16-12 为一块 1 隔 1 穿经编织的典型的双梳网眼织物结构。其间,既有大孔眼、又有小孔眼。这一织物有如下十分重要的特征。

(1)在孔眼的两旁各有两个纵行。

(2)构成的孔眼呈六角形,且纵行歪斜。

(3)形成大孔眼的部位有连续的闭口线圈。

(4)在织物的纵向,各对纵行之间有连续的孔眼,各对纵行构成相邻孔眼的边。

(5)此结构中两组经纱由方向相反的对称垫纱运动编织。

开口线圈的出现次数对表明孔眼的长度和分布情况是重要的。这些开口线圈是由两把梳栉同时编织形成的,其目的是将一对纵行间的孔眼闭合,并形成下一个孔眼的开始部分。

分析此类网眼织物的方法是计算每一孔眼的横列数。如图 16-12 所示的织物中,小孔眼为 4 个横列,大孔眼为 8 个横列。再从这些数目中减去一个横列,就分别成为小孔眼为 3 个横列,大孔眼为 7 个横列。

计算孔眼之间的纵行数(实例中为 2 个纵行)时,在意匠图上用短竖线在各排点间标示出这些孔眼的间隔距离和长度(图 16-13),每根黑竖线的端点在下一根竖线的起点的同一横排上。在这些点上画出开口垫纱,然后用闭口垫纱将它们连接起来(图 16-14)。

图 16-12　网眼织物的线圈结构

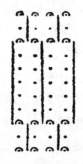

图 16-13　网眼织物示意图

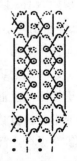

图 16-14　网眼织物垫纱图

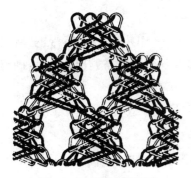

图 16-15　网眼织物的
线圈结构图

如图 16-15 所示那样画出这几根竖线是很重要的。编织区域内的所有点上都应有前梳或后梳的经纱垫纱,否则线圈就不能互相串结。

在意匠图的第一横列上标明两把梳栉的穿经配置是很重要的。穿经次序可以从图 16-14 中的第一排点行求得,可看到:在第一横列上,两梳对称垫纱。若一把梳栉的穿经导纱针与另一把梳栉的空穿导纱针对齐,就无法编织出织物,因为在每一横列上,有一半织针无法从穿经导纱针上获得经纱,因而织物就会脱套。

两把梳栉按二穿二空的穿经方式编织的网眼织物结构如图 16-15 所示。该织物的孔眼之间有四个纵行,而且每横列中有横跨三个纵行的延展线。可按上述方法对孔眼的间隔距离和长度计数,而后画出垫纱运动的意匠图和效应图(图 16-16 和图 16-17)。

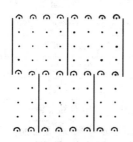

图 16-16　网眼织物垫纱运动的意匠图

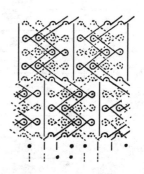

图 16-17　网眼织物的效应图

两把梳栉按三穿三空次序穿经,编织的网眼结构,在孔眼之间就有六个纵行,每横列中,有跨越四个纵行的延展线,由于延展线跨度大,生产率较低,较少应用。

综上所述,经编织物由于比纬编织物难脱散,因此织物分析比较困难。除了一些必要的基本分析方法外,对各种织物结构及其编织工艺的了解和实践经验是十分必要的,这样就能在分析一织物时,预先对织物有一设想,然后综合应用各种分析方法,较有效地对织物进行正确而全面的分析。

第二节　经编针织物的设计

一、明确产品用途

明确产品用途是设计的前提,它确定了使用对象和使用目的,拟出了产品的特点、风格要求,以便进行其他项目的设计。不同用途的织物,应当有不同的使用性能,如内衣要求柔软、舒适;外衣要求挺括、防皱性好等;装饰织物要求美观、悦目;产业用织物则要满足特定的物理机械性能要求,如强力等。

二、选择机器参数

不同的机型能生产的品种也不同。经编机型号很多,但对于一个工厂来说是有限的,所以只能根据已有的机型、机号来设计织物花型、风格;确定织物编织所需的梳栉数量和机号;确定机器速度。

三、选择原料

织物的性能很大一部分是由原料表现出来的,用途不同的织物需要的原料性能也不同。影响经编坯布性状的纱线因素见表16-1。

表16-1 影响经编坯布性状的纱线因素

经编坯布性状	纱线影响因素	内 容
外观	形态	断面形状、细度
	捻度	捻度强弱
	色彩	光泽、色调、颜色配合
	色牢度	光照、洗涤、汗渍、摩擦等色牢度
触感	感觉	轻重、软硬、冷暖
	手感	粗细、湿滑、身骨
处理情况	洗涤难易	去污难易、干燥快慢
形状稳定性	伸缩	伸长缩短,洗涤缩水率
	褶皱	褶皱产生难易、褶皱恢复难易
	折叠	由折叠造成的折痕回复难易
舒适性质	质量	纱线密度大小
	透气性	空气通过的难易程度
	保温性	保温的优劣
	吸湿性	吸湿和放湿的难易
	吸水性	吸水(汗)、脱水、失水的难易
	带电性	带电对保健卫生、穿衣感觉的影响
耐生物性	防霉性	生霉难易、受霉侵害难易
	防蛀性	虫蛀难易
对物理化学作用的抵抗	耐热性	燃烧难易,空气、水及温度变化造成的影响
	耐光性	太阳光、紫外线、风吹雨打的影响
	耐汗油性	油和汗附着时的影响,油和汗对其产生的影响
	耐药剂性	酸和碱性药剂、洗涤剂、漂白剂及染料对其产生的影响
力学性能	纱线性能	强度特性、摩擦特性、疲劳特性、卷缩特性、收缩特性
	可编织性	毛羽等纱线疵点、纱线卷装形状、对机号的适合性

四、确定花型组织

花型组织是织物设计的关键,它包括梳栉数目、色纱应用、纱线排列、纱线根数、对纱位置、垫纱图、垫纱记录等。

（一）意匠效果

（1）要在表面显露的纱线一般穿入前梳。

（2）要形成纵向条纹，可用小针背垫纱线圈，由空穿或色纱实现。

（3）要形成横向条纹，可用衬纬或使前梳的大小针背垫纱组合起来。为表现格子花纹，分散花纹，可用衬纬、绣纹等。

（4）线圈不论在前一横列内如何横移，都是向下一横移的相反方向倾斜。

（5）要使线圈直立，可用编链；可使两把梳栉作对称横移，或用衬纬向相反方向垫纱。

（6）为做成倾斜孔眼，可使两把梳栉一起作转向针背垫纱。

（7）在网眼经编织物上，线圈多的地方孔眼小。在正规的孔眼（由于空穿缺乏延展线的部分）前后，一定要用起封闭孔眼作用的线圈横列相连。

（二）坯布性质

（1）为制得粗厚的经编坯布，选用针背垫纱最大的线圈。

（2）为使坯布在纵横方向稳定，可用衬纬或重经组织。

（3）如将坯布横向拉伸，则开口线圈变宽，闭口线圈变狭的为多。

（4）在决定了经编坯布的组织构成以后，制订垫纱运动图、对纱图、链块表、穿经图作为组织标志。另外，也可以由此估计送经比，并根据所用原料、坯布规格决定送经量。

（三）花型组织的变化

（1）应用前后梳纱线的显露关系，设计花色品种。如包芯织物、"双面"织物等。

（2）应用色纱排列，设计花色品种。如纵条花纹、横条花纹、菱形花纹等。

（3）应用织物组织性能，设计花色品种。如弹性好的织物、延伸小的织物、强力大的织物、加厚织物等。

（4）应用几穿几空方式，设计网孔织物。

（5）应用不同性能原料的组合，设计花色品种。如凹凸花纹等。

（6）应用设备中的一些特殊装置，设计花色品种。如间歇送经的裥褶花纹、花压板的贝壳花纹、毛圈花纹、提经提花花纹等。

五、确定后整理工艺

应用洗、漂、染、印、整等不同的加工工艺，设计出花色品种。

第三节　经编工艺计算

经编工艺计算一般分机上编织、坯布和成品三个状态来进行。有些企业有时生产坯布，不生产成品，所以对坯布参数进行计算。以表 16-2 为例来说明经编工艺计算方法。

表 16-2　弹性女式内衣

产品号	422/97	组织号	S—4002812
用途	弹性妇女内衣	日期	2007. 3. 15
机型	RSE4—1	工作幅宽	330cm(130 英寸)
机号	E40	生产宽度	
梳栉数	4	机器速度	2500r/min
效率	100%	毛圈高度	
机上纵密	36. 4cpc	机上横密	40wpc
克重	95. 7g/m²	产量	14. 2m/h

原料: A:33dtex/12f 锦纶长丝 B:83dtex 氨纶	送经量: GB1:760mm/腊克 GB2:760mm/腊克 GB3:68mm/腊克 GB4:68mm/腊克
穿经: GB1:1A,1 ∗ GB2:1A,1 ∗ GB3:1 ∗,1B GB4:1 ∗,1B	后整理: 水洗,预定形,染色,拉幅定形

一、花型数据

花型数据包括产品号、组织号、用途、设计人和设计日期等。

二、机器基本参数

其中包括机型、机器幅宽、机号、机器编号、梳栉数(括号中的为使用梳栉数),特殊装置(EBC、EBA、EAC、EL、SU 和压纱板等)和机器传动号等。

三、原料各指标参数

各把梳栉的原料和穿经包括原料线密度(dtex)、长丝孔数、纱线种类、加捻方向、纤维长度和线密度、纱线特性、颜色和穿经等。

四、送经量

所谓送经量是指编织 480 横列(1 腊克)的织物所用的经纱长度。在设计经编织物时,正确推算各把梳栉的用纱量是非常困难的,所以实用估算方法便成了一个重要课题。纱线送经量一般采用理论估算,送经量估算参数如图 16-18 所示,这里介绍一个简化的送经量计算公式:

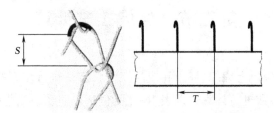

图 16-18　送经量估算参数

$$
每横列送经量(rpc)=
\begin{cases}
S & a=0, b=0 & 衬经 \\[2mm]
(b+0.3)T & a=0, b\neq0 & 衬纬 \\[2mm]
\dfrac{\pi d}{2.2}+2S+S & a=1, b=0 & 编链 \\[2mm]
\dfrac{\pi d}{2.2}+2S+bT & a=0, b\neq0 & 一般组织 \\[2mm]
2\times\left(\dfrac{\pi d}{2.2}+2S\right)+(b+1)T & a=2 & 重经
\end{cases}
$$

$$
腊克送经量(mm/腊克)=480\times\frac{\displaystyle\sum_{i=1}^{m}rpc_i}{m}
$$

式中：a——针前横移的针距数；

b——针背横移的针距数；

d——织针的粗细，mm；

S——机器上圈高，mm，$S=10/cpc$；

T——针距，mm，$T=25.4mm/E$；

m——花纹循环中的线圈横列数。

织针的粗细与针距见表 16-3。

表 16-3　织针的粗细与针距

机号	E14	E20	E24	E28	E32	E36	E40	E44
针粗细(mm)	0.7	0.7	0.55	0.5	0.41	0.41	0.41	0.41
针距(mm)	1.81	1.27	1.06	0.91	0.79	0.71	0.64	0.58

例　已知：$E28$，$d=0.5mm$，纵密$=20cpc$，组织为：$1-0/1-2//$

则：$a=1$，$b=1$，$T=0.91mm$，$S=0.5mm$

送经量$=480\times(3.14\times0.5/2.2+2\times0.5+0.91)=1293.6$（mm/腊克）

送经量的估算方法很多，但均为估算，即是通过任何一种方法计算出的送经量在上机时均需要进行调整，也就是说在上机时应及时根据实际布面情况进行送经量的调整。

五、设计织物密度

密度有纵向密度和横向密度两种。工艺中的密度是上机编织时的纵密，单位为横列/cm。纵向密度与产品的用途、单位面积质量（g/m²）、原料的细度有密切关系。这里一般根据经验确定。

六、穿经率

一般可以使用花纹循环内穿经根数占穿经循环总根数的百分比来表示。

七、送经率

送经率是指不管密度如何,编织一定长度的织物所消耗的经纱长度。可以根据下列公式计算:

$$送经率 A = \frac{送经量(mm/腊克)×机上纵密(cpc)}{48}×100\%$$

八、纱线线密度

纱线线密度一般使用线密度(dtex)表示,如果是弹性纱线,一般已知预牵伸 $VS(\%)$,则:

$$弹性纱线线密度(dtex) = \frac{弹性纱线未伸长的线密度(dtex)×100}{弹性纱线预牵伸率 VS+100}$$

九、织物单位面积质量的计算

单位面积质量(一般使用每平方米织物克重表示)是织物的重要经济指标之一,也是进行工艺设计(如织物组织、原料线密度、机号的选用及染整工艺特别是定形工艺的确定)的依据。先计算每一把梳栉织物的单位面积质量,然后相加得到织物的单位面积质量。

$$q_i = \frac{机号 E(针/英寸)×穿经率 Y(i)×送经率 A(i)×纱线线密度 Tt(i)}{25400}$$

$$G_f = \sum_i^n q_i$$

式中:q_i——第 i 把梳栉织物的单位面积质量,g/m^2;

E——机号,针/25.4mm;

$Y(i)$——第 i 把梳栉穿经率;

$A(i)$——第 i 把梳栉送经率;

$Tt(i)$——第 i 把梳栉纱线线密度,dtex;

G_f——织物的单位面积质量,g/m^2。

对于带有纤维网或全幅衬纬纱线的经编织物的单位面积质量 Q 为:

$$Q = G_f + G_w + G_v$$

式中:G_f——成圈梳栉和局部衬纬梳栉织物的单位面积质量,g/m^2;

G_w——全幅衬纬纱线的单位面积质量,g/m^2;

G_v——纤维网的单位面积质量,g/m^2。

当采用全幅衬纬装置时,全幅衬纬纱线质量计算如下。

全幅衬纬纱线质重 G_w = 穿经率 Y×纵密(cpc)×纱线线密度(dtex)/100

则成品单位面积质量为:

$$成品单位面积质量 = 机上单位面积质量 × \frac{成品纵密×成品横密}{机上纵密×机上横密}$$

则坯布单位面积质量为：

$$坯布单位面积质量 = 机上单位面积质量 \times \frac{坯布纵密 \times 坯布横密}{机上纵密 \times 机上横密}$$

十、产量的计算

机上产量为在机器上编织时织物输出的速度，可以用下式计算（该方法同样也适合双针床经编机）。

$$坯布产量(m/h) = \frac{机速(r/min) \times 60 \times 效率\ \eta(\%)}{坯布纵密 \times 10000}$$

$$成品产量(m/h) = \frac{机速(r/min) \times 60 \times 效率\ \eta(\%)}{成品纵密(cpc) \times 10000}$$

☞ 思考题

1. 简述经编针织物分析取样时需要注意的事项。

2. 简述经编针织物组织结构分析的步骤。

3. 简述经编网孔织物的分析方法。

4. 叙述经编针织物的设计步骤。

5. 在机号 $E32$ 的特里科型经编机上编织经编麂皮绒织物（即：前梳 1-0/3-4//；后梳 1-2/1-0//），编织时机上纵密为 25 横列/cm，试估算两梳的送经量。

参考文献

[1] 宋广礼,蒋高明. 针织物组织与产品设计(第 2 版)[M]. 北京:中国纺织出版社,2008

[2] 天津纺织工学院. 针织学[M]. 北京:纺织工业出版社,1980.

[3] 宋广礼,李红霞,杨昆译. 针织学(双语)[M]. 北京:中国纺织出版社,2006.

[4] 杨尧栋,宋广礼. 针织物组织与产品设计[M]. 北京:中国纺织出版社,1998.

[5] 龙海如. 针织学(第 2 版)[M]. 北京:中国纺织出版社,2014.

[6] 许吕菘,龙海如. 针织工艺与设备[M]. 北京:中国纺织出版社,1999.

[7] 宋广礼. 成型针织产品设计与生产[M]. 北京:中国纺织出版社,2006.

[8] 梅志强. 纺织辞典[M]. 北京:中国纺织出版社,2007.

[9] 宋广礼. 电脑横机实用手册[M]. 北京:中国纺织出版社,2010

[10] 杨荣贤. 横机羊毛衫生产工艺设计[M]. 北京:中国纺织出版社,1997.

[11] 杨荣贤,宋广礼,杨昆. 新型针织[M]. 北京:中国纺织出版社,2000.

[12] 李志民,孙玉钗,程中浩. 针织大圆机新产品开发[M]. 北京:中国纺织出版社,2006.

[13] Iyer,Mannel,Schäch. Rundstricken[M]. Bamberg(Germany):Meisenbach GmbH,1991

[14] 蒋高明. 现代经编工艺与设备[M]. 北京:中国纺织出版社,2001.

[15] 《针织工程手册》编委会. 针织工程手册(经编分册)(第 2 版)[M]. 北京:中国纺织出版社,2011.

[16] 《针织工程手册》编委会. 针织工程手册(纬编分册)(第 2 版)[M]. 北京:中国纺织出版社,2012.

[17] David. J. Spencer. Knitting Technology[M]. Oxford(England):Wooghead Publishing Ltd.

[18] 张佩华,沈为. 针织产品设计[M]. 北京:中国纺织出版社,2008.